计 算 方 法

(第二版)

杜其奎　陈金如　孙越泓　王　锋　编

科 学 出 版 社

北　京

内 容 简 介

本书主要介绍计算方法中的一些基本内容：误差和条件问题、解线性方程组的直接法与迭代法、特征值问题的计算方法、解非线性方程(组)的迭代法、插值与逼近、数值积分与数值微分以及常微分方程数值解法. 本书内容深入浅出，既强调计算方法的基本概念和理论，更注重算法和实践. 每章后面都附有一定数量的习题与上机实验题.

本书可作为各类高等院校本科生和研究生“计算方法”或“数值分析”课程的教材，也可作为从事科学工程计算的科技人员的参考书.

图书在版编目(CIP)数据

计算方法/杜其奎等编. —2版. —北京：科学出版社，2020.6

ISBN 978-7-03-065554-7

Ⅰ. ①计… Ⅱ. ①杜… Ⅲ. ①数值计算-高等学校-教材 Ⅳ. ①O241

中国版本图书馆 CIP 数据核字(2020) 第 105886 号

责任编辑：张中兴 梁 清／责任校对：杨 然

责任印制：张 伟 ／封面设计：迷底书装

科学出版社 出版

北京东黄城根北街 16 号

邮政编码：100717

http://www.sciencep.com

北京中科印刷有限公司 印刷

科学出版社发行 各地新华书店经销

*

2007 年 3 月第 一 版 开本：720×1000 B5

2020 年 6 月第 二 版 印张：16 3/4

2023 年 8 月第九次印刷 字数：343 000

定价：59.00 元

(如有印装质量问题，我社负责调换)

前　言

计算方法, 又称数值分析、数值计算或科学计算, 是研究利用计算机求解科学工程中各种问题的数值方法. 当今, 科学、工程技术、经济、管理中的许多问题都必须依靠计算机和计算方法来求解. 科学计算已经成为当今科学研究的三种基本手段之一. 本书力图为学生提供各种常用的现代计算方法.

我国计算数学事业和计算数学教材的发展已有六十多年的历史. 1959 年, 北京大学、南京大学、吉林大学 "计算方法" 编写组编写了我国第一本计算数学教材《计算方法》, 开启了我国计算数学教学的篇章. 1977 年高考恢复后, 为了适应新的形势, 冯康院士、何旭初教授等老一辈计算数学家出版了《数值计算方法》(冯康等, 1978)、《计算数学简明教程》(何旭初等, 1980) 等一批优秀教材. 进入 21 世纪, 大量的现代计算机和计算数学方面的教材纷纷面世, 展示了我国计算数学教学和研究的一片新气象.

现在, 在我国高等学校, 除了信息与计算科学专业开设一年的计算方法课程外, 其他学科, 如理工类的数学、物理、化学、生物、天文、气象、地理信息、计算机科学与技术, 以及经济、金融、管理等学科都开设一学期的计算方法课程. 一些学校理科和工科的研究生也要开设一学期的计算方法课. 根据这样的需要和特点, 我们在多年从事计算方法课程教学的基础上, 参考了国内外计算方法教材, 于 2007 年编写出版了《计算方法》(第一版), 适合一学期 "计算方法" 课程的教学. 本书力求通俗、系统、简明、深入浅出. 本书虽然强调计算方法的基本概念和基本理论, 但对于重要的、复杂的定理, 只叙述定理的内容而省略其证明, 感兴趣的读者可以参考书后的相关参考文献. 同时, 我们希望学习本书的本科生或研究生, 尤其是理工科的朋友, 既要学好每一章的具体内容, 了解各种方法的基本思想、推导、算法特性及算法分析, 并编程算题, 更要高屋建瓴, 总体上把握数值分析中本质的方面, 弄清各种方法之间的联系和区别, 进而应用这些方法或研究新的方法去解决科学与工程中的具体问题.

本书覆盖科学计算的主要内容, 包括误差和条件问题、解线性方程组的直接法与迭代法、特征值问题的计算方法、解非线性方程 (组) 的迭代法、插值与逼近、数值积分与数值微分、常微分方程数值解法等 8 章内容. 通常, 偏微分方程数值解法和最优化方法作为本课程的后续课程, 故本书没有包括, 需要的学校和专业可以接着本课程开设有关的后续课程.

计算方法是一门应用性很强的课程, 它来源于科学工程实际, 又反过来应用于科学工程实际. 因此, 无论是数学类的还是理工科或经管类的学生, 学好计算方法这门课, 将对他 (她) 本身的专业业务和科学研究有极大的好处. 因此, 学习计算方法, 不能单纯地纸上谈兵, 必须要在计算机环境下通过算法分析、算法设计、上机计算等实践环节来完成. 因此, 希望讲授这门课的老师和学习这门课的学生, 都要高度重视编程和上机算题这样的实践环节. 本书每章都配有一定量的习题和必要的上机实验题, 学生只要掌握了任何一种程序设计语言 (如 C 语言, FORTRAN 语言, 或 MATLAB 语言), 就不难将本书的算法或伪程序编成相应的程序上机计算, 并完成习题和上机实验题.

《计算方法》(第一版) 面世已十余年, 承蒙不少兄弟院校使用本书作为计算方法课程的教材, 在此表示感谢! 根据这本书的使用情况, 以及教学实践中发现的问题和产生的想法, 综合考虑对本书作必要的修订. 本次修改的内容主要有:(1) 将第 4 章、第 5 章中算法或伪程序表示形式与其他章节作了统一. (2) 在绪论部分增加了秦九韶算法的实现步骤及 3 个习题. (3) 对第 2.7 节中的例 2.7.2 与 (2.7.9′)、(2.7.14′) 及 (2.7.15′) 式的次序进行了交换. (4) 对第 5 章的内容整体上进行了调整, 增加了不动点迭代的几何解释、二分法的几何解释、割线法的几何解释、二分法的例题、割线法的例题以及 5 个习题, 这有利于对不动点迭代格式、二分法迭代格式及割线法迭代格式的深刻理解与应用; 修改了定理 5.2.1– 定理 5.2.3 的表述与证明、二分法计算格式的推导过程及算法的表述, 更换了 Newton 法的例题. (5) 对第 6 章的 Runge 现象的示例给予了图示说明以增强直观感, 增加了 3 个习题. (6) 对第 7 章中的部分内容进行适当调整, 并增加了 2 个习题. (7) 对第 8 章中的部分内容进行了适当调整, 并增加了 1 个习题和 1 个上机实验题. (8) 增加了书中所用符号说明及名词索引.

作为各类高等院校一学期 “计算方法” 或 “数值分析” 课程的教材, 每周 3 课时或 4 课时 (上机实践课时另行安排), 教师可根据具体情况对本书内容进行选择和增删. 本书后面附了部分经典的数值分析和计算方法方面的参考文献, 供感兴趣的读者选择阅读. 对于加 “*” 的章节, 在教学中教师可灵活选用, 以使本书更适合多层次的需求.

在本书的写作过程中, 得到了许多专家和同行的关心、支持和帮助. 这里, 作者首先要感谢的是中国科学院数学与系统科学研究院计算数学与科学工程计算研究所石钟慈院士、林群院士、崔俊芝院士、袁亚湘院士、余德浩研究员, 南京师范大学原党委书记校长宋永忠教授等. 感谢科学出版社编辑对本书写作所给予的热情指导和关心, 确保本书顺利出版. 作者还要感谢国家自然科学基金委员会多年来对作者研究工作的资助.

本书自 2007 年第一版出版以来, 受到广大读者的关爱与支持, 在此我们一并致以深切谢意! 并衷心希望读者在阅读和使用本教材的过程中, 对存在的疏漏和不当之处予以批评指正.

编　者
2019 年 7 月 1 日
于南京师范大学仙林校区

符 号 说 明

除特别说明外, 本书所涉及的部分符号涵义简单说明如下.

$\mathbb{N}$	表示 “所有非负整数构成的集合/自然数集”.
$\mathbb{N}_+$	表示 “所有正整数构成的集合/正整数集”.
$\mathbb{R}$	表示 “所有实数构成的集合/实数空间”.
$\mathbb{C}$	表示 “所有复数构成的集合/复数空间”.
$\mathbb{R}^n$	表示 “n 重实笛卡儿积/n 维实欧氏空间”.
$\mathbb{C}^n$	表示 “n 重复笛卡儿积/n 维复欧氏空间”.
$M^{m\times n}$	表示 “$m\times n$ 阶矩阵的全体”.
$\mathbb{R}^{m\times n}$	表示 “$m\times n$ 阶实矩阵的全体”.
$\mathbb{C}^{m\times n}$	表示 “$m\times n$ 阶复矩阵的全体”.
$\mathcal{R}(T)$	表示 “T 的象空间”.
$\mathcal{N}(T)$	表示 “T 的零空间”.
$C^k(I)$	表示 “I 上具有 k 连续导数的函数全体”.
$\in$	表示 “属于” 之意, 如 $a\in A$ 即 a 为 A 中的元素.
$\subset$	表示 “包含于” 之意, 如 $A\subset B$ 即 A 为 B 的子集.
$\boldsymbol{A}^{\mathrm{T}}$	表示 “矩阵 $\boldsymbol{A}$ 的转置”.
$\boldsymbol{A}^*$	表示 “矩阵 $\boldsymbol{A}$ 的共轭转置”.
max	表示 “取最大值” 之意, 如 $\max\{1,-2,0.5\}=1$.
min	表示 “取最小值” 之意, 如 $\min\{1,-2,0.5\}=-2$.
sup	表示 “取上确界”, 如 $\sup(0,1)=1$.
$\Re e$	表示 “取复数的实部” 之意, 如 $\Re\mathrm{e}(2+3\mathrm{i})=2$.
C_n^k	表示 “组合数”, 即 $C_n^k=\dfrac{n(n-1)\cdots(n-k+1)}{k!}=\dfrac{n!}{k!(n-k)!}$.
$\sum$	表示 “求和” 符号, 如 $\sum\limits_{k=1}^{n}a_k=a_1+a_2+\cdots+a_n$.
$\prod$	表示 “连乘积” 符号, 如 $\prod\limits_{k=1}^{n}a_i=a_1a_2\cdots a_n$.
det	表示 “取行列式” 之意, 如 $\det(\boldsymbol{A})$ 即求方阵 $\boldsymbol{A}$ 的行列式.
$\approx$	表示 “取近似值”, 如 $\sqrt{2}\approx 1.414$.
$\triangleq$	表示 “定义” 符号, 如 $a\triangleq b$, 即将 b 记为 a 或 a 记为 b.
$\Leftrightarrow$	表示两个量进行交换, 如 $A\Leftrightarrow B$ 即 A 与 B 进行交换.
$\Leftarrow$	表示 “赋值” 之意, 如 $A\Leftarrow B$ 即将 B 之值赋值于 A.
deg	表示 “取多项式次数” 之意, 如 $\deg(1+2x-5x^2)=2$.

目录

第 1 章　绪　　论

在解决一些实际问题时, 通常要将其归结为数值计算问题. 所谓**数值计算**, 就是用计算机等计算工具来求出数学问题的数值解的全过程. 具体地说, 是指由一组已知数据 (通常称之为**输入数据**), 求出一组数值 (称之为**输出数据**), 使得这两组数据之间满足预先指定的某种关系. 目前计算机的广泛使用, 使得越来越多的实际问题, 通过数值计算得到很好的解决. 数值计算的重要性, 使得科学计算、科学理论与科学实验相并列而成为当今世界科学活动的第三种手段.

用数值计算的方法来解决具体的实际问题时, 首先必须将具体的问题抽象为数学问题, 即建立起能描述并等价代替该实际问题的数学模型 (数学建模), 然后提出合适的算法, 编制出计算机程序, 最后上机调试并进行运算, 以得到所需的结果. 这里所说的 "算法", 是指由基本运算和运算顺序的规定所组成的整个解题方案和步骤.

建立和选择合适的算法是整个数值计算中非常重要的一环. 例如, 计算多项式

$$P_n(x) = a_0x^n + a_1x^{n-1} + \cdots + a_{n-1}x + a_n$$

的值时, 若我们直接计算 a_ix^i $(i = 0, 1, \cdots, n)$ 后, 再逐项相加, 需要进行

$$1 + 2 + \cdots + n = \frac{n(n+1)}{2}$$

次乘法和 n 次加法. 如果使用著名的秦九韶算法, 先将多项式写成如下形式计算:

$$P_n(x) = (\cdots((a_0x + a_1)x + \cdots + a_{n-2})x + a_{n-1})x + a_n,$$

秦九韶算法的实现步骤

步 1. 输入必要的数据:a_i $(i = 0, 1, \cdots, n)$ 和 x. $v_0 \Leftarrow a_0$. **步 2.** 对 $k = 1, 2, \cdots, n$ 做下列循环 $v_k = v_{k-1} * x + a_k$. **步 3.** 输出 x 及 v_n, 停机.

只要进行 n 次乘法和 n 次加法即可 (总共 $2n$ 次运算). 当 n 较大时, 后者的计算量明显小于前者的计算量. 因此, 算法的优劣直接影响到计算的速度和效率. 算法选得不恰当, 不仅会影响到计算的速度和效率, 同时还会影响计算误差, 即计算的精度, 甚至会直接影响到计算的成败. 不良的算法, 会导致计算的彻底失败.

下面通过一个简单的例子, 来说明算法选取的重要性. 例如, 计算下式的值:

$$a = \left(\frac{\sqrt{2}-1}{\sqrt{2}+1}\right)^3.$$

我们给出如下四种计算公式:

(1) $a = \left(\sqrt{2}-1\right)^6$;　　(2) $a = 99 - 70\sqrt{2}$;

(3) $a = \left(\dfrac{1}{\sqrt{2}+1}\right)^6$;　　(4) $a = \dfrac{1}{99+70\sqrt{2}}$.

如果分别用近似值 $\sqrt{2} \approx 1.4 = \dfrac{7}{5}$ 和 $\sqrt{2} \approx 1.4166\cdots = \dfrac{17}{12}$, 按上述四种算法来计算 a 的值, 计算结果如表 1.0.1 所示.

表 1.0.1

算法	计算结果	
	$\sqrt{2} \approx \dfrac{7}{5}$	$\sqrt{2} \approx \dfrac{17}{12}$
$(\sqrt{2}-1)^6$	$\left(\frac{2}{5}\right)^6 \approx 0.0040930$	$\left(\frac{5}{12}\right)^6 \approx 0.00523278$
$99 - 70\sqrt{2}$	1.0000000	$-\frac{1}{6} \approx -0.16666667$
$\left(\frac{1}{\sqrt{2}+1}\right)^6$	$\left(\frac{5}{12}\right)^6 \approx 0.00523278$	$\left(\frac{12}{29}\right)^6 \approx 0.00501995$
$\frac{1}{99+70\sqrt{2}}$	$\frac{1}{197} \approx 0.00507614$	$\frac{12}{2378} \approx 0.00504626$

由表 1.0.1 可见, 按不同的计算公式和近似值所算出的结果五花八门, 各不相同, 有的甚至相差甚远, 还出现了负值. 近似值和算法的选定对计算结果的精度影响很大.

在研究算法的同时, 必须正确掌握误差的基本概念、误差在数值计算中的传播规律、误差分析和算法的稳定性等概念. 本章先对数值计算的误差作一些介绍.

1.1　误差的基本概念

1.1.1　误差的来源

用数值方法求解问题时, 计算过程中不可避免地存在误差, 其来源主要有

(1) 模型误差. 所谓模型误差是指数学描述和实际问题之间存在的误差. 在用数学模型来描述实际问题时, 往往是通过抓住主要因素, 忽略一些次要因素, 对问题作某些必要的简化建立起数学模型. 这样建立起来的数学模型实际上只是对实际问题的一种近似, 它与实际问题之间必存在一定的误差.

(2) 观测误差. 数值计算所需的一些原始数据, 一般是由观测或实验获得. 由于受到所用的观测仪器、设备精度的限制, 所得的数据都只能是近似的, 即存在着误差. 这种误差, 称之为*观测误差*, 也称之为*初值误差*.

(3) 截断误差. 在不少数值计算中常常遇到超越计算, 如微分、积分和无穷级数求和等, 它们常需要用极限或无穷过程来实现. 而实际计算只能用有限次运算来完成, 这样就要对某种无穷过程进行 "截断", 即仅保留无穷过程的前有限部分而舍去它后面的无穷小部分, 这就带来了误差, 称之为*截断误差*. 例如, 求函数 $\sin x$ 和 $\ln(1+x)$ 时, 由表达式

$$\sin x = x - \frac{x^3}{3!} + \frac{x^5}{5!} - \frac{x^7}{7!} + \cdots, \tag{1.1.1}$$

$$\ln(1+x) = x - \frac{x^2}{2} + \frac{x^3}{3} - \frac{x^4}{4} + \cdots, \tag{1.1.2}$$

当 $|x| < 1$ 时, 取两个函数的近似计算公式, 如取

$$\sin x \approx x - \frac{x^3}{3!} + \frac{x^5}{5!}, \tag{1.1.3}$$

$$\ln(1+x) \approx x - \frac{x^2}{2} + \frac{x^3}{3}. \tag{1.1.4}$$

由于只取前 3 项, 而将第 4 项和以后各项都舍去了, 自然产生了误差. 由数学分析知识, 易知当 $|x| < 1$ 时, 它们的截断误差可分别估计为

$$\left|\sin x - \left(x - \frac{x^3}{3!} + \frac{x^5}{5!}\right)\right| \leqslant \frac{x^7}{7!}, \tag{1.1.5}$$

$$\left|\ln(1+x) - \left(x - \frac{x^2}{2} + \frac{x^3}{3}\right)\right| \leqslant \frac{x^4}{4}. \tag{1.1.6}$$

(4) 舍入误差. 在数值计算过程中经常遇到一些无穷小数, 如无理数和有理数中的某些分数化成的无限循环小数.

$$\begin{aligned}
&\pi = 3.14159265\cdots,\\
&\sqrt{2} = 1.41421356\cdots,\\
&\frac{1}{3} = 0.33333333\cdots,\\
&\frac{1}{3!} = 0.16666666\cdots,\\
&\cdots\quad\cdots
\end{aligned}$$

由于受计算机字长的限制, 计算机所能表示的数据只能是一定的有限位数, 这时就需要将数据按一定的舍入方式舍入成一定位数的近似有理数来代替. 由此而产生的误差, 称之为*舍入误差*.

数值计算过程中除了一些可以完全避免的过失误差之外, 还存在难以避免的上述四种误差. 所研究问题的数学模型一旦建立, 进入具体计算时所要考虑和分析的就是截断误差和舍入误差. 在数值分析中所涉及的误差, 通常指的就是舍入误差 (含初始数据误差) 和截断误差. 讨论它们在计算过程中的传播和对计算结果的影响; 研究控制它们的影响以保证最终结果具有足够的精度; 既希望解决数值问题的算法简便、有效, 又要使最终结果准确、可靠.

1.1.2 绝对误差与相对误差

假设某个量的准确值 (称为真值) x 的近似值为 x^*, 则 x 与 x^* 的差

$$\mathscr{E}(x) \triangleq x^* - x \tag{1.1.7}$$

称为近似值 x^* 的*绝对误差*, 简称为*误差*.

由于准确值一般是未知的或是无法知道的, 因而 $\mathscr{E}(x)$ 也是未知的. 但我们往往可以估计出绝对误差的上限, 即可以找到一个正数 η, 使

$$\left|\mathscr{E}(x)\right| \leqslant \eta. \tag{1.1.8}$$

满足 (1.1.8) 式的 η 称为 x^* 的*绝对误差限*. 有时也用

$$x = x^* \pm \eta \tag{1.1.9}$$

来表示 (1.1.8) 式. 这时 (1.1.9) 式右端的两数值 $x^* + \eta$ 和 $x^* - \eta$ 表示了 x 所在范围的上、下限. η 越小, 表示近似值 x^* 的精度越高.

绝对误差不足以刻画近似值的精确程度. 如在测量飞机机翼长度时, 发生 1 毫米的误差, 和测量飞机机翼的厚度时所发生的 1 毫米误差, 虽然两者的绝对误差是一样的, 但它们决定近似值的精确程度却是不一样的. 因而, 要评价一个近似值的精确程度, 除了要看它的绝对误差的大小之外, 还必须要考虑该数值本身的大小, 这就需要引入相对误差的概念.

绝对误差与准确值的比, 即

$$\mathscr{E}_r(x) \triangleq \frac{\mathscr{E}(x)}{x} = \frac{x^* - x}{x} \tag{1.1.10}$$

称为 x^* 的*相对误差*. 由于准确值 x 往往是不知道的, 我们也常常将相对误差定义为

$$\mathscr{E}_r(x) \triangleq \frac{\mathscr{E}(x)}{x^*} = \frac{x^* - x}{x^*}. \tag{1.1.10$'$}$$

(1.1.10) 或 (1.1.10′) 式反映了绝对误差和相对误差间的关系. 相对误差可以由绝对误差求得; 反之, 绝对误差也可由相对误差求出

$$\mathscr{E}(x) = x \cdot \mathscr{E}_r(x) \quad 或 \quad \mathscr{E}(x) = x^* \cdot \mathscr{E}_r(x). \tag{1.1.11}$$

同样, 相对误差也是无法准确求出的, 因为 (1.1.10) 式中的 $\mathscr{E}(x)$ 和 x 均无法准确求出. 但往往可以估计出相对误差的上限, 即可以找到一个正数 δ, 使

$$\left|\mathscr{E}_r(x)\right| \leqslant \delta. \tag{1.1.12}$$

满足 (1.1.12) 式的 δ 称为 x^* 的**相对误差限**.

绝对误差是一个有量纲的量, 而相对误差则是无量纲的量.

1.1.3 算术运算的相对误差

现在, 我们来讨论数进行加、减、乘、除等运算时, 原始数据的相对误差和计算结果的相对误差之间的关系.

(1) 乘法和除法的情况. 设正数 x 的近似值为 $x+\Delta x$, 绝对误差 Δx 近似地等于 x 的微分, 即 $\Delta x \approx \mathrm{d}x$. 相对误差为

$$\mathscr{E}_r(x) = \frac{\Delta x}{x} \approx \frac{\mathrm{d}x}{x} = \mathrm{d}\ln x, \tag{1.1.13}$$

即 x 的相对误差近似地等于 $\ln x$ 的微分. 由此可得乘和除的相对误差

$$\mathscr{E}_r(x_1x_2) \approx \mathrm{d}\ln(x_1x_2) = \mathrm{d}\ln x_1 + \mathrm{d}\ln x_2 \approx \mathscr{E}_r(x_1) + \mathscr{E}_r(x_2), \tag{1.1.14}$$

$$\mathscr{E}_r\left(\frac{x_1}{x_2}\right) \approx \mathrm{d}\ln\left(\frac{x_1}{x_2}\right) = \mathrm{d}\ln x_1 - \mathrm{d}\ln x_2 \approx \mathscr{E}_r(x_1) - \mathscr{E}_r(x_2), \tag{1.1.15}$$

即乘积的相对误差为各乘数的相对误差之和, 商的相对误差是被除数与除数的相对误差之差.

(2) 加法和减法的情况. 加法和减法的运算结果是数的代数和. 设 x_1 和 x_2 的近似值分别为 $x_1+\Delta x_1$, $x_2+\Delta x_2$, 则

$$\begin{aligned}
\mathscr{E}_r(x_1+x_2) &= \frac{\Delta(x_1+x_2)}{x_1+x_2} = \frac{\Delta x_1 + \Delta x_2}{x_1+x_2} \\
&= \frac{x_1}{x_1+x_2}\cdot\frac{\Delta x_1}{x_1} + \frac{x_2}{x_1+x_2}\cdot\frac{\Delta x_2}{x_2} \\
&= \frac{x_1}{x_1+x_2}\cdot\mathscr{E}_r(x_1) + \frac{x_2}{x_1+x_2}\cdot\mathscr{E}_r(x_2).
\end{aligned} \tag{1.1.16}$$

若 x_1 与 x_2 同号, 则上式右端 $\mathscr{E}_r(x_1)$ 和 $\mathscr{E}_r(x_2)$ 的系数

$$\frac{x_1}{x_1+x_2},\quad \frac{x_2}{x_1+x_2} \tag{1.1.17}$$

都在 0 和 1 之间, 且它们的和等于 1. 这时, 由 (1.1.16) 式可得

$$\begin{aligned}
\left|\mathscr{E}_r(x_1+x_2)\right| &\leqslant \frac{x_1}{x_1+x_2}\max\left\{\left|\mathscr{E}_r(x_1)\right|, \left|\mathscr{E}_r(x_2)\right|\right\} \\
&\quad + \frac{x_2}{x_1+x_2}\max\left\{\left|\mathscr{E}_r(x_1)\right|, \left|\mathscr{E}_r(x_2)\right|\right\} \\
&= \max\left\{\left|\mathscr{E}_r(x_1)\right|, \left|\mathscr{E}_r(x_2)\right|\right\}.
\end{aligned} \tag{1.1.18}$$

所以, 当一些数的符号相同时, 它们和的相对误差限小于各数相对误差限中的最大者.

若 x_1 与 x_2 满足条件 $|x_1| \gg |x_2|$(表示 $|x_1|$ 远大于 $|x_2|$), 则 (1.1.17) 式中前一个数近似地等于 1, 而后一数的绝对值相当小, 此时有

$$\mathscr{E}_r(x_1 + x_2) \approx \mathscr{E}_r(x_1). \tag{1.1.19}$$

所以, 当两数的绝对值相差很大时, 此二数代数和的相对误差近似地等于绝对值较大者的相对误差.

若 x_1 与 x_2 异号, 则 (1.1.17) 式中两个数的绝对值至少有一个大于 1. 如果这时 x_1 和 $-x_2$ 相当接近, 则 (1.1.17) 式中两个数的绝对值都可能很大. 由 (1.1.16) 式可以看出, 这种情况下, 原始数据的误差会对计算结果产生相当大的影响.

1.1.4 有效数字

当准确值x有多位时, 常常按四舍五入的原则得到 x 的前几位的近似值 x^*, 如

$$\pi = 3.14159265\cdots$$

取 3 位有效数字时, $x_3^* = 3.14$, $\left|\mathscr{E}_3(x)\right| \leqslant 0.002$;

取 5 位有效数字时, $x_5^* = 3.1416$, $\left|\mathscr{E}_5(x)\right| \leqslant 0.00005$;

它们的误差均不超过末位数字的半个单位, 即

$$\left|\pi - 3.14\right| \leqslant \frac{1}{2} \times 10^{-2}, \quad \left|\pi - 3.1416\right| \leqslant \frac{1}{2} \times 10^{-4}.$$

下面我们给出有效数字的概念.

定义 1.1.1　若近似值 x^* 的误差限不超过某一位的半个单位, 该位到 x^* 的第一位非零数字共有 n 位, 则称 x^* 有n 位有效数字.

如取 $x^* = 3.14$ 作为 π 的近似值, x^* 就有 3 位有效数字; 如取 $x^* = 3.1416$ 作为 π 的近似值, x^* 就有 5 位有效数字.

x^* 有 n 位有效数字可写成如下的标准形式:

$$\begin{aligned} x^* &= \pm 10^m \times (a_1 \times 10^{-1} + a_2 \times 10^{-2} + \cdots + a_n \times 10^{-n}) \\ &= \pm 10^m \times 0.a_1 a_2 \cdots a_n, \end{aligned} \tag{1.1.20}$$

其中, a_1 为 1 到 9 中的某一个数, 而 $a_2, a_3, \cdots, a_n$ 为 0 到 9 中的一个数, m 为正整数. 我们有

$$\left|\mathscr{E}(x)\right| \equiv \left|x^* - x\right| \leqslant \frac{1}{2} \times 10^{m-n}. \tag{1.1.21}$$

此式表明, 当 m 相同的情况下, n 越大则 10^{m-n} 就越小, 故有效数字位数越多, 绝对误差限越小. 由于

$$a_1 \times 10^{m-1} \leqslant \left|x^*\right| \leqslant (a_1+1) \times 10^{m-1},$$

故当 x^* 有 n 位有效数字时,

$$\left|\mathscr{E}_r(x)\right| = \frac{|x^*-x|}{|x^*|} \leqslant \frac{\dfrac{1}{2} \times 10^{m-n}}{a_1 \times 10^{m-1}} = \frac{1}{2a_1} \times 10^{1-n},$$

即

$$\left|\mathscr{E}_r(x)\right| \leqslant \frac{1}{2a_1} \times 10^{1-n}. \tag{1.1.22}$$

这也表明: 有效数字位数越多, 相对误差限越小.

1.2 算法设计中应注意的问题

数值计算需要设计出好的算法. 衡量算法的标准一般有: 算法的稳定性、运算的复杂性、数值结果的精度等. 当这些要求不能同时满足时, 就应根据需要, 权衡利弊, 综合平衡而作抉择.

在数值计算中每一步都可能产生误差. 而解决一个问题往往要经过成千上万次运算, 我们不可能每步都加以分析, 只能从整体上考虑. 下面我们指出在数值计算中, 为控制误差的传播应注意的几个问题.

1. 简化计算步骤, 减少运算次数

减少运算次数, 不仅可以提高计算速度, 而且能减少误差的积累. 例如, 公式

$$\begin{aligned} &ab+ac+ad = a(b+c+d), \\ &ax^3+bx^2+cx+d = ((ax+b)x+c)x+d, \end{aligned}$$

左右两端的值相等, 但每一个公式左右两端的运算次数却是不同的. 前一个公式应用了分配律, 而后一个应用了著名的秦九韶算法. 当上述两公式左端的项数很大时, 差别更加显著. 又如, 计算 x^{255} 的值时, 如果逐个相乘则需要 254 次乘法, 但若采用下面的方法只需 14 次乘法即可.

$$x^{255} = x \cdot x^2 \cdot x^4 \cdot x^8 \cdot x^{16} \cdot x^{32} \cdot x^{64} \cdot x^{128}.$$

2. 避免相接近的两数相减

两个相近的数相减, 由于它们前几位有效数字相同, 相减之后有效数字就减少了好几位, 从而使得相对误差增大. 这种现象称之为*相减相消*. 例如, 考虑

$$x = 0.3721478693, \quad y = 0.3720230572,$$

则

$$x-y=0.0001248121.$$

如果我们在五位十进制计算机上计算, 它们的近似值为

$$x^*=0.37215,\quad y^*=0.37202,$$

$$x^*-y^*=0.00013.$$

这样, x^*-y^* 只有两位有效数字. 相应的相对误差满足

$$\left|\frac{(x^*-y^*)-(x-y)}{x-y}\right|=\left|\frac{0.00013-0.0001248121}{0.0001248121}\right|\approx 4\%.$$

这个相对误差是很大的.

如果遇到两个相接近的数相减时, 通常采用的方法是改变计算公式. 例如, 我们要计算 $1-\cos x$. 如果 x 很小时, 即 $x\approx 0$, 这个计算导致相减相消, 损失有效数字, 但我们有恒等式

$$1-\cos x=2\sin^2\frac{x}{2}.$$

如果我们按上式右边计算, 则可避免这种现象, 从而使误差减小. 类似地, 对于小的 ε, 我们可以把正弦的差化为

$$\sin(x+\varepsilon)-\sin x=2\cos\left(x+\frac{\varepsilon}{2}\right)\sin\frac{\varepsilon}{2}.$$

显然, 按上式右边计算, 误差就比较小, 结果就比较精确.

由于

$$\ln x_1-\ln x_2=\ln\frac{x_1}{x_2},$$

当 x_1 和 x_2 相接近时, 对上式左端进行计算导致相减相消, 而用右端的公式来代替左端计算, 有效数字就不会损失. 另外, 当 $|\delta|\ll x$ 时,

$$\sqrt{x+\delta}-\sqrt{x}=\frac{\delta}{\sqrt{x+\delta}+\sqrt{x}},$$

用右端的公式来代替左端的公式计算, 结果的误差较小. 一般地, 当 $f(x_1)\approx f(x_2)$ 时, 我们可以利用 Taylor 展开式

$$f(x_1)-f(x_2)=f'(x_2)\cdot(x_1-x_2)+\frac{1}{2}f''(x_2)\cdot(x_1-x_2)^2+\cdots$$

取上式右端的有限项来近似代替 $f(x_1)-f(x_2)$.

如果计算公式不易改变, 则可采用增加有效数字位数的方法以减小误差.

3. 防止大数"吃掉"小数

在数值计算过程中, 参加计算的数有时数量级相差很大, 而计算机的位数有限, 如果我们不注意运算次序就可能发生大数"吃掉"小数的现象, 影响计算结果的可靠性. 例如, 在五位十进制计算机上, 计算

$$A = 34215 + \sum_{i=1}^{1000} 0.1.$$

写成标准化形式

$$A = 0.34215 \times 10^5 + \sum_{i=1}^{1000} 0.000001 \times 10^5.$$

在计算机内计算时要对阶. 在五位十进制计算机中对阶时 0.000001×10^5 为 0, 因此

$$\begin{aligned} A &= 0.34215 \times 10^5 + 0.000001 \times 10^5 + \cdots + 0.000001 \times 10^5 \\ &= 0.34215 \times 10^5 = 34215. \end{aligned}$$

计算结果严重失真! 如果在计算时, 先将 $\sum\limits_{i=1}^{1000} 0.1$ 计算出来, 再与 34215 相加, 就不会出现大数"吃掉"小数的现象了.

4. 应避免用绝对值太小的数作除数

由 (1.1.15) 式, 可得

$$\left|\mathscr{E}_r\left(\frac{x_1}{x_2}\right)\right| \leqslant \left|\mathrm{d}\ln\left(\frac{x_1}{x_2}\right)\right| \leqslant \frac{|\mathscr{E}(x_1)|}{|x_1|} + \frac{|\mathscr{E}(x_2)|}{|x_2|}.$$

显然, 当 $|x_2|$ 很小时, $\left|\mathscr{E}_r\left(\dfrac{x_1}{x_2}\right)\right|$ 将很大. 因此, 不宜将绝对值太小的数作除数.

5. 应注意控制误差的积累

在数值计算中, 经常遇到递推公式计算. 当采用递推公式计算时, 由于多次递推, 可能产生误差的积累, 以至于得出错误的结果.

例 1.2.1 计算定积分

$$I_n = \int_0^1 x^n \mathrm{e}^{x-1} \mathrm{d}x, \quad n = 0, 1, \cdots, 9.$$

解 由分部积分法, 易得递推公式

$$I_n = 1 - nI_{n-1}, \quad n = 1, 2, \cdots \tag{1.2.1}$$

容易算出 $I_0=\int_0^1 \mathrm{e}^{x-1}\mathrm{d}x=1-\mathrm{e}^{-1}\approx 0.6321$. 选择迭代公式

$$I_n^*=1-nI_{n-1}^*,\quad I_0^*=0.6321. \tag{1.2.2}$$

由 (1.2.2) 式, 从 I_0^* 出发, 可得 I_1^*, $I_2^*,\cdots$. 计算结果如表 1.2.1 所示.

由 I_n 的表达式易得

(1) $I_n>0,\ n=0,1,\cdots$; (2) $I_n<I_{n-1}$.

但从表 1.2.1 中的计算结果可以看出, $I_6^*<I_7^*$, $I_8^*<I_9^*$ 且 $I_8^*<0$ 均是错误的, 而这里的公式与每一步的计算也是正确的. 之所以出现上述错误的结果, 是因为在计算初值 I_0^* 时就产生了舍入误差 ($I_0=0.632120558\cdots$, 但计算时只取了 4 位数字), 其误差为 0.2056×10^{-4}, 此舍入误差在后面的计算过程中, 不断地传播, 从而导致计算结果失真. 事实上, 由

$$I_n=1-nI_{n-1}\quad(\text{理论递推公式}),$$
$$I_n^*=1-nI_{n-1}^*\quad(\text{实际计算公式}),$$

由此可得

$$\begin{aligned}I_n-I_n^*&=-n(I_{n-1}-I_{n-1}^*)=(-1)^2n(n-1)(I_{n-2}-I_{n-2}^*)\\&=\cdots=(-1)^n n!\cdot(I_0-I_0^*).\end{aligned}$$

上式表明, 若 I_0^* 的误差为 0.2056×10^{-4}, 则 I_n^* 的误差约为 $(n!)\times0.2056\times10^{-4}$, 故计算到 I_9^* 时所产生的误差约为 $(9!)\times0.2056\times10^{-4}$. 可见误差的传播是非常快的.

若将 (1.2.1) 式改为

$$I_{n-1}=\frac{1}{n}\Big(1-I_n\Big) \tag{1.2.3}$$

选择迭代公式

$$I_{n-1}^*=\frac{1}{n}\Big(1-I_n^*\Big),\quad I_{10}^*=0.0833. \tag{1.2.4}$$

计算结果如表 1.2.1 所示 (见表 1.2.1 中右边两列), 此时的计算结果是正确的.

表 1.2.1

递推公式 (1.2.2)		递推公式 (1.2.4)	
n	I_n^*	n	I_n^*
0	0.6321	9	0.0917
1	0.3679	8	0.1009
2	0.2642	7	0.1127
3	0.2074	6	0.1268
4	0.1704	5	0.1455
5	0.1480	4	0.1709
6	0.1120	3	0.2073
7	0.2160	2	0.2642
8	−0.7280	1	0.3679
9	7.5520	0	0.6321

由例 1.2.1 可知, 用不同的算法解决同一数学问题, 初始数据舍入误差的传播速度一般不同, 因此所得的结果可能大不相同, 这就是算法的稳定性问题. 凡一种算法的计算结果受舍入误差的影响较小则称该算法是*数值稳定的*. 因此, 我们在数值计算中, 要选择稳定性好的计算公式, 以确保所得的数值结果足够精确.

另外, 被求解的问题本身也分为好条件问题和坏条件问题. 所谓*好条件问题*就是对于问题给出数据的微小扰动 (误差), 所得到的解的扰动也是微小的; 反之, 则是*坏条件问题*. 例如, 对于求解线性方程组 $\boldsymbol{A}\boldsymbol{x}=\boldsymbol{b}$ 的问题, 若考虑右端项 $\boldsymbol{b}$ 有一个微小的扰动 $\delta\boldsymbol{b}$, 则问题的解也有一个扰动 $\delta\boldsymbol{x}$,

$$\boldsymbol{A}(\boldsymbol{x}+\delta\boldsymbol{x})=\boldsymbol{b}+\delta\boldsymbol{b}.$$

在 2.7 节中我们证明了解的相对误差满足

$$\frac{\|\delta\boldsymbol{x}\|}{\|\boldsymbol{x}\|}\leqslant\|\boldsymbol{A}\|\cdot\|\boldsymbol{A}^{-1}\|\frac{\|\delta\boldsymbol{b}\|}{\|\boldsymbol{b}\|}=\operatorname{cond}(\boldsymbol{A})\frac{\|\delta\boldsymbol{b}\|}{\|\boldsymbol{b}\|}.$$

这表明解 $\boldsymbol{x}$ 的相对扰动与右端项 $\boldsymbol{b}$ 的相对扰动之间的关系依赖于 $\boldsymbol{A}$ 的条件数 $\|\boldsymbol{A}\|\cdot\|\boldsymbol{A}^{-1}\|$. 如果 $\boldsymbol{A}$ 是好条件的 (即 $\boldsymbol{A}$ 的条件数较小), 则解这个线性方程组 $\boldsymbol{A}\boldsymbol{x}=\boldsymbol{b}$ 的问题关于右端项的扰动是稳定的 (或适定的). 如果 $\boldsymbol{A}$ 是坏条件的, 则解这个线性方程组 $\boldsymbol{A}\boldsymbol{x}=\boldsymbol{b}$ 的问题关于右端项的扰动是不稳定的 (或不适定的, 病态的). 对于病态问题, 我们要研究特殊的算法来解决.

习 题 1

1.1 什么是绝对误差、相对误差与有效数字? 它们之间有何关系?

1.2 什么是算法的稳定性? 如何判断一个算法的稳定性? 试举例说明之.

1.3 证明:$\sqrt{x}$ 的相对误差约等于 x 的相对误差的 $\dfrac{1}{2}$.

1.4 证明: 和的绝对误差限不超过各和数绝对误差限之和.

1.5 先化简 $S=\displaystyle\sum_{i=2}^{1000}\frac{1}{i^2-1}$, 再求其值.

1.6 求 $\dfrac{1}{662}-\dfrac{1}{663}$.

1.7 设序列 $\{A_n\}$ 满足递推关系: $A_n=10A_{n-2}$. 若 $A_0=\sqrt{2}\approx1.41$(取 3 位有效数字), 计算 A_{10} 时误差有多大?

1.8 设 $A_0=28$, 按如下递推公式计算 A_n: $A_n=A_{n-1}-\dfrac{1}{100}\sqrt{783}$, $n=1,2,\cdots$. 若取 $\sqrt{783}\approx27.982$(5 位有效数字), 试问计算到 A_{100} 时将有多大的误差?

1.9 设 $f(x)=\ln(x-\sqrt{x^2-1})$, 求 $f(30)$ 的值. 若开平方用 6 位函数表, 求对数时误差有多大? 若改用另一等价公式

$$\ln(x-\sqrt{x^2-1})=-\ln(x+\sqrt{x^2-1})$$

计算, 求对数时误差有多大?

1.10 正方形的边长约为 100 厘米, 问测量时误差最多只能到多少, 才能保证面积的误差不超过 1 平方厘米?

1.11 求方程 $x^2-40x+1=0$ 的两根, 使它们至少具有 4 位有效数字 (已知 $\sqrt{399}\approx 19.975$).

1.12 下列计算 y 的公式中, 哪一个计算的更精确? 为什么?

(1) 已知 $|x|\ll 1$: (i) $y=\dfrac{1}{1+2x}-\dfrac{1-x}{1+x}$; (ii) $y=\dfrac{2x^2}{(1+2x)(1+x)}$.

(2) 已知 $|x|\gg 1$: (i) $y=\dfrac{2}{x\left(\sqrt{x+\dfrac{1}{x}}+\sqrt{x-\dfrac{1}{x}}\right)}$; (ii) $y=\sqrt{x+\dfrac{1}{x}}-\sqrt{x-\dfrac{1}{x}}$.

(3) 已知 $p>0,\ q>0,\ p\gg q$: (i) $y=\dfrac{q^2}{p+\sqrt{p^2+q^2}}$; (ii) $y=-p+\sqrt{p^2+q^2}$.

(4) 已知 $|x|\ll 1$: (i) $y=\dfrac{2\sin^2 x}{x}$; (ii) $y=\dfrac{1-\cos 2x}{x}$.

1.13 已知 $p>0,\ q>0,\ p\gg q$, 计算 $y=-p+\sqrt{p^2+q^2}$.

算法 1: $s=p^2,\ t=s+q^2,\ u=\sqrt{t},\ y=-p+u$;

算法 2: $s=p^2,\ t=s+q^2,\ u=\sqrt{t},\ v=p+u,\ y=\dfrac{q^2}{v}$.

试分析上述两种算法的优劣.

1.14 求定积分 $I_n=\displaystyle\int_0^1\frac{x^n}{4x+1}\mathrm{d}x$ 的近似值, 取 $n=0,1,\cdots,9$.

1.15 设 $P_n(x)=a_0x^n+a_1x^{n-1}+\cdots+a_{n-1}x+a_n$, 试对给定的 x 设计导数 $P_n'(x)$ 的求值算法.

1.16 取 $x_0=1$, 用迭代公式 $x_{k+1}=\dfrac{1}{1+x_k}$ 计算方程 $x^2+x-1=0$ 的正根 $x^*=\dfrac{-1+\sqrt{5}}{2}$, 要求精度 10^{-5}.

1.17* 将题 1.16 迭代前后的值加权平均生成迭代公式

$$x_{k+1}=\omega x_k+(1-\omega)\frac{1}{1+x_k}.$$

试验证, 若取 $\omega=\dfrac{7}{25}$ 则上述公式可改进题 1.16 的收敛速度.

第 2 章 解线性方程组的直接方法

2.1 引 言

在科学和工程计算中, 许多问题的解决最终归结为求解线性方程组

$$\boldsymbol{A}\boldsymbol{x}=\boldsymbol{b}, \tag{2.1.1}$$

其中

$$\boldsymbol{A}=\begin{bmatrix} a_{11} & a_{12} & \cdots & a_{1n} \\ a_{21} & a_{22} & \cdots & a_{2n} \\ \vdots & \vdots & \ddots & \vdots \\ a_{n1} & a_{n2} & \cdots & a_{nn} \end{bmatrix}, \quad \boldsymbol{x}=\begin{bmatrix} x_1 \\ x_2 \\ \vdots \\ x_n \end{bmatrix}, \quad \boldsymbol{b}=\begin{bmatrix} b_1 \\ b_2 \\ \vdots \\ b_n \end{bmatrix}. \tag{2.1.2}$$

例如, 电学中的网络问题, 经济学中的投入与产出问题, 用最小二乘法求实验数据的曲线拟合问题, 工程中的三次样条插值问题, 偏微分方程数值方法中用有限差分方法、有限元方法及边界元法求解偏微分方程边值 (初边值) 问题, 等等.

在实际问题中产生的线性方程组 (2.1.1), 其系数矩阵 $\boldsymbol{A}$ 大致有两种情况, 一种是阶数稍低的稠密矩阵 (此种矩阵的全部元素均需存贮); 另一种是大型稀疏矩阵 (此类矩阵阶数较高, 有较多的零元素, 通常采用压缩存贮, 而不需存贮矩阵的全部元素).

对于线性方程组 (2.1.1), 若 $\boldsymbol{A}$ 非奇异时, Cramer (克拉默) 法则虽然给出了其解 $\boldsymbol{x}^*=(x_1,x_2,\cdots,x_n)$ 的表达式

$$x_i=\frac{D_i}{D}, \quad i=1,2,\cdots,n, \tag{2.1.3}$$

其中 $D=\det(\boldsymbol{A})$, D_i 是用 $\boldsymbol{b}$ 代替 D 中第 i 列所得到的行列式. 这个结果在理论上是非常完善的, 但实际计算并不实用.

若我们用 Cramer 法则来解线性方程组 (2.1.1), 就需要计算 $n+1$ 个 n 阶行列式. 若每个行列式的计算采用子式展开的话, 总共需要计算 $(n+1)\times n!\times(n-1)+n$ 次乘除操作. 当 n 充分大时, 这个计算量是相当惊人的. 例如, 当 $n=20$ 时, 用 Cramer 法则约需要 9.7×10^{20} 次乘除法. 这项计算即使用每秒 3 千亿次的巨型计算机来承担, 也得要连续工作

$$\frac{9.7\times10^{20}}{3\times10^{11}\times60\times60\times24\times365}\approx100(\text{年})$$

才能完成. 由此可知, Cramer 法则求解线性方程组 (2.1.1) 的工作量实在是太大了, 完全不适用在计算机上使用. 因此, 对于线性代数方程组 (2.1.1), 非常有必要寻求一些快速有效的计算方法.

关于线性方程组 (2.1.1) 的解法, 一般可分为如下两类:

(1) 直接法, 即经过有限次的算术运算, 可求得线性方程组 (2.1.1) 的精确解 (假定计算过程中无舍入误差) 的方法. 直接法中最具代表性的就是Gauss (高斯) 消去法, 其他方法都可以看作是 Gauss 消去法的变形. 这类方法是解系数矩阵为稠密矩阵或非结构矩阵 (零元素分布无规律) 线性方程组的有效方法.

(2) 迭代法, 即是用某种极限过程去逐步逼近线性方程组精确解的方法. 它将线性方程组 (2.1.1) 变形为某种迭代公式, 给出初始值 $\boldsymbol{x}^{(0)}$, 用迭代公式得到近似解的序列 $\{\boldsymbol{x}^{(k)}\}$, $k=0,1,\cdots$, 在一定的条件下 $\lim\limits_{k\to+\infty}\boldsymbol{x}^{(k)}=\boldsymbol{x}^*$ (其中 $\boldsymbol{x}^*$ 为 (2.1.1) 式的精确解). 迭代法具有需要计算机存贮单元少, 程序设计简单, 原始系数矩阵在计算过程中保持不变等优点, 但缺点是涉及收敛性条件和收敛速度问题. 迭代法是求解大型稀疏矩阵线性方程组的有效方法.

本章主要介绍解线性方程组的直接方法, 即 Gauss 消去法、矩阵的 LU 分解法、平方根法和三对角矩阵的追赶法等. 解线性方程组的迭代法, 将在第 3 章中单独详细介绍. 记 $M^{m\times n}$ 为所有 $m\times n$ 阶矩阵的全体.

2.2 消 去 法

2.2.1 Gauss 消去法

Gauss 消去法是一个古老的求解线性方程组的直接方法, 但基于 Gauss 消去法的基本思想改进或变形而得到的选主元消去法和三角分解方法, 则是目前计算机上常用的解低阶稠密矩阵线性方程组的有效方法.

1. Gauss 消去法的基本思想

现在, 我们通过一个简单例子, 来介绍 Gauss 消去法的基本思想.

例 2.2.1　用 Gauss 消去法求解线性代数方程组

$$\begin{cases}2x_1+2x_2+2x_3=1, & (2.2.1)\\ 3x_1+2x_2+4x_3=\dfrac{1}{2}, & (2.2.2)\\ x_1+3x_2+9x_3=\dfrac{5}{2}. & (2.2.3)\end{cases}$$

解 第一步: 将方程 (2.2.1) 乘以 $-\frac{3}{2}$ 加到方程 (2.2.2) 上去, 将方程 (2.2.1) 乘以 $-\frac{1}{2}$ 加到方程 (2.2.3) 上去, 则得到与原方程组等价的方程组

$$\begin{cases} 2x_1 + 2x_2 + 2x_3 = \ \ 1, \\ \quad\ - \ x_2 + \ x_3 = -1, & (2.2.4) \\ \qquad\ 2x_2 + 8x_3 = \ \ 2. & (2.2.5) \end{cases}$$

其中方程 (2.2.4) 和 (2.2.5) 已消去了未知数 x_1.

第二步: 将方程 (2.2.4) 乘以 2 加到方程 (2.2.5) 上去, 消去 (2.2.5) 式中的未知数 x_2, 又得到与原方程组等价的三角形方程组

$$\begin{cases} 2x_1 + 2x_2 + 2x_3 = \ \ 1, \\ \quad\ - \ x_2 + \ x_3 = -1, \\ \qquad\qquad\ \ x_3 = \ \ 0. \end{cases} \tag{2.2.6}$$

最后, 由方程组 (2.2.6) 用回代的方法, 立即可求得原方程组的解

$$x_3 = 0, \quad x_2 = 1, \quad x_1 = -\frac{1}{2}.$$

上述消元过程相当于对增广矩阵 $[\boldsymbol{A} \vdots \boldsymbol{b}]$ 作行变换. 若用 r_i 表示增广矩阵 $[\boldsymbol{A} \vdots \boldsymbol{b}]$ 的第 i 行, 交换 i, j 两行记为 $r_i \leftrightarrow r_j$, 第 i 行乘以 k 记为 $k \times r_i$, 第 i 行 k 倍加到第 j 行上记为 $k \times r_i + r_j$ (对列有相应的记号, 只要将 r 改为 c 即可), 则

$$[\boldsymbol{A} \vdots \boldsymbol{b}] = \begin{bmatrix} 2 & 2 & 2 & \vdots & 1 \\ 3 & 2 & 4 & \vdots & \frac{1}{2} \\ 1 & 3 & 9 & \vdots & \frac{5}{2} \end{bmatrix} \underset{-\frac{1}{2}\times r_1 + r_3}{\overset{-\frac{3}{2}\times r_1 + r_2}{\sim}} \begin{bmatrix} 2 & 2 & 2 & \vdots & 1 \\ 0 & -1 & 1 & \vdots & -1 \\ 0 & 2 & 8 & \vdots & 2 \end{bmatrix}$$

$$\overset{2\times r_2 + r_3}{\sim} \begin{bmatrix} 2 & 2 & 2 & \vdots & 1 \\ 0 & -1 & 1 & \vdots & -1 \\ 0 & 0 & 1 & \vdots & 0 \end{bmatrix}.$$

由此可见, 用 Gauss 消去法解线性方程组的基本思想是设法消去方程组 (2.1.1) 的系数矩阵 $\boldsymbol{A}$ 的主对角线下的元素, 而将线性方程组 (2.1.1) 化为等价的上三角形方程组, 然后再通过回代过程便可获得原方程组的解. 下面我们将讨论一般的线性方程组 (2.1.1) 的 Gauss 消去法.

2. Gauss 消去法的计算公式

在讨论 Gauss 消去法之前, 首先记 $\boldsymbol{Ax}=\boldsymbol{b}$ 为 $\boldsymbol{A}^{(1)}\boldsymbol{x}=\boldsymbol{b}^{(1)}$, $\boldsymbol{A}^{(1)}$ 和 $\boldsymbol{b}^{(1)}$ 的元素分别记为 $a_{ij}^{(1)}$ $(i,j=1,2,\cdots,n)$ 和 $b_i^{(1)}$ $(i=1,2,\cdots,n)$.

第一次消元. 此次消元目的在于将增广矩阵 $[\boldsymbol{A}^{(1)}\vdots\,\boldsymbol{b}^{(1)}]$ 的第一列元素除第一个元素不变之外, 其余的全部消为零. 不失一般性, 我们假定 $a_{11}^{(1)}\neq 0$(若 $a_{11}^{(1)}=0$, 我们可以通过 $[\boldsymbol{A}^{(1)}\vdots\,\boldsymbol{b}^{(1)}]$ 的行交换达到此目的), 将增广矩阵 $[\boldsymbol{A}^{(1)}\vdots\,\boldsymbol{b}^{(1)}]$ 的第 i 行减去第 1 行的 $m_{i1}=a_{i1}^{(1)}/a_{11}^{(1)}$ $(i=2,3,\cdots,n)$ 倍, 得到 $\boldsymbol{A}^{(2)}\boldsymbol{x}=\boldsymbol{b}^{(2)}$, 即

$$
[\boldsymbol{A}^{(1)}\vdots\,\boldsymbol{b}^{(1)}]=\begin{bmatrix} a_{11}^{(1)} & a_{12}^{(1)} & \cdots & a_{1n}^{(1)} & b_1^{(1)} \\ a_{21}^{(1)} & a_{22}^{(1)} & \cdots & a_{2n}^{(1)} & b_2^{(1)} \\ \vdots & \vdots & \ddots & \vdots & \vdots \\ a_{n1}^{(1)} & a_{n2}^{(1)} & \cdots & a_{nn}^{(1)} & b_n^{(1)} \end{bmatrix}
$$

$$
\xrightarrow[i=2,3,\cdots,n]{-m_{i1}\times r_1+r_i}\begin{bmatrix} a_{11}^{(1)} & a_{12}^{(1)} & \cdots & a_{1n}^{(1)} & b_1^{(1)} \\ 0 & a_{22}^{(2)} & \cdots & a_{2n}^{(2)} & b_2^{(2)} \\ \vdots & \vdots & \ddots & \vdots & \vdots \\ 0 & a_{n2}^{(2)} & \cdots & a_{nn}^{(2)} & b_n^{(2)} \end{bmatrix}\triangleq[\boldsymbol{A}^{(2)}\vdots\,\boldsymbol{b}^{(2)}],
$$

其中

$$
\begin{aligned}
&m_{i1}=a_{i1}^{(1)}/a_{11}^{(1)},\quad i=2,3,\cdots,n;\\
&a_{ij}^{(2)}=a_{ij}^{(1)}-m_{i1}a_{1j}^{(1)},\quad i,j=2,3,\cdots,n;\\
&a_{i1}^{(2)}=0,\quad i=2,3,\cdots,n;\\
&b_i^{(2)}=b_i^{(1)}-m_{i1}b_1^{(1)},\quad i=2,3,\cdots,n.
\end{aligned}
$$

第 k 次消元 $(2\leqslant k\leqslant n-1)$. 设第 $k-1$ 次消元已完成, 且 $a_{kk}^{(k)}\neq 0$, 此时增广矩阵 $[\boldsymbol{A}^{(k)}\vdots\,\boldsymbol{b}^{(k)}]$ 如下:

$$
[\boldsymbol{A}^{(k)}\vdots\,\boldsymbol{b}^{(k)}]=\begin{bmatrix} a_{11}^{(1)} & a_{12}^{(1)} & \cdots & a_{1k}^{(1)} & \cdots & a_{1n}^{(1)} & b_1^{(1)} \\ & a_{22}^{(2)} & \cdots & a_{2k}^{(2)} & \cdots & a_{2n}^{(2)} & b_2^{(2)} \\ & & \ddots & \vdots & \ddots & \vdots & \vdots \\ & & & a_{kk}^{(k)} & \cdots & a_{kn}^{(k)} & b_k^{(k)} \\ & & & \vdots & \ddots & \vdots & \vdots \\ & & & a_{nk}^{(k)} & \cdots & a_{nn}^{(k)} & b_n^{(k)} \end{bmatrix}.
$$

类似于第 $k-1$ 次消元, 但只改变矩阵 $[\boldsymbol{A}^{(k)} \vdots \boldsymbol{b}^{(k)}]$ 的第 $k+1$ 行至第 n 行, 方法是将矩阵 $[\boldsymbol{A}^{(k)} \vdots \boldsymbol{b}^{(k)}]$ 的第 i $(i=k+1,k+2,\cdots,n)$ 行减去第 k 行的 $m_{ik}=a_{ik}^{(k)}/a_{kk}^{(k)}$ $(i=k+1,k+2,\cdots,n)$ 倍, 其目的是将该矩阵中的第 k 列中 $a_{kk}^{(k)}$ 以下的元素全部消为零, 而 $a_{kk}^{(k)}$ 及其以上的各元素均保持不变, 计算公式如下:

$$
\begin{aligned}
& m_{ik}=a_{ik}^{(k)}/a_{kk}^{(k)}, \quad i=k+1,k+2,\cdots,n; \\
& a_{ij}^{(k+1)}=a_{ij}^{(k)}-m_{ik}a_{kj}^{(k)}, \quad i,j=k+1,k+2,\cdots,n; \\
& a_{ik}^{(k+1)}=0, \quad i=k+1,k+2,\cdots,n; \\
& b_i^{(k+1)}=b_i^{(k)}-m_{ik}b_k^{(k)}, \quad i=k+1,k+2,\cdots,n.
\end{aligned}
$$

只要 $a_{kk}^{(k)}\neq 0, k=1,2,\cdots,n-1$, 上述的消元过程就可以进行下去, 直到经过 $n-1$ 次消元之后, 消元过程便宣告结束. 于是可得

$$
[\boldsymbol{A}^{(n)} \vdots \boldsymbol{b}^{(n)}]=\begin{bmatrix}
a_{11}^{(1)} & a_{12}^{(1)} & \cdots & a_{1n}^{(1)} & b_1^{(1)} \\
 & a_{22}^{(2)} & \cdots & a_{2n}^{(2)} & b_2^{(2)} \\
 & & \ddots & \vdots & \vdots \\
 & & & a_{nn}^{(n)} & b_n^{(n)}
\end{bmatrix}. \tag{2.2.7}
$$

我们得到一个与原线性方程组等价的上三角形线性方程组. 将 (2.1.1) 式对应的 $[\boldsymbol{A} \vdots \boldsymbol{b}]$ 化为 (2.2.7) 式的过程称之为**消元过程**. 只要 $a_{nn}^{(n)}\neq 0$ 就可以回代求解

$$
\begin{cases}
x_n=b_n^{(n)}/a_{nn}^{(n)}, \\
x_i=\left(b_i^{(i)}-\sum\limits_{j=i+1}^{n}a_{ij}^{(i)}x_j\right)/a_{ii}^{(i)}, \quad i=n-1,n-2,\cdots,1.
\end{cases} \tag{2.2.8}
$$

称 (2.2.8) 式的求解过程为**回代过程**. Gauss **消去法**就是由消元过程和回代过程所构成的求解线性方程组的方法, 求解过程可归纳为

(1) 消元计算.

对 $k=1,2,\cdots,n-1$ 做

$$
\left.\begin{aligned}
& m_{ik}=a_{ik}^{(k)}/a_{kk}^{(k)}, \quad i=k+1,k+2,\cdots,n; \\
& a_{ij}^{(k+1)}=a_{ij}^{(k)}-m_{ik}a_{kj}^{(k)}, \quad i,j=k+1,k+2,\cdots,n; \\
& a_{ik}^{(k+1)}=0, \quad i=k+1,k+2,\cdots,n; \\
& b_i^{(k+1)}=b_i^{(k)}-m_{ik}b_k^{(k)}, \quad i=k+1,k+2,\cdots,n.
\end{aligned}\right\} \tag{2.2.9}
$$

(2) 回代计算.

$$\left.\begin{aligned}&x_n = b_n^{(n)}/a_{nn}^{(n)},\\&x_i = \Big(b_i^{(i)} - \sum_{j=i+1}^{n} a_{ij}^{(i)} x_j\Big)/a_{ii}^{(i)},\quad i = n-1, n-2, \cdots, 1.\end{aligned}\right\} \tag{2.2.8}$$

3. Gauss 消去法的基本条件

注意到在 Gauss 消元过程中, 要求 $a_{ii}^{(i)} \neq 0\ (i = 1, 2, \cdots, n-1)$, 回代过程中则进一步要求 $a_{nn}^{(n)} \neq 0$. 然而 $a_{ii}^{(i)} \neq 0\ (i = 1, 2, \cdots, n)$ 这一条件如何反映在原始矩阵 $\boldsymbol{A}$ 上呢? 换句话说, 矩阵 $\boldsymbol{A}$ 在什么条件下才能保证 $a_{ii}^{(i)} \neq 0\ (i = 1, 2, \cdots, n)$? 因为消元过程对矩阵 $\boldsymbol{A}$ 所作的变换是 "将某行乘以某个数加到另一行上" 的初等行变换, 因初等行变换不改变行列式的值, 所以 $\boldsymbol{A}$ 的顺序主子式 $D_i\ (i = 1, 2, \cdots, n)$ 在整个消元过程中是保持不变的. 若 Gauss 消去过程已进行了 $k-1$ 步 (此时应有 $a_{ii}^{(i)} \neq 0,\ i \leqslant k-1$), 这时计算 $\boldsymbol{A}^{(k)}$ 的顺序主子式

$$\begin{aligned}&D_1 = a_{11}^{(1)},\\&D_2 = a_{11}^{(1)} a_{22}^{(2)},\\&\cdots\cdots\\&D_{k-1} = a_{11}^{(1)} a_{22}^{(2)} \cdots a_{k-1,k-1}^{(k-1)},\\&D_k = a_{11}^{(1)} a_{22}^{(2)} \cdots a_{k-1,k-1}^{(k-1)} a_{kk}^{(k)} = \prod_{j=1}^{k} a_{jj}^{(j)}.\end{aligned}$$

显然, 有如下的递推关系:

$$\begin{aligned}&D_1 = a_{11}^{(1)},\\&D_i = D_{i-1} a_{ii}^{(i)},\quad i = 2, 3, \cdots, k.\end{aligned}$$

由此可见

$$a_{ii}^{(i)} \neq 0 \ \text{等价于}\ D_i \neq 0. \tag{2.2.10}$$

由 (2.2.10) 式可知, 若称方程组内依照方程给定的顺序进行消元为*顺序消元*, 则顺序消元过程能够进行到底的充要条件为 $D_i \neq 0, \quad i = 1, 2, \cdots, n-1$; 若要回代过程也可以完成, 还必须加上条件 $D_n = \det(\boldsymbol{A}) \neq 0$. 综上所述, 我们有以下定理.

定理 2.2.1　线性方程组 (2.1.1) 能用顺序 Gauss 消去法求解的充要条件为 $\boldsymbol{A}$ 的各阶顺序主子式均非零. 若在消元过程中允许对方程组的增广矩阵进行行交换, 则线性方程组 (2.1.1) 可用 Gauss 消去法求解的充要条件为系数矩阵 $\boldsymbol{A}$ 非奇异, 即 $\det(\boldsymbol{A}) \neq 0$.

4. Gauss 消去法的计算量

Gauss 消去法是由消元过程和回代过程构成的, 其计算量应为这两部分之和.

(1) 消元过程的计算量.

(i) 系数矩阵约化的工作量. 消元过程的第 k 步 $(k=1,2,\cdots,n-1)$ 的计算量分为

计算乘除法次数: 需要 $n-k$ 次除法运算;

消元: 需作 $(n-k)^2$ 次乘法运算, 同时需作 $(n-k)^2$ 次加法运算.

因此,

消元过程所需的乘除法次数 $s_1=\sum\limits_{k=1}^{n-1}(n-k)^2+\sum\limits_{k=1}^{n-1}(n-k)=\dfrac{n(n^2-1)}{3}$;

加法的次数 $s_2=\sum\limits_{k=1}^{n-1}(n-k)^2=\dfrac{n(n-1)(2n-1)}{6}$.

(ii) 计算 $b_k^{(k)}$ 的工作量. 乘除法次数 $s_3=\sum\limits_{k=1}^{n-1}(n-k)=\dfrac{n(n-1)}{2}$;

加减法次数 $s_4=\sum\limits_{k=1}^{n-1}(n-k)=\dfrac{n(n-1)}{2}$.

(2) 回代过程的计算量. 回代过程中求 x_k 需 $n-k$ 次加减法、$n-k$ 次乘法和 1 次除法, 合计为

乘除法次数 $s_5=\sum\limits_{k=1}^{n}\left[(n-k)+1\right]=\dfrac{n(n+1)}{2}$;

加减法次数 $s_6=\sum\limits_{k=1}^{n-1}(n-k)=\dfrac{n(n-1)}{2}$.

综上分析, 用 Gauss 消去法求解线性方程组 (2.1.1) 的计算量为

乘除法次数

$$\begin{aligned}s_1+s_3+s_5&=\frac{n(n^2-1)}{3}+\frac{n(n-1)}{2}+\frac{n(n+1)}{2}\\&=\frac{n^3}{3}+n^2-\frac{n}{3}\approx\frac{n^3}{3}\quad(\text{当 } n \text{ 较大时}),\end{aligned}$$

加减法次数

$$\begin{aligned}s_2+s_4+s_6&=\frac{n(n-1)(2n-1)}{6}+\frac{n(n-1)}{2}+\frac{n(n-1)}{2}\\&=\frac{n^3}{3}+\frac{n^2}{2}-\frac{5n}{6}\approx\frac{n^3}{3}\quad(\text{当 } n \text{ 较大时}).\end{aligned}$$

由于乘除法运算要比加减法运算占用的机时多得多, 所以我们一般仅统计乘除法次数作为 Gauss 消去法的运算量, 则 Gauss 消去法的运算量约为 $\dfrac{n^3}{3}$ 次.

2.2.2 选主元消去法

用 Gauss 消去法求解线性方程式组 (2.1.1) 时, 虽然 $\boldsymbol{A}$ 为非奇异矩阵, 但可能出现 $a_{kk}^{(k)}=0$ 的情况, 这时必须进行行交换. 在实际计算中, 即使 $a_{kk}^{(k)}\neq 0$, 但其绝对值很小时, 用 $a_{kk}^{(k)}$ 作除数, 会导致中间结果矩阵 $\boldsymbol{A}^{(k)}$ 元素数量级严重增长和舍入误差的扩散, 使得最后的计算结果不可靠.

例 2.2.2 求解线性代数方程组

$$\begin{bmatrix} 0.0001 & 1 \\ 1 & 1 \end{bmatrix}\begin{bmatrix} x_1 \\ x_2 \end{bmatrix}=\begin{bmatrix} 1 \\ 2 \end{bmatrix}.$$

解 容易求得此线性方程组的精确解为 $\boldsymbol{x}^*=(1.00010001, 0.99989999)^{\mathrm{T}}$.

方法 1 用Gauss消去法求解 (用三位浮点数进行计算, 舍入到三位有效数字). 现设使用的计算机为三位浮点数, 方程组的有关数据输入计算机后就成为

$$\left[\begin{array}{cc:c} 0.100\times 10^{-3} & 0.100\times 10^{1} & 0.100\times 10^{1} \\ 0.100\times 10^{1} & 0.100\times 10^{1} & 0.200\times 10^{1} \end{array}\right].$$

消元: 计算得乘子 $m_{21}=\dfrac{0.100\times 10^{1}}{0.100\times 10^{-3}}=10000.$

操作: $-m_{21}\times r_1+r_2$, 得增广矩阵为

$$\left[\begin{array}{cc:c} 0.100\times 10^{-3} & 0.100\times 10^{1} & 0.100\times 10^{1} \\ & -0.100\times 10^{5} & -0.100\times 10^{5} \end{array}\right].$$

回代: $x_2=0.100\times 10^{1}$, $x_1=0.000$. 所得的结果严重失真.

方法 2 先进行行交换后再用 Gauss 消去法求解 (用三位浮点数进行计算, 舍入到三位有效数字). 若将第 1 行与第 2 行交换 (即 $r_1\leftrightarrow r_2$) 得

$$\left[\begin{array}{cc:c} 0.100\times 10^{1} & 0.100\times 10^{1} & 0.200\times 10^{1} \\ 0.100\times 10^{-3} & 0.100\times 10^{1} & 0.100\times 10^{1} \end{array}\right].$$

消元: 计算得乘子 $m_{21}=\dfrac{0.100\times 10^{-3}}{0.100\times 10^{1}}=0.100\times 10^{-3}.$

操作: $-m_{21}\times r_1+r_2$, 得增广矩阵为

$$\left[\begin{array}{cc:c} 0.100\times 10^{1} & 0.100\times 10^{1} & 0.200\times 10^{1} \\ & 0.100\times 10^{1} & 0.100\times 10^{1} \end{array}\right].$$

回代: $x_2=0.100\times 10^{1}$, $x_1=0.100\times 10^{1}$.

方法 1 计算失败的原因, 在于用了一个绝对值很小的数作除数, 导致乘数很大, 引起消元的中间结果数量严重增长, 再进行舍入就导致计算结果不可靠了.

例 2.2.2 表明, 在采用 Gauss 消去法求解线性方程组 (2.1.1) 时, 小主元素可能导致计算失败, 故在消去法中应避免采用绝对值很小的主元素. 对于一般矩阵的线性方程组, 需要引进选主元的技巧, 即在 Gauss 消去法中的每一步应该选取系数矩阵或消元后的低阶矩阵中绝对值最大的元素作为主元素, 保持乘数满足 $|m_{ik}| \leqslant 1$, 从而减少计算过程中舍入误差对计算结果的影响.

例 2.2.2 还表明, 对于同一个数值问题, 用不同的计算方法, 所得结果的精度大不一样. 一个计算方法, 若在它的计算过程中舍入误差得到控制, 对计算结果的影响较小, 则称此方法是*数值稳定的*; 否则, 在计算过程中舍入误差增长迅速, 计算结果受舍入误差影响较大, 则称此方法是*数值不稳定的*. 因此, 我们在求解数值问题时, 应选择和使用数值稳定的计算方法. 如果使用数值不稳定的计算方法, 就可能导致计算的失败.

1. *全主元消去法*

对于线性方程组 (2.1.1), 其系数矩阵 $\boldsymbol{A}$ 是非奇异的. 此方程组的增广矩阵为

$$[\boldsymbol{A}^{(1)} \vdots \boldsymbol{b}^{(1)}] = \begin{bmatrix} a_{11}^{(1)} & a_{12}^{(1)} & \cdots & a_{1n}^{(1)} & b_1^{(1)} \\ a_{21}^{(1)} & a_{22}^{(1)} & \cdots & a_{2n}^{(1)} & b_2^{(1)} \\ \vdots & \vdots & \ddots & \vdots & \vdots \\ a_{n1}^{(1)} & a_{n2}^{(1)} & \cdots & a_{nn}^{(1)} & b_n^{(1)} \end{bmatrix}.$$

第 1 步选主元. 首先在 $\boldsymbol{A}^{(1)}$ 中选主元素, 即选择 i_1, j_1 使

$$\left|a_{i_1,j_1}^{(1)}\right| = \max_{\substack{1\leqslant i\leqslant n\\ 1\leqslant j\leqslant n}} \left|a_{ij}^{(1)}\right| \neq 0.$$

将 $[\boldsymbol{A}^{(1)} \vdots \boldsymbol{b}^{(1)}]$ 的第一行与第 i_1 行交换后, 再将第一列与第 j_1 列交换, 就将 $a_{i_1,j_1}^{(1)}$ 调到 $[\boldsymbol{A}^{(1)} \vdots \boldsymbol{b}^{(1)}]$ 的第一行第一列的位置, 此时所得的增广矩阵仍记为 $[\boldsymbol{A}^{(1)} \vdots \boldsymbol{b}^{(1)}]$, 其元素仍记为 $a_{ij}^{(1)}$ 和 $b_i^{(1)}$, 然后再进行消元计算.

第 k 步选主元 $(k > 1)$. 仿第一步的过程, 假设已完成第 1 步到第 $k-1$ 步的计算, 增广矩阵已化成如下形式:

$$[\boldsymbol{A}^{(k)} \vdots \boldsymbol{b}^{(k)}] = \begin{bmatrix} a_{11}^{(1)} & a_{12}^{(1)} & \cdots & a_{1k}^{(1)} & \cdots & a_{1n}^{(1)} & b_1^{(1)} \\ & a_{22}^{(2)} & \cdots & a_{2k}^{(2)} & \cdots & a_{2n}^{(2)} & b_2^{(2)} \\ & & \ddots & \vdots & \ddots & \vdots & \vdots \\ & & & a_{kk}^{(k)} & \cdots & a_{kn}^{(k)} & b_k^{(k)} \\ & & & \vdots & \ddots & \vdots & \vdots \\ & & & a_{nk}^{(k)} & \cdots & a_{nn}^{(k)} & b_n^{(k)} \end{bmatrix}.$$

在上述增广矩阵的左方框内的主子矩阵中按前述的每一步进行操作. 于是, 第 k 步的计算过程为

(1) 选主元素, 即选择 i_k, j_k 使

$$\left|a_{i_k,j_k}^{(k)}\right| = \max_{\substack{k\leqslant i\leqslant n\\ k\leqslant j\leqslant n}} \left|a_{ij}^{(k)}\right| \neq 0.$$

(2) 作如下的交换处理:

若 $i_k \neq k$, 对 $[\boldsymbol{A}^{(k)} \vdots \boldsymbol{b}^{(k)}]$ 作行交换, 即

$$a_{kj}^{(k)} \Leftrightarrow a_{i_k,j}^{(k)},\ (k \leqslant j \leqslant n);\quad b_k^{(k)} \Leftrightarrow b_{i_k}^{(k)}.$$

若 $j_k \neq k$, 对 $[\boldsymbol{A}^{(k)} \vdots \boldsymbol{b}^{(k)}]$ 作列交换, 即

$$a_{ik}^{(k)} \Leftrightarrow a_{i,j_k}^{(k)}\quad (1 \leqslant i \leqslant n).$$

(3) 消元计算.

$$\begin{aligned}
&m_{ik} = a_{ik}^{(k)}/a_{kk}^{(k)},\ \ i = k+1, k+2, \cdots, n,\\
&a_{ij}^{(k+1)} = a_{ij}^{(k)} - m_{ik}a_{kj}^{(k)},\ \ i,j = k+1, k+2, \cdots, n,\\
&b_i^{(k+1)} = b_i^{(k)} - m_{ik}b_k^{(k)},\ \ i = k+1, k+2, \cdots, n.
\end{aligned}$$

(对 $k = 1, 2, \cdots, n-1$ 经过上述过程 (1)~(3), 可将线性方程组 (2.1.1) 的增广矩阵 $[\boldsymbol{A}^{(1)} \vdots \boldsymbol{b}^{(1)}]$ 化为

$$[\boldsymbol{A}^{(n)} \vdots \boldsymbol{b}^{(n)}] = \begin{bmatrix} a_{11}^{(1)} & a_{12}^{(1)} & \cdots & a_{1n}^{(1)} & b_1^{(1)} \\ & a_{22}^{(2)} & \cdots & a_{2n}^{(2)} & b_2^{(2)} \\ & & \ddots & \vdots & \vdots \\ & & & a_{nn}^{(n)} & b_n^{(n)} \end{bmatrix}.$$

值得注意的是, 在全主元消去过程中, 列的交换改了 $\boldsymbol{x}$ 各分量的顺序. 故必须在每一次列交换的同时, 记录调换后未知数的排列次序. 未知数 $x_1, x_2, \cdots, x_n$ 调换次序后记为 $y_1, y_2, \cdots, y_n$. 我们应当设置一个一维数组专门用来存贮未知数的次序.)

(4) 回代求解.

经过 $n-1$ 次选主元, 交换两行和两列, 消元计算, 原线性方程组 (2.1.1) 就化为

$$\begin{bmatrix} a_{11}^{(1)} & a_{12}^{(1)} & \cdots & a_{1n}^{(1)} \\ & a_{22}^{(2)} & \cdots & a_{2n}^{(2)} \\ & & \ddots & \vdots \\ & & & a_{nn}^{(n)} \end{bmatrix} \begin{bmatrix} y_1 \\ y_2 \\ \vdots \\ y_n \end{bmatrix} = \begin{bmatrix} b_1^{(1)} \\ b_2^{(2)} \\ \vdots \\ b_n^{(n)} \end{bmatrix}.$$

回代求解

$$y_n = b_n^{(n)}/a_{nn}^{(n)},$$
$$y_i = \Big(b_i^{(i)} - \sum_{j=i+1}^{n} a_{ij}^{(i)} y_j\Big)/a_{ii}^{(i)}, \quad i = n-1, n-2, \cdots, 1.$$

综上所述, 全主元消去法具体的操作过程: 选主元素 → 交换行和列, 记录未知数的次序 → 消元 →(消元结束后) 回代求解 → 调整未知数的次序.

设置一维数组 od(n) 存放未知数的次序, 全主元消去法的算法实现如下.

全主元消去法的算法实现步骤

步 1. 输入必要的数据: a_{ij} $(i,j=1,2,\cdots,n)$ 和 b_i $(i=1,2,\cdots,n)$.

步 2. 对 $i=1,2,\cdots,n$: $\mathrm{od}(i) \Leftarrow i$.

对 $k=1,2,\cdots,n-1$ 做到步 7

步 3. 选主元素: $|a_{i_k j_k}| = \max\limits_{k\leqslant i,j\leqslant n} |a_{ij}|$.

步 4. 若 $a_{i_k j_k}=0$, 则输出"矩阵 $\boldsymbol{A}$ 奇异", 停机.

步 5. (i) 若 $i_k = k$, 则转 (ii); 否则

$$a_{kj} \Leftrightarrow a_{i_k j}, \ (j=k,k+1,\cdots,n); \qquad b_k \Leftrightarrow b_{i_k}.$$

(ii) 若 $j_k = k$, 则转到步 6; 否则

$$a_{ik} \Leftrightarrow a_{ij_k}, \ (i=1,2,\cdots,n); \qquad \mathrm{od}(k) \Leftrightarrow \mathrm{od}(j_k).$$

步 6. 计算乘子: $m_{ik} = a_{ik}/a_{kk}, \ i=k+1,k+2,\cdots,n.$

步 7. 消元计算

$$a_{ij} \Leftarrow a_{ij} - m_{ik}a_{kj}, \quad i,j=k+1,k+2,\cdots,n;$$
$$b_i \Leftarrow b_i - m_{ik}b_k, \quad i=k+1,k+2,\cdots,n.$$

步 8. 回代求解

$$b_n \Leftarrow b_n/a_{nn},$$
$$b_i \Leftarrow \Big(b_i - \sum_{j=i+1}^{n} a_{ij}x_j\Big)/a_{ii}, \quad i=n-1,n-2,\cdots,1.$$

步 9. 调整未知数的次序 (按 (i) → (ii) 次序进行)

(i) 对 $i=1,2,\cdots,n$: $a_{1\mathrm{od}(i)} \Leftarrow b_i$; (ii) 对 $i=1,2,\cdots,n$: $b_i \Leftarrow a_{1i}$.

步 10. 输出方程组的解: $x = (b_1, \ b_2, \ \cdots, \ b_n)^{\mathrm{T}}$, 停机.

例 2.2.3 用全主元消去法求解线性代数方程组

$$\begin{bmatrix} 1 & 2 & 3 \\ 5 & 4 & 10 \\ 3 & -0.1 & 1 \end{bmatrix}\begin{bmatrix} x_1 \\ x_2 \\ x_3 \end{bmatrix} = \begin{bmatrix} 1 \\ 0 \\ 2 \end{bmatrix}.$$

解 应用全主元消去法时, 增广矩阵的演化过程如下:

$$\begin{array}{c} \begin{matrix} x_1 & x_2 & x_3 & \boldsymbol{b} \end{matrix} \\ \begin{bmatrix} 1 & 2 & 3 & 1 \\ 5 & 4 & \boxed{10} & 0 \\ 3 & -0.1 & 1 & 2 \end{bmatrix} \end{array} \underset{\substack{r_1 \leftrightarrow r_2 \\ c_1 \leftrightarrow c_3}}{\xrightarrow{\text{选主元}}} \begin{array}{c} \begin{matrix} x_3 & x_2 & x_1 & \boldsymbol{b} \end{matrix} \\ \begin{bmatrix} \boxed{10} & 4 & 5 & 0 \\ 3 & 2 & 1 & 1 \\ 1 & -0.1 & 3 & 2 \end{bmatrix} \end{array} \xrightarrow{\text{消元}} \begin{array}{c} \begin{matrix} x_3 & x_2 & x_1 & \boldsymbol{b} \end{matrix} \\ \begin{bmatrix} \boxed{10} & 4 & 5 & 0 \\ 0 & 0.8 & -0.5 & 1 \\ 0 & -0.5 & \boxed{2.5} & 2 \end{bmatrix} \end{array}$$

$$\underset{\substack{r_2 \leftrightarrow r_3 \\ c_2 \leftrightarrow c_3}}{\xrightarrow{\text{选主元}}} \begin{array}{c} \begin{matrix} x_3 & x_1 & x_2 & \boldsymbol{b} \end{matrix} \\ \begin{bmatrix} \boxed{10} & 4 & 5 & 0 \\ 0 & \boxed{2.5} & -0.5 & 2 \\ 0 & -0.5 & 0.8 & 1 \end{bmatrix} \end{array} \xrightarrow{\text{消元}} \begin{array}{c} \begin{matrix} x_3 & x_1 & x_2 & \boldsymbol{b} \end{matrix} \\ \begin{bmatrix} \boxed{10} & 4 & 5 & 0 \\ 0 & \boxed{2.5} & -0.5 & 2 \\ 0 & 0 & 0.7 & 1.4 \end{bmatrix} \end{array}$$

$$\xrightarrow{\text{回代}} \begin{array}{c} \begin{matrix} x_3 & x_1 & x_2 & \boldsymbol{b} \end{matrix} \\ \begin{bmatrix} 1 & 0 & 0 & -1.4 \\ 0 & 1 & 0 & 1.2 \\ 0 & 0 & 1 & 2 \end{bmatrix} \end{array} \underset{b_i \to a_{1\mathrm{od}(i)}}{\xrightarrow{\text{调整未知数顺序}}} \begin{array}{c} \begin{matrix} x_1 & x_2 & x_3 \end{matrix} \\ \begin{bmatrix} 1.2 & 2.0 & -1.4 \\ & & \\ & & \end{bmatrix} \end{array} \xrightarrow{a_{1i} \to x_i} \begin{bmatrix} 1.2 \\ 2.0 \\ -1.4 \end{bmatrix} \begin{matrix} x_1 \\ x_2 \\ x_3 \end{matrix}$$

由此可得原方程组的解为 $\boldsymbol{x} = (1.2, 2.0, -1.4)^{\mathrm{T}}$.

注意: 此例的全选主元过程中, 存在下面的操作

$k = 1$ 时, $i_k = 2$, $j_k = 3$, $\mathrm{od}(1) = 1$, $\mathrm{od}(3) = 3$, 在进行 $\mathrm{od}(1) \leftrightarrow \mathrm{od}(3)$ 之后, $\mathrm{od}(1) = 3$, $\mathrm{od}(3) = 1$;

$k = 2$ 时, $i_k = 3$, $j_k = 3$, $\mathrm{od}(2) = 2$, $\mathrm{od}(3) = 1$, 在进行 $\mathrm{od}(2) \leftrightarrow \mathrm{od}(3)$ 之后, $\mathrm{od}(2) = 1$, $\mathrm{od}(3) = 2$. 选主元结束后, 有 $\mathrm{od}(1) = 3$, $\mathrm{od}(2) = 1$, $\mathrm{od}(3) = 2$.

2. 列主元消去法

列主元消去法即是在每次选主元时, 仅依次按列选取绝对值最大的元素作为主元素, 且只交换两行 (这里不需进行列交换), 再进行消元计算.

对于线性方程组 (2.1.1), 其系数矩阵 $\boldsymbol{A}$ 是非奇异的. 此方程组的增广矩阵为

$$[\boldsymbol{A}^{(1)} \vdots \boldsymbol{b}^{(1)}] = \begin{bmatrix} a_{11}^{(1)} & a_{12}^{(1)} & \cdots & a_{1n}^{(1)} & b_1^{(1)} \\ a_{21}^{(1)} & a_{22}^{(1)} & \cdots & a_{2n}^{(1)} & b_2^{(1)} \\ \vdots & \vdots & \ddots & \vdots & \vdots \\ a_{n1}^{(1)} & a_{n2}^{(1)} & \cdots & a_{nn}^{(1)} & b_n^{(1)} \end{bmatrix}.$$

首先, 在 $\boldsymbol{A}^{(1)}$ 的第一列中取绝对值最大的元素作主元, 即确定 i_1, 使

$$\left|a_{i_1 1}^{(1)}\right| = \max_{1 \leqslant i \leqslant n} \left|a_{i1}^{(1)}\right| \neq 0.$$

若 $i_1 \neq 1$, 则交换 $[\boldsymbol{A}^{(1)} \vdots \boldsymbol{b}^{(1)}]$ 的第 1 行与第 i_1 行, 并作第一次消元计算, 即得

$$[\boldsymbol{A}^{(1)}\vdots\boldsymbol{b}^{(1)}]\xrightarrow[\substack{-m_{i1}\times r_1+r_i\\ i=2,3,\cdots,n}]{\substack{\text{选主元}\\ \overbrace{r_1\leftrightarrow r_{i_1}}}}[\boldsymbol{A}^{(2)}\vdots\boldsymbol{b}^{(2)}]=\begin{bmatrix} a_{11}^{(1)} & a_{12}^{(1)} & \cdots & a_{1n}^{(1)} & b_1^{(1)} \\ 0 & a_{22}^{(2)} & \cdots & a_{2n}^{(2)} & b_2^{(2)} \\ \vdots & \vdots & \ddots & \vdots & \vdots \\ 0 & a_{n2}^{(2)} & \cdots & a_{nn}^{(2)} & b_n^{(2)} \end{bmatrix}.$$

其中 $m_{i1}=a_{i1}^{(1)}/a_{11}^{(1)},\ i=2,3,\cdots,n$.

重复上述过程, 假设已完成第 $k-1$ 次消元 $(1\leqslant k\leqslant n)$, 此时原方程组变为 $\boldsymbol{A}^{(k)}\boldsymbol{x}=\boldsymbol{b}^{(k)}$, 其增广矩阵具有如下形式:

$$[\boldsymbol{A}^{(k)}\vdots\boldsymbol{b}^{(k)}]=\begin{bmatrix} a_{11}^{(1)} & a_{12}^{(1)} & \cdots & a_{1k}^{(1)} & \cdots & a_{1n}^{(1)} & b_1^{(1)} \\ & a_{22}^{(2)} & \cdots & a_{2k}^{(2)} & \cdots & a_{2n}^{(2)} & b_2^{(2)} \\ & & \ddots & \vdots & \ddots & \vdots & \vdots \\ & & & \boxed{a_{kk}^{(k)}} & \cdots & a_{kn}^{(k)} & b_k^{(k)} \\ & & & \vdots & \ddots & \vdots & \vdots \\ & & & a_{nk}^{(k)} & \cdots & a_{nn}^{(k)} & b_n^{(k)} \end{bmatrix}.$$

在进行第 k 次消元之前, 先进行选主元与行交换操作: 在方框内的诸元素 $a_{ik}^{(k)}$ $(i=k,k+1,\cdots,n)$ 中选出绝对值最大者, 即确定 i_k, 使

$$\left|a_{i_k k}^{(k)}\right|=\max_{k\leqslant i\leqslant n}\left|a_{ik}^{(k)}\right|\neq 0.$$

若 $i_k\neq k$, 则交换 $[\boldsymbol{A}^{(k)}\vdots\boldsymbol{b}^{(k)}]$ 的第 k 行与第 i_k 行, 即

$$a_{kj}^{(k)}\Leftrightarrow a_{i_k,j}^{(k)},\quad k\leqslant j\leqslant n;\quad b_k^{(k)}\Leftrightarrow b_{i_k}^{(k)}.$$

然后进行消元, 消元计算如下:

$$\begin{aligned} m_{ik}&=a_{ik}^{(k)}/a_{kk}^{(k)},\quad i=k+1,k+2,\cdots,n,\\ a_{ij}^{(k+1)}&=a_{ij}^{(k)}-m_{ik}a_{kj}^{(k)},\quad i,j=k+1,k+2,\cdots,n,\\ b_i^{(k+1)}&=b_i^{(k)}-m_{ik}b_k^{(k)},\quad i=k+1,k+2,\cdots,n. \end{aligned}$$

选主元, 交换两行和消元计算这种过程如此进行下去, 直至 $k=n-1$ 时为止. 回代求解

$$\left.\begin{aligned} x_n&=b_n^{(n)}/a_{nn}^{(n)},\\ x_i&=\Big(b_i^{(i)}-\sum_{j=i+1}^{n}a_{ij}^{(i)}x_j\Big)/a_{ii}^{(i)},\quad i=n-1,n-2,\cdots,1. \end{aligned}\right\}$$

综上所述, 列主元消去法具体的操作过程: 选列主元素 → 交换行 → 消元 →(消元结束后) 回代求解. 列主元消去法的算法实现如下.

列主元消去的算法实现步骤

步 1. 输入必要的数据: $a_{ij}\ (i,j=1,2,\cdots,n)$ 和 $b_i\ (i=1,2,\cdots,n)$.

对 $k=1,2,\cdots,n-1$ 做到步 6.

步 2. 按列选主元素: $|a_{i_k k}|=\max\limits_{k\leqslant i\leqslant n}|a_{ik}|$.

步 3. 若 $a_{i_k k}=0$, 则输出 “矩阵 $\boldsymbol{A}$ 奇异”, 停机.

步 4. 若 $i_k=k$, 则转步 5; 否则

$$a_{kj}\Leftrightarrow a_{i_k j},\ (j=k,k+1,\cdots,n);\quad b_k\Leftrightarrow b_{i_k}.$$

步 5. 计算乘子: $m_{ik}=a_{ik}/a_{kk},\quad i=k+1,k+2,\cdots,n.$

步 6. 消元计算

$$a_{ij}\Leftarrow a_{ij}-m_{ik}a_{kj},\quad i,j=k+1,k+2,\cdots,n;$$

$$b_i\Leftarrow b_i-m_{ik}b_k,\quad i=k+1,k+2,\cdots,n.$$

步 7. 回代求解

$$b_n\Leftarrow b_n/a_{nn},$$

$$b_i\Leftarrow\Big(b_i-\sum_{j=i+1}^{n}a_{ij}x_j\Big)/a_{ii},\quad i=n-1,n-2,\cdots,1.$$

步 8. 输出方程组的解: $\boldsymbol{x}=\big(b_1,\ b_2,\ \cdots,\ b_n\big)^{\mathrm{T}}$, 停机.

例 2.2.4　用列主元消去法求解线性代数方程组

$$\begin{bmatrix}0.729&0.810&0.900\\1.000&1.000&1.000\\1.331&1.210&1.100\end{bmatrix}\begin{bmatrix}x_1\\x_2\\x_3\end{bmatrix}=\begin{bmatrix}0.6867\\0.8338\\1.0000\end{bmatrix}.$$

解　此方程组的精确解 (舍入值) 为 $\boldsymbol{x}=(0.2245,0.2814,0.3279)^{\mathrm{T}}$.

$$\begin{bmatrix}0.729&0.810&0.900&0.6867\\1.000&1.000&1.000&0.8338\\\boxed{1.331}&1.210&1.100&1.0000\end{bmatrix}\xrightarrow[r_1\leftrightarrow r_3]{\text{选列主元}}\begin{bmatrix}\boxed{1.331}&1.210&1.100&1.0000\\0.729&0.810&0.900&0.6867\\1.000&1.000&1.000&0.8338\end{bmatrix}$$

$$\xrightarrow{\text{消元}}\begin{bmatrix}\boxed{1.331}&1.210&1.100&1.0000\\0&0.091&0.174&0.9825\\0&\boxed{0.147}&0.298&0.1390\end{bmatrix}\xrightarrow[r_2\leftrightarrow r_3]{\text{选列主元}}\begin{bmatrix}\boxed{1.331}&1.210&1.100&1.0000\\0&\boxed{0.147}&0.298&0.1390\\0&0.091&0.174&0.9825\end{bmatrix}$$

$$\xrightarrow{\text{消元}}\begin{bmatrix}\boxed{1.331}&1.210&1.100&1.0000\\0&\boxed{0.147}&0.298&0.1390\\0&0&-0.010&-0.00328\end{bmatrix}\xrightarrow{\text{回代}}\begin{bmatrix}1&0&0&0.2246\\0&1&0&0.2812\\0&0&1&0.3280\end{bmatrix}.$$

由此可得原方程组的解为 $\boldsymbol{x}=(0.2246,0.2812,0.3280)^{\mathrm{T}}$, 此结果还是较准确的.

2.3 矩阵的 LU 分解法

对于方阵 $\boldsymbol{A}$, 若能够求出下三角方阵 $\boldsymbol{L}$ 和上三角方阵 $\boldsymbol{U}$, 使得 $\boldsymbol{A}=\boldsymbol{L}\boldsymbol{U}$, 则称对方阵 $\boldsymbol{A}$ 进行了**三角分解**, 三角分解也称为LU **分解**.

若 $\boldsymbol{L}$ 是单位下三角方阵, 且它的主对角线左下角元素均是求解线性方程组 (2.1.1) 消元过程中使用的乘数, 并按消元过程的方式排列, 则称 $\boldsymbol{L}$ 为消元过程的**乘数矩阵**.

假定 2.2 节中的 Gauss 消去法的消元过程中的主元素 $a_{kk}^{(k)}\neq 0\ (k=1,2,\cdots,n-1)$. 从矩阵运算的角度来看, 对 $\boldsymbol{A}$ 施行一次初等行变换相当于用一个初等变换矩阵左乘于 $\boldsymbol{A}$. 于是, 第 1 步 Gauss 消去过程

$$\boldsymbol{A}^{(1)}\boldsymbol{x}=\boldsymbol{b}^{(1)}\longrightarrow\boldsymbol{A}^{(2)}\boldsymbol{x}=\boldsymbol{b}^{(2)},$$

其中

$$\boldsymbol{L}_1\boldsymbol{A}^{(1)}=\boldsymbol{A}^{(2)},\ \ \boldsymbol{L}_1\boldsymbol{b}^{(1)}=\boldsymbol{b}^{(2)},\ \ \boldsymbol{L}_1=\begin{bmatrix}1 & & & \\ -m_{21} & 1 & & \\ \vdots & & \ddots & \\ -m_{n1} & & & 1\end{bmatrix}.$$

第 k 步 Gauss 消去过程

$$\boldsymbol{A}^{(k)}\boldsymbol{x}=\boldsymbol{b}^{(k)}\longrightarrow\boldsymbol{A}^{(k+1)}\boldsymbol{x}=\boldsymbol{b}^{(k+1)},\tag{2.3.1}$$

其中

$$\boldsymbol{L}_k\boldsymbol{A}^{(k)}=\boldsymbol{A}^{(k+1)},\ \ \boldsymbol{L}_k\boldsymbol{b}^{(k)}=\boldsymbol{b}^{(k+1)},\ \ k=1,2,\cdots,n-1,$$

$$\boldsymbol{L}_k=\begin{bmatrix}1 & & & & & & \\ & \ddots & & & & & \\ & & 1 & & & & \\ & & -m_{k+1,k} & 1 & & & \\ & & -m_{k+2,k} & & 1 & & \\ & & \vdots & & & \ddots & \\ & & -m_{nk} & & & & 1\end{bmatrix}\ (k\ 列),\ \boldsymbol{L}_k^{-1}=\begin{bmatrix}1 & & & & & & \\ & \ddots & & & & & \\ & & 1 & & & & \\ & & m_{k+1,k} & 1 & & & \\ & & m_{k+2,k} & & 1 & & \\ & & \vdots & & & \ddots & \\ & & m_{nk} & & & & 1\end{bmatrix}\ (k\ 列).$$

利用 (2.3.1) 式, 则有

$$
\begin{aligned}
&\boldsymbol{L}_{n-1}\boldsymbol{L}_{n-2}\cdots\boldsymbol{L}_2\boldsymbol{L}_1\boldsymbol{A}^{(1)}=\boldsymbol{A}^{(n)}\triangleq\boldsymbol{U},\\
&\boldsymbol{L}_{n-1}\boldsymbol{L}_{n-2}\cdots\boldsymbol{L}_2\boldsymbol{L}_1\boldsymbol{b}^{(1)}=\boldsymbol{b}^{(n)}.
\end{aligned}
\tag{2.3.2}
$$

由 (2.3.2) 式, 可得

$$
\boldsymbol{A}=\boldsymbol{A}^{(1)}=\boldsymbol{L}_{n-1}^{-1}\boldsymbol{L}_{n-2}^{-1}\cdots\boldsymbol{L}_2^{-1}\boldsymbol{L}_1^{-1}\boldsymbol{U}=\boldsymbol{L}\boldsymbol{U},\tag{2.3.3}
$$

其中

$$
\boldsymbol{L}=\begin{bmatrix}1&&&&\\ m_{21}&1&&&\\ m_{31}&m_{32}&1&&\\ \vdots&\vdots&\vdots&\ddots&\\ m_{n1}&m_{n2}&\cdots&m_{n,n-1}&1\end{bmatrix},\quad
\boldsymbol{U}=\begin{bmatrix}a_{11}^{(1)}&a_{12}^{(1)}&\cdots&a_{1,n-1}^{(1)}&a_{1n}^{(1)}\\ &a_{22}^{(2)}&\cdots&a_{2,n-1}^{(2)}&a_{2n}^{(2)}\\ &&\ddots&\vdots&\vdots\\ &&&a_{n-1,n-1}^{(n-1)}&a_{n-1,n}^{(n-1)}\\ &&&&a_{nn}^{(n)}\end{bmatrix}.
$$

$\boldsymbol{L}$ 为由乘数所构成的单位下三角矩阵, $\boldsymbol{U}$ 为上三角矩阵. (2.3.3) 式表明, 用矩阵理论来分析 Gauss 消去法, 得到一个重要结果, 即在 $a_{kk}^{(k)}\neq 0\ (k=1,2,\cdots,n-1)$ 条件下, Gauss 消去法实质上是将 $\boldsymbol{A}$ 分解为两个三角矩阵的乘积, 即 $\boldsymbol{A}=\boldsymbol{L}\boldsymbol{U}$. 因而, 由定理 2.2.1 有下列结论.

定理 2.3.1 (矩阵的三角分解)　设 $\boldsymbol{A}\in M^{n\times n}$. 若 $\boldsymbol{A}$ 的各阶顺序主子式均非零, 则 $\boldsymbol{A}$ 可唯一分解为一个单位下三角矩阵和一个上三角矩阵之积, 即 $\boldsymbol{A}=\boldsymbol{L}\boldsymbol{U}$.

证明　定理中分解的存在性可由前述的分析直接得到, 下证明分解的唯一性. 设有分解

$$
\boldsymbol{A}=\boldsymbol{L}\boldsymbol{U}=\boldsymbol{L}^*\boldsymbol{U}^*,\tag{2.3.4}
$$

其中 $\boldsymbol{L},\boldsymbol{L}^*$ 为单位下三角矩阵, $\boldsymbol{U},\boldsymbol{U}^*$ 为上三角矩阵. 由假设条件, 可知 $\boldsymbol{U}^*$ 可逆. 于是, 由 (2.3.4) 式可得

$$
\boldsymbol{L}^{-1}\boldsymbol{L}^*=\boldsymbol{U}\boldsymbol{U}^{*-1}.\tag{2.3.5}
$$

(2.3.5) 式的右边为上三角矩阵, 而左边为单位下三角矩阵, 所以必有

$$
\boldsymbol{L}^{-1}\boldsymbol{L}^*=\boldsymbol{U}\boldsymbol{U}^{*-1}=\boldsymbol{I}\quad(\boldsymbol{I}\ \text{为单位矩阵}).
$$

即

$$
\boldsymbol{L}=\boldsymbol{L}^*,\quad \boldsymbol{U}=\boldsymbol{U}^*.
$$

证毕

上述矩阵$\boldsymbol{A}$的LU分解又称为Doolittle 分解. 下面我们再给出求矩阵 $\boldsymbol{A}$ 的 LU 分解的另一种方法, 并由此给出线性方程组 (2.1.1) 用 LU 分解法求解的具体算法.

设 $\boldsymbol{A}=\boldsymbol{L}\boldsymbol{U}$, 其中

$$\boldsymbol{L}=\begin{bmatrix}1 & & & & \\ \ell_{21} & 1 & & & \\ \ell_{31} & \ell_{32} & 1 & & \\ \vdots & \vdots & \vdots & \ddots & \\ \ell_{n1} & \ell_{n2} & \cdots & \ell_{n,n-1} & 1\end{bmatrix},\quad \boldsymbol{U}=\begin{bmatrix}u_{11} & u_{12} & \cdots & u_{1,n-1} & u_{1n} \\ & u_{22} & \cdots & u_{2,n-1} & u_{2n} \\ & & \ddots & \vdots & \vdots \\ & & & u_{n-1,n-1} & u_{n-1,n} \\ & & & & u_{nn}\end{bmatrix}.$$

由矩阵乘法, 有

$$a_{1j}=u_{1j},\quad j=1,2,\cdots,n;$$

$$a_{i1}=\ell_{i1}u_{11},\quad i=2,3,\cdots,n.$$

从而

$$u_{1j}=a_{1j},\quad j=1,2,\cdots,n; \tag{2.3.6}$$

$$\ell_{i1}=a_{i1}/u_{11},\quad i=2,3,\cdots,n. \tag{2.3.7}$$

这样我们就求出了 $\boldsymbol{L}$ 的第一列 ($\ell_{11}=1$) 和 $\boldsymbol{U}$ 的第一行的元素. 假定我们已求出 $\boldsymbol{L}$ 的第 k 列 ($\ell_{kk}=1$) 和 $\boldsymbol{U}$ 的第 k 行的元素, 利用矩阵的乘法, 可得

$$a_{kj}=\sum_{p=1}^{n}\ell_{kp}u_{pj}=\sum_{p=1}^{k-1}\ell_{kp}u_{pj}+u_{kj},\quad k\leqslant j\ \ (\text{因当 } k<p \text{ 时}, \ell_{kp}=0);$$

$$a_{ik}=\sum_{p=1}^{n}\ell_{ip}u_{pk}=\sum_{p=1}^{k-1}\ell_{ip}u_{pk}+\ell_{ik}u_{kk},\quad i\geqslant k+1.$$

从而可得

$$u_{kj}=a_{kj}-\sum_{p=1}^{k-1}\ell_{kp}u_{pj},\quad j=k,k+1,\cdots,n; \tag{2.3.8}$$

$$\ell_{ik}=\left(a_{ik}-\sum_{p=1}^{k-1}\ell_{ip}u_{pk}\right)/u_{kk},\quad i=k+1,k+2,\cdots,n, \text{且 } k\neq n. \tag{2.3.9}$$

至此, 我们可以得到矩阵 $\boldsymbol{A}$ 的 LU 分解. 应用此分解来求线性方程组 (2.1.1), 即

$$\boldsymbol{A}\boldsymbol{x}=\boldsymbol{b}\ \text{ 等价于 }\ \boldsymbol{L}\boldsymbol{U}\boldsymbol{x}=\boldsymbol{b} \tag{2.3.10}$$

等价于求解两个三角形线性方程组:

(1) 求解下三角线性方程组 $\boldsymbol{L}\boldsymbol{y}=\boldsymbol{b}$, 得 $\boldsymbol{y}$;

(2) 求解上三角线性方程组 $\boldsymbol{U}\boldsymbol{x}=\boldsymbol{y}$, 得 $\boldsymbol{x}$.

Doolittle 分解法约需 $\dfrac{n^3}{3}$ 次乘除法运算, 与 Gauss 消去法的计算量基本相同. 但

用此分解法解具有相同系数而右端向量 $\boldsymbol{b}$ 不同的线性方程组 $\boldsymbol{AX}=(\boldsymbol{b}_1,\cdots,\boldsymbol{b}_m)$时，则非常方便. 每解一个线性方程组 $\boldsymbol{Ax}=\boldsymbol{b}_j\ (j=1,2,\cdots,m)$, 仅需要增加 n^2 次乘法运算. 另外, 用此分解法很容易计算矩阵 $\boldsymbol{A}$ 的行列式的值, 即 $\det(\boldsymbol{A})=\det(\boldsymbol{U})=\prod\limits_{i=1}^{n}u_{ii}$.

综上所述, 用矩阵的 LU 分解来求线性方程组 (2.1.1) 的算法如下.

用 LU 分解求线性方程组的算法实现步骤

步 1. 输入必要的数据: $a_{ij}\ (i,j=1,2,\cdots,n)$ 和 $b_i\ (i=1,2,\cdots,n)$.

步 2. 计算 $\boldsymbol{U}$ 的第一行元素和 $\boldsymbol{L}$ 的第一列:

$$u_{1j}=a_{1j},\quad j=1,2,\cdots,n;$$
$$\ell_{i1}=a_{i1}/u_{11},\quad i=2,3,\cdots,n.$$

步 3. 计算 $\boldsymbol{U}$ 的第 k 行元素和 $\boldsymbol{L}$ 的第 k 列:

$$u_{kj}=a_{kj}-\sum_{p=1}^{k-1}\ell_{kp}u_{pj},\quad j=k,k+1,\cdots,n;$$
$$\ell_{ik}=\left(a_{ik}-\sum_{p=1}^{k-1}\ell_{ip}u_{pk}\right)\Big/u_{kk},\quad i=k+1,k+2,\cdots,n,\ \text{且}\ k\neq n.$$

步 4. 求解方程组: $\boldsymbol{Ly}=\boldsymbol{b}$

$$y_1=b_1,$$
$$y_i=b_i-\sum_{j=1}^{i-1}\ell_{ij}y_j,\quad i=2,3,\cdots,n.$$

步 5. 求解方程组: $\boldsymbol{Ux}=\boldsymbol{y}$

$$x_n=y_n/u_{nn},$$
$$x_i=\left(y_i-\sum_{j=i+1}^{n}u_{ij}x_j\right)\Big/u_{ii},\quad i=n-1,n-2,\cdots,1.$$

步 6. 输出方程组的解:$\boldsymbol{x}=(x_1,\ x_2,\ \cdots,\ x_n)^{\mathrm{T}}$, 停机.

例 2.3.1　用 Doolittle 分解法求解线性代数方程组

$$\begin{bmatrix}1&2&3\\2&5&2\\3&1&5\end{bmatrix}\begin{bmatrix}x_1\\x_2\\x_3\end{bmatrix}=\begin{bmatrix}14\\18\\20\end{bmatrix}.\tag{2.3.11}$$

解　方程组 (2.3.11) 的精确解为 $\boldsymbol{x}^*=(1,\ 2,\ 3)^{\mathrm{T}}$. 用分解公式 (2.3.6)~(2.3.9), 计算可得

$$\boldsymbol{A}=\begin{bmatrix}1&2&3\\2&5&2\\3&1&5\end{bmatrix}=\begin{bmatrix}1&0&0\\2&1&0\\3&-5&1\end{bmatrix}\begin{bmatrix}1&2&3\\0&1&-4\\0&0&-24\end{bmatrix}=\boldsymbol{LU}.\tag{2.3.12}$$

利用 (2.3.12) 式求解 $\boldsymbol{L}\boldsymbol{y}=(14, 18, 20)^{\mathrm{T}}$, 得 $\boldsymbol{y}=(14, -10, -72)^{\mathrm{T}}$; 求解 $\boldsymbol{U}\boldsymbol{x}=(14, -10, -72)^{\mathrm{T}}$, 得 $\boldsymbol{x}=(1, 2, 3)^{\mathrm{T}}$. 故求得方程组 (2.3.11) 的解为 $\boldsymbol{x}=(1, 2, 3)^{\mathrm{T}}$.

在定理 2.3.1 的条件下, 同样我们有另一种三角分解 $\boldsymbol{A}=\boldsymbol{L}\boldsymbol{U}$, 此时 $\boldsymbol{L}$ 是下三角矩阵, 而 $\boldsymbol{U}$ 为单位上三角矩阵, 称这种分解为Crout *分解*. 显然, Crout 分解与 Doolittle 分解没有本质差别, 在此就不再赘述.

2.4 平 方 根 法

在科学与工程计算中, 常常需要求解具有对称正定矩阵线性方程组, 如用有限元方法求解力学问题时, 就涉及此类问题. 对于这种具有特殊性质系数矩阵的线性方程组, 利用对称正定矩阵的三角分解就得到解对称正定矩阵线性方程组的*平方根法*. 平方根法是解对称正定矩阵线性方程组的有效方法.

设有对称正定线性方程组

$$\boldsymbol{A}\boldsymbol{x}=\boldsymbol{b}, \tag{2.4.1}$$

其中 n 阶矩阵 $\boldsymbol{A}$ 满足

(1) 对称, 即 $\boldsymbol{A}^{\mathrm{T}}=\boldsymbol{A}$;

(2) 正定, 即对任意非零向量 $\boldsymbol{x}\in\mathbb{R}^n$, 有 $(\boldsymbol{A}\boldsymbol{x},\boldsymbol{x})=\boldsymbol{x}^{\mathrm{T}}\boldsymbol{A}\boldsymbol{x}>0$.

由 $\boldsymbol{A}$ 的对称正定性, 则 $\boldsymbol{A}$ 有三角分解

$$\begin{aligned}\boldsymbol{A}&=\begin{bmatrix}1 & & & & \\ \widetilde{\ell}_{21} & 1 & & & \\ \widetilde{\ell}_{31} & \widetilde{\ell}_{32} & 1 & & \\ \vdots & \vdots & \vdots & \ddots & \\ \widetilde{\ell}_{n1} & \widetilde{\ell}_{n2} & \cdots & \widetilde{\ell}_{n,n-1} & 1\end{bmatrix}\begin{bmatrix}\widetilde{u}_{11} & \widetilde{u}_{12} & \cdots & \widetilde{u}_{1,n-1} & \widetilde{u}_{1n} \\ & \widetilde{u}_{22} & \cdots & \widetilde{u}_{2,n-1} & \widetilde{u}_{2n} \\ & & \ddots & \vdots & \vdots \\ & & & \widetilde{u}_{n-1,n-1} & \widetilde{u}_{n-1,n} \\ & & & & \widetilde{u}_{nn}\end{bmatrix}\\ &=\widetilde{\boldsymbol{L}}\widetilde{\boldsymbol{U}}\equiv\widetilde{\boldsymbol{L}}\boldsymbol{D}\widetilde{\boldsymbol{U}}_0,\end{aligned} \tag{2.4.2}$$

其中

$$\boldsymbol{D}=\begin{bmatrix}\widetilde{u}_{11} & & & \\ & \widetilde{u}_{22} & & \\ & & \ddots & \\ & & & \widetilde{u}_{nn}\end{bmatrix},\quad \widetilde{\boldsymbol{U}}_0=\begin{bmatrix}1 & \dfrac{\widetilde{u}_{12}}{\widetilde{u}_{11}} & \cdots & \dfrac{\widetilde{u}_{1n}}{\widetilde{u}_{11}} \\ & 1 & \cdots & \dfrac{\widetilde{u}_{2n}}{\widetilde{u}_{22}} \\ & & \ddots & \vdots \\ & & & 1\end{bmatrix}.$$

由假设 $\boldsymbol{A}^{\mathrm{T}}=\boldsymbol{A}$, 于是 $\boldsymbol{A}=\widetilde{\boldsymbol{U}}_0^{\mathrm{T}}\boldsymbol{D}\widetilde{\boldsymbol{L}}^{\mathrm{T}}$, $\widetilde{\boldsymbol{U}}_0^{\mathrm{T}}$ 为单位下三角矩阵, 而 $\boldsymbol{D}\widetilde{\boldsymbol{L}}^{\mathrm{T}}$ 为上三角矩阵, 则由矩阵三角分解的唯一性, 有 $\widetilde{\boldsymbol{L}}=\widetilde{\boldsymbol{U}}_0^{\mathrm{T}}$, 从而对称正定矩阵 $\boldsymbol{A}$ 有唯一分解式

$$\boldsymbol{A}=\widetilde{\boldsymbol{L}}\boldsymbol{D}\widetilde{\boldsymbol{L}}^{\mathrm{T}}. \tag{2.4.3}$$

设 $\boldsymbol{A}$ 的 k 阶顺序主子式为 $\det(\boldsymbol{A}_k)$, 则由 (2.4.2) 式可得

$$\det(\boldsymbol{A}_k)=\prod_{j=1}^{k}\widetilde{u}_{jj},\quad k=1,2,\cdots,n. \tag{2.4.4}$$

由 $\boldsymbol{A}$ 的正定性, 可知 $\det(\boldsymbol{A}_k)>0$, $k=1,2,\cdots,n$, 故 $\widetilde{u}_{ii}>0$ $(i=1,2,\cdots,n)$. 于是, 对角矩阵 $\boldsymbol{D}$ 可分解为

$$\boldsymbol{D}=\boldsymbol{D}^{\frac{1}{2}}\boldsymbol{D}^{\frac{1}{2}},\quad \boldsymbol{D}^{\frac{1}{2}}=\mathrm{diag}(\sqrt{\widetilde{u}_{11}},\ \sqrt{\widetilde{u}_{22}},\ \cdots,\ \sqrt{\widetilde{u}_{nn}}).$$

从而由 (2.4.3) 式可得

$$\boldsymbol{A}=\boldsymbol{L}\boldsymbol{L}^{\mathrm{T}}\ \ (\text{其中 } \boldsymbol{L}=\widetilde{\boldsymbol{L}}\boldsymbol{D}^{\frac{1}{2}}\ ). \tag{2.4.3'}$$

由上述分析, 可得下面的定理.

定理 2.4.1 (对称正定矩阵的三角分解)　设 $\boldsymbol{A}\in M^{n\times n}$ 为对称正定矩阵, 则

(1) $\boldsymbol{A}=\boldsymbol{L}\boldsymbol{D}\boldsymbol{L}^{\mathrm{T}}$, 其中$\boldsymbol{L}$为单位下三角矩阵, $\boldsymbol{D}$为对角矩阵, 且此分解是唯一的;

(2) $\boldsymbol{A}=\boldsymbol{L}\boldsymbol{L}^{\mathrm{T}}$, 其中 $\boldsymbol{L}$ 为下三角矩阵, 且当限定 $\boldsymbol{L}$ 的对角元素为正时, 这种分解是唯一的.

对称正定矩阵 $\boldsymbol{A}$ 的三角分解 $\boldsymbol{A}=\boldsymbol{L}\boldsymbol{L}^{\mathrm{T}}$ 称为Cholesky 分解. 若记

$$\boldsymbol{L}=\begin{bmatrix} \ell_{11} & & & & \\ \ell_{21} & \ell_{22} & & & \\ \ell_{31} & \ell_{32} & \ell_{33} & & \\ \vdots & \vdots & \vdots & \ddots & \\ \ell_{n1} & \ell_{n2} & \cdots & \ell_{n,n-1} & \ell_{nn} \end{bmatrix},$$

其中 $\ell_{ii}>0$, $i=1,2,\cdots,n$. 则矩阵的乘法及 $\ell_{jk}=0(j<k)$, 易得 $\boldsymbol{L}$ 的元素 ℓ_{ij} 的计算公式如下:

$$\ell_{jj}=\left(a_{jj}-\sum_{k=1}^{j-1}\ell_{jk}^2\right)^{\frac{1}{2}}, \tag{2.4.5}$$

$$\ell_{ij}=\left(a_{ij}-\sum_{k=1}^{j-1}\ell_{ik}\ell_{jk}\right)\Big/\ell_{jj}, \tag{2.4.6}$$

$$j=1,2,\cdots,n;\quad i=j+1,j+2,\cdots,n.$$

综上所述, 用平方根法来求线性方程组 (2.4.1) 的算法如下.

用平方根法求线性方程组的算法实现步骤

步 1. 输入必要的数据: $a_{ij}\ (i,j=1,2,\cdots,n)$ 和 $b_i\ (i=1,2,\cdots,n)$.

步 2. 对 $\boldsymbol{A}$ 进行 $\boldsymbol{LL}^{\mathrm{T}}$ 分解计算

计算 $\boldsymbol{L}$ 的第一列元素:

$$\ell_{11}=\sqrt{a_{11}},\ \ \ell_{i1}=a_{i1}/\ell_{11},\ i=2,3,\cdots,n.$$

对 $j=2,3,\cdots,n$ 做

$$\ell_{jj}=\left(a_{jj}-\sum_{k=1}^{j-1}\ell_{jk}^2\right)^{\frac{1}{2}};$$

$$\ell_{ij}=\left(a_{ij}-\sum_{k=1}^{j-1}\ell_{ik}\ell_{jk}\right)\Big/\ell_{jj},\ i=j+1,j+2,\cdots,n \text{ 且 } j\neq n.$$

步 3. 求解方程组: $\boldsymbol{Ly}=\boldsymbol{b}$

$$y_1=b_1/\ell_{11},$$

$$y_i=\left(b_i-\sum_{j=1}^{i-1}\ell_{ij}y_j\right),\quad i=2,3,\cdots,n.$$

步 4. 求解方程组: $\boldsymbol{L}^{\mathrm{T}}\boldsymbol{x}=\boldsymbol{y}$

$$x_n=y_n/\ell_{nn},$$

$$x_i=\left(y_i-\sum_{j=i+1}^{n}\ell_{ji}x_j\right)\Big/\ell_{ii},\quad i=n-1,n-2,\cdots,1.$$

步 5. 输出方程组的解: $\boldsymbol{x}=\left(x_1,\ x_2,\ \cdots,\ x_n\right)^{\mathrm{T}}$, 停机.

平方根算法的计算量 (仅以乘除法来计算) 约为 $\dfrac{n^3}{6}$, 仅是一般的 Gauss 消去法计算量的一半.

例 2.4.1 用平方根法求解线性代数方程组

$$\begin{bmatrix}6&7&5\\7&13&8\\5&8&6\end{bmatrix}\begin{bmatrix}x_1\\x_2\\x_3\end{bmatrix}=\begin{bmatrix}9\\10\\9\end{bmatrix}.\tag{2.4.7}$$

解 方程 (2.4.7) 的精确解为 $\boldsymbol{x}^*=(1,\ -1,\ 2)^{\mathrm{T}}$. 对于系数矩阵 $\boldsymbol{A}$, 用分解公式 (2.4.5)~(2.4.6), 计算可得

$$\boldsymbol{A}=\begin{bmatrix}2.4495&&\\2.8577&2.1985&\\2.0412&0.9856&0.9285\end{bmatrix}\begin{bmatrix}2.4495&2.8577&2.0412\\0&2.1985&0.9856\\0&0&0.9285\end{bmatrix},\tag{2.4.8}$$

其中

$$\boldsymbol{L} = \begin{bmatrix} 2.4495 & & \\ 2.8577 & 2.1985 & \\ 2.0412 & 0.9856 & 0.9285 \end{bmatrix}.$$

利用 (2.4.8) 式求解 $\boldsymbol{Ly} = (9, 10, 9)^{\mathrm{T}}$, 得 $\boldsymbol{y} = (3.6742, -0.2273, 1.8570)^{\mathrm{T}}$; 求解 $\boldsymbol{L}^{\mathrm{T}}\boldsymbol{x} = (3.6742, -0.2273, 1.8570)^{\mathrm{T}}$, 得 $\boldsymbol{x} = (1.0000, -1.0000, 2.0000)^{\mathrm{T}}$.

故求得方程组 (2.4.7) 的解为 $\boldsymbol{x} = (1.0000, -1.0000, 2.0000)^{\mathrm{T}}$.

2.5 追 赶 法

2.5.1 带状矩阵

所谓带状矩阵是指非零元素有规律地分布在对角线两侧的矩阵. 例如, 用有限元方法、有限差分方法求解偏微分方程边值 (初边值) 问题所得到的矩阵, 三次样条函数的插值问题所得的系数矩阵, 用差分法解二阶常微分方程边值问题所得到的矩阵等等. 对于这类特殊矩阵对应的线性方程组, 我们可以采取一种更简便的求解方法, 其实质是前述三角分解的简化形式.

设带状矩阵对角线下侧的 m_1 条次对角线有非零元素, 而对角线上侧仅有 m_2 条次对角线有非零元素, 矩阵其他次对角线上元素均为零, 此矩阵称作带宽为 $m_1 + m_2 + 1$ 的带状矩阵, 其下带宽为 $m_1 + 1$, 上带宽为 $m_2 + 1$. 可以证明, 若带宽为 $m_1 + m_2 + 1$ 的带状矩阵 $\boldsymbol{A}$ 的各阶主子式不为零, 则 $\boldsymbol{A}$ 可以分解为带宽为 $m_1 + 1$ 的下三角矩阵 $\boldsymbol{L}$ 和带宽为 $m_2 + 1$ 的上三角矩阵 $\boldsymbol{U}$ 之积.

三对角矩阵是最简单且常常遇到的一类带状矩阵, 如三次样条函数的插值问题, 差分法解二阶常微分方程边值问题均涉及三对角矩阵, 最后导致求解三对角矩阵线性方程组 $\boldsymbol{Ax} = \boldsymbol{b}$, 即

$$\begin{bmatrix} a_{11} & a_{12} & & & & & \\ a_{21} & a_{22} & a_{23} & & & \boldsymbol{0} & \\ & \ddots & \ddots & \ddots & & & \\ & & a_{i,i-1} & a_{ii} & a_{i,i+1} & & \\ & & & \ddots & \ddots & \ddots & \\ & \boldsymbol{0} & & & a_{n-1,n-2} & a_{n-1,n-1} & a_{n-1,n} \\ & & & & & a_{n,n-1} & a_{nn} \end{bmatrix} \begin{bmatrix} x_1 \\ x_2 \\ \vdots \\ x_i \\ \vdots \\ x_{n-1} \\ x_n \end{bmatrix} = \begin{bmatrix} f_1 \\ f_2 \\ \vdots \\ f_i \\ \vdots \\ f_{n-1} \\ f_n \end{bmatrix}. \quad (2.5.1)$$

对于线性方程组 (2.5.1), 在此我们主要讨论具有对角占优的三对角矩阵的线性方程组的解法. 所谓对角占优的三对角矩阵, 意指满足下列条件的矩阵 $\boldsymbol{A} =$

$(a_{ij})_{n\times n}$:

$$\left.\begin{array}{l}(1)\ 当\ |i-j|>1\ 时, a_{ij}=0, i,j=1,2,\cdots,n;\\(2)\ |a_{11}|>|a_{12}|>0;\\(3)\ |a_{ii}|\geqslant|a_{i,i-1}|+|a_{i,i+1}|, 且\ a_{i,i-1}a_{i,i+1}\neq 0, i=2,3,\cdots,n-1;\\(4)\ |a_{nn}|>|a_{n,n-1}|>0.\end{array}\right\}\tag{2.5.2}$$

定理 2.5.1 对角占优的三对角矩阵必是非奇异矩阵.

证明 设$\boldsymbol{A}=(a_{ij})_{n\times n}$为对角占优的三对角矩阵, 即 (2.5.2) 式成立. 当 $n=2$ 时有

$$\det(\boldsymbol{A})=\begin{vmatrix}a_{11} & a_{12}\\a_{21} & a_{22}\end{vmatrix}=a_{11}a_{22}-a_{12}a_{21}\neq 0.$$

假定对 $n-1$ 阶对角占优的三对角矩阵定理成立, 下证对 n 阶的情况定理也成立. 由条件知 $a_{11}\neq 0$, 则由消去法的第一步, 有

$$\boldsymbol{A}=\begin{bmatrix}a_{11} & a_{12} & & \boldsymbol{0} & \\a_{21} & a_{22} & a_{23} & & \\ & a_{32} & a_{33} & a_{34} & \\ & & \ddots & \ddots & \\ & \boldsymbol{0} & & a_{n,n-1} & a_{nn}\end{bmatrix}$$

$$\xrightarrow{-\frac{a_{21}}{a_{11}}\times r_1+r_2}\begin{bmatrix}a_{11} & a_{12} & 0 & \cdots & 0\\0 & a_{22}^{(2)} & a_{23} & & \\0 & a_{32} & a_{33} & a_{34} & \\\vdots & & \ddots & \ddots & \\0 & & & a_{n,n-1} & a_{nn}\end{bmatrix}\triangleq\boldsymbol{A}^{(2)},$$

其中 $a_{22}^{(2)}=a_{22}-\dfrac{a_{12}}{a_{11}}a_{21}$. 若记

$$\boldsymbol{B}=\begin{bmatrix}a_{22}^{(2)} & a_{23} & & \\a_{32} & a_{33} & a_{34} & \\ & \ddots & \ddots & \\ & & a_{n,n-1} & a_{nn}\end{bmatrix},$$

则由于

$$|a_{22}^{(2)}|=\left|a_{22}-\frac{a_{12}}{a_{11}}a_{21}\right|\geqslant|a_{22}|-\left|\frac{a_{12}}{a_{11}}\right||a_{21}|>|a_{22}|-|a_{21}|\geqslant|a_{23}|\neq 0,$$

即知 $n-1$ 阶矩阵 $\boldsymbol{B}$ 为对角占优的三对角矩阵, 则由归纳假设知 $\det(\boldsymbol{B})\neq 0$, 从而

$$\det(\boldsymbol{A})=a_{11}\cdot\det(\boldsymbol{B})\neq 0.$$

证毕

定理 2.5.2　对角占优的三对角矩阵的顺序主子式均非零.

证明　设 $\boldsymbol{A}=(a_{ij})_{n\times n}$ 为对角占优的三对角矩阵, 即 (2.5.2) 式成立. 因此, $\boldsymbol{A}$ 的任一顺序主子矩阵 $\boldsymbol{A}_k$ 为 k 阶对角占优的三对角矩阵. 由定理 2.5.1 可知 $\det(\boldsymbol{A}_k)\neq 0,\ k=1,2,\cdots,n$.　证毕

2.5.2 追赶法

设 $\boldsymbol{A}$ 为对角占优的三对角矩阵, 即

$$\boldsymbol{A}=\begin{bmatrix} b_1 & c_1 & & & & & \\ a_2 & b_2 & c_2 & & & & \\ & \ddots & \ddots & \ddots & & & \\ & & a_i & b_i & c_i & & \\ & & & \ddots & \ddots & \ddots & \\ & & & & a_{n-1} & b_{n-1} & c_{n-1} \\ & & & & & a_n & b_n \end{bmatrix}.$$

可对 $\boldsymbol{A}$ 作 Crout 分解, 即

$$\boldsymbol{A}=\boldsymbol{L}\boldsymbol{U},\ \boldsymbol{L}=\begin{bmatrix} \alpha_1 & & & & \\ \gamma_2 & \alpha_2 & & & \\ & \ddots & \ddots & & \\ & & \gamma_{n-1} & \alpha_{n-1} & \\ & & & \gamma_n & \alpha_n \end{bmatrix},\ \boldsymbol{U}=\begin{bmatrix} 1 & \beta_1 & & & \\ & 1 & \beta_2 & & \\ & & \ddots & \ddots & \\ & & & 1 & \beta_{n-1} \\ & & & & 1 \end{bmatrix},\tag{2.5.3}$$

其中 $\alpha_i, \beta_i, \gamma_i$ 为待定常数. 由矩阵乘法可得

$$\left.\begin{aligned} & b_1=\alpha_1,\ c_1=\alpha_1\beta_1, \\ & a_i=\gamma_i,\ b_i=\gamma_i\beta_{i-1}+\alpha_i,\quad i=2,3,\cdots,n, \\ & c_i=\alpha_i\beta_i,\quad i=2,3,\cdots,n-1. \end{aligned}\right\}\tag{2.5.4}$$

解 (2.5.4) 式可得

$$\left.\begin{aligned} & \gamma_i=a_i,\quad i=2,3,\cdots,n, \\ & \alpha_1=b_1,\ \beta_1=c_1/b_1, \\ & \alpha_i=b_i-a_i\beta_{i-1},\quad i=2,3,\cdots,n, \\ & \beta_i=c_i/\alpha_i,\quad i=2,3,\cdots,n-1. \end{aligned}\right\}\tag{2.5.5}$$

于是, 对角占优三对角矩阵线性方程组 $\boldsymbol{Ax}=\boldsymbol{f}$ 等价于如下两个方程组:

$$\boldsymbol{Ly}=\boldsymbol{f},\quad \boldsymbol{Ux}=\boldsymbol{y}. \tag{2.5.6}$$

由此可得求解对角占优三对角矩阵线性方程组的追赶算法.

追赶法求线性方程组的实现步骤

> **步 1.** 输入必要的数据: $a_i\ (i=2,3,\cdots,n)$, $b_i\ (i=1,2,\cdots,n)$ 和 $c_i\ (i=1,2,\cdots,n-1)$
>
> **步 2.** 计算 α_i 和 β_i
>
> $$\alpha_1=b_1,\ \beta_1=c_1/b_1,$$
> $$\alpha_i=b_i-a_i\beta_{i-1},\quad i=2,3,\cdots,n,$$
> $$\beta_i=c_i/\alpha_i,\quad i=2,3,\cdots,n-1.$$
>
> **步 3.** 求解方程组: $\boldsymbol{Ly}=\boldsymbol{f}$
>
> $$y_1=f_1/b_1,$$
> $$y_i=\big(f_i-a_iy_{i-1}\big)/\alpha_i,\quad i=2,3,\cdots,n.$$
>
> **步 4.** 求解方程组: $\boldsymbol{Ux}=\boldsymbol{y}$
>
> $$x_n=y_n,$$
> $$x_i=y_i-\beta_ix_{i+1},\quad i=n-1,n-2,\cdots,1.$$
>
> **步 5.** 输出方程组的解: $\boldsymbol{x}=\Big(x_1,\ x_2,\ \cdots,\ x_n\Big)^{\mathrm{T}}$, 停机.

将计算 $\beta_1\to\beta_2\to\cdots\to\beta_{n-1}$ 及 $y_1\to y_2\to\cdots\to y_n$ 的过程称为**追过程**, 求方程组解 $x_n\to x_{n-1}\to\cdots\to x_1$ 的过程称为**赶过程**. 追赶法计算公式十分简单, 且其仅需 $5n-4$ 次乘除运算, 且追赶法也是数值稳定的算法.

例 2.5.1 用追赶法求解线性代数方程组

$$\begin{bmatrix} 2 & -1 & 0 & 0\\ -1 & 2 & -1 & 0\\ 0 & -1 & 2 & -1\\ 0 & 0 & -1 & 2 \end{bmatrix}\begin{bmatrix} x_1\\ x_2\\ x_3\\ x_4\end{bmatrix}=\begin{bmatrix}1\\0\\0\\1\end{bmatrix}. \tag{2.5.7}$$

解 (1) 计算 $\beta_i\ (i=1,2,3)$: $\beta_1=-\dfrac{1}{2}$, $\beta_2=-\dfrac{2}{3}$, $\beta_3=-\dfrac{3}{4}$;

(2) 计算 $y_i\ (i=1,2,3,4)$: $y_1=\dfrac{1}{2}$, $y_2=\dfrac{1}{3}$, $y_3=\dfrac{1}{4}$, $y_4=1$;

(3) 求方程组解 $x_i\ (i=4,3,2,1)$ 的计算: $x_4=1$, $x_3=1$, $x_2=1$, $x_1=1$.

故原方程组的解为 $\boldsymbol{x}=(1,\ 1,\ 1,\ 1)^{\mathrm{T}}$.

2.6　向量与矩阵的范数

为了讨论线性方程组解的准确程度 (或误差分析) 及研究迭代法的收敛性, 需要对 n 维向量和 n 阶矩阵的 “大小” 引入某种度量, 即向量与矩阵的范数.

2.6.1　向量范数

我们先给出 n 维向量范数的概念, 由向量的范数很容易导出矩阵范数.

定义 2.6.1　对任意 $\boldsymbol{x},\boldsymbol{y}\in\mathbb{R}^n$ (或 $\mathbb{C}^n$), 满足下列三个条件的实数 $\|\cdot\|$ 称为n 维向量范数.

(1) 非负性, 即 $\|\boldsymbol{x}\|\geqslant 0$, 且 $\|\boldsymbol{x}\|=0$ 当且仅当 $\boldsymbol{x}=\mathbf{0}$;

(2) 齐次性, 即 $\|k\boldsymbol{x}\|=|k|\cdot\|\boldsymbol{x}\|$, $k\in\mathbb{R}$ (或 $\mathbb{C}$);

(3) 三角不等式: $\|\boldsymbol{x}+\boldsymbol{y}\|\leqslant\|\boldsymbol{x}\|+\|\boldsymbol{y}\|$.

条件 (3) 是 “平面上三角形任一边长度不大于其他两边长度之和” 的推广. 由向量范数定义中的齐次性条件, 易得向量范数具有性质:

$$\|\mathbf{0}\|=0,\quad \|-\boldsymbol{x}\|=\|\boldsymbol{x}\|.$$

设 $\boldsymbol{x}=(x_1,x_2,\cdots,x_n)^{\mathrm{T}}$, 由

$$\begin{aligned}
&\|\boldsymbol{x}\|_\infty \triangleq \max_{1\leqslant i\leqslant n}|x_i|,\\
&\|\boldsymbol{x}\|_1 \triangleq |x_1|+|x_2|+\cdots+|x_n|,\\
&\|\boldsymbol{x}\|_2 \triangleq \left(x_1^2+x_2^2+\cdots+x_n^2\right)^{\frac{1}{2}}=\sqrt{\boldsymbol{x}^{\mathrm{T}}\boldsymbol{x}}.
\end{aligned}$$

定义的实数 $\|\boldsymbol{x}\|_\infty$, $\|\boldsymbol{x}\|_1$, $\|\boldsymbol{x}\|_2$ 均满足向量范数定义中的三个条件, 因此它们都是 n 维向量的范数, 分别称为*向量的行范数、列范数和谱范数* (2- 范数). 上述三种范数为常用的向量范数, 它们都是更一般的 Hölder 范数 (p- 范数) 的特例

$$\|\boldsymbol{x}\|_p \triangleq \left(\sum_{i=1}^{n}|x_i|^p\right)^{\frac{1}{p}}.$$

事实上, $p=1,2$ 时显然. 当 $p=\infty$ 时, 记 $m=\max\limits_{1\leqslant i\leqslant n}|x_i|$, 则

$$\lim_{p\to\infty}\|\boldsymbol{x}\|_p=\lim_{p\to\infty}\left(\sum_{i=1}^{n}|x_i|^p\right)^{\frac{1}{p}}=m\cdot\lim_{p\to\infty}\left(\sum_{i=1}^{n}\left|\frac{x_i}{m}\right|^p\right)^{\frac{1}{p}}=m=\|\boldsymbol{x}\|_\infty.$$

约定, 用 $\|\cdot\|$ 泛指向量的任一种范数, 本书仅意指上述三种范数之一.

例 2.6.1　设 $\boldsymbol{x}=(-1,2,3)^{\mathrm{T}}$, 计算 $\|\boldsymbol{x}\|_1$, $\|\boldsymbol{x}\|_2$ 和 $\|\boldsymbol{x}\|_\infty$.

解 由向量的范数定义, 可得

$$\|\boldsymbol{x}\|_1=1+2+3=6;\quad \|\boldsymbol{x}\|_2=\sqrt{(-1)^2+2^2+3^2}=\sqrt{14};$$
$$\|\boldsymbol{x}\|_\infty=\max\{1,2,3\}=3.$$

定理 2.6.1 对任意 $\boldsymbol{x},\boldsymbol{y}\in\mathbb{R}^n$ (或 $\mathbb{C}^n$), 恒有

$$\big|\,\|\boldsymbol{x}\|-\|\boldsymbol{y}\|\,\big|\leqslant\big\|\boldsymbol{x}-\boldsymbol{y}\big\|.$$

证明 由三角不等式, 可得

$$\big\|\boldsymbol{x}\big\|=\big\|(\boldsymbol{x}-\boldsymbol{y})+\boldsymbol{y}\big\|\leqslant\big\|\boldsymbol{x}-\boldsymbol{y}\big\|+\big\|\boldsymbol{y}\big\|,$$

所以

$$\big\|\boldsymbol{x}\big\|-\big\|\boldsymbol{y}\big\|\leqslant\big\|\boldsymbol{x}-\boldsymbol{y}\big\|.$$

交换上式中的 $\boldsymbol{x}$ 和 $\boldsymbol{y}$, 又得

$$\big\|\boldsymbol{y}\big\|-\big\|\boldsymbol{x}\big\|\leqslant\big\|\boldsymbol{y}-\boldsymbol{x}\big\|=\big\|-(\boldsymbol{x}-\boldsymbol{y})\big\|=\big\|\boldsymbol{x}-\boldsymbol{y}\big\|.$$

综合上述两个不等式立即可得定理的结论. 证毕

定理 2.6.2 设 $\boldsymbol{x}=(x_1,x_2,\cdots,x_n)^{\mathrm{T}}\in\mathbb{R}^n$ (或 $\mathbb{C}^n$), 则 $\|\boldsymbol{x}\|$ 为 $x_i,\ i=1,2,\cdots,n$ 的一致连续函数, 即对任意给定的 $\varepsilon>0$, 必存在 $\delta>0$, 对于 $\boldsymbol{h}\triangleq(h_1,h_2,\cdots,h_n)^{\mathrm{T}}\in\mathbb{R}^n$ (或 $\mathbb{C}^n$), 当 $\max\limits_{1\leqslant i\leqslant n}|h_i|<\delta$, 有

$$\big|\,\|\boldsymbol{x}+\boldsymbol{h}\|-\|\boldsymbol{x}\|\,\big|<\varepsilon.$$

证明 用 $\boldsymbol{e}_j$ 表示 n 阶单位矩阵的第 j 列, 则

$$\boldsymbol{h}=h_1\boldsymbol{e}_1+h_2\boldsymbol{e}_2+\cdots+h_n\boldsymbol{e}_n.$$

由三角不等式, 可得

$$\big\|\boldsymbol{h}\big\|\leqslant\big|h_1\big|\cdot\big\|\boldsymbol{e}_1\big\|+\big|h_2\big|\cdot\big\|\boldsymbol{e}_2\big\|+\cdots+\big|h_n\big|\cdot\big\|\boldsymbol{e}_n\big\|.$$

若令 $M=\sum\limits_{j=1}^{n}\|\boldsymbol{e}_j\|$, 则

$$\big\|\boldsymbol{h}\big\|\leqslant M\cdot\max_{1\leqslant i\leqslant n}\big|h_i\big|.$$

由定理 2.6.1 得

$$\big|\,\|\boldsymbol{x}+\boldsymbol{h}\|-\|\boldsymbol{x}\|\,\big|\leqslant\big\|\boldsymbol{h}\big\|\leqslant M\cdot\max_{1\leqslant i\leqslant n}\big|h_i\big|.$$

所以, 对任意给定的 $\varepsilon > 0$, 取 $\delta = \varepsilon/M$, 则当 $\max\limits_{1\leqslant i\leqslant n} |h_i| < \delta$, 有

$$\big| \|\boldsymbol{x}+\boldsymbol{h}\| - \|\boldsymbol{x}\| \big| < \varepsilon.$$

证毕

定理 2.6.3 n 维向量 $\boldsymbol{x}$ 的一切范数均等价, 即对 n 维向量 $\boldsymbol{x}$ 任意两种范数 $\|\boldsymbol{x}\|_*$, $\|\boldsymbol{x}\|_{**}$, 则存在两个正常数 C_1 和 C_2, 使得

$$C_1\|\boldsymbol{x}\|_* \leqslant \|\boldsymbol{x}\|_{**} \leqslant C_2\|\boldsymbol{x}\|_*. \tag{2.6.1}$$

本定理的证明可参见文献 (黄铎等, 2000; 张德荣等, 1981).

定义 2.6.2 对于向量序列 $\{\boldsymbol{x}^{(k)}\}$, $\boldsymbol{x}^{(k)} = (x_1^{(k)}, x_2^{(k)}, \cdots, x_n^{(k)})^{\mathrm{T}}$, $\boldsymbol{x}^* = (x_1^*, x_2^*, \cdots, x_n^*)^{\mathrm{T}}$. 若 $\lim\limits_{k\to\infty} x_i^{(k)} = x_i^*$, $i = 1, 2, \cdots, n$, 则称向量序列 $\{\boldsymbol{x}^{(k)}\}$ 收敛于 $\boldsymbol{x}^*$, 并记为 $\lim\limits_{k\to\infty} \boldsymbol{x}^{(k)} = \boldsymbol{x}^*$. 若存在某一种范数 $\|\cdot\|$, 使得 $\lim\limits_{k\to\infty} \|\boldsymbol{x}^{(k)} - \boldsymbol{x}^*\| = 0$, 则称 $\{\boldsymbol{x}^{(k)}\}$ 依范数 $\|\cdot\|$ 收敛于 $\boldsymbol{x}^*$.

定理 2.6.4 设 $\{\boldsymbol{x}^{(k)}\}$ 为 $\mathbb{R}^n$ (或 $\mathbb{C}^n$) 中的一向量序列, $\boldsymbol{x}^* \in \mathbb{R}^n$ (或 $\mathbb{C}^n$), 则 $\lim\limits_{k\to\infty} \boldsymbol{x}^{(k)} = \boldsymbol{x}^*$ 当且仅当 $\lim\limits_{k\to\infty} \|\boldsymbol{x}^{(k)} - \boldsymbol{x}^*\| = 0$, 其中 $\|\cdot\|$ 为向量的任一种范数.

证明 由定义 2.6.2, 可得

$$\lim_{k\to\infty} \boldsymbol{x}^{(k)} = \boldsymbol{x}^* \quad \text{当且仅当} \quad \lim_{k\to\infty} \left\|\boldsymbol{x}^{(k)} - \boldsymbol{x}^*\right\|_\infty = 0.$$

再由定理 2.6.3 可得, 存在正常数 C_1 和 C_2, 使得

$$C_1\|\boldsymbol{x}^{(k)} - \boldsymbol{x}^*\|_\infty \leqslant \|\boldsymbol{x}^{(k)} - \boldsymbol{x}^*\| \leqslant C_2\|\boldsymbol{x}^{(k)} - \boldsymbol{x}^*\|_\infty.$$

于是, 有

$$\lim_{k\to\infty} \|\boldsymbol{x}^{(k)} - \boldsymbol{x}^*\| = 0 \quad \text{当且仅当} \quad \lim_{k\to\infty} \|\boldsymbol{x}^{(k)} - \boldsymbol{x}^*\|_\infty = 0.$$

由定义 2.6.2 知,

$$\lim_{k\to\infty} \boldsymbol{x}^{(k)} = \boldsymbol{x}^* \quad \text{当且仅当} \quad \lim_{k\to\infty} \left\|\boldsymbol{x}^{(k)} - \boldsymbol{x}^*\right\|_\infty = 0.$$

证毕

定理 2.6.4 表明, 欲证明向量序列收敛, 只要选择一种便于利用的向量范数, 证明该向量序列依此范数收敛即可.

2.6.2 矩阵范数

定义 2.6.3 对于任意 $\boldsymbol{A}, \boldsymbol{B} \in M^{n\times n}$ (矩阵的元素可以是复数), $\boldsymbol{x} \in \mathbb{R}^n$ (或 $\mathbb{C}^n$), $k \in \mathbb{R}$ (或 $\mathbb{C}$), 定义在 $M^{n\times n}$ 中的某实值函数 $\|\boldsymbol{A}\|$, 满足下列条件:

(1) 非负性 $\|\boldsymbol{A}\| \geqslant 0$, 且 $\|\boldsymbol{A}\| = 0$ 当且仅当 $\boldsymbol{A} = \boldsymbol{0}$;

(2) 齐次性 $\|k\boldsymbol{A}\| = |k| \cdot \|\boldsymbol{A}\|$;

(3) 三角不等式 $\|\boldsymbol{A}+\boldsymbol{B}\| \leqslant \|\boldsymbol{A}\|+\|\boldsymbol{B}\|$;

(4) 乘法性 $\|\boldsymbol{AB}\| \leqslant \|\boldsymbol{A}\| \cdot \|\boldsymbol{B}\|$;

(5) 相容性 $\|\boldsymbol{Ax}\| \leqslant \|\boldsymbol{A}\| \cdot \|\boldsymbol{x}\|$.

则称$\|\boldsymbol{A}\|$ 是 $M^{n\times n}$ 上矩阵 $\boldsymbol{A}$ 的范数.

我们也可以由向量范数来引入矩阵范数.

定义 2.6.4 对任意 $\boldsymbol{A}\in\mathbb{R}^{n\times n}$ (或 $\mathbb{C}^{n\times n}$), 由下式所定义的非负实数, 称为**矩阵 $\boldsymbol{A}$ 的范数** (由向量的范数 $\|\cdot\|$ 而导出的范数)

$$\|\boldsymbol{A}\| \triangleq \sup_{\boldsymbol{0}\neq\boldsymbol{x}\in\mathbb{R}^n} \frac{\|\boldsymbol{Ax}\|}{\|\boldsymbol{x}\|}. \tag{2.6.2}$$

由矩阵范数的定义, 我们有下面的定理.

定理 2.6.5 $\|\boldsymbol{A}\| \triangleq \sup\limits_{\boldsymbol{0}\neq\boldsymbol{x}\in\mathbb{R}^n} \dfrac{\|\boldsymbol{Ax}\|}{\|\boldsymbol{x}\|} = \max\limits_{\|\boldsymbol{x}\|=1}\|\boldsymbol{Ax}\|.$ (2.6.3)

证明 记 $S\triangleq\{\boldsymbol{x}:\|\boldsymbol{x}\|=1\}$. 若 $\boldsymbol{x}\neq 0$, 则 $\boldsymbol{y}=\boldsymbol{x}/\|\boldsymbol{x}\|\in S$. 由范数的性质, 有

$$\frac{\|\boldsymbol{Ax}\|}{\|\boldsymbol{x}\|} = \|\boldsymbol{Ay}\|. \tag{2.6.4}$$

这表明对任意非零向量 $\boldsymbol{x}$, 存在向量 $\boldsymbol{y}\in S$, 使得 (2.6.4) 式成立. 由此可见

$$\|\boldsymbol{A}\| \triangleq \sup_{\boldsymbol{0}\neq\boldsymbol{x}\in\mathbb{R}^n} \frac{\|\boldsymbol{Ax}\|}{\|\boldsymbol{x}\|} = \sup_{\|\boldsymbol{y}\|=1}\|\boldsymbol{Ay}\| = \sup_{\|\boldsymbol{x}\|=1}\|\boldsymbol{Ax}\|. \tag{2.6.5}$$

其次, 由定理 2.6.2 可知, $\|\boldsymbol{Ax}\|$ 是 $\boldsymbol{x}$ 分量的连续函数, 所以 $\|\boldsymbol{Ax}\|$ 在有界闭集 S 上必达到最大值, 从而 (2.6.5) 式右端的 sup 可以换为 max 而得到 (2.6.3) 式. **证毕**

推论 2.6.1 单位矩阵的范数为 1, 置换矩阵的范数也为 1.

约定: 本书中的矩阵范数 $\|\cdot\|$ 泛指由向量某种范数引入的矩阵范数.

定理 2.6.6 设 $\boldsymbol{A}=(a_{ij})_{n\times n}\in M^{n\times n}$, 则

(1) $\|\boldsymbol{A}\|_\infty = \max\limits_{1\leqslant i\leqslant n}\sum\limits_{j=1}^{n}|a_{ij}|$ (称为 $\boldsymbol{A}$ 的行范数), (2.6.6)

(2) $\|\boldsymbol{A}\|_1 = \max\limits_{1\leqslant j\leqslant n}\sum\limits_{i=1}^{n}|a_{ij}|$ (称为 $\boldsymbol{A}$ 的列范数), (2.6.7)

(3) $\|\boldsymbol{A}\|_2 = \sqrt{\lambda_{\max}(\boldsymbol{A}^{\mathrm{T}}\boldsymbol{A})}$ (称为 $\boldsymbol{A}$ 的谱范数或 2-范数). (2.6.8)

证明 (1) 设 $\mu\triangleq\max\limits_{1\leqslant i\leqslant n}\sum\limits_{j=1}^{n}|a_{ij}|$, 且 $\|\boldsymbol{x}\|_\infty=1$, 则

$$\|\boldsymbol{Ax}\|_\infty = \max_{1\leqslant i\leqslant n}\left|\sum_{j=1}^{n}a_{ij}x_j\right| \leqslant \left(\max_{1\leqslant i\leqslant n}\sum_{j=1}^{n}|a_{ij}|\right)\max_{1\leqslant j\leqslant n}|x_j| = \mu\|\boldsymbol{x}\|_\infty = \mu.$$

所以

$$\|\boldsymbol{A}\|_\infty = \max_{\|\boldsymbol{x}\|_\infty=1} \|\boldsymbol{A}\boldsymbol{x}\|_\infty \leqslant \mu. \tag{2.6.9}$$

另一方面, 假定矩阵 $\boldsymbol{A}$ 的第 k 行满足

$$\sum_{j=1}^n |a_{kj}| = \max_{1\leqslant i\leqslant n} \sum_{j=1}^n |a_{ij}| = \mu.$$

作向量 $\boldsymbol{z} = (z_1, z_2, \cdots, z_n)^{\mathrm{T}}$, 满足 $z_j = \begin{cases} 1, & a_{kj} \geqslant 0, \\ -1, & a_{kj} < 0. \end{cases}$ 显然, $\|\boldsymbol{z}\|_\infty = 1$, 而 (因 $a_{kj}z_j = |a_{kj}|, j = 1, 2, \cdots, n$)

$$\|\boldsymbol{A}\boldsymbol{z}\|_\infty = \sum_{j=1}^n |a_{kj}| = \mu. \tag{2.6.10}$$

由 (2.6.9) 式和 (2.6.10) 式, 即知 $\|\boldsymbol{A}\|_\infty = \mu$.

(2) 完全类似于 (1) 的证明.

(3) 我们仅对 $\boldsymbol{A}$ 为实数矩阵加以证明, 当 $\boldsymbol{A}$ 为复矩阵时可类似证明. 因 $\boldsymbol{A}$ 为实数矩阵, 故 $\boldsymbol{A}^{\mathrm{T}}\boldsymbol{A}$ 为半正定矩阵, 从而 $\boldsymbol{A}^{\mathrm{T}}\boldsymbol{A}$ 的特征值均为非负数, 并记其特征值为

$$\lambda_n \geqslant \lambda_{n-1} \geqslant \cdots \geqslant \lambda_1 \geqslant 0. \tag{2.6.11}$$

又由于 $\boldsymbol{A}^{\mathrm{T}}\boldsymbol{A}$ 为实对称矩阵, 则由线性代数可知存在 n 个相互正交的标准特征向量 $\boldsymbol{p}_i, i = 1, 2, \cdots, n$, 即

$$(\boldsymbol{A}^{\mathrm{T}}\boldsymbol{A})\boldsymbol{p}_i = \lambda_i \boldsymbol{p}_i,\ i = 1, 2, \cdots, n;\ \ \boldsymbol{p}_i^{\mathrm{T}}\boldsymbol{p}_j = \delta_i^j,\ i, j = 1, 2, \cdots, n, \tag{2.6.12}$$

其中 $\delta_i^j = \begin{cases} 1, & i = j, \\ 0, & j \neq j. \end{cases}$ 对任取 $\boldsymbol{x} \in \mathbb{R}^n$, 有

$$\boldsymbol{x} = \sum_{j=1}^n \xi_j \boldsymbol{p}_j;\ \ \|\boldsymbol{x}\|_2^2 = \boldsymbol{x}^{\mathrm{T}}\boldsymbol{x} = \sum_{j=1}^n \xi_j^2.$$

于是

$$\begin{aligned} \|\boldsymbol{A}\boldsymbol{x}\|_2^2 &= (\boldsymbol{A}\boldsymbol{x})^{\mathrm{T}}(\boldsymbol{A}\boldsymbol{x}) = \boldsymbol{x}^{\mathrm{T}}\boldsymbol{A}^{\mathrm{T}}\boldsymbol{A}\boldsymbol{x} = \boldsymbol{x}^{\mathrm{T}}(\boldsymbol{A}^{\mathrm{T}}\boldsymbol{A}\boldsymbol{x}) \\ &= \sum_{j=1}^n \lambda_j \xi_j^2 \leqslant \lambda_n \sum_{j=1}^n \xi_j^2 = \lambda_n \|\boldsymbol{x}\|_2^2. \end{aligned}$$

所以

$$\|\boldsymbol{A}\|_2 \triangleq \sup_{\boldsymbol{0}=\boldsymbol{x}\in\mathbb{R}^n} \frac{\|\boldsymbol{A}\boldsymbol{x}\|_2}{\|\boldsymbol{x}\|_2} \leqslant \sqrt{\lambda_n}. \tag{2.6.13}$$

由于 $\boldsymbol{x}=\boldsymbol{p}_n$ 时, $\|\boldsymbol{Ax}\|_2^2=\lambda_n$, 从而 $\dfrac{\|\boldsymbol{Ax}\|_2}{\|\boldsymbol{x}\|_2}=\sqrt{\lambda_n}$, 故 $\|\boldsymbol{A}\|_2=\sqrt{\lambda_n}$. **证毕**

定理 2.6.7 n 阶矩阵 $\boldsymbol{A}$ 的一切范数均等价, 即对 n 阶矩阵 $\boldsymbol{A}$ 任意两种范数 $\|\boldsymbol{A}\|_*$, $\|\boldsymbol{A}\|_{**}$, 则存在两个正常数 C_1 和 C_2, 使得

$$C_1\|\boldsymbol{A}\|_* \leqslant \|\boldsymbol{A}\|_{**} \leqslant C_2\|\boldsymbol{A}\|_*. \tag{2.6.14}$$

证明可参见文献 (黄铎等, 2000).

定义 2.6.5 对于 n 阶矩阵序列 $\{\boldsymbol{A}^{(k)}\}$, $\boldsymbol{A}^{(k)}=\left(a_{ij}^{(k)}\right)_{n\times n}$, $\boldsymbol{A}=\left(a_{ij}\right)_{n\times n}$. 若 $\lim\limits_{k\to\infty} a_{ij}^{(k)}=a_{ij}$, $i,j=1,2,\cdots,n$, 则称矩阵序列 $\{\boldsymbol{A}^{(k)}\}$ 收敛于 $\boldsymbol{A}$, 并记为 $\lim\limits_{k\to\infty}\boldsymbol{A}^{(k)}=\boldsymbol{A}$. 若存在某一种范数 $\|\cdot\|$, 使得 $\lim\limits_{k\to\infty}\|\boldsymbol{A}^{(k)}-\boldsymbol{A}\|=0$, 则称 $\{\boldsymbol{A}^{(k)}\}$ 依范数 $\|\cdot\|$ 收敛于 $\boldsymbol{A}$.

定理 2.6.8 设 $\{\boldsymbol{A}^{(k)}\}$ 为 $M^{n\times n}$ 中的一矩阵序列, $\boldsymbol{A}\in M^{n\times n}$, 则 $\lim\limits_{k\to\infty}\boldsymbol{A}^{(k)}=\boldsymbol{A}$ 当且仅当 $\lim\limits_{k\to\infty}\|\boldsymbol{A}^{(k)}-\boldsymbol{A}\|=0$, 其中 $\|\cdot\|$ 为矩阵的任一种范数.

证明 选用 $\|\cdot\|_\infty$, 再由定理 2.6.7 和定义 2.6.5 易证定理成立. **证毕**

定义 2.6.6 (矩阵的谱半径) 设 λ_i $(i=1,2,\cdots,n)$ 为 n 阶方阵 $\boldsymbol{A}$ 的全部特征值, 称

$$\rho(\boldsymbol{A}) \triangleq \max_{1\leqslant i\leqslant n}|\lambda_i| \tag{2.6.15}$$

为方阵 $\boldsymbol{A}$ 的*谱半径*.

注意, 矩阵的谱半径不能作为矩阵的范数. 例如

$$\boldsymbol{A}=\begin{bmatrix}0&1\\0&0\end{bmatrix},\quad \boldsymbol{B}=\begin{bmatrix}0&0\\1&0\end{bmatrix}.$$

显然, $\rho(\boldsymbol{A})=\rho(\boldsymbol{B})=0$, 而 $\boldsymbol{A}\neq\boldsymbol{0}$, $\boldsymbol{B}\neq\boldsymbol{0}$; 再者 $\rho(\boldsymbol{A}+\boldsymbol{B})=1$, $\rho(\cdot)$ 不满足三角不等式 $\rho(\boldsymbol{A}+\boldsymbol{B})\leqslant\rho(\boldsymbol{A})+\rho(\boldsymbol{B})$.

定理 2.6.9 对于任何由向量范数导出的矩阵范数 $\|\cdot\|$, 有

$$\rho(\boldsymbol{A})\leqslant\|\boldsymbol{A}\|. \tag{2.6.16}$$

证明 设 $\boldsymbol{x}$ 为方阵 $\boldsymbol{A}$ 的属于特征值 λ 的特征向量, 即 $\boldsymbol{Ax}=\lambda\boldsymbol{x}$, 则由矩阵范数的齐次性和相容性可得

$$|\lambda|\cdot\|\boldsymbol{x}\|=\|\lambda\boldsymbol{x}\|=\|\boldsymbol{Ax}\|\leqslant\|\boldsymbol{A}\|\cdot\|\boldsymbol{x}\|.$$

由于特征向量非零, 所以 $\|\boldsymbol{x}\|\neq 0$. 由此可得 (2.6.16) 式. **证毕**

注 2.6.1 若 $\boldsymbol{A}\in M^{n\times n}$ 为实对称矩阵 (或 Hermite 矩阵, 即 $\overline{\boldsymbol{A}}^{\mathrm{T}}=\boldsymbol{A}$), 则 $\|\boldsymbol{A}\|_2=\rho(\boldsymbol{A})$.

定理 2.6.10 若 $\|\boldsymbol{B}\| < 1$, 则 $\boldsymbol{I}-\boldsymbol{B}$ 为非奇异矩阵, 且有

$$\left\|(\boldsymbol{I}-\boldsymbol{B})^{-1}\right\| \leqslant \frac{1}{1-\|\boldsymbol{B}\|}. \tag{2.6.17}$$

证明 用反证法进行证明. 假设 $\boldsymbol{I}-\boldsymbol{B}$ 是奇异的, 则 $\det(\boldsymbol{I}-\boldsymbol{B})=0$, 从而齐次线性方程组 $(\boldsymbol{I}-\boldsymbol{B})\boldsymbol{x}=\boldsymbol{0}$ 有非零解 $\boldsymbol{x}^0$, 即

$$\boldsymbol{B}\boldsymbol{x}^0=\boldsymbol{x}^0, \quad 且 \quad \boldsymbol{x}^0 \neq \boldsymbol{0}.$$

于是

$$\|\boldsymbol{B}\| = \max_{\substack{\boldsymbol{x}\in\mathbb{R}^n \\ \boldsymbol{x}\neq\boldsymbol{0}}} \frac{\|\boldsymbol{B}\boldsymbol{x}\|}{\|\boldsymbol{x}\|} \geqslant \frac{\|\boldsymbol{B}\boldsymbol{x}^0\|}{\|\boldsymbol{x}^0\|}=1.$$

这与已知条件 $\|\boldsymbol{B}\|<1$ 发生矛盾, 故 $\boldsymbol{I}-\boldsymbol{B}$ 为非奇异矩阵.

由 $(\boldsymbol{I}-\boldsymbol{B})(\boldsymbol{I}-\boldsymbol{B})^{-1}=\boldsymbol{I}$, 可得 $(\boldsymbol{I}-\boldsymbol{B})^{-1}=\boldsymbol{I}+\boldsymbol{B}(\boldsymbol{I}-\boldsymbol{B})^{-1}$, 从而

$$\left\|(\boldsymbol{I}-\boldsymbol{B})^{-1}\right\| \leqslant \|\boldsymbol{I}\| + \|\boldsymbol{B}\| \cdot \left\|(\boldsymbol{I}-\boldsymbol{B})^{-1}\right\|. \tag{2.6.18}$$

由 (2.6.18) 式立即可得

$$\left\|(\boldsymbol{I}-\boldsymbol{B})^{-1}\right\| \leqslant \frac{1}{1-\|\boldsymbol{B}\|}.$$

证毕

推论 2.6.2 若 $\boldsymbol{A}$ 为非奇异矩阵, $\delta\boldsymbol{A}$ 是 $\boldsymbol{A}$ 的元素的误差组成的矩阵 (通常称为 $\boldsymbol{A}$ 的扰动矩阵), 且 $\|\boldsymbol{A}^{-1}\|\cdot\|\delta\boldsymbol{A}\|<1$, 则方阵 $\boldsymbol{A}+\delta\boldsymbol{A}$ 为非奇异矩阵.

证明 因 $\|\boldsymbol{A}^{-1}\delta\boldsymbol{A}\| \leqslant \|\boldsymbol{A}^{-1}\|\cdot\|\delta\boldsymbol{A}\|<1$, 所以由定理 2.6.10 可知, $\boldsymbol{I}+\boldsymbol{A}^{-1}\delta\boldsymbol{A}$ 为非奇异矩阵, 而 $\boldsymbol{A}+\delta\boldsymbol{A}=\boldsymbol{A}(\boldsymbol{I}+\boldsymbol{A}^{-1}\delta\boldsymbol{A})$, 所以 $\boldsymbol{A}+\delta\boldsymbol{A}$ 为非奇异矩阵. 证毕

定理 2.6.11 对任意给定的正数 ε, 必存在一种向量范数 $\|\cdot\|_*$, 使得由此而导出的矩阵范数 $\|\cdot\|_*$ 满足

$$\left\|\boldsymbol{B}\right\|_* \leqslant \rho(\boldsymbol{B})+\varepsilon. \tag{2.6.19}$$

此引理的证明可参见文献 (张德荣等, 1981).

2.7 误差分析

考虑线性方程组

$$\boldsymbol{A}\boldsymbol{x}=\boldsymbol{b}, \tag{2.7.1}$$

其中 $\boldsymbol{A}\in M^{n\times n}$ 非奇异. 线性方程组 (2.7.1) 的解是由系数矩阵 $\boldsymbol{A}$ 和右端的列向量 $\boldsymbol{b}$ 共同决定的. 而在实际问题中所得到的矩阵 $\boldsymbol{A}$ 和向量 $\boldsymbol{b}$ 总是不可避免地带有一定的误差 (称之为扰动), 因此这必然对解向量 $\boldsymbol{x}$ 产生一定的影响. 本节主要讨论 $\boldsymbol{A}$ 和 $\boldsymbol{b}$ 的扰动对方程组的影响. 我们先看一个简单的例子.

例 2.7.1 设有线性方程组

$$\begin{bmatrix} 5 & 7 \\ 1 & 10 \end{bmatrix}\begin{bmatrix} x_1 \\ x_2 \end{bmatrix} = \begin{bmatrix} 0.7 \\ 1 \end{bmatrix}. \tag{2.7.2}$$

方程组 (2.7.2) 的准确解为 $\boldsymbol{x}^* = (0, 0.1)^{\mathrm{T}}$. 若方程组的右端列向量有微小扰动, 即 $\delta\boldsymbol{b} = (-0.01, 0.01)^{\mathrm{T}}$, $\boldsymbol{b} \Rightarrow \boldsymbol{b} + \delta\boldsymbol{b}$. 于是, 得到一个扰动的方程组

$$\begin{bmatrix} 5 & 7 \\ 1 & 10 \end{bmatrix}\begin{bmatrix} \widetilde{x}_1 \\ \widetilde{x}_2 \end{bmatrix} = \begin{bmatrix} 0.69 \\ 1.01 \end{bmatrix}. \tag{2.7.3}$$

方程组 (2.7.3) 的解为 $\widetilde{\boldsymbol{x}}^* = (0.17, 0.22)^{\mathrm{T}}$. 相应解的扰动为 $\delta\boldsymbol{x}^* = \widetilde{\boldsymbol{x}}^* - \boldsymbol{x}^* = (0.17, 0.12)^{\mathrm{T}}$. 由此可以看出, 当 (2.7.2) 式的右端项 $\boldsymbol{b}$ 有一个微小的扰动 $\delta\boldsymbol{b}$ 时, 解却产生了较大的扰动, 这表明 (2.7.2) 式的解对右端的列向量的扰动十分敏感.

下面主要讨论 $\boldsymbol{A}$ 和 $\boldsymbol{b}$ 的扰动对方程组解的影响. 设 $\boldsymbol{A}$ 非奇异, 并假定 $\boldsymbol{b} \neq \boldsymbol{0}$.

一个很自然的问题:$\boldsymbol{A}$, $\boldsymbol{b}$ 的扰动对线性方程组 (2.7.1) 的解影响程度如何? 即当 $\boldsymbol{A}$ 有扰动 $\delta\boldsymbol{A}$ 或 $\boldsymbol{b}$ 有扰动 $\delta\boldsymbol{b}$(或 $\boldsymbol{A}$ 和 $\boldsymbol{b}$ 同时有扰动), 解 $\boldsymbol{x}$ 的误差 $\delta\boldsymbol{x}$ 有多大?

设线性方程组 (2.7.1) 的扰动线性方程组

$$(\boldsymbol{A} + \delta\boldsymbol{A})(\boldsymbol{x} + \delta\boldsymbol{x}) = \boldsymbol{b} + \delta\boldsymbol{b}. \tag{2.7.4}$$

下面我们分两种情况进行讨论.

情况 I. $\boldsymbol{A}$ 无扰动 (即 $\delta\boldsymbol{A}=\boldsymbol{0}$), 而 $\boldsymbol{b}$ 有扰动 $\delta\boldsymbol{b}\neq\boldsymbol{0}$. 这时线性方程组 (2.7.4) 为

$$\boldsymbol{A}(\boldsymbol{x} + \delta\boldsymbol{x}) = \boldsymbol{b} + \delta\boldsymbol{b}. \tag{2.7.5}$$

(2.7.5) 式减去 (2.7.1) 式, 可得

$$\boldsymbol{A}\delta\boldsymbol{x} = \delta\boldsymbol{b}, \quad \delta\boldsymbol{x} = \boldsymbol{A}^{-1}\delta\boldsymbol{b}. \tag{2.7.6}$$

所以

$$\|\delta\boldsymbol{x}\| \leqslant \|\boldsymbol{A}^{-1}\| \cdot \|\delta\boldsymbol{b}\|. \tag{2.7.7}$$

又由 (2.7.1) 式可得

$$\|\boldsymbol{b}\| = \|\boldsymbol{A}\boldsymbol{x}\| \leqslant \|\boldsymbol{A}\| \cdot \|\boldsymbol{x}\|. \tag{2.7.8}$$

由 (2.7.7) 和 (2.7.8) 两式, 可得

$$\frac{\|\delta\boldsymbol{x}\|}{\|\boldsymbol{x}\|} \leqslant \|\boldsymbol{A}^{-1}\| \cdot \frac{\|\delta\boldsymbol{b}\|}{\|\boldsymbol{x}\|} \leqslant \|\boldsymbol{A}^{-1}\| \cdot \|\boldsymbol{A}\| \cdot \frac{\|\delta\boldsymbol{b}\|}{\|\boldsymbol{b}\|}.$$

因此, 有以下定理.

定理 2.7.1 若 $\boldsymbol{A}$ 为非奇异矩阵, 线性方程组 (2.7.1) 右端的列向量 $\boldsymbol{b}$ 有扰动 $\delta\boldsymbol{b}$ 时对应的线性方程组为 (2.7.5) 式, 则

$$\frac{\|\delta\boldsymbol{x}\|}{\|\boldsymbol{x}\|} \leqslant \|\boldsymbol{A}^{-1}\| \cdot \|\boldsymbol{A}\| \cdot \frac{\|\delta\boldsymbol{b}\|}{\|\boldsymbol{b}\|}. \tag{2.7.9}$$

情况 II. $\boldsymbol{A}$ 有扰动 $\delta\boldsymbol{A}\neq\boldsymbol{0}$, 而 $\boldsymbol{b}$ 无扰动 (即 $\delta\boldsymbol{b}=\boldsymbol{0}$). 这时线性方程组 (2.7.4) 为

$$(\boldsymbol{A}+\delta\boldsymbol{A})(\boldsymbol{x}+\delta\boldsymbol{x})=\boldsymbol{b}. \tag{2.7.10}$$

若 $\|\boldsymbol{A}^{-1}\|\cdot\|\delta\boldsymbol{A}\|<1$, 则由推论 2.6.2 可知, 线性方程组 (2.7.10) 的系数矩阵 $\boldsymbol{A}+\delta\boldsymbol{A}$ 非奇异. (2.7.10) 式减去 (2.7.1) 式得

$$(\boldsymbol{A}+\delta\boldsymbol{A})\delta\boldsymbol{x}=-\delta\boldsymbol{A}\cdot\boldsymbol{x},\quad \delta\boldsymbol{x}=-\big(\boldsymbol{A}+\delta\boldsymbol{A}\big)^{-1}\delta\boldsymbol{A}\cdot\boldsymbol{x}. \tag{2.7.11}$$

由定理 2.6.10, 可得

$$\big\|\big(\boldsymbol{A}+\delta\boldsymbol{A}\big)^{-1}\big\| \leqslant \|\boldsymbol{A}^{-1}\|\cdot\big\|\big(\boldsymbol{I}+\boldsymbol{A}^{-1}\delta\boldsymbol{A}\big)^{-1}\big\| \leqslant \frac{\|\boldsymbol{A}^{-1}\|}{1-\|\boldsymbol{A}^{-1}\|\cdot\|\delta\boldsymbol{A}\|}, \tag{2.7.12}$$

由 (2.7.11) 式, 立即可得

$$\|\delta\boldsymbol{x}\| \leqslant \big\|\big(\boldsymbol{A}+\delta\boldsymbol{A}\big)^{-1}\big\|\cdot\|\delta\boldsymbol{A}\|\cdot\|\boldsymbol{x}\|. \tag{2.7.13}$$

所以, 由 (2.7.11)~(2.7.13) 式可得

$$\frac{\|\delta\boldsymbol{x}\|}{\|\boldsymbol{x}\|} \leqslant \frac{\|\boldsymbol{A}^{-1}\|\cdot\|\delta\boldsymbol{A}\|}{1-\|\boldsymbol{A}^{-1}\|\cdot\|\delta\boldsymbol{A}\|} = \frac{\|\boldsymbol{A}^{-1}\|\cdot\|\boldsymbol{A}\|\cdot\dfrac{\|\delta\boldsymbol{A}\|}{\|\boldsymbol{A}\|}}{1-\|\boldsymbol{A}^{-1}\|\cdot\|\boldsymbol{A}\|\cdot\dfrac{\|\delta\boldsymbol{A}\|}{\|\boldsymbol{A}\|}}. \tag{2.7.14}$$

综合以上分析, 有以下定理.

定理 2.7.2 若 $\boldsymbol{A}$ 为非奇异矩阵, 线性方程组 (2.7.1) 左端的系数矩阵 $\boldsymbol{A}$ 有扰动 $\delta\boldsymbol{A}$ 时对应的线性方程组为 (2.7.10) 式, 又 $\|\boldsymbol{A}^{-1}\|\cdot\|\delta\boldsymbol{A}\|<1$, 则 (2.7.14) 式成立.

对于一般的情况, 我们有下面的结论.

定理 2.7.3 $\boldsymbol{A}\in M^{n\times n}$ 非奇异, $\boldsymbol{b}\in\mathbb{R}^n$ 非零, $\boldsymbol{A}$ 和 $\boldsymbol{b}$ 分别有扰动 $\delta\boldsymbol{A}$ 和 $\delta\boldsymbol{b}$. 若 $\|\boldsymbol{A}^{-1}\|\cdot\|\delta\boldsymbol{A}\|<1$, 则

$$\frac{\|\delta\boldsymbol{x}\|}{\|\boldsymbol{x}\|} \triangleq \frac{\|\boldsymbol{x}-\widetilde{\boldsymbol{x}}\|}{\|\boldsymbol{x}\|} \leqslant \frac{\|\boldsymbol{A}^{-1}\|\cdot\|\boldsymbol{A}\|}{1-\|\boldsymbol{A}^{-1}\|\cdot\|\boldsymbol{A}\|\cdot\dfrac{\|\delta\boldsymbol{A}\|}{\|\boldsymbol{A}\|}}\cdot\left(\frac{\|\delta\boldsymbol{A}\|}{\|\boldsymbol{A}\|}+\frac{\|\delta\boldsymbol{b}\|}{\|\boldsymbol{b}\|}\right), \tag{2.7.15}$$

其中 $\boldsymbol{x}$ 和 $\widetilde{\boldsymbol{x}}$ 分别为线性方程组 $\boldsymbol{A}\boldsymbol{x}=\boldsymbol{b}$ 和 $(\boldsymbol{A}+\delta\boldsymbol{A})\widetilde{\boldsymbol{x}}=\boldsymbol{b}+\delta\boldsymbol{b}$ 的解.

定理 2.7.3 留给读者自己证明.

在 (2.7.9), (2.7.14) 和 (2.7.15) 式中, 都有一个与矩阵 $\boldsymbol{A}$ 相关的常数 $\|\boldsymbol{A}^{-1}\|\cdot\|\boldsymbol{A}\|$, 它的大小在一定程度上能反映线性方程组求解时解对扰动的敏感程度: $\|\boldsymbol{A}^{-1}\|\cdot\|\boldsymbol{A}\|$ 越大时, 解的相对误差就可能越大. 所以, $\|\boldsymbol{A}^{-1}\|\cdot\|\boldsymbol{A}\|$ 实际上起到了刻画解对初始数据变化的敏感程度的作用. 为此给出如下定义.

定义 2.7.1 若 $\boldsymbol{A}$ 为非奇异矩阵, 称 $\|\boldsymbol{A}^{-1}\|\cdot\|\boldsymbol{A}\|$ 为**矩阵 $\boldsymbol{A}$ 的条件数**, 并记为 $\mathrm{cond}(\boldsymbol{A})$, 即

$$\mathrm{cond}(\boldsymbol{A})\triangleq\|\boldsymbol{A}^{-1}\|\cdot\|\boldsymbol{A}\|. \tag{2.7.16}$$

引入矩阵的条件数之后, (2.7.9), (2.7.14) 和 (2.7.15) 式即为

$$\frac{\|\delta\boldsymbol{x}\|}{\|\boldsymbol{x}\|}\leqslant\mathrm{cond}(\boldsymbol{A})\cdot\frac{\|\delta\boldsymbol{b}\|}{\|\boldsymbol{b}\|}, \tag{2.7.9$'$}$$

$$\frac{\|\delta\boldsymbol{x}\|}{\|\boldsymbol{x}\|}\leqslant\frac{\mathrm{cond}(\boldsymbol{A})\cdot\dfrac{\|\delta\boldsymbol{A}\|}{\|\boldsymbol{A}\|}}{1-\mathrm{cond}(\boldsymbol{A})\cdot\dfrac{\|\delta\boldsymbol{A}\|}{\|\boldsymbol{A}\|}}, \tag{2.7.14$'$}$$

$$\frac{\|\delta\boldsymbol{x}\|}{\|\boldsymbol{x}\|}\leqslant\frac{\mathrm{cond}(\boldsymbol{A})}{1-\mathrm{cond}(\boldsymbol{A})\cdot\dfrac{\|\delta\boldsymbol{A}\|}{\|\boldsymbol{A}\|}}\cdot\left(\frac{\|\delta\boldsymbol{A}\|}{\|\boldsymbol{A}\|}+\frac{\|\delta\boldsymbol{b}\|}{\|\boldsymbol{b}\|}\right). \tag{2.7.15$'$}$$

由于选用的矩阵范数不同, 条件数也不同, 常用的条件数有

$$\mathrm{cond}_p(\boldsymbol{A})=\|\boldsymbol{A}^{-1}\|_p\cdot\|\boldsymbol{A}\|_p,\quad p=1,2,\infty.$$

容易证明, 矩阵的条件数具有下列一些性质:

(1) $\mathrm{cond}_p(\boldsymbol{I})=1$;

(2) 对于任意非奇异矩阵 $\boldsymbol{A}$, 皆有 $\mathrm{cond}(\boldsymbol{A})\geqslant 1$;

(3) 若 $\boldsymbol{P}$ 为置换矩阵, 则 $\mathrm{cond}_p(\boldsymbol{P})=1$;

(4) 对任何常数 k, 有 $\mathrm{cond}(k\boldsymbol{A})=\mathrm{cond}(\boldsymbol{A})$;

(5) 若 $\boldsymbol{D}=\mathrm{diag}(d_{11},\ d_{22},\ \cdots,\ d_{nn})$ 为非奇异对角矩阵, 则

$$\mathrm{cond}_p(\boldsymbol{D})=\max_{1\leqslant i\leqslant n}|d_{ii}|\Big/\min_{1\leqslant i\leqslant n}|d_{ii}|.$$

例 2.7.2 设有线性方程组

$$\begin{bmatrix}3 & 1.001\\ 6 & 1.997\end{bmatrix}\begin{bmatrix}x_1\\ x_2\end{bmatrix}=\begin{bmatrix}1.999\\ 4.003\end{bmatrix}. \tag{2.7.17}$$

试计算 $\text{cond}_\infty(\boldsymbol{A})$.

解　$\boldsymbol{A}=\begin{bmatrix}3 & 1.001\\ 6 & 1.997\end{bmatrix}$, $\boldsymbol{A}^{-1}=-\dfrac{1}{0.015}\begin{bmatrix}1.997 & -1.001\\ -6 & 3\end{bmatrix}$. 易得 $\|\boldsymbol{A}\|_\infty=7.997$, $\|\boldsymbol{A}^{-1}\|_\infty=600$, 所以 $\text{cond}_\infty(\boldsymbol{A})=4798.2$.

习　题　2

2.1　试证明: (1) 定理 2.6.3 或定理 2.6.7; (2) 推论 2.6.1; (3) 定理 2.6.6 中 (2).

2.2　试证明: (1) $\|\boldsymbol{x}\|_2\leqslant\|\boldsymbol{x}\|_1\leqslant\sqrt{n}\|\boldsymbol{x}\|_2$; (2) $\|\boldsymbol{x}\|_\infty\leqslant\|\boldsymbol{x}\|_1\leqslant n\|\boldsymbol{x}\|_\infty$; (3) $\|\boldsymbol{x}\|_\infty\leqslant\|\boldsymbol{x}\|_2\leqslant\sqrt{n}\|\boldsymbol{x}\|_\infty$.

2.3　若 $\|\boldsymbol{B}\|<1$, 则 $\boldsymbol{I}-\boldsymbol{B}$ 为非奇异矩阵, 且有

$$\frac{1}{1+\|\boldsymbol{B}\|}\leqslant\left\|(\boldsymbol{I}-\boldsymbol{B})^{-1}\right\|\leqslant\frac{1}{1-\|\boldsymbol{B}\|}.$$

2.4　设 $\boldsymbol{A}$ 为非奇异方阵, 而 $\boldsymbol{B}$ 为任一奇异方阵, 则 $\dfrac{1}{\|\boldsymbol{A}-\boldsymbol{B}\|}\leqslant\|\boldsymbol{A}^{-1}\|$.

2.5　给定下面两个 3 阶方阵

$$\boldsymbol{A}=\begin{bmatrix}5 & 7 & 3\\ 7 & 11 & 2\\ 3 & 2 & 6\end{bmatrix},\quad \boldsymbol{B}=\begin{bmatrix}-2 & 1 & 0\\ 1 & -2 & 1\\ 0 & 1 & -2\end{bmatrix}.$$

求矩阵 $\boldsymbol{A}$ 和 $\boldsymbol{B}$ 的行范数、逆矩阵列范数及相应的条件数.

2.6　给定线性方程组

$$\begin{bmatrix}10^{-2} & 1\\ 1 & 1\end{bmatrix}\begin{bmatrix}x_1\\ x_2\end{bmatrix}=\begin{bmatrix}1\\ 2\end{bmatrix},$$

试用下列方法解此线性方程组:

(1) 用分数表示出此方程组解的准确值;

(2) 用 Gauss 消去法并采用两位有效数字舍入计算;

(3) 按列选主元法并采用两位有效数字计算.

2.7　线性方程组

$$\begin{bmatrix}10^{-5} & 10^{-5} & 1\\ 10^{-5} & -10^{-5} & 1\\ 1 & 1 & 2\end{bmatrix}\begin{bmatrix}x_1\\ x_2\\ x_3\end{bmatrix}=\begin{bmatrix}2\times10^{-5}\\ -2\times10^{-5}\\ 1\end{bmatrix}$$

的准确解为

$$x_3=\frac{10^{-5}}{1-2\times10^{-5}},\quad x_2=2,\quad x_1=-\frac{1}{1-2\times10^{-5}}.$$

试用三位有效数字按下列方法解此线性方程组:

(1) Gauss 消去法;

(2) 全选主元法;

(3) 先作代换 $x_3' = 10^5 x_3$, 然后用选主元法求解.

2.8 设 $\boldsymbol{A}$ 为对称正定矩阵, 经过 Gauss 消去法一步后, 将 $\boldsymbol{A}$ 化为 $\begin{bmatrix} a_{11} & \boldsymbol{\alpha}^{\mathrm{T}} \\ \boldsymbol{0} & \boldsymbol{A}_2 \end{bmatrix}$, 其中 $\boldsymbol{A}=(a_{ij})_{n\times n}$, $i,j=1,2,\cdots,n$; $\boldsymbol{A}_2=(a_{pq}^{(2)})_{(n-1)\times(n-1)}$, $p,q=2,3,\cdots,n$. 试证明:

(1) $a_{ii} > 0$;

(2) $|a_{ij}| \leqslant \sqrt{a_{ii}a_{jj}}$, $\quad |a_{ij}| \leqslant \dfrac{1}{2}(a_{ii}+a_{jj})$;

(3) $\boldsymbol{A}$ 的绝对值最大元必在对角线上;

(4) $\boldsymbol{A}_2$ 是对称正定矩阵;

(5) $a_{ii}^{(2)} \leqslant a_{ii}$, $i=2,3,\cdots,n$;

(6) $\max\limits_{2\leqslant i,j\leqslant n} |a_{ij}^{(2)}| \leqslant \max\limits_{2\leqslant i,j\leqslant n} |a_{ij}|$.

2.9 用 Gauss 消去法求如下线性方程组的解, 并求其系数矩阵的行列式的值

$$\begin{bmatrix} 1 & 4 & -2 & 3 \\ 2 & 2 & 0 & 4 \\ 3 & 0 & -1 & 2 \\ 1 & 2 & 2 & -3 \end{bmatrix} \begin{bmatrix} x_1 \\ x_2 \\ x_3 \\ x_4 \end{bmatrix} = \begin{bmatrix} 6 \\ 2 \\ 1 \\ 8 \end{bmatrix}.$$

2.10 设

$$\boldsymbol{A} = \begin{bmatrix} 1 & 2 & 3 \\ 2 & 3 & 4 \\ 3 & 4 & 4 \end{bmatrix}, \quad \boldsymbol{b} = \begin{bmatrix} 2 \\ 3 \\ 3 \end{bmatrix}.$$

(1) 解线性方程组 $\boldsymbol{Ax}=\boldsymbol{b}$;

(2) 求一些满足 $\boldsymbol{y}^{\mathrm{T}}\boldsymbol{Ay} < 0$ 的向量 $\boldsymbol{y}$.

2.11 若 $\boldsymbol{A}=(a_{ij})_{n\times n}$ 为实对称正定矩阵, $\boldsymbol{D}=\mathrm{diag}(a_{11},a_{22},\cdots,a_{nn})$, 则 $\boldsymbol{D}$ 也为对称正定矩阵.

2.12 求矩阵

$$\boldsymbol{A} = \begin{bmatrix} 2 & 1 & 2 \\ 1 & 2 & 3 \\ 4 & 1 & 2 \end{bmatrix}$$

的逆矩阵, 规定使用下列方法:

(1) 解三个线性方程组 $\boldsymbol{Ax}=\boldsymbol{e}_i$, $i=1,2,3$;

(2) 通过三角分解 $\boldsymbol{A}=\boldsymbol{LU}$ 求 $\boldsymbol{A}^{-1}$.

2.13 设 $\boldsymbol{A}$ 和 $\boldsymbol{B}$ 都是 n 阶方阵, $\boldsymbol{I}$ 和 $\boldsymbol{0}$ 分别是 n 阶单位阵和零方阵, 求下列 $3n$ 阶方阵的逆矩阵

$$\boldsymbol{G} = \begin{bmatrix} \boldsymbol{I} & \boldsymbol{A} & \boldsymbol{0} \\ \boldsymbol{0} & \boldsymbol{I} & \boldsymbol{B} \\ \boldsymbol{0} & \boldsymbol{0} & \boldsymbol{I} \end{bmatrix}.$$

2.14 若矩阵 $\boldsymbol{A}$ 为三对角矩阵, 即

$$\boldsymbol{A}=\begin{bmatrix} a_1 & c_1 & & \\ b_2 & \ddots & \ddots & \\ & \ddots & \ddots & c_{n-1} \\ & & b_n & a_n \end{bmatrix},$$

且满足

$$\begin{aligned}&|a_i| \geqslant |b_i|+|c_i|, \quad i=2,3,\cdots,n-1,\\&|a_1|>|c_1|,\\&|a_n|>|b_n|, \quad (c_ib_i\neq 0).\end{aligned}$$

试证明 $\boldsymbol{A}$ 的顺序主子式皆不为零.

2.15 求下列三对角矩阵的 $\boldsymbol{LU}$ 分解及其行列式的值:

$$\boldsymbol{A}=\begin{bmatrix} 1 & 1 & & & \\ 1 & 2 & 1 & & \\ & 1 & 3 & 1 & \\ & & 1 & 4 & 1 \\ & & & 1 & 5 \end{bmatrix}.$$

2.16 若 $\boldsymbol{A}\in M^{n\times n}$ 为实对称矩阵或 Hermite 矩阵 $(\overline{\boldsymbol{A}}^{\mathrm{T}}=\boldsymbol{A})$, 则 $\|\boldsymbol{A}\|_2=\rho(\boldsymbol{A})$.

2.17 若 $\boldsymbol{A}\in M^{n\times n}$ 为正交矩阵, 则 $\mathrm{cond}_2(\boldsymbol{A})=1$.

2.18* 设 $m\times n$ 阶矩阵 $\boldsymbol{A}$ 的各列线性无关. 矩阵 $\boldsymbol{A}$ 的条件数 $\mathrm{cond}_2(\boldsymbol{A})$ 定义为

$$\mathrm{cond}_2(\boldsymbol{A})\triangleq \max_{\|\boldsymbol{x}\|_2=1}\|\boldsymbol{A}\boldsymbol{x}\|_2/\min_{\|\boldsymbol{x}\|_2=1}\|\boldsymbol{A}\boldsymbol{x}\|_2.$$

(1) 证明: 当 $m=n$, 即 $\boldsymbol{A}$ 为 n 阶方阵时, 上述 $\boldsymbol{A}$ 的条件数定义与 2.7 节中的定义相同.

(2) 设 λ_i 为方阵 $\boldsymbol{A}^{\mathrm{T}}\boldsymbol{A}$ 的特征值, 证明

$$\mathrm{cond}_2(\boldsymbol{A})=\sqrt{\mathrm{cond}_2(\boldsymbol{A}^{\mathrm{T}}\boldsymbol{A})}=\sqrt{\max_{1\leqslant i\leqslant n}\lambda_i/\min_{1\leqslant i\leqslant n}\lambda_i}.$$

(3) 求下列 $(n+1)\times n$ 阶矩阵 $\boldsymbol{A}$ 的条件数 $\mathrm{cond}_2(\boldsymbol{A})$:

$$\boldsymbol{A}\triangleq\begin{bmatrix} 1 & 1 & \cdots & 1 \\ \varepsilon & 0 & \cdots & 0 \\ 0 & \varepsilon & \cdots & 0 \\ \vdots & \vdots & & \vdots \\ 0 & 0 & \cdots & \varepsilon \end{bmatrix}.$$

2.19* 设 $\boldsymbol{A}$ 为非奇异矩阵, 且 $\|\boldsymbol{A}^{-1}\|\cdot\|\delta\boldsymbol{A}\|<1$, 证明 $(\boldsymbol{A}+\delta\boldsymbol{A})^{-1}$ 存在且有下列关系式:

$$\frac{\|\boldsymbol{A}^{-1}-(\boldsymbol{A}+\delta\boldsymbol{A})^{-1}\|}{\|\boldsymbol{A}^{-1}\|}\leqslant\frac{\operatorname{cond}(\boldsymbol{A})\cdot\dfrac{\|\delta\boldsymbol{A}\|}{\|\boldsymbol{A}\|}}{1-\operatorname{cond}(\boldsymbol{A})\cdot\dfrac{\|\delta\boldsymbol{A}\|}{\|\boldsymbol{A}\|}}.$$

2.20* 试证明定理 2.7.3.

*** *** *** *** ***

第 2 章上机实验题

2.1 试编写用列主元法求解线性方程组的标准程序, 并求下列方程组的解

$$\begin{bmatrix}0.832 & 0.448 & 0.193\\ 0.784 & 0.421 & 0.207\\ 0.784 & -0.421 & 0.293\end{bmatrix}\begin{bmatrix}x_1\\ x_2\\ x_3\end{bmatrix}=\begin{bmatrix}1.000\\ 0.000\\ 0.000\end{bmatrix}.$$

2.2 试编写用 LU 方法求解线性方程组的标准程序, 并求解下列方程组

$$\begin{bmatrix}3.3330 & 15920 & -10.333\\ 2.2220 & 16.710 & 9.6120\\ 1.5611 & 5.1791 & 1.6852\end{bmatrix}\begin{bmatrix}x_1\\ x_2\\ x_3\end{bmatrix}=\begin{bmatrix}15913\\ 28.544\\ 8.4254\end{bmatrix}.$$

2.3 试编写用平方根法求解线性方程组的标准程序, 并求解下列方程组

$$\begin{bmatrix}6 & 2 & 1 & -1\\ 2 & 4 & 1 & 0\\ 1 & 1 & 4 & -1\\ -1 & 0 & -1 & 3\end{bmatrix}\begin{bmatrix}x_1\\ x_2\\ x_3\\ x_4\end{bmatrix}=\begin{bmatrix}-1\\ 2\\ 1\\ 3\end{bmatrix}.$$

2.4 试编写用追赶法求解三对角线性方程组的标准程序, 并求解下列方程组

$$\begin{bmatrix}3 & 2 & \\ 2 & 4 & 1\\ & 2 & 5\end{bmatrix}\begin{bmatrix}x_1\\ x_2\\ x_3\end{bmatrix}=\begin{bmatrix}-1\\ -7\\ 9\end{bmatrix}.$$

第 3 章　解线性方程组的迭代法

3.1　引　　言

在第 2 章中，我们已经讨论了解线性方程组的直接法. 一般来说, 对于阶数不高的方程组, 直接法是非常有效的. 而对于阶数很高且系数矩阵稀疏的线性方程组, 特别是大型线性方程组, 却遇到了困难. 首先是直接法的计算量大, 为 $O(n^3)$, 其次是存贮量大, 因为非零元素也要存贮.

对于大型的线性方程组, 常常用迭代法求解. 迭代法与直接法不同, 它不能通过有限次的算术运算求得方程组的精确解, 而是通过迭代逐步逼近方程组的精确解. 因此, 在使用迭代法时, 必须考虑其收敛性问题. 迭代法较直接法有明显的优点: 程序设计简单, 存贮量和计算量少等. 特别地, 迭代法是求解具有大型稀疏矩阵线性方程组的重要方法之一.

为本章后面内容的需要, 先给出非奇异矩阵判定的一个充分条件. 用 $M^{n\times n}$ 表示 $n\times n$ 阶矩阵的全体. 本章假定 $\boldsymbol{A}=(a_{ij})_{n\times n}\in\mathbb{R}^{n\times n}$.

定义 3.1.1 (严格对角占优矩阵)　若矩阵 $\boldsymbol{A}$ 满足每行对角元的绝对值均严格大于同行其他元素的绝对值之和, 即

$$|a_{ii}|>\sum_{\substack{j=1\\ \neq i}}^{n}|a_{ij}|,\quad i=1,2,\cdots,n, \tag{3.1.1}$$

则称方阵 $\boldsymbol{A}$ *按行严格对角占优*. 类似地, 也可以定义方阵 $\boldsymbol{A}$ *按列严格对角占优*.

引理 3.1.1　若矩阵 $\boldsymbol{A}$ 按行 (列) 严格对角占优, 则方阵 $\boldsymbol{A}$ 必非奇异.

证明　(反证法) 我们仅对 $\boldsymbol{A}$ 按行严格对角占优加以证明, 而当 $\boldsymbol{A}$ 按列严格对角占优时证明完全类似. 若 $\boldsymbol{A}$ 奇异, 则 $\det(\boldsymbol{A})=0$, 从而齐次线性方程组 $\boldsymbol{Ax}=\boldsymbol{0}$ 有非零解, 记为 $\boldsymbol{x}^0=\left(x_1^0,x_2^0,\cdots,x_n^0\right)^{\mathrm{T}}\neq\boldsymbol{0}$, 且令 $|x_k^0|=\max\limits_{1\leqslant i\leqslant n}|x_i^0|\neq 0$. 于是, 由齐次线性方程组 $\boldsymbol{Ax}=\boldsymbol{0}$ 的第 k 个方程

$$\sum_{j=1}^{n}a_{kj}x_j^0=0 \tag{3.1.2}$$

可得

$$|a_{kk}|\cdot|x_k^0|\leqslant\Big|\sum_{\substack{j=1\\ j\neq k}}^{n}a_{kj}x_j^0\Big|\leqslant\sum_{\substack{j=1\\ j\neq k}}^{n}|a_{kj}|\cdot|x_j^0|\leqslant\cdot|x_k^0|\sum_{\substack{j=1\\ j\neq k}}^{n}|a_{kj}|. \tag{3.1.3}$$

由此即得

$$\left|a_{kk}\right| \leqslant \sum_{\substack{j=1 \\ j \neq k}}^{n}\left|a_{kj}\right|. \tag{3.1.4}$$

(3.1.4) 式与假设矛盾, 故矩阵 $\boldsymbol{A}$ 非奇异. **证毕**

3.2 迭代法的一般格式及收敛性条件

3.2.1 迭代法的一般格式

设 $\boldsymbol{A} \in M^{n\times n}$ 为非奇异矩阵, $\boldsymbol{b} \in \mathbb{R}^n$, 则下列线性方程组:

$$\boldsymbol{A}\boldsymbol{x} = \boldsymbol{b} \tag{3.2.1}$$

存在唯一解 $\boldsymbol{x} = \boldsymbol{A}^{-1}\boldsymbol{b}$. 若将矩阵 $\boldsymbol{A}$ 分解为矩阵 $\boldsymbol{M}$ 与 $\boldsymbol{N}$ 的差, 即

$$\boldsymbol{A} = \boldsymbol{M} - \boldsymbol{N},$$

其中 $\boldsymbol{M}$ 为非奇异矩阵. 于是线性方程组 (3.2.1) 可以改写为

$$\boldsymbol{M}\boldsymbol{x} = \boldsymbol{N}\boldsymbol{x} + \boldsymbol{b}, \tag{3.2.2}$$

即

$$\boldsymbol{x} = \boldsymbol{M}^{-1}\boldsymbol{N}\boldsymbol{x} + \boldsymbol{M}^{-1}\boldsymbol{b}. \tag{3.2.3}$$

若记

$$\boldsymbol{B} = \boldsymbol{M}^{-1}\boldsymbol{N}, \quad \boldsymbol{f} = \boldsymbol{M}^{-1}\boldsymbol{b},$$

则线性方程组 (3.2.1) 可写为如下等价形式:

$$\boldsymbol{x} = \boldsymbol{B}\boldsymbol{x} + \boldsymbol{f}. \tag{3.2.4}$$

据此, 我们可以写出如下单步定常的线性迭代格式:

$$\boldsymbol{x}^{(k+1)} = \boldsymbol{B}\boldsymbol{x}^{(k)} + \boldsymbol{f}, \quad k = 0, 1, \cdots, \tag{3.2.5}$$

其中 $\boldsymbol{B}$ 称为**迭代矩阵**, 它与 $\boldsymbol{f}$ 和 k 无关. 称 (3.2.5) 式为单步定常线性格式, 是指在计算 $\boldsymbol{x}^{(k+1)}$ 时仅用到 $\boldsymbol{x}^{(k)}$, 迭代矩阵 $\boldsymbol{B}$ 保持不变, $\boldsymbol{B}\boldsymbol{x} + \boldsymbol{f}$ 为 $\boldsymbol{x}$ 的线性形式.

若任意给定初始向量 $\boldsymbol{x}^{(0)} \in \mathbb{R}^n$, 可由 (3.2.5) 式计算得一向量序列:

$$\boldsymbol{x}^{(1)}, \boldsymbol{x}^{(2)}, \cdots, \boldsymbol{x}^{(k)}, \cdots. \tag{3.2.6}$$

我们的目的就是求方程组 (3.2.1) 的解 $\boldsymbol{x}^*$, 即期望

$$\lim_{k\to+\infty} \boldsymbol{x}^{(k)} = \boldsymbol{x}^*.$$

为此, 我们有如下定义.

定义 3.2.1 若存在 $\boldsymbol{x}^* \in \mathbb{R}^n$, 使得对任意 $\boldsymbol{x}^{(0)} \in \mathbb{R}^n$, 由迭代格式 (3.2.5) 得到的序列 (3.2.6), 有

$$\lim_{k\to+\infty} \boldsymbol{x}^{(k)} = \boldsymbol{x}^*,$$

则称迭代格式 (3.2.5) 是**收敛的**, 否则称之为**发散的**.

显然, 若迭代格式 (3.2.5) 收敛, 即 $\lim\limits_{k\to+\infty} \boldsymbol{x}^{(k)} = \boldsymbol{x}^*$, 则 $\boldsymbol{x}^*$ 必为 (3.2.1) 式的解.

利用迭代法求解线性方程组, 必须考虑如下几个问题: (i) 迭代格式的构造; (ii) 迭代格式的敛散性判定; (iii) 迭代格式的收敛速度. 在此, 我们先对迭代法一般格式的收敛性条件作简单介绍, 而对具体迭代格式的敛散性判定将放到本章的 3.6 节中再作详细讨论.

3.2.2 迭代法的收敛性条件

定理 3.2.1 设有方程组 (3.2.4), $\{\boldsymbol{x}^{(k)}\}$ 为由迭代格式 (3.2.5) 所得的序列 (其中 $\boldsymbol{x}^{(0)}$ 为选取的任意初始向量). 如果迭代矩阵 $\boldsymbol{B}$ 的某一种范数满足 $\|\boldsymbol{B}\|=r<1$, 则

(i) $\{\boldsymbol{x}^{(k)}\}$ 收敛于方程组 $(\boldsymbol{I}-\boldsymbol{B})\boldsymbol{x} = \boldsymbol{f}$ 唯一解 $\boldsymbol{x}^*$;

(ii) $$\|\boldsymbol{x}^{(k)} - \boldsymbol{x}^*\| \leqslant r^k \|\boldsymbol{x}^{(0)} - \boldsymbol{x}^*\|; \tag{3.2.7}$$

(iii) $$\|\boldsymbol{x}^{(k)} - \boldsymbol{x}^*\| \leqslant \frac{r^k}{1-r} \|\boldsymbol{x}^{(1)} - \boldsymbol{x}^{(0)}\|. \tag{3.2.8}$$

证明 因 $\|\boldsymbol{B}\| = r < 1$, 所以由定理 2.6.10 可知, $\boldsymbol{I} - \boldsymbol{B}$ 非奇异, 从而线性方程组 $(\boldsymbol{I}-\boldsymbol{B})\boldsymbol{x} = \boldsymbol{f}$ 有唯一解 $\boldsymbol{x}^*$, 即

$$\boldsymbol{x}^* = \boldsymbol{B}\boldsymbol{x}^* + \boldsymbol{f}. \tag{3.2.9}$$

令

$$\boldsymbol{\varepsilon}^{(k)} \triangleq \boldsymbol{x}^{(k)} - \boldsymbol{x}^*. \tag{3.2.10}$$

于是, 由 (3.2.5) 式与 (3.2.9) 式, 可得

$$\boldsymbol{\varepsilon}^{(k+1)} = \boldsymbol{B}\boldsymbol{\varepsilon}^{(k)}, \quad k = 0, 1, \cdots. \tag{3.2.11}$$

利用 (3.2.11) 式, 由数学归纳法可得

$$\boldsymbol{\varepsilon}^{(k)} = \boldsymbol{B}^k\boldsymbol{\varepsilon}^{(0)}, \quad k = 0, 1, \cdots. \tag{3.2.12}$$

于是

$$\left\|\boldsymbol{\varepsilon}^{(k)}\right\|=\left\|\boldsymbol{B}^k\boldsymbol{\varepsilon}^{(0)}\right\|\leqslant\left\|\boldsymbol{B}^k\right\|\cdot\left\|\boldsymbol{\varepsilon}^{(0)}\right\|=r^k\left\|\boldsymbol{\varepsilon}^{(0)}\right\|. \tag{3.2.13}$$

(3.2.13) 式即为 (3.2.7) 式. 因为 $\|\boldsymbol{B}\|=r<1$, 故由 (3.2.13) 式可得 $\lim\limits_{k\to+\infty}\|\boldsymbol{x}^{(k)}-\boldsymbol{x}^*\|=0$, 亦即 $\lim\limits_{k\to+\infty}\boldsymbol{x}^{(k)}=\boldsymbol{x}^*$.

下面来证明 (3.2.8) 式. 由迭代格式 (3.2.5) 及 (3.2.11), 易得

$$\left\|\boldsymbol{x}^{(k+1)}-\boldsymbol{x}^{(k)}\right\|\leqslant\left\|\boldsymbol{B}\right\|\cdot\left\|\boldsymbol{x}^{(k)}-\boldsymbol{x}^{(k-1)}\right\|=r\left\|\boldsymbol{x}^{(k)}-\boldsymbol{x}^{(k-1)}\right\|; \tag{3.2.14}$$

$$\left\|\boldsymbol{x}^{(k+1)}-\boldsymbol{x}^*\right\|\leqslant\left\|\boldsymbol{B}\right\|\cdot\left\|\boldsymbol{x}^{(k)}-\boldsymbol{x}^*\right\|=r\left\|\boldsymbol{x}^{(k)}-\boldsymbol{x}^*\right\|. \tag{3.2.15}$$

于是

$$\begin{aligned}\left\|\boldsymbol{x}^{(k+1)}-\boldsymbol{x}^{(k)}\right\|&=\left\|\boldsymbol{x}^*-\boldsymbol{x}^{(k)}-(\boldsymbol{x}^*-\boldsymbol{x}^{(k+1)})\right\|\\&\geqslant\left\|\boldsymbol{x}^{(k)}-\boldsymbol{x}^*\right\|-\left\|\boldsymbol{x}^{(k+1)}-\boldsymbol{x}^*\right\|\\&\geqslant(1-r)\left\|\boldsymbol{x}^{(k)}-\boldsymbol{x}^*\right\|,\end{aligned}$$

所以

$$\left\|\boldsymbol{x}^{(k)}-\boldsymbol{x}^*\right\|\leqslant\frac{1}{1-r}\left\|\boldsymbol{x}^{(k+1)}-\boldsymbol{x}^{(k)}\right\|. \tag{3.2.16}$$

由 (3.2.16) 式并反复利用 (3.2.14) 式, 立即可得 (3.2.8) 式. **证毕**

由定理 3.2.1 可知, 在定理 3.2.1 的条件下, 迭代格式 (3.2.5) 是几何收敛的. r 越小, 迭代格式收敛越快. 但在实际计算时, 当 r 充分接近 1 时, 由于舍入误差的影响, 可能造成不收敛的情况出现. 由 (3.2.16) 式和 (3.2.14) 式可得

$$\left\|\boldsymbol{x}^{(k)}-\boldsymbol{x}^*\right\|\leqslant\frac{r}{1-r}\left\|\boldsymbol{x}^{(k)}-\boldsymbol{x}^{(k-1)}\right\|. \tag{3.2.17}$$

因此, (3.2.17) 式可用于迭代控制的终止条件, 即当 $\|\boldsymbol{x}^{(k)}-\boldsymbol{x}^{(k-1)}\|<\varepsilon$ (ε 为预先给定的精度) 时迭代过程终止.

定理 3.2.2 迭代格式 (3.2.5) 收敛的充要条件是 $\lim\limits_{k\to0}\boldsymbol{B}^k=\boldsymbol{0}$.

证明 迭代格式 (3.2.5) 收敛当且仅当 $\lim\limits_{k\to0}\boldsymbol{\varepsilon}^{(k)}=\boldsymbol{0}$ 当且仅当 $\lim\limits_{k\to0}\boldsymbol{B}^k\boldsymbol{\varepsilon}^{(0)}=\boldsymbol{0}$ 当且仅当 $\lim\limits_{k\to0}\boldsymbol{B}^k=\boldsymbol{0}$. **证毕**

定理 3.2.3 迭代格式 (3.2.5) 收敛的充要条件是 $\rho(\boldsymbol{B})<1$.

证明 [必要性] 若由迭代格式 (3.2.5) 所得的序列 (3.2.6) 收敛, 并设

$$\lim_{k\to+\infty}\boldsymbol{x}^{(k)}=\boldsymbol{x}^*, \tag{3.2.18}$$

则对迭代格式 (3.2.5) 两边取极限, 可得

$$\boldsymbol{x}^* = \boldsymbol{B}\boldsymbol{x}^* + \boldsymbol{f}. \tag{3.2.19}$$

这表明 $\boldsymbol{x}^*$ 为方程组 (3.2.4) 的解.

由定理 3.2.1 的证明过程知

$$\boldsymbol{x}^{(k)} - \boldsymbol{x}^* = \boldsymbol{B}^k(\boldsymbol{x}^{(0)} - \boldsymbol{x}^*). \tag{3.2.20}$$

设 λ 为 $\boldsymbol{B}$ 的任一特征值, $\boldsymbol{\xi}$ 为 $\boldsymbol{B}$ 属于特征值 λ 的特征向量, 即 $\boldsymbol{B}\boldsymbol{\xi} = \lambda\boldsymbol{\xi}$. 现取 $\boldsymbol{x}^{(0)}$ 使得 $\boldsymbol{x}^{(0)} - \boldsymbol{x}^*$ 为矩阵 $\boldsymbol{B}$ 的属于特征值 λ 的特征向量 (取 $\boldsymbol{x}^{(0)} = \boldsymbol{\xi} + \boldsymbol{x}^*$ 即可), 即

$$\boldsymbol{B}(\boldsymbol{x}^{(0)} - \boldsymbol{x}^*) = \lambda(\boldsymbol{x}^{(0)} - \boldsymbol{x}^*),$$

则由 (3.2.20) 式, 可得

$$\boldsymbol{x}^{(k)} - \boldsymbol{x}^* = \lambda^k(\boldsymbol{x}^{(0)} - \boldsymbol{x}^*). \tag{3.2.21}$$

由 (3.2.18) 式及 (3.2.21) 式, 可得

$$\boldsymbol{0} = \lim_{k\to+\infty}(\boldsymbol{x}^{(k)} - \boldsymbol{x}^*) = \lim_{k\to+\infty}\lambda^k(\boldsymbol{x}^{(0)} - \boldsymbol{x}^*) = (\boldsymbol{x}^{(0)} - \boldsymbol{x}^*)\lim_{k\to+\infty}\lambda^k.$$

由于 $\boldsymbol{x}^{(0)} - \boldsymbol{x}^* \neq \boldsymbol{0}$, 所以 $\lim\limits_{k\to+\infty}\lambda^k = 0$. 从而, $|\lambda| < 1$. 由 λ 的任意性可知 $\rho(\boldsymbol{B}) < 1$.

[充分性] 若 $\rho(\boldsymbol{B}) < 1$, 则存在正数 ε, 使

$$\rho(\boldsymbol{B}) + \varepsilon < 1.$$

由定理 2.6.11 可知, 存在一种向量范数 $\|\cdot\|_*$, 使得由此导出的矩阵范数 $\|\cdot\|_*$ 满足

$$\|\boldsymbol{B}\|_* \leqslant \rho(\boldsymbol{B}) + \varepsilon < 1.$$

再由定理 3.2.1 可知, 迭代格式 (3.2.5) 是收敛的.　　**证毕**

定理 3.2.3 是线性方程组迭代法收敛性分析的基本定理, 然而由于 $\rho(\boldsymbol{B})$ 的计算往往比较困难, 尽管有各种方法可估计 $\rho(\boldsymbol{B})$ 的上界 (如: 数值代数或矩阵分析中的特征值估计), 但往往偏大而不实用. 为了满足实际的需要, 由定理 2.6.9 可知

$$\rho(\boldsymbol{B}) \leqslant \|\boldsymbol{B}\|,$$

所以, 当 $\|\boldsymbol{B}\| < 1$ 时, 必有 $\rho(\boldsymbol{B}) < 1$. $\|\boldsymbol{B}\|$ 的计算较 $\boldsymbol{B}$ 的特征值的估计容易得多.

在余下的几节里, 我们将介绍一些常用迭代格式的构造方法, 并讨论迭代格式的敛散性及收敛速度的估计.

3.3 Jacobi(雅可比) 迭代法

设线性方程组

$$\boldsymbol{A}\boldsymbol{x} = \boldsymbol{b} \tag{3.2.1}$$

的系数矩阵 $\boldsymbol{A}$ 非奇异, 且主对角元素 a_{ii} 满足 $a_{ii} \neq 0,\ i = 1, 2, \cdots, n$. 将 $\boldsymbol{A}$ 分解为

$$\boldsymbol{A} = \begin{bmatrix} a_{11} & & & & \\ & a_{22} & & \boldsymbol{0} & \\ & & \ddots & & \\ & \boldsymbol{0} & & a_{n-1,n-1} & \\ & & & & a_{nn} \end{bmatrix} - \begin{bmatrix} 0 & & & & \\ -a_{21} & 0 & & \boldsymbol{0} & \\ -a_{31} & -a_{32} & 0 & & \\ \vdots & \vdots & \vdots & \ddots & \\ -a_{n1} & -a_{n2} & \cdots & -a_{n,n-1} & 0 \end{bmatrix}$$

$$- \begin{bmatrix} 0 & -a_{12} & -a_{13} & \cdots & -a_{1n} \\ & 0 & -a_{23} & \cdots & -a_{2n} \\ & & 0 & \cdots & \vdots \\ & \boldsymbol{0} & & \ddots & -a_{n-1,n} \\ & & & & 0 \end{bmatrix} \triangleq \boldsymbol{D} - \boldsymbol{L} - \boldsymbol{U}, \tag{3.3.1}$$

则线性方程组 (3.2.1) 等价于

$$\boldsymbol{D}\boldsymbol{x} = (\boldsymbol{L} + \boldsymbol{U})\boldsymbol{x} + \boldsymbol{b}. \tag{3.3.2}$$

由假设可知 $\boldsymbol{D} = \mathrm{diag}(\boldsymbol{A})$ 非奇异. 若记

$$\boldsymbol{J} = \boldsymbol{D}^{-1}(\boldsymbol{L} + \boldsymbol{U}), \quad \boldsymbol{f} = \boldsymbol{D}^{-1}\boldsymbol{b},$$

则可得

$$\boldsymbol{x}^{(k+1)} = \boldsymbol{J}\boldsymbol{x}^{(k)} + \boldsymbol{f}, \quad k = 0, 1, \cdots \tag{3.3.3}$$

称 (3.3.3) 式为Jacobi **迭代格式**, 矩阵 $\boldsymbol{J}$ 称为Jacobi **矩阵**.

任意给定初始向量 $\boldsymbol{x}^{(0)}$, 则由 (3.3.3) 式可得 Jacobi 迭代法的迭代序列

$$\boldsymbol{x}^{(1)}, \boldsymbol{x}^{(2)}, \cdots, \boldsymbol{x}^{(k)}, \cdots. \tag{3.3.4}$$

若迭代格式 (3.3.3) 收敛, 则迭代序列 (3.3.4) 收敛于原方程组 (3.2.1) 的精确解 $\boldsymbol{x}^*$.

上述迭代格式采用的是矩阵形式表示, 主要是为了讨论其收敛性时较方便, 但在实际计算时, 常采用的是分量形式. 下面我们给出 Jacobi 迭代格式的分量形式.

若令 $\boldsymbol{x}^{(k)} = (x_1^{(k)}, x_2^{(k)}, \cdots, x_n^{(k)})^{\mathrm{T}}$ 为第 k 次近似, 由 (3.3.3) 式可得

$$x_i^{(k+1)} = \left(b_i - \sum_{\substack{j=1 \\ j \neq i}}^{n} a_{ij} x_j^{(k)} \right) \Big/ a_{ii}, \quad i = 1, 2, \cdots, n; \quad k = 0, 1, \cdots. \tag{3.3.5}$$

称此为Jacobi 迭代格式的分量形式.

由 (3.3.3) 式或 (3.3.5) 式可知, Jacobi 迭代格式每迭代一次只需要计算一次矩阵与向量的乘法. 在实际计算时, 通常设置两组工作单元来存贮 $\boldsymbol{x}^{(k)}$ 和 $\boldsymbol{x}^{(k+1)}$, 而且一般可用 $\|\boldsymbol{x}^{(k)}-\boldsymbol{x}^{(k-1)}\|<\varepsilon$ 作为迭代过程的终止条件. 迭代法的一个重要特性就是在计算过程中原矩阵 $\boldsymbol{A}$ 的数据保持不变, 从而迭代矩阵 $\boldsymbol{J}$ 不变.

Jacobi 迭代格式简单, 计算非常方便, 其具体实现过程可表述为

Jacobi 迭代法的算法实现步骤

步 1. 输入必要的初始数据: n, a_{ij} $(i,j=1,2,\cdots,n)$, b_i $(i=1,2,\cdots,n)$, $x_i^{(0)}$ $(i=1,2,\cdots,n)$, ε 及 M(迭代的最大次数).

步 2. 对 $k=1,2,\cdots,M$ 做到步 5.

步 3. 对 $i=1,2,\cdots,n$ 做

$$x_i \Leftarrow \left(b_i-\sum_{\substack{j=1\\ j\neq i}}^{n} a_{ij}x_j^{(0)}\right)\Big/ a_{ii},$$

步 4. 若 $\|\boldsymbol{x}-\boldsymbol{x}^{(0)}\|<\varepsilon$, 则输出: x_1, x_2, $\cdots$, x_n, 停机. 否则

步 5. 对 $i=1,2,\cdots,n$, 做

$$x_i^{(0)} \Leftarrow x_i.$$

步 6. 输出 "超出最大迭代次数", 停机.

例 3.3.1　用 Jacobi 迭代法求解线性方程组

$$\begin{cases} 10x_1 - x_2 + 2x_3 = 6, \\ -x_1 + 11x_2 - x_3 + 3x_4 = 25, \\ 2x_1 - x_2 + 10x_3 - x_4 = -11, \\ 3x_2 - x_3 + 8x_4 = 15. \end{cases} \tag{3.3.6}$$

解　将原方程组化为

$$\begin{cases} x_1 = \dfrac{1}{10}(6 + x_2 - 2x_3), \\ x_2 = \dfrac{1}{11}(25 + x_1 + x_3 - 3x_4), \\ x_3 = \dfrac{1}{10}(-11 - 2x_1 + x_2 + x_4), \\ x_4 = \dfrac{1}{8}(15 - 3x_2 + x_3). \end{cases}$$

由迭代格式 (3.3.5), 可得

$$\begin{cases} x_1^{(k+1)} = \dfrac{1}{10}\left(6 + x_2^{(k)} - 2x_3^{(k)}\right), \\ x_2^{(k+1)} = \dfrac{1}{11}\left(25 + x_1^{(k)} + x_3^{(k)} - 3x_4^{(k)}\right), \\ x_3^{(k+1)} = \dfrac{1}{10}\left(-11 - 2x_1^{(k)} + x_2^{(k)} + x_4^{(k)}\right), \\ x_4^{(k+1)} = \dfrac{1}{8}\left(15 - 3x_2^{(k)} + x_3^{(k)}\right), \quad k = 0, 1, \cdots. \end{cases} \tag{3.3.7}$$

方程组的精确解为 $\boldsymbol{x}^* = \left(1, 2, -1, 1\right)^{\mathrm{T}}$. 迭代的初始向量选为 $\boldsymbol{x}^{(0)} = (0,0,0,0)^{\mathrm{T}}$, 预定的迭代精度为 $\varepsilon = 0.0005$. 记 $e_k \triangleq \|\boldsymbol{x}^* - \boldsymbol{x}^{(k)}\|_\infty = \max\limits_{1\leqslant i\leqslant n} |x_i^* - x_i^{(k)}|$, 计算结果如表 3.3.1 所示. 从表 3.3.1 可以看出, 计算过程中迭代 10 次就满足要求.

表 3.3.1 Jacobi 迭代格式的数值结果

k	$x_1^{(k)}$	$x_2^{(k)}$	$x_3^{(k)}$	$x_4^{(k)}$	e_k
1	0.6000	2.2727	−1.1000	1.8750	0.8750
2	1.0473	1.7159	−0.8052	0.8852	0.0473
3	0.9326	2.0533	−1.0493	1.1309	0.1309
4	1.0152	1.9537	−0.9681	0.9739	0.0463
5	0.9890	2.0114	−1.0103	1.0214	0.0214
6	1.0032	1.9922	−0.9945	0.9944	0.0056
7	0.9981	2.0023	−1.0020	1.0036	0.0036
8	1.0006	1.9987	−0.9990	0.9989	0.0013
9	0.9997	2.0004	−1.0004	1.0006	0.0006
10	1.0001	1.9998	−0.9998	0.9998	0.0002
方程组的迭代解为 $x_1 = 1.0001, x_2 = 1.9998, x_3 = -0.9998, x_4 = 0.9998$.					

3.4 Gauss–Seidel(高斯–赛德尔) 迭代法

在 Jacobi 迭代过程中, 其每一步计算是用 $\boldsymbol{x}^{(k)}$ 来计算 $\boldsymbol{x}^{(k+1)}$ 的. $\boldsymbol{x}^{(k)}$ 的分量必须保存到 $\boldsymbol{x}^{(k+1)}$ 的分量全部计算出之后, 才不再需要. 但我们注意到在计算 $\boldsymbol{x}^{(k+1)}$ 的第 i 个分量 $x_i^{(k+1)}$ 时 $(i>1)$, $\boldsymbol{x}^{(k+1)}$ 的前 $i-1$ 个分量 $x_1^{(k+1)}, x_2^{(k+1)}, \cdots, x_{i-1}^{(k+1)}$ 已经算出. 若迭代法收敛的话, 这些新算出的分量值应比 $\boldsymbol{x}^{(k)}$ 相应的分量更接近于精确解的对应分量值. 因此, 充分利用新得到的计算结果, 理应加快迭代的收敛速度. 根据这一思想, 可以构造出另一种迭代格式, 即Gauss–Seidel (**高斯–赛德尔) 迭代法** 计算格式.

对于方程组 (3.2.1), 非奇异的系数矩阵 $\boldsymbol{A}$ 仍按 (3.3.1) 式分解, 则 (3.2.1) 式等价于

$$(\boldsymbol{D} - \boldsymbol{L})\boldsymbol{x} = \boldsymbol{U}\boldsymbol{x} + \boldsymbol{b}. \tag{3.4.1}$$

由假设 $a_{ii} \neq 0$, 可知 $\det(\boldsymbol{D}-\boldsymbol{L})=\det(\boldsymbol{D})=\prod\limits_{i=1}^{n} a_{ii} \neq 0$, 即 $\boldsymbol{D}-\boldsymbol{L}$ 非奇异. 若记

$$\boldsymbol{G}=(\boldsymbol{D}-\boldsymbol{L})^{-1}\boldsymbol{U}, \quad \boldsymbol{f}=(\boldsymbol{D}-\boldsymbol{L})^{-1}\boldsymbol{b},$$

则可得**Gauss–Seidel 迭代法** 计算格式

$$\boldsymbol{x}^{(k+1)}=\boldsymbol{G}\boldsymbol{x}^{(k)}+\boldsymbol{f}, \quad k=0,1,\cdots \tag{3.4.2}$$

$\boldsymbol{G}$ 称为 Gauss–Seidel 迭代法的**迭代矩阵**. Gauss–Seidel 迭代法简称为**G–S 迭代法**.

任意给定初始向量 $\boldsymbol{x}^{(0)}$, 则由 (3.4.2) 式可得 G–S 迭代法的迭代序列

$$\boldsymbol{x}^{(1)}, \boldsymbol{x}^{(2)}, \cdots, \boldsymbol{x}^{(k)}, \cdots. \tag{3.4.3}$$

若迭代格式 (3.4.2) 收敛, 则迭代序列 (3.4.3) 收敛于原方程组 (3.2.1) 的精确解 $\boldsymbol{x}^*$.

迭代格式 (3.4.2) 仍采用的是矩阵形式表示的, 但在实际计算时, 常采用的是分量形式. 下面给出 Gauss–Seidel 迭代格式的分量形式.

若令 $\boldsymbol{x}^{(k)}=(x_1^{(k)}, x_2^{(k)}, \cdots, x_n^{(k)})^{\mathrm{T}}$ 为由 Gauss–Seidel 迭代格式所得的第 k 次迭代值, 由 (3.4.2) 式可得

$$\begin{gathered} x_i^{(k+1)}=\left(b_i-\sum_{j=1}^{i-1} a_{ij} x_j^{(k+1)}-\sum_{j=i+1}^{n} a_{ij} x_j^{(k)}\right) \Big/ a_{ii}, \\ i=1,2,\cdots,n; \quad k=0,1,\cdots. \end{gathered} \tag{3.4.4}$$

称此为**Gauss–Seidel 迭代格式的分量形式**.

应用 G–S 迭代法解线性方程组 (3.3.1) 的算法如下.

Gauss–Seidel 迭代法的算法实现步骤

步 1. 输入必要的初始数据: n, a_{ij} $(i,j=1,2,\cdots,n)$, b_i $(i=1,2,\cdots,n)$, $x_i^{(0)}$ $(i=1,2,\cdots,n)$, ε 及 M(迭代的最大次数).

步 2. 对 $k=1,2,\cdots,M$, 做到步 4.

步 3. 置 Error=0, 对 $i=1,2,\cdots,n$, 做

$$t_i \Leftarrow \left(b_i-\sum_{j=1}^{i-1} a_{ij} x_j^{(0)}-\sum_{j=i+1}^{n} a_{ij} x_j^{(0)}\right) \Big/ a_{ii},$$

$$\text{Error}=\max\left|t_i-x_i^{(0)}\right|,$$

$$x_i^{(0)} \Leftarrow t_i.$$

步 4. 若 Error $<\varepsilon$, 则输出: $x_1^{(0)}, x_2^{(0)}, \cdots, x_n^{(0)}$, 停机.

步 5. 输出 "超出最大迭代次数", 停机.

由 (3.4.2) 式或 (3.4.4) 式可知, 虽然 G–S 迭代法与 Jacobi 迭代法一样, 每迭代一次只需要计算一次矩阵与向量的乘法, 但 G–S 迭代法较 Jacobi 迭代法有一个明显的优点, 即是在实际计算时仅需设置一组工作单元来存贮 $\boldsymbol{x}^{(k)}$ 的分量或 $\boldsymbol{x}^{(k+1)}$ 分量 (因为在实际过程中, 当计算出 $x_i^{(k+1)}$ 就冲掉了旧分量 $x_i^{(k)}$). 由于在已知 $\boldsymbol{x}^{(k)}$ 求 $\boldsymbol{x}^{(k+1)}$ 的这一步迭代中, 计算分量 $x_i^{(k+1)}$ 时, 利用了已经计算出 $\boldsymbol{x}^{(k+1)}$ 的最新的 $x_1^{(k+1)}, x_2^{(k+1)}, \cdots, x_{i-1}^{(k+1)}$, 所以 Gauss–Seidel 迭代法可以看作是 Jacobi 迭代法的一种修正方法.

例 3.4.1 用 Gauss–Seidel 迭代格式求解例 3.3.1, 即求解下列方程组

$$\begin{cases} 10x_1 - x_2 + 2x_3 = 6, \\ -x_1 + 11x_2 - x_3 + 3x_4 = 25, \\ 2x_1 - x_2 + 10x_3 - x_4 = -11, \\ 3x_2 - x_3 + 8x_4 = 15. \end{cases} \tag{3.3.6}$$

解 将原方程组化为

$$\begin{cases} x_1 = \dfrac{1}{10}(6 + x_2 - 2x_3), \\ x_2 = \dfrac{1}{11}(25 + x_1 + x_3 - 3x_4), \\ x_3 = \dfrac{1}{10}(-11 - 2x_1 + x_2 + x_4), \\ x_4 = \dfrac{1}{8}(15 - 3x_2 + x_3). \end{cases}$$

由迭代格式 (3.4.4), 可得

$$\begin{cases} x_1^{(k+1)} = \dfrac{1}{10}\left(6 + x_2^{(k)} - 2x_3^{(k)}\right), \\ x_2^{(k+1)} = \dfrac{1}{11}\left(25 + x_1^{(k+1)} + x_3^{(k)} - 3x_4^{(k)}\right), \\ x_3^{(k+1)} = \dfrac{1}{10}\left(-11 - 2x_1^{(k+1)} + x_2^{(k+1)} + x_4^{(k)}\right), \\ x_4^{(k+1)} = \dfrac{1}{8}\left(15 - 3x_2^{(k+1)} + x_3^{(k+1)}\right), \quad k = 0, 1, \cdots. \end{cases} \tag{3.4.5}$$

方程组的精确解为 $\boldsymbol{x}^* = (1, 2, -1, 1)^{\mathrm{T}}$. 迭代的初始向量选为 $\boldsymbol{x}^{(0)} = (0, 0, 0, 0)^{\mathrm{T}}$, 预设迭代的精度为 $\varepsilon = 0.00025$ (ε 仅为例 3.3.1 中的一半). $e_k \triangleq \|\boldsymbol{x}^* - \boldsymbol{x}^{(k)}\|_\infty = \max\limits_{1 \leqslant i \leqslant n} |x_i^* - x_i^{(k)}|$. 计算结果如表 3.4.1 所示, 从表 3.4.1 可以看出, 计算过程中只要迭代 5 次就满足要求 (比 Jacobi 迭代法的迭代次数要少得多), 且与精确解几乎相同.

表 3.4.1 G–S 迭代法的数值结果

k	$x_1^{(k)}$	$x_2^{(k)}$	$x_3^{(k)}$	$x_4^{(k)}$	e_k
1	0.6000	2.3272	−0.9873	0.8789	0.4000
2	1.0300	2.0370	−1.0140	0.9844	0.0370
3	1.0065	2.0036	−1.0025	0.9983	0.0065
4	1.0000	2.0003	−1.0003	0.9999	0.0003
5	1.0001	2.0000	−1.0000	1.0000	0.0001
方程组的迭代解为 $x_1 = 1.0001, x_2 = 2.0000, x_3 = -1.0000, x_4 = 1.0000$.					

从本例可以看出, Gauss–Seidel 迭代法比 Jacobi 迭代法收敛快. 即在初始向量相同, 近似解达到同样精度的情况下, Gauss–Seidel 迭代法所需的迭代次数要比 Jacobi 迭代法迭代次数少.

3.5 逐次超松弛迭代法 (SOR 方法)

逐次超松弛 (successive over relaxation) *迭代法* 简称为 SOR 方法, 可以看作是 Gauss–Seidel 迭代法的一种加速方法, 它是求解大型稀疏矩阵线性方程组的有效方法之一, 有着广泛的应用. 其构造思想如下:

对于方程组 (3.2.1), 非奇异的系数矩阵 $\boldsymbol{A}$ 仍按照 (3.3.1) 分解, 对任意实数 $\omega \neq 0$, 则线性方程组 (3.2.1) 等价于

$$\omega(\boldsymbol{D}-\boldsymbol{L})\boldsymbol{x} = \omega\boldsymbol{U}\boldsymbol{x} + \omega\boldsymbol{b}. \tag{3.5.1}$$

显然, 线性方程组 (3.5.1) 等价于

$$(\boldsymbol{D}-\omega\boldsymbol{L})\boldsymbol{x} = \big[(1-\omega)\boldsymbol{D} + \omega\boldsymbol{U}\big]\boldsymbol{x} + \omega\boldsymbol{b}. \tag{3.5.2}$$

由 $a_{ii} \neq 0$, 知 $\det(\boldsymbol{D}-\omega\boldsymbol{L}) = \det(\boldsymbol{D}) = \prod_{i=1}^{n} a_{ii} \neq 0$, 即 $\boldsymbol{D}-\omega\boldsymbol{L}$ 非奇异. 若记

$$\boldsymbol{G}_\omega = (\boldsymbol{D}-\omega\boldsymbol{L})^{-1}\big[(1-\omega)\boldsymbol{D} + \omega\boldsymbol{U}\big], \quad \boldsymbol{f} = \omega(\boldsymbol{D}-\omega\boldsymbol{L})^{-1}\boldsymbol{b},$$

则可得*逐次超松弛迭代法* 计算格式

$$\boldsymbol{x}^{(k+1)} = \boldsymbol{G}_\omega \boldsymbol{x}^{(k)} + \boldsymbol{f}, \quad k = 0, 1, \cdots. \tag{3.5.3}$$

矩阵 $\boldsymbol{G}_\omega$ 称为*SOR 方法的迭代矩阵*. ω 称为*松弛因子*.

任意给定初始向量 $\boldsymbol{x}^{(0)}$, 则由 (3.5.3) 式可得 SOR 方法的迭代序列

$$\boldsymbol{x}^{(1)},\ \boldsymbol{x}^{(2)},\ \cdots,\ \boldsymbol{x}^{(k)},\ \cdots. \tag{3.5.4}$$

若迭代格式 (3.5.3) 收敛, 则迭代序列 (3.5.4) 收敛于原方程组 (3.2.1) 的精确解 $\boldsymbol{x}^*$.

迭代格式 (3.5.3) 仍采用的是矩阵形式, 但在实际计算时, 常采用的是分量形式. 下面给出 SOR 迭代格式的分量形式.

令 $\boldsymbol{x}^{(k)}=(x_1^{(k)},x_2^{(k)},\cdots,x_n^{(k)})^{\mathrm{T}}$为 SOR 迭代格式所得的第 k 次迭代值, 并引入

$$\widetilde{x}_i^{(k+1)}=\left(b_i-\sum_{j=1}^{i-1}a_{ij}x_j^{(k+1)}-\sum_{j=i+1}^{n}a_{ij}x_j^{(k)}\right)\Big/a_{ii},\quad i=1,2,\cdots,n. \tag{3.5.5}$$

由 (3.5.3) 式可得

$$\begin{aligned}x_i^{(k+1)}&=(1-\omega)x_i^{(k)}+\omega\widetilde{x}_i^{(k+1)}\\&=x_i^{(k)}+\omega(\widetilde{x}_i^{(k+1)}-x_i^{(k)}),\\&\quad i=1,2,\cdots;\ k=0,1,\cdots.\end{aligned} \tag{3.5.6}$$

将 (3.5.5) 式代入 (3.5.6) 式中, 就得到了求解方程组 (3.2.1) 的 SOR 方法的分量形式:

$$\begin{cases}\boldsymbol{x}^{(0)}=\left(x_1^{(0)},x_2^{(0)},\cdots,x_n^{(0)}\right)^{\mathrm{T}},\\x_i^{(k+1)}=(1-\omega)x_i^{(k)}+\omega\left(b_i-\displaystyle\sum_{j=1}^{i-1}a_{ij}x_j^{(k+1)}-\sum_{j=i+1}^{n}a_{ij}x_j^{(k)}\right)\Big/a_{ii},\\\qquad i=1,2,\cdots,n;\quad k=0,1,\cdots.\end{cases} \tag{3.5.7}$$

为了便于编程实现, 通常将 (3.5.7) 式改写为

$$\begin{cases}\boldsymbol{x}^{(0)}=\left(x_1^{(0)},x_2^{(0)},\cdots,x_n^{(0)}\right)^{\mathrm{T}},\\\Delta x_i=\omega\left(b_i-\displaystyle\sum_{j=1}^{i-1}a_{ij}x_j^{(k+1)}-\sum_{j=i+1}^{n}a_{ij}x_j^{(k)}\right)\Big/a_{ii},\\x_i^{(k+1)}=(1-\omega)x_i^{(k)}+\Delta x_i,\\\qquad i=1,2,\cdots,n;\quad k=0,1,\cdots.\end{cases} \tag{3.5.8}$$

应用 SOR 方法解线性方程组 (3.2.1) 的算法如下.

SOR 方法的算法实现步骤

步 1. 输入必要的初始数据: $n, \omega, a_{ij}\ (i,j=1,2,\cdots,n), b_i\ (i=1,2,\cdots,n), x_i^{(0)}\ (i=1,2,\cdots,n), \varepsilon$(误差的容限值) 及 M(迭代的最大次数).

步 2. 对 $k=1,2,\cdots,M$ 做到步 4.

步 3. 置 Error=0, 对 $i=1,2,\cdots,n$, 做

$$s_1 \Leftarrow \sum_{j=1}^{i-1} a_{ij}x_j^{(0)},$$

$$s_2 \Leftarrow \sum_{j=i+1}^{n} a_{ij}x_j^{(0)},$$

$$\Delta x_i \Leftarrow \omega(b_i - s_1 - s_2)/a_{ii},$$

$$x_i^{(0)} \Leftarrow (1-\omega)x_i^{(0)} + \Delta x_i,$$

$$\text{Error} = \max|\Delta x_i|.$$

步 4. 若 Error$<\varepsilon$, 则输出 $\boldsymbol{x}=\left(x_1^{(0)}, x_2^{(0)}, \cdots, x_n^{(0)}\right)^{\mathrm{T}}$, 停机.

步 5. 输出“超出最大迭代次数”, 停机.

例 3.5.1　用 SOR 方法求解下列方程组

$$\begin{cases} -4x_1 + x_2 + x_3 + x_4 = 1, \\ x_1 - 4x_2 + x_3 + x_4 = 1, \\ x_1 + x_2 - 4x_3 + x_4 = 1, \\ x_1 + x_2 + x_3 - 4x_4 = 1. \end{cases} \tag{3.5.9}$$

解　方程组的精确解为 $\boldsymbol{x}^* = (-1,-1,-1,-1)^{\mathrm{T}}$. 取初始向量 $\boldsymbol{x}^{(0)} = (0,0,0,0)^{\mathrm{T}}$. SOR 迭代格式为

$$\begin{cases} x_1^{(k+1)} = x_1^{(k)} - \dfrac{1}{4}\omega\left(1 + 4x_1^{(k)} - x_2^{(k)} - x_3^{(k)} - x_4^{(k)}\right), \\ x_2^{(k+1)} = x_2^{(k)} - \dfrac{1}{4}\omega\left(1 - x_1^{(k+1)} + 4x_2^{(k)} - x_3^{(k)} - x_4^{(k)}\right), \\ x_3^{(k+1)} = x_3^{(k)} - \dfrac{1}{4}\omega\left(1 - x_1^{(k+1)} - x_2^{(k+2)} + 4x_3^{(k)} - x_4^{(k)}\right), \\ x_4^{(k+1)} = x_4^{(k)} - \dfrac{1}{4}\omega\left(1 - x_1^{(k+1)} - x_2^{(k+1)} - x_3^{(k+1)} + 4x_4^{(k)}\right), \\ \qquad\qquad k = 0,1,\cdots. \end{cases} \tag{3.5.10}$$

取 $\varepsilon = 0.5\times10^{-5}$. 对不同的松弛因子 ω, 计算结果如下:

(1) 取 $\omega = 1.3$ 时, 迭代次数 $k=11$,

$$\boldsymbol{x}^{(11)} = \big(-0.99999646, -1.00000310, -0.99999953, -0.99999912\big)^{\mathrm{T}},$$
$$\varepsilon^{(11)} \triangleq \big\|\boldsymbol{x}^* - \boldsymbol{x}^{(11)}\big\|_2 \leqslant 0.46 \times 10^{-5}.$$

(2) 取 $\omega = 1.0$ 时, 迭代次数 $k = 22$, 可得到满足要求的解 (请读者自己求出).

(3) 取 $\omega = 1.7$ 时, 迭代次数 $k = 33$, 可得到满足要求的解 (请读者自己求出).

对于例 3.5.1, SOR 方法的最佳松弛因子为 $\omega_{\mathrm{opt}} = 1.3$, 即达到同样的计算精度 $\varepsilon = 0.5 \times 10^{-5}$, 所需要的迭代次数最少. 由此可知, 应用 SOR 方法求解线性方程组时, 松弛因子选择的好坏, 会直接影响 SOR 方法的收敛速度. 若松弛因子 ω 选择的较好, 常常会使 SOR 方法的收敛速度大大加快. 在 3.6 节中, 我们将看到, SOR 方法收敛的必要条件为 $0<\omega<2$ (定理 3.6.2). 因此, 应用 SOR 方法求解线性方程组 (3.2.1) 时, 松弛因子应在开区间 $(0,2)$ 内选取, 才有可能使得 SOR 方法收敛.

3.6 迭代法的收敛性

在前面的 3.3~3.5 节中, 我们分别给出了 Jacobi 迭代法、G–S 迭代法和 SOR 方法的具体计算格式, 并在 3.2 节中给出了迭代法收敛的一般性条件. 现在我们再来具体分析上述三种迭代法的收敛性. 由定理 3.2.1 立即有

定理 3.6.1 设 $\boldsymbol{x}^*$ 为线性方程组 (3.2.1) 的唯一解, $\{\boldsymbol{x}^{(k)}\}$ 为该方程组由相应迭代格式所得的迭代序列 (其中 $\boldsymbol{x}^{(0)}$ 为选取的任意初始向量). 若迭代格式的迭代矩阵 $\boldsymbol{B}$ 的某一种范数满足 $\|\boldsymbol{B}\| = q < 1$, 则

(i) $\lim\limits_{k\to+\infty} \boldsymbol{x}^{(k)} = \boldsymbol{x}^*$;

(ii) $$\big\|\boldsymbol{x}^{(k)} - \boldsymbol{x}^*\big\| \leqslant \frac{q}{1-q}\big\|\boldsymbol{x}^{(k)} - \boldsymbol{x}^{(k-1)}\big\|; \tag{3.6.1}$$

(iii) $$\big\|\boldsymbol{x}^{(k)} - \boldsymbol{x}^*\big\| \leqslant q^k\big\|\boldsymbol{x}^{(0)} - \boldsymbol{x}^*\big\|. \tag{3.6.2}$$

由 (3.6.1) 式可知, $\|\boldsymbol{x}^{(k)} - \boldsymbol{x}^{(k-1)}\| < \varepsilon$ (ε 为预先给定的精度要求) 可用作迭代过程终止条件. (3.6.2) 式即为迭代法的误差估计式. 对于 SOR 方法, 其迭代矩阵中含有松弛因子 ω(实数), 如何选取 ω 的值, 下面的定理给出了可能使 SOR 方法收敛的 ω 取值范围.

定理 3.6.2 对 $\omega \in \mathbb{R}$, SOR 方法收敛的必要条件为 $0 < \omega < 2$.

证明 若 SOR 方法收敛, 则由定理 3.2.3 可知, $\rho(\boldsymbol{G}_\omega) < 1$. 现设 $\boldsymbol{G}_\omega$ 的全部特征值为 $\lambda_1, \lambda_2, \cdots, \lambda_n$, 则

$$\big|\det(\boldsymbol{G}_\omega)\big| = \left|\prod_{i=1}^{n}\lambda_i\right| \leqslant \Big[\rho(\boldsymbol{G}_\omega)\Big]^n < 1. \tag{3.6.3}$$

而

$$\begin{aligned}\det(\boldsymbol{G}_\omega) &= \det\left[(\boldsymbol{D}-\omega\boldsymbol{L})^{-1}\right]\cdot\det\left[(1-\omega)\boldsymbol{D}-\omega\boldsymbol{U}\right]\\ &= \left[\det(\boldsymbol{D})\right]^{-1}\cdot\det(\boldsymbol{D})\cdot\det\left[(1-\omega)\boldsymbol{I}-\omega\boldsymbol{D}^{-1}\boldsymbol{U}\right]\\ &= (1-\omega)^n.\end{aligned}$$

所以, $|1-\omega|^n<1$, 由此立即可得 $0<\omega<2$.　　证毕

对于 SOR 方法, $0<\omega\leqslant 1$ 时称之为**低松弛法**; $1<\omega<2$ 时称之为**超松弛法**.

定理 3.6.3　若 $\boldsymbol{A}$ 为严格对角占优矩阵, 则求解线性方程组 (3.2.1) 的 Jacobi 迭代法与 G–S 迭代法均收敛, 且 G–S 迭代法比 Jacobi 迭代法收敛快.

证明　(i) 先证求解线性方程组 (3.2.1) 的 Jacobi 迭代法收敛. 由假设可知

$$\sum_{\substack{j=1\\j\neq i}}^n |a_{ij}|/|a_{ii}|<1,\quad i=1,2,\cdots,n. \tag{3.6.4}$$

由于 Jacobi 迭代法的迭代矩阵为 $\boldsymbol{J}=\boldsymbol{D}^{-1}(\boldsymbol{L}+\boldsymbol{U})$, 所以由 (3.6.4) 式可得

$$\mu \triangleq \left\|\boldsymbol{J}\right\|_\infty=\max_{1\leqslant i\leqslant n}\sum_{\substack{j=1\\j\neq i}}^n |a_{ij}|/|a_{ii}|<1. \tag{3.6.5}$$

故由定理 3.6.1 可知, Jacobi 迭代法收敛.

(ii) 证明 G–S 迭代法收敛. 设 (3.2.1) 式的唯一解为 $\boldsymbol{x}^*=(x_1^*,x_2^*,\cdots,x_n^*)^{\mathrm{T}}$, 即

$$\sum_{j=1}^n a_{ij}x_j^*=b_i,\quad i=1,2,\cdots,n.$$

亦即

$$x_i^*=\left(b_i-\sum_{\substack{j=1\\j\neq i}}^n a_{ij}x_j^*\right)\Big/a_{ii},\quad i=1,2,\cdots,n. \tag{3.6.6}$$

由于 G–S 迭代格式为

$$x_i^{(k+1)}=\left(b_i-\sum_{j=1}^{i-1}a_{ij}x_j^{(k+1)}-\sum_{j=i+1}^n a_{ij}x_j^{(k)}\right)\Big/a_{ii},\quad i=1,2,\cdots,n. \tag{3.6.7}$$

若记

$$\boldsymbol{x}^{(k)}\triangleq(x_1^{(k)},x_2^{(k)},\cdots,x_n^{(k)})^{\mathrm{T}},\quad \boldsymbol{\varepsilon}^{(k)}\triangleq(\varepsilon_1^{(k)},\varepsilon_2^{(k)},\cdots,\varepsilon_n^{(k)})^{\mathrm{T}},\quad \boldsymbol{\varepsilon}^{(k)}\triangleq\boldsymbol{x}^{(k)}-\boldsymbol{x}^*.$$

则由 (3.6.6) 式及 (3.6.7) 式, 有

$$\varepsilon_i^{(k+1)}=-\sum_{j=1}^{i-1}\frac{a_{ij}}{a_{ii}}\cdot\varepsilon_j^{(k+1)}-\sum_{j=i+1}^n\frac{a_{ij}}{a_{ii}}\cdot\varepsilon_j^{(k)},\quad i=1,2,\cdots,n. \tag{3.6.8}$$

令

$$\alpha_i = \sum_{j=1}^{i-1} |a_{ij}|/|a_{ii}|, \quad \beta_i = \sum_{j=i+1}^{n} |a_{ij}|/|a_{ii}|, \ i = 1, 2, \cdots, n; \ \alpha_1 = \beta_n = 0.$$

则据 (3.6.5) 式, 有

$$\mu = \max_{1 \leqslant i \leqslant n} (\alpha_i + \beta_i) < 1.$$

由 (3.6.8) 式, 可得

$$\begin{aligned} \left|\varepsilon_i^{(k+1)}\right| &= \sum_{j=1}^{i-1} |a_{ij}|/|a_{ii}| \cdot \left|\varepsilon_j^{(k+1)}\right| + \sum_{j=i+1}^{n} |a_{ij}|/|a_{ii}| \cdot \left|\varepsilon_j^{(k)}\right| \\ &\leqslant \alpha_i \left\|\boldsymbol{\varepsilon}^{(k+1)}\right\|_\infty + \beta_i \left\|\boldsymbol{\varepsilon}^{(k)}\right\|_\infty, \quad i = 1, 2, \cdots, n. \end{aligned} \tag{3.6.9}$$

再令

$$\left\|\boldsymbol{\varepsilon}^{(k)}\right\|_\infty = \max_{1 \leqslant i \leqslant n} \left|\varepsilon_i^{(k)}\right| = \left|\varepsilon_t^{(k)}\right|, \quad k = 1, 2, \cdots.$$

所以, 由 (3.6.9) 式可得 (只要在 (3.6.9) 式中取 $i = t$ 即可)

$$\left\|\boldsymbol{\varepsilon}^{(k+1)}\right\|_\infty \leqslant \alpha_t \left\|\boldsymbol{\varepsilon}^{(k+1)}\right\|_\infty + \beta_t \left\|\boldsymbol{\varepsilon}^{(k)}\right\|_\infty.$$

即

$$\left\|\boldsymbol{\varepsilon}^{(k+1)}\right\|_\infty \leqslant \frac{\beta_t}{1 - \alpha_t} \left\|\boldsymbol{\varepsilon}^{(k)}\right\|_\infty \leqslant q \left\|\boldsymbol{\varepsilon}^{(k)}\right\|_\infty, \tag{3.6.10}$$

其中 $q = \max\limits_{1 \leqslant i \leqslant n} \dfrac{\beta_i}{1 - \alpha_i}$. 由于 $\alpha_i + \beta_i < 1$, $0 \leqslant \alpha_i < 1$, $0 \leqslant \beta_i < 1$, 所以 $0 \leqslant q < 1$, 从而由 (3.6.10) 式可得

$$\left\|\boldsymbol{\varepsilon}^{(k)}\right\|_\infty \leqslant q^k \left\|\boldsymbol{\varepsilon}^{(0)}\right\|_\infty \to 0, \text{ 当 } k \to +\infty \text{ 时}.$$

故知 G–S 迭代法收敛.

(iii) 完全类似于 (3.6.10) 式的推导, 可得 Jacobi 迭代格式满足

$$\left\|\boldsymbol{\varepsilon}^{(k+1)}\right\|_\infty \leqslant \mu \left\|\boldsymbol{\varepsilon}^{(k)}\right\|_\infty.$$

从而

$$\left\|\boldsymbol{\varepsilon}^{(k)}\right\|_\infty \leqslant \mu^k \left\|\boldsymbol{\varepsilon}^{(0)}\right\|_\infty.$$

以下只要说明 $q \leqslant \mu < 1$, 即知 G–S 迭代法比 Jacobi 迭代法收敛快. 注意到 $0 \leqslant \alpha_i + \beta_i < 1$, $0 \leqslant \alpha_i < 1$, 所以

$$(\alpha_i + \beta_i) - \frac{\beta_i}{1 - \alpha_i} = \frac{\alpha_i \left[1 - (\alpha_i + \beta_i)\right]}{1 - \alpha_i} \geqslant 0.$$

由此立即可得 $q \leqslant \mu < 1$. **证毕**

定理 3.6.4 若线性方程组 (3.2.1) 的系数矩阵 $\boldsymbol{A}$ 对称正定, 且 $0 < \omega < 2$, 则求解线性方程组 (3.2.1) 的 SOR 方法收敛.

证明 设 λ 为 $\boldsymbol{G}_\omega$ 的任意特征值, 只需证明 $|\lambda| < 1$ 即可. 令 $\boldsymbol{y}$ 为特征值 λ 对应的特征向量, $\boldsymbol{y} = (y_1, y_2, \cdots, y_n)^{\mathrm{T}} \neq 0$, 则

$$\boldsymbol{G}_\omega \boldsymbol{y} = \lambda \boldsymbol{y},$$

即

$$(\boldsymbol{D} - \omega \boldsymbol{L})^{-1}\left[(1-\omega)\boldsymbol{D} + \omega \boldsymbol{U}\right]\boldsymbol{y} = \lambda \boldsymbol{y},$$

亦即

$$\boldsymbol{D}\boldsymbol{y} - \omega \boldsymbol{D}\boldsymbol{y} + \omega \boldsymbol{U}\boldsymbol{y} = \lambda \boldsymbol{D}\boldsymbol{y} - \omega\lambda \boldsymbol{L}\boldsymbol{y}.$$

对上式两边与 $\boldsymbol{y}$ 作内积, 可得

$$(\boldsymbol{D}\boldsymbol{y} - \omega \boldsymbol{D}\boldsymbol{y} + \omega \boldsymbol{U}\boldsymbol{y}, \boldsymbol{y}) = \lambda(\boldsymbol{D}\boldsymbol{y} - \omega \boldsymbol{L}\boldsymbol{y}, \boldsymbol{y}).$$

所以

$$\lambda = \frac{(\boldsymbol{D}\boldsymbol{y}, \boldsymbol{y}) - \omega(\boldsymbol{D}\boldsymbol{y}, \boldsymbol{y}) + \omega(\boldsymbol{U}\boldsymbol{y}, \boldsymbol{y})}{(\boldsymbol{D}\boldsymbol{y}, \boldsymbol{y}) - \omega(\boldsymbol{L}\boldsymbol{y}, \boldsymbol{y})}.$$

由于 $\boldsymbol{A}$ 对称正定, 所以, $\boldsymbol{U} = \boldsymbol{L}^{\mathrm{T}}$; $a_{ii} > 0$, 即 $\boldsymbol{D}$ 正定. 所以

$$(\boldsymbol{D}\boldsymbol{y}, \boldsymbol{y}) = \sigma > 0, \tag{3.6.11}$$

令 $(\boldsymbol{L}\boldsymbol{y}, \boldsymbol{y}) = \alpha + \mathrm{i}\beta$, 则

$$(\boldsymbol{U}\boldsymbol{y}, \boldsymbol{y}) = (\boldsymbol{L}^{\mathrm{T}}\boldsymbol{y}, \boldsymbol{y}) = (\boldsymbol{y}, \boldsymbol{L}\boldsymbol{y}) = \overline{(\boldsymbol{L}\boldsymbol{y}, \boldsymbol{y})} = \alpha - \mathrm{i}\beta.$$

则

$$\boldsymbol{y}^{\mathrm{T}}\boldsymbol{A}\boldsymbol{y} \equiv (\boldsymbol{A}\boldsymbol{y}, \boldsymbol{y}) = \big((\boldsymbol{D} - \boldsymbol{L} - \boldsymbol{U})\boldsymbol{y}, \boldsymbol{y}\big) = \sigma - 2\alpha > 0. \tag{3.6.12}$$

由此可得

$$\lambda = \frac{(\sigma - \omega\sigma + \omega\alpha) - \mathrm{i}\omega\beta}{(\sigma - \omega\alpha) - \mathrm{i}\omega\beta}.$$

从而

$$|\lambda|^2 = \frac{(\sigma - \omega\sigma + \omega\alpha)^2 + \omega^2\beta^2}{(\sigma - \omega\alpha)^2 + \omega^2\beta^2}.$$

当 $0 < \omega < 2$ 则, 由 (3.6.11) 式及 (3.6.12) 式, 可知

$$(\sigma - \omega\sigma + \omega\alpha)^2 - (\sigma - \omega\alpha)^2 = \omega\sigma(\sigma - 2\alpha)(\omega - 2) < 0.$$

所以

$$|\lambda|^2 < 1.$$

由此可得

$$\rho(\boldsymbol{G}_\omega) < 1.$$

证毕

因 $\omega = 1$ 时的 SOR 方法即为 G–S 迭代法, 所以

推论 3.6.1 若方程组 (3.2.1) 中的系数矩阵 $\boldsymbol{A}$ 对称正定, 则 G–S 迭代法收敛.

例 3.6.1 给定如下的线性方程组

$$\begin{cases} 6\,x_1 + \ \ x_2 - 3\,x_3 = \ \ 17.5, \\ \ \ x_1 + 8\,x_2 + 3\,x_3 = \ \ 10, \\ -x_1 + 4\,x_2 + 12\,x_3 = -12. \end{cases} \tag{3.6.13}$$

试判断用 Jacobi 迭代法, G–S 迭代法求解此线性方程组的敛散性.

解 给定的线性方程组的系数矩阵 $\boldsymbol{A}$ 为

$$\boldsymbol{A} = \begin{bmatrix} 6 & 1 & -3 \\ 1 & 8 & 3 \\ -1 & 4 & 12 \end{bmatrix}.$$

显然, $\boldsymbol{A}$ 是严格对角占优矩阵, 故由定理 3.6.3 可知, 求解线性方程组 (3.6.13) 的 Jacobi 迭代法与 G–S 迭代法均收敛.

例 3.6.2 给定如下的线性方程组

$$\begin{cases} 10x_1 + \ 8x_2 + \ 8x_3 = \ \ 26, \\ 8x_1 + 10x_2 + \ 8x_3 = \ \ 26, \\ 8x_1 + \ 8x_2 + 10x_3 = -26. \end{cases} \tag{3.6.14}$$

试判断求解 (3.6.14) 的 Jacobi 迭代法, G–S 迭代法及 SOR 方法的敛散性.

解 线性方程组 (3.6.14) 的系数矩阵 $\boldsymbol{A}$ 为

$$\boldsymbol{A} = \begin{bmatrix} 10 & 8 & 8 \\ 8 & 10 & 8 \\ 8 & 8 & 10 \end{bmatrix}.$$

易知 $\boldsymbol{A}$ 是对称正定的, 故 G–S 迭代法收敛; 对于 SOR 方法而言, 只要取 $0 < \omega < 2$

也收敛. Jacobi 迭代法的迭代矩阵为

$$J=\begin{bmatrix}0&0.8&0.8\\0.8&0&0.8\\0.8&0.8&0\end{bmatrix}.$$

可以求出 $\rho(J)=1.6>1$, 从而 Jacobi 迭代法发散.

习　题　3

3.1　设有方程组

$$\begin{bmatrix}-8&1&1\\1&-5&1\\1&1&-4\end{bmatrix}\begin{bmatrix}x_1\\x_2\\x_3\end{bmatrix}=\begin{bmatrix}1\\16\\7\end{bmatrix}.$$

(1) 用 Jacobi 迭代法迭代 3 次;

(2) 用 G–S 迭代法迭代 3 次, 并检验两种方法的收敛性.

(原方程组的精确解为 $x^*=(-1,-4,-3)^{\mathrm T}$; 取初始向量为 $x^{(0)}=(0,0,0)^{\mathrm T}$).

3.2　对下列线性方程组

$$\begin{bmatrix}3.02&-1.05&2.53\\0.56&4.33&-1.78\\-0.83&-0.54&1.47\end{bmatrix}\begin{bmatrix}x_1\\x_2\\x_3\end{bmatrix}=\begin{bmatrix}-1.61\\7.23\\-3.38\end{bmatrix},$$

(1) 计算 $\mathrm{cond}_p(A)$, $p=1,\infty$;

(2) 用 Jacobi 迭代法与 G–S 迭代法迭代求解 (精确到 4 位有效数字).

3.3　对下列线性方程组

$$(1)\ \begin{bmatrix}1&2&-2\\1&1&1\\2&2&1\end{bmatrix}\begin{bmatrix}x_1\\x_2\\x_3\end{bmatrix}=\begin{bmatrix}6\\4\\1\end{bmatrix},\quad(2)\ \begin{bmatrix}5&2&2\\2&5&4\\2&4&5\end{bmatrix}\begin{bmatrix}x_1\\x_2\\x_3\end{bmatrix}=\begin{bmatrix}0\\20\\15\end{bmatrix}.$$

判断利用 Jacobi 迭代法和 G–S 迭代法迭代求解此方程组的收敛性.

3.4　用 SOR 方法求解例 3.5.1. 取 $\varepsilon=0.5\times10^{-5}$, 松弛因子分别取 $\omega=1.0$, $\omega=1.7$.

3.5　设有方程组 $Ax=b$, 其中

$$A=\begin{bmatrix}1&a&a\\a&1&a\\a&a&1\end{bmatrix}.$$

(1) a 取何值时, A 正定?

(2) a 取何值时, Jacobi 迭代法收敛?

3.6 设有方程组 $\boldsymbol{Ax}=\boldsymbol{b}$, 其中 $\boldsymbol{A}$ 为对称正定矩阵, 迭代公式

$$\boldsymbol{x}^{(k+1)}=\boldsymbol{x}^{(k)}+\omega\big(\boldsymbol{b}-\boldsymbol{Ax}^{(k)}\big),\quad k=0,1,\cdots.$$

证明当 $0<\omega<\dfrac{2}{\beta}$ 时, 上述迭代过程收敛 (其中 $0<\alpha\leqslant\lambda(\boldsymbol{A})\leqslant\beta$).

3.7 设 $\boldsymbol{A}\in M^{2\times2}$, 且 $a_{ii}\neq0$, $i=1,2$. 证明对方程组 $\boldsymbol{Ax}=\boldsymbol{b}$ 的 Jacobi 迭代法和 G–S 迭代法具有相同的敛散性.

3.8 证明: 求解线性方程组 $\boldsymbol{Ax}=\boldsymbol{b}$ 的迭代格式

$$\boldsymbol{x}^{(k+1)}=\big(\boldsymbol{I}-\boldsymbol{B}^{-1}\boldsymbol{A}\big)\boldsymbol{x}-\boldsymbol{B}^{-1}\boldsymbol{b},$$

当 $(\boldsymbol{A}-\boldsymbol{B})(\boldsymbol{A}-\boldsymbol{B})^{\mathrm{T}}$ 的最大特征值小于 $\boldsymbol{BB}^{\mathrm{T}}$ 的最小特征值时收敛.

3.9* 若存在对称正定矩阵 $\boldsymbol{P}$, 使 $\boldsymbol{B}=\boldsymbol{P}-\boldsymbol{H}^{\mathrm{T}}\boldsymbol{PH}$ 为对称正定矩阵, 试证明下列迭代格式收敛.

$$\boldsymbol{x}^{(k+1)}=\boldsymbol{Hx}^{(k)}+\boldsymbol{b},\quad k=0,1,\cdots.$$

3.10 给定方程组

$$\begin{bmatrix}2&-1&1\\1&1&1\\1&1&-2\end{bmatrix}\begin{bmatrix}x_1\\x_2\\x_3\end{bmatrix}=\begin{bmatrix}1\\1\\1\end{bmatrix},$$

证明 Jacobi 迭代法发散而 G–S 迭代法收敛.

3.11 设矩阵 $\boldsymbol{A}$ 对称正定, $\boldsymbol{D}=\mathrm{diag}(a_{11},a_{22},\cdots,a_{nn})$. 试证明, 若 $2\boldsymbol{D}-\boldsymbol{A}$ 正定, 则 Jacobi 迭代法求解线性方程组 (3.2.1) 必收敛.

3.12* 设 $\boldsymbol{A}$ 为对称正定矩阵. 有如下迭代格式:

$$\boldsymbol{x}^{(k+1)}=\boldsymbol{x}^{(k)}-\frac{1}{2}\omega\Big[\boldsymbol{A}\big(\boldsymbol{x}^{(k+1)}+\boldsymbol{x}^{(k)}\big)-2\boldsymbol{b}\Big],\quad \omega>0.$$

试证明:

(1) 对任意初始向量 $\boldsymbol{x}^{(0)}$, 迭代序列 $\{\boldsymbol{x}^{(k)}\}$ 收敛;

(2) 迭代序列 $\{\boldsymbol{x}^{(k)}\}$ 收敛到线性方程组 $\boldsymbol{Ax}=\boldsymbol{b}$ 的解.

***　　***　　***　　***　　***

第 3 章上机实验题

3.1 试编写用 Jacobi 迭代法、G–S 迭代法求解线性方程组 (3.2.1) 的标准程序, 并求解下列方程组:

(1) $$\begin{bmatrix}8&-1&1\\2&10&-1\\1&1&-5\end{bmatrix}\begin{bmatrix}x_1\\x_2\\x_3\end{bmatrix}=\begin{bmatrix}1\\4\\3\end{bmatrix};$$

(2) $\begin{bmatrix} 5 & 2 & 1 \\ -1 & 4 & 2 \\ 2 & -3 & 10 \end{bmatrix}\begin{bmatrix} x_1 \\ x_2 \\ x_3 \end{bmatrix} = \begin{bmatrix} -12 \\ 20 \\ 3 \end{bmatrix}$.

取初始向量 $\boldsymbol{x}^{(0)} = (0,0,0)^{\mathrm{T}}$, 迭代终止条件: $\|\boldsymbol{x}^{(k+1)} - \boldsymbol{x}^{(k)}\| < 10^{-5}$.

3.2 试编写 SOR 方法求解线性方程组 (3.2.1) 的标准程序, 并求解下列方程组:

$$\begin{bmatrix} 4 & 3 & 0 \\ 3 & 4 & -1 \\ 0 & -1 & 4 \end{bmatrix}\begin{bmatrix} x_1 \\ x_2 \\ x_3 \end{bmatrix} = \begin{bmatrix} 24 \\ 30 \\ -24 \end{bmatrix}.$$

取初始向量 $\boldsymbol{x}^{(0)} = (1,1,1)^{\mathrm{T}}$, 迭代终止条件: $\|\boldsymbol{x}^{(k+1)} - \boldsymbol{x}^{(k)}\| < 10^{-7}$, 并比较松弛因子取 $\omega = 1.25$, $\omega = 1.0$ 及 $\omega = 1.5$ 时所需迭代次数.

第 4 章　特征值问题的计算方法

在科学和工程技术中, 如振动问题、临界值问题、摄动问题, 常微分方程稳定性问题中, 经常会遇到特征值和特征向量的计算. 特征值是特征多项式的根, 而次数超过四次的多项式的根一般不能用有限次运算得到. 因此, 特征值问题的计算方法本质上是迭代法. 本章主要介绍两类计算方法: 计算部分特征值 (按模最大的特征值) 及其对应的特征向量的乘幂法和计算所有特征值的 QR 方法.

4.1　特征值问题的基本理论

设 $\mathbb{C}^{n\times n}$ 表示 $n\times n$ 阶复矩阵的集合, $\mathbb{C}^n$ 表示 n 维复向量的集合. 设 $\boldsymbol{A}\in\mathbb{C}^{n\times n}$, $\boldsymbol{x}\in\mathbb{C}^n$, 如果存在 $\lambda\in\mathbb{C}$ 和 $\boldsymbol{x}\neq 0$ 满足

$$\boldsymbol{A}\boldsymbol{x}=\lambda\boldsymbol{x}, \tag{4.1.1}$$

则称 λ 是 $\boldsymbol{A}$ 的特征值, $\boldsymbol{x}$ 是 $\boldsymbol{A}$ 的对应于特征值 λ 的特征向量. $\boldsymbol{A}$ 的所有特征值的集合叫做 $\boldsymbol{A}$ 的谱, 记为 $\lambda(\boldsymbol{A})$. $\boldsymbol{A}$ 的谱半径定义为

$$\rho(\boldsymbol{A})\triangleq\max_{\lambda\in\lambda(\boldsymbol{A})}|\lambda|. \tag{4.1.2}$$

记 $\boldsymbol{y}^*$ 表示 $\boldsymbol{y}$ 的共轭转置, 若

$$\boldsymbol{A}\boldsymbol{x}=\lambda\boldsymbol{x},\quad \boldsymbol{y}^*\boldsymbol{A}=\lambda\boldsymbol{y}^*,$$

则 $\boldsymbol{x}$ 和 $\boldsymbol{y}$ 分别称为 $\boldsymbol{A}$ 的对应于特征值 λ 的右特征向量和左特征向量, 右特征向量简称为特征向量. 对于任何相容矩阵范数 $\|\cdot\|$, 特征值 λ 满足

$$|\lambda|\leqslant\|\boldsymbol{A}\|,\quad \forall\,\lambda\in\lambda(\boldsymbol{A}). \tag{4.1.3}$$

特征值问题等价于: 存在非零向量 $\boldsymbol{x}$, 使得

$$(\boldsymbol{A}-\lambda\boldsymbol{I})\boldsymbol{x}=\boldsymbol{0}. \tag{4.1.4}$$

λ 是 $\boldsymbol{A}$ 的特征值当且仅当

$$\det(\lambda\boldsymbol{I}-\boldsymbol{A})=0. \tag{4.1.5}$$

(4.1.5) 式称为 $\boldsymbol{A}$ 的**特征方程**. $p(\lambda)=\det(\lambda \boldsymbol{I}-\boldsymbol{A})$ 称为 $\boldsymbol{A}$ 的**特征多项式**, $\boldsymbol{A}$ 的特征多项式的根就是 $\boldsymbol{A}$ 的**特征值**. 当 $\boldsymbol{A}$ 的阶数 n 较大时, 求特征多项式的根的工作量是很大的. 对应于特征向量 $\boldsymbol{x}$ 的特征值 λ 也可用 Rayleigh 商来表示和计算, 即

$$\lambda=\frac{\boldsymbol{x}^{*} \boldsymbol{A} \boldsymbol{x}}{\boldsymbol{x}^{*} \boldsymbol{x}}. \tag{4.1.6}$$

设 $\boldsymbol{P}$ 是 $n \times n$ 非奇异矩阵, $\boldsymbol{B}=\boldsymbol{P}^{-1} \boldsymbol{A} \boldsymbol{P}$, 则 $\boldsymbol{B}$ 与 $\boldsymbol{A}$ 称为**相似矩阵**. 从 $\boldsymbol{A}$ 到 $\boldsymbol{P}^{-1} \boldsymbol{A} \boldsymbol{P}$ 的变换称为**相似变换**. 由于

$$\boldsymbol{A} \boldsymbol{x}=\lambda \boldsymbol{x}$$

与

$$(\boldsymbol{P}^{-1} \boldsymbol{A} \boldsymbol{P})(\boldsymbol{P}^{-1} \boldsymbol{x})=\lambda(\boldsymbol{P}^{-1} \boldsymbol{x})$$

等价, 这表明: 当且仅当 λ 是 $\boldsymbol{A}$ 的关于特征向量 $\boldsymbol{x}$ 的特征值时, λ 是 $\boldsymbol{B}=\boldsymbol{P}^{-1} \boldsymbol{A} \boldsymbol{P}$ 关于特征向量 $\boldsymbol{P}^{-1} \boldsymbol{x}$ 的特征值. 因此, 矩阵的相似变换保持矩阵的特征值不变. 根据这样的思想, 我们在本章将利用相似变换求矩阵的特征值.

在其他的变换之下, 矩阵的特征值是如何变化的呢? 我们举几个例子.

设 λ 是 $\boldsymbol{A}$ 的特征值, $\boldsymbol{x}$ 是对应的特征向量, 则

(1) $\alpha \lambda$ 是 $\alpha \boldsymbol{A}$ 关于特征向量 $\boldsymbol{x}$ 的一个特征值, 这里 α 是一个数;

(2) $\lambda-\mu$ 是 $\boldsymbol{A}-\mu \boldsymbol{I}$ 关于特征向量 $\boldsymbol{x}$ 的一个特征值;

(3) 若 $\boldsymbol{A}$ 非奇异, 则 $\lambda \neq 0$, 且 λ^{-1} 是 $\boldsymbol{A}^{-1}$ 的关于特征向量 $\boldsymbol{x}$ 的一个特征值.

此外, 我们容易看出

(1) 三角矩阵的对角元是三角矩阵的特征值;

(2) 对应于 $\boldsymbol{A}$ 的不同特征值的特征向量是线性无关的.

设 $p(\lambda)=\det(\lambda \boldsymbol{I}-\boldsymbol{A})$ 为 $\boldsymbol{A}$ 的特征多项式. 如果 $\boldsymbol{A}$ 有 r 个不同的特征值 $\lambda_1, \lambda_2, \cdots, \lambda_r$, 其重数分别为 $n_1, n_2, \cdots, n_r$, 则

$$p(\lambda)=(\lambda-\lambda_1)^{n_1}(\lambda-\lambda_2)^{n_2} \cdots(\lambda-\lambda_r)^{n_r}, \tag{4.1.7}$$

其中 $n_1+n_2+\cdots+n_r=n$. 特征多项式的根 λ_i 的重数 n_i 称为 $\boldsymbol{A}$ 的特征值 λ_i 的**代数重数**. 如果 $n_i=1$, 则 λ_i 是单重特征值.

对应于 λ_i 的特征向量是方程组 $(\boldsymbol{A}-\lambda_i \boldsymbol{I}) \boldsymbol{x}=\mathbf{0}$ 的非零解, 它们张成零空间

$$W_{\lambda_i}=\mathcal{N}(\boldsymbol{A}-\lambda_i \boldsymbol{I})=\left\{\boldsymbol{x}:(\boldsymbol{A}-\lambda_i \boldsymbol{I}) \boldsymbol{x}=\mathbf{0}, \boldsymbol{x} \in \mathbb{C}^n\right\}, \tag{4.1.8}$$

它称为 λ_i 的**特征空间**. λ_i 的特征空间 W_{λ_i} 的维数称为 λ_i 的**几何重数**, 记作 m_i, 它是对应于 λ_i 的线性无关特征向量的最大个数. 可以证明: 特征向量的几何重数总是小于或等于其代数重数, 即 $m_i \leqslant n_i, i=1,2, \cdots, r$.

如果对 $\boldsymbol{A}$ 的某个特征值 λ_i 有 $m_i < n_i$, 则矩阵 $\boldsymbol{A}$ 称为**亏损的**. 如果对 $\boldsymbol{A}$ 的每一个特征值 λ_i, 有 $m_i = n_i$, $i = 1, 2, \cdots, r$, 则矩阵 $\boldsymbol{A}$ 称为**非亏损的**. 因此, 如果 $\boldsymbol{A}$ 是非亏损的, 则 $n \times n$ 矩阵 $\boldsymbol{A}$ 有 n 个线性无关的特征向量.

非亏损矩阵具有很好的性质, 利用相似矩阵可以将非亏损矩阵约化为一个对角形矩阵. 事实上, 设 $\boldsymbol{A}\boldsymbol{x}_i = \lambda_i \boldsymbol{x}_i \ \ (i = 1, 2, \cdots, n)$. 令

$$\boldsymbol{\Lambda} = \mathrm{diag}(\lambda_1, \lambda_2, \cdots, \lambda_n), \quad \boldsymbol{P} = (\boldsymbol{x}_1, \boldsymbol{x}_2, \cdots, \boldsymbol{x}_n),$$

则

$$\boldsymbol{A}\boldsymbol{P} = \boldsymbol{P}\boldsymbol{\Lambda}.$$

由于 $\boldsymbol{x}_1, \boldsymbol{x}_2, \cdots, \boldsymbol{x}_n$ 线性无关, 则 $\boldsymbol{P}$ 是非奇异矩阵, 从而有

$$\boldsymbol{P}^{-1}\boldsymbol{A}\boldsymbol{P} = \boldsymbol{\Lambda}.$$

上述讨论可以概括为

定理 4.1.1 设 $\boldsymbol{A} \in \mathbb{C}^{n\times n}$, 则 $\boldsymbol{A}$ 是非亏损矩阵, 当且仅当存在一个非奇异矩阵 $\boldsymbol{P}$, 使得

$$\boldsymbol{P}^{-1}\boldsymbol{A}\boldsymbol{P} = \boldsymbol{\Lambda} = \mathrm{diag}(\lambda_1, \lambda_2, \cdots, \lambda_n), \tag{4.1.9}$$

其中 $\lambda_1, \lambda_2, \cdots, \lambda_n$ 为 $\boldsymbol{A}$ 的特征值, $\boldsymbol{P} = (\boldsymbol{x}_1, \boldsymbol{x}_2, \cdots, \boldsymbol{x}_n)$, $\boldsymbol{x}_i$ 为 $\boldsymbol{A}$ 的对应于 λ_i 的特征向量.

在相似变换下的标准形中, Jordan 标准形是重要的, 因为任何一个 $n \times n$ 矩阵可以通过相似变换化为 Jordan 标准形.

定理 4.1.2 设 $\boldsymbol{A} \in \mathbb{C}^{n\times n}$, 则存在非奇异矩阵 $\boldsymbol{P}$, 使得 $\boldsymbol{A}$ 相似于 Jordan 标准形

$$\boldsymbol{P}^{-1}\boldsymbol{A}\boldsymbol{P} = \boldsymbol{J} \triangleq \mathrm{diag}(\boldsymbol{J}_1, \boldsymbol{J}_2, \cdots, \boldsymbol{J}_r), \tag{4.1.10}$$

其中

$$\boldsymbol{J}_i = \begin{bmatrix} \lambda_i & 1 & 0 & \cdots & 0 \\ 0 & \lambda_i & 1 & \cdots & 0 \\ 0 & 0 & \lambda_i & \cdots & 0 \\ \vdots & \vdots & \vdots & \ddots & 1 \\ 0 & 0 & 0 & \cdots & \lambda_i \end{bmatrix} \in \mathbb{C}^{n_i \times n_i}, \quad i = 1, \cdots, r, \tag{4.1.11}$$

是 $\boldsymbol{A}$ 的 Jordan 标准形中第 i 个 Jordan 块. 如果不考虑 Jordan 块的排列次序的话, 那么 $\boldsymbol{A}$ 的 Jordan 标准形是唯一的.

在相似变换中, 一类重要的变换是正交变换 (在实空间中) 和酉变换 (在复空间中), 酉变换满足 $\boldsymbol{U}^{-1} = \boldsymbol{U}^*$, 因而 $\boldsymbol{U}^{-1}\boldsymbol{A}\boldsymbol{U} = \boldsymbol{U}^*\boldsymbol{A}\boldsymbol{U}$ 容易计算. 下面的定理指

出: 任何一个 $n \times n$ 矩阵 $\boldsymbol{A}$ 通过酉相似变换可以化成一个三角形矩阵, 并且这个三角形矩阵的对角元就是 $\boldsymbol{A}$ 的特征值.

定理 4.1.3 (Schur 分解定理) 设 $\boldsymbol{A} \in \mathbb{C}^{n\times n}$, $\boldsymbol{A}$ 的特征值为 $\lambda_1, \lambda_2, \cdots, \lambda_n$, 则存在酉矩阵 $\boldsymbol{U} \in \mathbb{C}^{n\times n}$ 使得

$$\boldsymbol{U}^*\boldsymbol{A}\boldsymbol{U} = \boldsymbol{R} = \begin{bmatrix} \lambda_1 & r_{12} & \cdots & r_{1n} \\ & \lambda_2 & \cdots & r_{2n} \\ & & \ddots & \vdots \\ \boldsymbol{0} & & & \lambda_n \end{bmatrix}. \tag{4.1.12}$$

证明 设 $\boldsymbol{x}_1$ 是 $\boldsymbol{A}$ 的对应于 λ_1 的标准特征向量, 将 $\boldsymbol{x}_1$ 扩张成 $\mathbb{C}^n$ 空间的一组标准正交基: $\boldsymbol{x}_1, \boldsymbol{y}_2, \cdots, \boldsymbol{y}_n$, 并令

$$\boldsymbol{U}_1 = [\boldsymbol{x}_1, \boldsymbol{y}_2, \cdots, \boldsymbol{y}_n] = [\boldsymbol{x}_1 \ \ \boldsymbol{Y}],$$

则 $\boldsymbol{U}_1$ 是一个酉矩阵. 于是,

$$\boldsymbol{U}_1^*\boldsymbol{A}\boldsymbol{U}_1 = \begin{bmatrix} \boldsymbol{x}_1^* \\ \boldsymbol{Y}^* \end{bmatrix} \boldsymbol{A} \begin{bmatrix} \boldsymbol{x}_1 & \boldsymbol{Y} \end{bmatrix} = \begin{bmatrix} \lambda_1\boldsymbol{x}_1^*\boldsymbol{x}_1 & \boldsymbol{x}_1^*\boldsymbol{A}\boldsymbol{Y} \\ \lambda_1\boldsymbol{Y}^*\boldsymbol{x}_1 & \boldsymbol{Y}^*\boldsymbol{A}\boldsymbol{Y} \end{bmatrix}.$$

由于 $\boldsymbol{x}_1^*\boldsymbol{x}_1 = 1$, $\boldsymbol{Y}^*\boldsymbol{x}_1 = 0$, 再令 $\boldsymbol{A}_1 = \boldsymbol{Y}^*\boldsymbol{A}\boldsymbol{Y} \in \mathbb{C}^{(n-1)\times(n-1)}$, 则得

$$\boldsymbol{U}_1^*\boldsymbol{A}\boldsymbol{U}_1 = \begin{bmatrix} \lambda_1 & * \\ \boldsymbol{0} & \boldsymbol{A}_1 \end{bmatrix},$$

其中 $\boldsymbol{A}_1$ 的特征值为 $\lambda_2, \lambda_3, \cdots, \lambda_n$.

类似于上面的处理, 我们有 $\boldsymbol{V}_2 \in \mathbb{C}^{(n-1)\times(n-1)}$ 满足

$$\boldsymbol{V}_2^*\boldsymbol{A}_1\boldsymbol{V}_2 = \begin{bmatrix} \lambda_2 & * \\ \boldsymbol{0} & \boldsymbol{A}_2 \end{bmatrix},$$

其中 $\boldsymbol{A}_2 \in \mathbb{C}^{(n-2)\times(n-2)}$ 有特征值 $\lambda_3, \lambda_4, \cdots, \lambda_n$. 令

$$\boldsymbol{U}_2 = \begin{bmatrix} 1 & \boldsymbol{0} \\ 0 & \boldsymbol{V}_2 \end{bmatrix},$$

这样

$$\boldsymbol{U}_2^*\boldsymbol{U}_1^*\boldsymbol{A}\boldsymbol{U}_1\boldsymbol{U}_2 = \begin{bmatrix} \lambda_1 & & * \\ & \lambda_2 & \\ \boldsymbol{0} & & \boldsymbol{A}_2 \end{bmatrix},$$

依此继续下去, 得到

$$\boldsymbol{U}_{n-1}^* \cdots \boldsymbol{U}_2^* \boldsymbol{U}_1^* \boldsymbol{A} \boldsymbol{U}_1 \boldsymbol{U}_2 \cdots \boldsymbol{U}_{n-1} = \begin{bmatrix} \lambda_1 & & & & \\ & \lambda_2 & & * & \\ & & \ddots & & \\ & \mathbf{0} & & \lambda_{n-1} & \\ & & & & \lambda_n \end{bmatrix} \triangleq \boldsymbol{R}.$$

令 $\boldsymbol{U} = \boldsymbol{U}_1 \boldsymbol{U}_2 \cdots \boldsymbol{U}_{n-1}$, 则得到 (4.1.12) 式. **证毕**

进一步, 如果 $\boldsymbol{A}$ 是 Hermite 矩阵, 即 $\boldsymbol{A} = \boldsymbol{A}^*$, 则

$$(\boldsymbol{U}^* \boldsymbol{A} \boldsymbol{U})^* = \boldsymbol{U}^* \boldsymbol{A}^* (\boldsymbol{U}^*)^* = \boldsymbol{U}^* \boldsymbol{A} \boldsymbol{U}$$

也是一个 Hermite 矩阵. 这样, 在这种情形, 从上面的 Schur 分解定理立即得到: 任一 Hermite 矩阵 (或对称矩阵) 可以通过酉变换 (或正交变换) 化为对角矩阵.

定理 4.1.4 设 $\boldsymbol{A} \in \mathbb{C}^{n \times n}$ 是 Hermite 矩阵, $\boldsymbol{A}$ 的特征值为 $\lambda_1, \lambda_2, \cdots, \lambda_n$, 则存在酉矩阵 $\boldsymbol{U} = [\boldsymbol{x}_1, \boldsymbol{x}_2, \cdots, \boldsymbol{x}_n]$ 使得

$$\boldsymbol{U}^* \boldsymbol{A} \boldsymbol{U} = \begin{bmatrix} \lambda_1 & & & \mathbf{0} \\ & \lambda_2 & & \\ & & \ddots & \\ \mathbf{0} & & & \lambda_n \end{bmatrix}. \tag{4.1.13}$$

这里 $\boldsymbol{A}$ 的特征值是实的, $\boldsymbol{x}_i$ 是 $\boldsymbol{A}$ 的对应于特征值 λ_i 的特征向量.

由此可见, Hermite 矩阵 $\boldsymbol{A}$ 是正定的 (半正定的) 当且仅当 $\boldsymbol{A}$ 的所有特征值是正的 (非负的).

设 $\boldsymbol{A} \in \mathbb{C}^{n \times n}$ 是 Hermite 矩阵, $\boldsymbol{x} \in \mathbb{C}^n$, 则称

$$R_{\lambda(\boldsymbol{x})} = \frac{\boldsymbol{x}^* A \boldsymbol{x}}{\boldsymbol{x}^* \boldsymbol{x}} \tag{4.1.14}$$

为 $\boldsymbol{A}$ 的 Rayleigh 商. 设 $\boldsymbol{A}$ 的特征值满足

$$\lambda_1 \geqslant \lambda_2 \geqslant \cdots \geqslant \lambda_n,$$

则

$$\lambda_1 = \max_{\boldsymbol{x} \neq \mathbf{0}} \frac{\boldsymbol{x}^* \boldsymbol{A} \boldsymbol{x}}{\boldsymbol{x}^* \boldsymbol{x}}, \quad \lambda_n = \min_{\boldsymbol{x} \neq \mathbf{0}} \frac{\boldsymbol{x}^* \boldsymbol{A} \boldsymbol{x}}{\boldsymbol{x}^* \boldsymbol{x}}. \tag{4.1.15}$$

设 $\boldsymbol{A}$ 是 $m \times n$ 矩阵, 则对所有 $\boldsymbol{x} \in \mathbb{C}^n$, $\boldsymbol{x}^*(\boldsymbol{A}^* \boldsymbol{A})\boldsymbol{x} = \|\boldsymbol{A}\boldsymbol{x}\|_2^2 \geqslant 0$, 故 $\boldsymbol{A}^* \boldsymbol{A}$ 是 Hermite 矩阵, $\boldsymbol{A}^* \boldsymbol{A}$ 的特征值是非负的, 满足 $\lambda_1 \geqslant \lambda_2 \geqslant \cdots \geqslant \lambda_n \geqslant 0$. 设

$$\lambda_k = \sigma_k^2, \quad \sigma_k \geqslant 0, \tag{4.1.16}$$

则 $\sigma_1 \geqslant \sigma_2 \geqslant \cdots \geqslant \sigma_n \geqslant 0$ 称为 $\boldsymbol{A}$ 的奇异值. 由 (4.1.15) 式和 (4.1.16) 式得

$$\sigma_1 = \max_{\boldsymbol{x}\neq \boldsymbol{0}} \frac{\|\boldsymbol{Ax}\|_2}{\|\boldsymbol{x}\|_2} = \|\boldsymbol{A}\|_2, \quad \sigma_n = \min_{\boldsymbol{x}\neq \boldsymbol{0}} \frac{\|\boldsymbol{Ax}\|_2}{\|\boldsymbol{x}\|_2}. \tag{4.1.17}$$

如果 $m=n$ 且 $\boldsymbol{A}$ 非奇异, 则

$$\frac{1}{\sigma_n} = \max_{\boldsymbol{x}\neq \boldsymbol{0}} \frac{\|\boldsymbol{x}\|_2}{\|\boldsymbol{Ax}\|_2} = \max_{\boldsymbol{y}\neq \boldsymbol{0}} \frac{\|\boldsymbol{A}^{-1}\boldsymbol{y}\|_2}{\|\boldsymbol{y}\|_2} = \|\boldsymbol{A}^{-1}\|_2, \tag{4.1.18}$$

从而 $n \times n$ 矩阵 $\boldsymbol{A}$ 的谱条件数为

$$\mathrm{cond}_2(\boldsymbol{A}) = \|\boldsymbol{A}\|_2 \|\boldsymbol{A}^{-1}\|_2 = \frac{\sigma_1}{\sigma_n}. \tag{4.1.19}$$

奇异值和奇异值分解在数值代数中有重要的作用. 任何一个 $m \times n$ 矩阵可以通过奇异值分解化为对角形.

定理 4.1.5 设 $\boldsymbol{A} \in \mathbb{C}_r^{m\times n}$, $\mathbb{C}_r^{m\times n}$ 表示秩为 r 的 $m \times n$ 复矩阵的集合. 则存在两个酉矩阵 $\boldsymbol{U} \in \mathbb{C}^{m\times m}$ 和 $\boldsymbol{V} \in \mathbb{C}^{n\times n}$, 使得

$$\boldsymbol{U}^*\boldsymbol{AV} = \boldsymbol{D}, \tag{4.1.20}$$

其中

$$\boldsymbol{D} = \begin{bmatrix} \boldsymbol{\Sigma} & 0 \\ 0 & 0 \end{bmatrix} \in \mathbb{C}^{m\times n}, \tag{4.1.21}$$

$\boldsymbol{\Sigma} = \mathrm{diag}(\sigma_1, \sigma_2, \cdots, \sigma_r)$, $\sigma_i > 0 \ \ (i = 1, 2, \cdots, r)$ 是 $\boldsymbol{A}$ 的非零奇异值. 这样, 分解

$$\boldsymbol{A} = \boldsymbol{UDV}^* \tag{4.1.22}$$

称为$\boldsymbol{A}$ 的奇异值分解, σ_i 称为$\boldsymbol{A}$ 的奇异值, 它满足

$$\sigma_1 \geqslant \sigma_2 \geqslant \cdots \geqslant \sigma_r > 0 = \sigma_{r+1} = \cdots = \sigma_p, \quad p = \min\{m, n\}.$$

不难看出, 在奇异值分解中,

$$\boldsymbol{V}^*\boldsymbol{A}^*\boldsymbol{AV} = \mathrm{diag}(\sigma_1^2, \cdots, \sigma_r^2, 0, \cdots, 0),$$

$$\boldsymbol{U}^*\boldsymbol{AA}^*\boldsymbol{U} = \mathrm{diag}(\sigma_1^2, \cdots, \sigma_r^2, 0, \cdots, 0),$$

并且 (4.1.22) 式表明

$$\boldsymbol{Av}_i = \sigma_i \boldsymbol{v}_i, \quad i = 1, 2, \cdots, p, \tag{4.1.23}$$

$$\boldsymbol{A}^*\boldsymbol{u}_i = \sigma_i \boldsymbol{u}_i, \quad i = 1, 2, \cdots, p. \tag{4.1.24}$$

若设 $\boldsymbol{A}$ 的象空间为 $\mathcal{R}(\boldsymbol{A})$, $\boldsymbol{A}$ 的零空间为 $\mathcal{N}(\boldsymbol{A})$, 则

$$\mathcal{R}(\boldsymbol{A}) = \mathrm{span}\{\boldsymbol{u}_1, \cdots, \boldsymbol{u}_r\}, \ \ \mathcal{N}(\boldsymbol{A}) = \mathrm{span}\{\boldsymbol{v}_{r+1}, \cdots, \boldsymbol{v}_n\}.$$

本章下面两节, 我们介绍计算特征值的两类数值方法: 乘幂法和 QR 方法, 其中乘幂法提供了计算部分特征值的方法, 而 QR 方法则是计算全部特征值的方法.

4.2 乘幂法与反乘幂法

一些实际问题并不要求计算全部特征值, 而只需要计算按模最大或按模最小的特征值. 按模最大的特征值通常称为主特征值. 乘幂法就是计算矩阵的主特征值及其对应的特征向量的迭代法, 而反乘幂法则是计算矩阵的按模最小的特征值及对应特征向量的迭代法.

假设 4.2.1

(1) $n\times n$ 矩阵 $\boldsymbol{A}$ 有完全特征向量系, 即 $\boldsymbol{A}$ 有 n 个线性无关的特征向量

$$\boldsymbol{x}_1,\boldsymbol{x}_2,\cdots,\boldsymbol{x}_n.$$

(2) $\boldsymbol{A}$ 的特征值满足

$$|\lambda_1|>|\lambda_2|\geqslant|\lambda_3|\geqslant\cdots\geqslant|\lambda_n|, \tag{4.2.1}$$

即 $\boldsymbol{A}$ 的主特征值 λ_1 是单重特征值.

4.2.1 乘幂法

由于假设 4.2.1, 则 $\{\boldsymbol{x}_1,\boldsymbol{x}_2,\cdots,\boldsymbol{x}_n\}$ 构成 $\mathbb{C}^n$ 空间的基, 满足 $\boldsymbol{A}\boldsymbol{x}_i=\lambda_i\boldsymbol{x}_i$, $i=1,2,\cdots,n$, 故对任意向量 $\boldsymbol{q}_0$, 我们有

$$\boldsymbol{q}_0=\alpha_1\boldsymbol{x}_1+\alpha_2\boldsymbol{x}_2+\cdots+\alpha_n\boldsymbol{x}_n\ \ (\text{设 }\alpha_1\neq 0). \tag{4.2.2}$$

构造

$$\boldsymbol{q}_1=\boldsymbol{A}\boldsymbol{q}_0,\ \ \boldsymbol{q}_2=\boldsymbol{A}\boldsymbol{q}_1=\boldsymbol{A}^2\boldsymbol{q}_0,\ \ \cdots,\ \ \boldsymbol{q}_k=\boldsymbol{A}\boldsymbol{q}_{k-1}=\boldsymbol{A}^k\boldsymbol{q}_0. \tag{4.2.3}$$

于是

$$\begin{aligned}\boldsymbol{q}_k&=\alpha_1\boldsymbol{A}^k\boldsymbol{x}_1+\alpha_2\boldsymbol{A}^k\boldsymbol{x}_2+\cdots+\alpha_n\boldsymbol{A}^k\boldsymbol{x}_n\\&=\alpha_1\lambda_1^k\boldsymbol{x}_1+\alpha_2\lambda_2^k\boldsymbol{x}_2+\cdots+\alpha_n\lambda_n^k\boldsymbol{x}_n\\&=\alpha_1\lambda_1^k\left[\boldsymbol{x}_1+\frac{\alpha_2}{\alpha_1}\left(\frac{\lambda_2}{\lambda_1}\right)^k\boldsymbol{x}_2+\cdots+\frac{\alpha_n}{\alpha_1}\left(\frac{\lambda_n}{\lambda_1}\right)^k\boldsymbol{x}_n\right]\\&=\alpha_1\lambda_1^k\left[\boldsymbol{x}_1+\boldsymbol{\varepsilon}_k\right],\end{aligned} \tag{4.2.4}$$

其中 $\boldsymbol{\varepsilon}_k=\sum\limits_{i=2}^{n}\frac{\alpha_i}{\alpha_1}\left(\frac{\lambda_i}{\lambda_1}\right)^k\boldsymbol{x}_i$. 当 k 足够大时, 由于 $|\lambda_i/\lambda_1|<1$ $(i=2,3,\cdots,n)$, 故 $\lim\limits_{k\to\infty}(\lambda_i/\lambda_1)^k=0$ $(i=2,3,\cdots,n)$. 于是当 $k\to\infty$ 时, $\boldsymbol{\varepsilon}_k\to\boldsymbol{0}$, 从而

$$\boldsymbol{q}_k\approx\alpha_1\lambda_1^k\boldsymbol{x}_1, \tag{4.2.5}$$

$$Aq_k = q_{k+1} \approx \alpha_1 \lambda_1^{k+1} x_1 = \lambda_1 q_k. \tag{4.2.6}$$

这表明当 k 充分大时, q_k 可以作为 A 的与 λ_1 相对应的特征向量的近似.

为了取相邻两次迭代向量 q_k 的比, 我们取 φ 为任一线性函数满足 $\varphi(x_1) \neq 0$. 由于线性函数 φ 满足 $\varphi(\alpha x + \beta y) = \alpha\varphi(x) + \beta\varphi(y)$, 故由 (4.2.4) 式有

$$\varphi(q_k) = \alpha_1 \lambda_1^k \big[\varphi(x_1) + \varphi(\varepsilon_k)\big]. \tag{4.2.7}$$

这样, 当 $k \to \infty$ 时

$$\mu_k \triangleq \frac{\varphi(q_{k+1})}{\varphi(q_k)} = \frac{\alpha_1 \lambda_1^{k+1}\big[\varphi(x_1) + \varphi(\varepsilon_{k+1})\big]}{\alpha_1 \lambda_1^k \big[\varphi(x_1) + \varphi(\varepsilon_k)\big]} = \lambda_1 \frac{\varphi(x_1) + \varphi(\varepsilon_{k+1})}{\varphi(x_1) + \varphi(\varepsilon_k)} \to \lambda_1. \tag{4.2.8}$$

特别地, 取 $\varphi(q_k) = (q_k)_j$, 这里 $(q_k)_j$ 表示 q_k 的第 j 个分量, 则

$$\mu_k = \frac{\varphi(q_{k+1})}{\varphi(q_k)} = \frac{(q_{k+1})_j}{(q_k)_j} = \lambda_1 \frac{(x_1)_j + (\varepsilon_{k+1})_j}{(x_1)_j + (\varepsilon_k)_j} \to \lambda_1. \tag{4.2.9}$$

上面的讨论给出了求 A 的主特征值及其相应特征向量的乘幂法.

乘幂法 1 (基本形式)　给出任一初始向量 q_0, 对于 $k = 1, 2, \cdots$, 计算

$$y_k = Aq_{k-1}, \tag{4.2.10}$$

$$\mu_k = \varphi(y_k)/\varphi(q_{k-1}), \tag{4.2.11}$$

$$q_k = y_k. \tag{4.2.12}$$

上面的讨论指出: 乘幂法产生的向量序列 $q_k \to x_1$, $\mu_k \to \lambda_1$.

但是, 从 (4.2.5) 式可知, 当 $k \to \infty$ 时, 若 $|\lambda_1| > 1$, 则 q_k 的分量会趋于无穷; 若 $|\lambda_1| < 1$, 则 q_k 的分量又会趋于 $\mathbf{0}$, 这样会引起计算过程中的上溢与下溢. 于是, 我们采用标准化措施, 即在每步迭代中将 q_k 标准化, 这样就有如下形式.

乘幂法 2　给出任一初始向量 q_0, 对于 $k = 1, 2, \cdots$, 计算

$$y_k = Aq_{k-1}, \tag{4.2.13}$$

$$\mu_k = \varphi(y_k)/\varphi(q_{k-1}), \tag{4.2.14}$$

$$q_k = y_k/\|y_k\|_\infty. \tag{4.2.15}$$

在 (4.2.15) 式中 $\|\cdot\|_\infty$ 也可以用 l_2 范数或 l_1 范数代替. 采用标准化措施后, 比值 μ_k 不受影响, $\mu_k \to \lambda_1$. 而对于向量序列 $\{q_k\}$, 由 (4.2.15) 式, (4.2.3) 式和 (4.2.4) 式得到当 $k \to \infty$ 时,

$$q_k = \frac{Aq_{k-1}}{\|Aq_{k-1}\|_\infty} = \frac{\alpha_1 \lambda_1^k (x_1 + \varepsilon_k)}{\|\alpha_1 \lambda_1^k (x_1 + \varepsilon_k)\|_\infty} = \xi_k \frac{x_1 + \varepsilon_k}{\|x_1 + \varepsilon_k\|_\infty} \to \xi_k \frac{x_1}{\|x_1\|_\infty}, \tag{4.2.16}$$

这里 $\xi_k = \mathrm{sgn}(\alpha_1\lambda_1^k)$. 于是, 当 $k \to \infty$ 时, $\boldsymbol{q}_k$ 是主特征向量 $\boldsymbol{x}_1$ 的近似.

例 4.2.1 计算矩阵

$$\begin{bmatrix} 1 & -1 & 0 \\ -2 & 4 & -2 \\ 0 & -1 & 1 \end{bmatrix}$$

的主特征值和相应的特征向量.

解 取初始向量 $\boldsymbol{q}_0 = [1, 0, 0]^{\mathrm{T}}$, 取 $\varphi(\boldsymbol{q}_k) = (\boldsymbol{q}_k)_1$.

$$\boldsymbol{y}_0 = \boldsymbol{A}\boldsymbol{q}_0 = \Big[1, -2, 0\Big]^{\mathrm{T}}, \quad \mu_1 = 1, \quad \boldsymbol{q}_1 = \left[\frac{1}{2}, -1, 0\right]^{\mathrm{T}}.$$

计算结果如表 4.2.1 所示.

表 4.2.1

k	$\boldsymbol{q}_k^{\mathrm{T}}$	$\boldsymbol{y}_k^{\mathrm{T}}$	μ_k
1	(0.50000, −1.00000, 0.00000)	(1.00000, −2.00000, 0.00000)	1.00000
2	(0.30000, −1.00000, 0.20000)	(1.50000, −5.00000, 1.00000)	3.00000
3	(0.26000, −1.00000, 0.24000)	(1.30000, −5.00000, 1.20000)	4.33333
4	(0.25200, −1.00000, 0.24800)	(1.26000, −5.00000, 1.24000)	4.84615
5	(0.25040, −1.00000, 0.24960)	(1.25200, −5.00000, 1.24800)	4.96825
6	(0.25008, −1.00000, 0.24992)	(1.25040, −5.00000, 1.24960)	4.99361
7	(0.25002, −1.00000, 0.24998)	(1.25008, −5.00000, 1.24992)	4.99872
8	(0.25000, −1.00000, 0.25000)	(1.25002, −5.00000, 1.24998)	4.99974
9	(0.25000, −1.00000, 0.25000)	(1.25000, −5.00000, 1.25000)	4.99995
10	(0.25000, −1.00000, 0.25000)	(1.25000, −5.00000, 1.25000)	4.99999

乘幂法 3 给出任一初始向量 $\boldsymbol{q}_0$, 对于 $k = 1, 2, \cdots$, 计算

$$\boldsymbol{y}_k = \boldsymbol{A}\boldsymbol{q}_{k-1}, \tag{4.2.17}$$

$$\mu_k = \max\{\boldsymbol{y}_k\}, \tag{4.2.18}$$

$$\boldsymbol{q}_k = \frac{\boldsymbol{y}_k}{\mu_k}, \tag{4.2.19}$$

其中 $\mu_k = \max\{\boldsymbol{y}_k\}$ 表示 $\boldsymbol{y}_k$ 中绝对值最大的一个分量. 这样, 当 $k \to \infty$ 时,

$$\begin{aligned} \boldsymbol{q}_k = \frac{\boldsymbol{A}^k\boldsymbol{q}_0}{\max\{\boldsymbol{A}^k\boldsymbol{q}_0\}} &= \frac{\alpha_1\lambda_1^k\left[\boldsymbol{x}_1 + \sum\limits_{j=2}^{n}\left(\dfrac{\alpha_j}{\alpha_1}\right)\left(\dfrac{\lambda_j}{\lambda_1}\right)^k\boldsymbol{x}_j\right]}{\alpha_1\lambda_1^k\max\left\{\boldsymbol{x}_1 + \sum\limits_{j=2}^{n}\left(\dfrac{\alpha_j}{\alpha_1}\right)\left(\dfrac{\lambda_j}{\lambda_1}\right)^k\boldsymbol{x}_j\right\}} \\ &= \frac{\boldsymbol{x}_1 + \boldsymbol{\varepsilon}_k}{\max\{\boldsymbol{x}_1 + \boldsymbol{\varepsilon}_k\}} \to \frac{\boldsymbol{x}_1}{\max\{\boldsymbol{x}_1\}}, \end{aligned} \tag{4.2.20}$$

其收敛速度由 $|\lambda_2/\lambda_1|$ 决定.

另外, 由迭代 (4.2.17)~(4.2.19) 式和 (4.2.20) 式, 有

$$\boldsymbol{y}_k = \boldsymbol{A}\boldsymbol{q}_{k-1} = \boldsymbol{A}\frac{\boldsymbol{x}_1 + \boldsymbol{\varepsilon}_{k-1}}{\max\{\boldsymbol{x}_1 + \boldsymbol{\varepsilon}_{k-1}\}} = \lambda_1 \frac{\boldsymbol{x}_1 + \boldsymbol{\varepsilon}_{k-1}}{\max\{\boldsymbol{x}_1 + \boldsymbol{\varepsilon}_{k-1}\}}. \tag{4.2.21}$$

因此, 有

$$\mu_k = \max\{\boldsymbol{y}_k\} = \lambda_1 + O\left(\left(\frac{\lambda_2}{\lambda_1}\right)^k\right), \tag{4.2.22}$$

即

$$\mu_k \to \lambda_1.$$

乘幂法 4 给出任一初始向量 $\boldsymbol{q}_0$, 对于 $k = 1, 2, \cdots$, 计算

$$\boldsymbol{y}_k = \boldsymbol{A}\boldsymbol{q}_{k-1}, \tag{4.2.23}$$

$$\boldsymbol{q}_k = \boldsymbol{y}_k / \|\boldsymbol{y}_k\|_2, \tag{4.2.24}$$

$$\mu_k = \boldsymbol{q}_k^* \boldsymbol{A}\boldsymbol{q}_k, \tag{4.2.25}$$

其中 $\boldsymbol{q}_k^*$ 表示共轭转置.

利用与前面相同的证明, 我们可以得到

$$\boldsymbol{q}_k = \frac{\alpha_1\lambda_1^k(\boldsymbol{x}_1 + \boldsymbol{\varepsilon}_k)}{\|\alpha_1\lambda_1^k(\boldsymbol{x}_1 + \boldsymbol{\varepsilon}_k)\|_2} = \xi_k \frac{\boldsymbol{x}_1 + \boldsymbol{\varepsilon}_k}{\|\boldsymbol{x}_1 + \boldsymbol{\varepsilon}_k\|_2}, \tag{4.2.26}$$

其中 $\xi_k = \mathrm{sgn}(\alpha_1\lambda_1^k)$. 当 $k \to \infty$ 时, $\boldsymbol{\varepsilon}_k \to \boldsymbol{0}$. 这样, 当 $k \to \infty$ 时, $\boldsymbol{q}_k$ 是 $\boldsymbol{x}_1$ 的近似. 令

$$\widetilde{\boldsymbol{q}}_k = \frac{\boldsymbol{q}_k\|\boldsymbol{A}^k\boldsymbol{q}_0\|_2}{\alpha_1\lambda_1^k}, \tag{4.2.27}$$

由算法 (4.2.23)~(4.2.25) 式可知,

$$\boldsymbol{q}_k = \frac{\boldsymbol{A}\boldsymbol{q}_{k-1}}{\|\boldsymbol{A}\boldsymbol{q}_{k-1}\|_2} = \frac{\boldsymbol{A}^k\boldsymbol{q}_0}{\|\boldsymbol{A}^k\boldsymbol{q}_0\|_2},$$

则由 (4.2.4) 式, 得

$$\widetilde{\boldsymbol{q}}_k = \frac{\boldsymbol{A}^k\boldsymbol{q}_0}{\alpha_1\lambda_1^k} = \boldsymbol{x}_1 + \sum_{j=2}^{n}\left(\frac{\alpha_j}{\alpha_1}\right)\left(\frac{\lambda_j}{\lambda_1}\right)^k \boldsymbol{x}_j. \tag{4.2.28}$$

由于

$$\begin{aligned}\|\widetilde{\boldsymbol{q}}_k - \boldsymbol{x}_1\|_2 &= \left\|\sum_{j=2}^{n}\left(\frac{\alpha_j}{\alpha_1}\right)\left(\frac{\lambda_2}{\lambda_1}\right)^k \boldsymbol{x}_j\right\|_2 \leqslant \left[\sum_{j=2}^{n}\left(\frac{\alpha_j}{\alpha_1}\right)^2\left(\frac{\lambda_2}{\lambda_1}\right)^{2k}\right]^{1/2} \\ &\leqslant \left[\sum_{j=2}^{n}\left(\frac{\alpha_j}{\alpha_1}\right)^2\right]^{1/2}\left|\frac{\lambda_2}{\lambda_1}\right|^k = C\left|\frac{\lambda_2}{\lambda_1}\right|^k,\end{aligned} \tag{4.2.29}$$

其中 $C=\left[\sum\limits_{j=2}^{n}\left(\frac{\alpha_j}{\alpha_1}\right)^2\right]^{1/2}$, 故序列 $\{\widetilde{\boldsymbol{q}}_k\}$ 收敛到 $\boldsymbol{x}_1$. 由 (4.2.25) 式, 有

$$\mu_k=\boldsymbol{q}_k^*\boldsymbol{A}\boldsymbol{q}_k=\frac{\widetilde{\boldsymbol{q}}_k^*\boldsymbol{A}\widetilde{\boldsymbol{q}}_k}{\|\widetilde{\boldsymbol{q}}_k\|_2^2}, \tag{4.2.30}$$

而 $\widetilde{\boldsymbol{q}}_k\to\boldsymbol{x}_1$, 故

$$\lim_{k\to\infty}\mu_k=\lambda_1.$$

4.2.2 反乘幂法

乘幂法是计算 $\boldsymbol{A}$ 的按模最大的特征值的方法. 而反乘幂法是计算非奇异矩阵的按模最小的特征值及其相应特征向量的方法.

设 $\boldsymbol{A}$ 非奇异, 假定 $\boldsymbol{A}$ 的特征值排序为

$$|\lambda_1|\geqslant|\lambda_2|\geqslant\cdots\geqslant|\lambda_{n-1}|>|\lambda_n|>0, \tag{4.2.31}$$

相应的特征向量为 $\boldsymbol{x}_1,\boldsymbol{x}_2,\cdots,\boldsymbol{x}_n$. 若 λ 是非奇异矩阵 $\boldsymbol{A}$ 的特征值, 则 $\frac{1}{\lambda}$ 是 $\boldsymbol{A}^{-1}$ 的特征值, 故我们有 $\boldsymbol{A}^{-1}$ 的特征值可以排序如下:

$$\left|\frac{1}{\lambda_n}\right|>\left|\frac{1}{\lambda_{n-1}}\right|\geqslant\cdots\geqslant\left|\frac{1}{\lambda_1}\right|>0, \tag{4.2.32}$$

对应的特征向量为 $\boldsymbol{x}_n,\boldsymbol{x}_{n-1},\cdots,\boldsymbol{x}_1$. 因此我们可以对 $\boldsymbol{A}^{-1}$ 应用乘幂法求出 $\boldsymbol{A}^{-1}$ 的按模最大的特征值, 从而也就得到了 $\boldsymbol{A}$ 的按模最小的特征值.

相应于乘幂法 3, 我们可以给出相应的反乘幂法如下:

反乘幂法 给出初始向量 $\boldsymbol{q}_0$, 对于 $k=1,2,\cdots$, 计算

$$\boldsymbol{A}\boldsymbol{y}_k=\boldsymbol{q}_{k-1}, \tag{4.2.33}$$

$$\mu_k=\max\{\boldsymbol{y}_k\}, \tag{4.2.34}$$

$$\boldsymbol{q}_k=\frac{\boldsymbol{y}_k}{\mu_k}. \tag{4.2.35}$$

其中 $\mu_k=\max\{\boldsymbol{y}_k\}$ 表示 $\boldsymbol{y}_k$ 中绝对值最大的一个分量. 这样, 完全类似于前面乘幂法的讨论, 我们得到当 $k\to\infty$ 时,

$$\boldsymbol{q}_k\to\frac{\boldsymbol{x}_n}{\max\{\boldsymbol{x}_n\}},\quad \mu_k\to\frac{1}{\lambda_n}. \tag{4.2.36}$$

注意到 (4.2.33) 式是一个线性方程组, 因此, 对于每一个 k, 我们都要用 Gauss 消去法 (LU 分解) 解线性方程组 (4.2.33) 得到 $\boldsymbol{y}_k$.

例 4.2.2　用反乘幂法 (4.2.33)~(4.2.35) 计算

$$\begin{bmatrix} 6 & 5 & -5 \\ 2 & 6 & -2 \\ 2 & 5 & -1 \end{bmatrix}$$

的按模最小的特征值和特征向量.

解　取初始向量 $\boldsymbol{q}_0 = (3, 7, -13)^{\mathrm{T}}$. 利用反乘幂法迭代 (4.2.33)~(4.2.35) 计算结果如表 4.2.2 所示.

表 4.2.2

k	$\boldsymbol{q}_k^{\mathrm{T}}$	μ_k
1	$(-0.80165, -0.00826, -1.00000)$	20.16667
2	$(-0.95089, -0.01774, -1.00000)$	1.00964
3	$(-0.98759, -0.00712, -1.00000)$	0.98931
4	$(-0.99688, -0.00223, -1.00000)$	0.99510
5	$(-0.99922, -0.00063, -1.00000)$	0.99840
6	$(-0.99980, -0.00017, -1.00000)$	0.99954
7	$(-0.99995, -0.00004, -1.00000)$	0.99987
8	$(-0.99999, -0.00001, -1.00000)$	0.99997
9	$(-1.00000, -0.00000, -1.00000)$	0.99999
10	$(-1.00000, -0.00000, -1.00000)$	1.00000

4.3 QR 方 法

QR 方法就是通过矩阵 $\boldsymbol{A}$ 的 QR 分解来求其全部特征值的迭代方法, 它是 Francis 在 1961 年提出的. QR 方法数值稳定性好, 收敛速度快, 是计算中、小型矩阵全部特征值问题的最有效方法. 在本节中, 我们仅讨论求 $n \times n$ 实矩阵的特征值的 QR 方法, 至于求复矩阵特征值的算法, 可参见文献 (Demmel, 1997).

在处理一般实矩阵的 QR 方法中, 为了节省工作量, 我们往往先把实矩阵用正交相似变换化为上 Hessenberg 矩阵, 而后再对上 Hessenberg 矩阵用 QR 方法. 类似的处理实对称矩阵就得到三对角矩阵, 然后对三对角矩阵用 QR 方法. 因此, 在本节中, 我们先介绍两种常用的正交变换: Givens 变换和 Householder 变换, 然后讨论如何利用这样的正交变换把实矩阵化为上 Hessenberg 矩阵, 把实对称矩阵化为三对角矩阵. 最后给出处理上 Hessenberg 矩阵的基本 QR 方法和原点平移 QR 方法.

4.3.1 Givens 变换和 Householder 变换

Givens 变换　考虑二阶矩阵

$$\boldsymbol{R}=\begin{bmatrix} \cos\theta & \sin\theta \\ -\sin\theta & \cos\theta \end{bmatrix},$$

将 $\boldsymbol{R}$ 乘以向量 $\boldsymbol{x}=(x_1,x_2)^{\mathrm{T}}$ 得到的向量 $\boldsymbol{y}=\boldsymbol{R}\boldsymbol{x}$ 在几何上是把向量 $\boldsymbol{x}$ 沿顺时针方向旋转 θ 角. 将 $\boldsymbol{R}$ 记成

$$\boldsymbol{R}=\begin{bmatrix} c & s \\ -s & c \end{bmatrix}.$$

由于 $c^2+s^2=1$, $\boldsymbol{R}$ 是二阶正交矩阵. 对任意给定的向量 $\boldsymbol{x}=(x_1,x_2)^{\mathrm{T}}$, 可适当选取 θ, 使 $\boldsymbol{y}=\boldsymbol{R}\boldsymbol{x}$ 为分量 x_1 的坐标方向, 且长度不变, 即 $\boldsymbol{y}=(\|\boldsymbol{x}\|_2,0)^{\mathrm{T}}$. 为此, 只要取

$$c=\frac{x_1}{\sqrt{x_1^2+x_2^2}},\quad s=\frac{x_2}{\sqrt{x_1^2+x_2^2}}$$

即可.

考虑 $n\times n$ 矩阵 $\boldsymbol{R}(i,j)$,

$$\boldsymbol{R}(i,j)=\begin{bmatrix} 1 & & & & & & & & & & \\ & \ddots & & & & & & & & & \\ & & 1 & & & & & & & & \\ & & & c & & & & s & & & \\ & & & & 1 & & & & & & \\ & & & & & \ddots & & & & & \\ & & & & & & 1 & & & & \\ & & & -s & & & & c & & & \\ & & & & & & & & 1 & & \\ & & & & & & & & & \ddots & \\ & & & & & & & & & & 1 \end{bmatrix}, \tag{4.3.1}$$

其中 $c=\cos\theta$, $s=\sin\theta$. 用 $\boldsymbol{R}(i,j)$ 乘以 $\boldsymbol{x}=(x_1,\cdots,x_n)^{\mathrm{T}}$ 在几何上就是把向量 $\boldsymbol{x}$ 沿着由第 i 个坐标和第 j 个坐标所在的平面旋转 θ 角. 因此, 我们通常称 $\boldsymbol{R}(i,j)$ 为 Givens 平面旋转矩阵, 或 Givens 矩阵, θ 为旋转角. 不难验证, Givens 平面旋转矩阵 $\boldsymbol{R}(i,j)$ 是一个正交矩阵,

$$\boldsymbol{R}(i,j)^{-1}=\boldsymbol{R}(i,j)^{\mathrm{T}}. \tag{4.3.2}$$

类似于二阶情形, 我们给出 Givens 平面旋转矩阵的性质.

定理 4.3.1 设 $\boldsymbol{x}=(x_1,\cdots,x_n)^{\mathrm{T}}\in\mathbb{R}^n$, 对给定的 i,j, 总存在 Givens 平面旋转矩阵 $\boldsymbol{R}(i,j)$, 使得

$$\left[\boldsymbol{R}(i,j)\boldsymbol{x}\right]_i\geqslant 0,\quad \left[\boldsymbol{R}(i,j)\boldsymbol{x}\right]_j=0, \tag{4.3.3}$$

并且保持 $\boldsymbol{x}$ 的其余分量不变, 即

$$\left[\boldsymbol{R}(i,j)\boldsymbol{x}\right]_k = x_k,\quad k\neq i,j, \tag{4.3.4}$$

其中 $\left[\boldsymbol{R}(i,j)\boldsymbol{x}\right]_k$ 表示 $\boldsymbol{R}(i,j)\boldsymbol{x}$ 的第 k 个分量, $k=1,2,\cdots,n$.

证明　令

$$d=\sqrt{x_i^2+x_j^2}.$$

若 $d=0$, 则必存在 $x_i=x_j=0$. 这时, 取 $\theta=0$, 所得到的 $\boldsymbol{R}(i,j)=\boldsymbol{I}$ 就是所要求的矩阵.

若 $d>0$, 则令

$$c=\frac{x_i}{\sqrt{x_i^2+x_j^2}}=\frac{x_i}{d},\quad s=\frac{x_j}{\sqrt{x_i^2+x_j^2}}=\frac{x_j}{d},$$

这样, 我们得到

$$\begin{aligned}
\left[\boldsymbol{R}(i,j)\boldsymbol{x}\right]_i &= cx_i+sx_j=\frac{x_i^2+x_j^2}{d}=d>0,\\
\left[\boldsymbol{R}(i,j)\boldsymbol{x}\right]_j &= -sx_i+cx_j=-\frac{x_j}{d}x_i+\frac{x_i}{d}x_j=0,\\
\left[\boldsymbol{R}(i,j)\boldsymbol{x}\right]_k &= x_k,\quad k\neq i,j.
\end{aligned}$$

证毕

根据上述性质, 对于任何向量 $\boldsymbol{x}\in\mathbb{R}^n$, 最多用 $n-1$ 次 Givens 平面旋转矩阵左乘 $\boldsymbol{x}$, 就可使得

$$\boldsymbol{y}=\boldsymbol{R}(1,n)\boldsymbol{R}(1,n-1)\cdots\boldsymbol{R}(1,2)\boldsymbol{x}=\sigma\boldsymbol{e}_1=\begin{pmatrix}\sigma\\0\\\vdots\\0\end{pmatrix}, \tag{4.3.5}$$

其中 $\sigma=\|\boldsymbol{x}\|_2$. 当 $\boldsymbol{x}\neq\boldsymbol{0}$ 时, $\sigma=\|\boldsymbol{x}\|_2>0$.

于是, 对于任给的 $n\times n$ 矩阵 $\boldsymbol{A}$, 可以构造一系列平面旋转矩阵

$$\boldsymbol{R}(1,2),\ \cdots,\ \boldsymbol{R}(1,n),\ \boldsymbol{R}(2,3),\ \cdots,\boldsymbol{R}(2,n),\ \cdots,\ \boldsymbol{R}(n-1,n),$$

用它们依次左乘 $\boldsymbol{A}$, 就可将 $\boldsymbol{A}$ 化成上三角矩阵形式. 若记

$$\boldsymbol{Q}^{\mathrm{T}}=\boldsymbol{R}(n-1,n)\cdots\boldsymbol{R}(1,n)\cdots\boldsymbol{R}(1,2),$$

则上述化简过程可写为

$$\boldsymbol{Q}^{\mathrm{T}}\boldsymbol{A}=\boldsymbol{R},$$

即

$$\boldsymbol{A}=\boldsymbol{Q}\boldsymbol{R}, \tag{4.3.6}$$

其中 $\boldsymbol{Q}$ 为正交矩阵, $\boldsymbol{R}$ 为上三角矩阵. (4.3.6) 式称为矩阵 $\boldsymbol{A}$ 的QR 分解.

Householder 变换 设 $\boldsymbol{v}\in\mathbb{R}^n$, $\|\boldsymbol{v}\|_2=1$, $\boldsymbol{I}$ 为 $n\times n$ 单位矩阵, 令

$$\boldsymbol{H}=\boldsymbol{I}-2\boldsymbol{v}\boldsymbol{v}^{\mathrm{T}}, \tag{4.3.7}$$

则称 $\boldsymbol{H}$ 为 Householder 变换 (或 Householder 矩阵). 容易验证

$$\boldsymbol{H}=\boldsymbol{H}^{\mathrm{T}}=\boldsymbol{H}^{-1},$$

从而 Householder 矩阵是对称和正交的. Householder 矩阵具有如下重要性质.

定理 4.3.2 设 $\boldsymbol{x},\boldsymbol{y}\in\mathbb{R}^n$, $\|\boldsymbol{x}\|_2=\|\boldsymbol{y}\|_2$, 则存在 Householder 矩阵 $\boldsymbol{H}$ 使得 $\boldsymbol{H}\boldsymbol{x}=\boldsymbol{y}$.

证明 若 $\boldsymbol{x}=\boldsymbol{y}$, 则只需取 $\boldsymbol{v}\perp\boldsymbol{x}$ 即可. 今设 $\boldsymbol{x}\neq\boldsymbol{y}$, 我们需要确定 $\boldsymbol{v}$ 使

$$\boldsymbol{H}\boldsymbol{x}=(\boldsymbol{I}-2\boldsymbol{v}\boldsymbol{v}^{\mathrm{T}})\boldsymbol{x}=\boldsymbol{y}.$$

由上式有

$$-2(\boldsymbol{v}^{\mathrm{T}}\boldsymbol{x})\boldsymbol{v}=\boldsymbol{y}-\boldsymbol{x},$$

或

$$2(\boldsymbol{v}^{\mathrm{T}}\boldsymbol{x})\boldsymbol{v}=\boldsymbol{x}-\boldsymbol{y},$$

这说明 $\boldsymbol{v}$ 应与 $\boldsymbol{x}-\boldsymbol{y}$ 平行. 由于 $\boldsymbol{x}\neq\boldsymbol{y}$, 则 $\|\boldsymbol{x}-\boldsymbol{y}\|_2>0$. 又由于 $\|\boldsymbol{v}\|_2=1$, 故可取

$$\boldsymbol{v}=\frac{\boldsymbol{x}-\boldsymbol{y}}{\|\boldsymbol{x}-\boldsymbol{y}\|_2}. \tag{4.3.8}$$

将上式代入 (4.3.7) 式得

$$\boldsymbol{H}=\boldsymbol{I}-\frac{2}{\|\boldsymbol{x}-\boldsymbol{y}\|_2}(\boldsymbol{x}-\boldsymbol{y})(\boldsymbol{x}-\boldsymbol{y})^{\mathrm{T}}. \tag{4.3.9}$$

证毕

根据上面的定理, 对于给出的向量 $\boldsymbol{a}$, 可以选择 $\boldsymbol{v}$ 使得

$$\boldsymbol{H}\boldsymbol{a}=\begin{pmatrix}\sigma\\0\\\vdots\\0\end{pmatrix}=\sigma\boldsymbol{e}_1=\pm\|\boldsymbol{a}\|_2\boldsymbol{e}_1. \tag{4.3.10}$$

为了减少计算中的误差, 将 (4.3.10) 式中的正负号取为 $-\mathrm{sgn}(a_1)$, 并记

$$\sigma=\mathrm{sgn}(a_1)\|\boldsymbol{a}\|_2, \tag{4.3.11}$$

于是有

$$\boldsymbol{H}\boldsymbol{a} = (\boldsymbol{I} - 2\boldsymbol{v}\boldsymbol{v}^{\mathrm{T}})\boldsymbol{a} = -\sigma\boldsymbol{e}_1, \tag{4.3.12}$$

其中

$$\boldsymbol{v} = \frac{\boldsymbol{a} + \sigma\boldsymbol{e}_1}{\|\boldsymbol{a} + \sigma\boldsymbol{e}_1\|_2}. \tag{4.3.13}$$

这样

$$\begin{aligned} \boldsymbol{H} &= \boldsymbol{I} - \frac{2}{\|\boldsymbol{a} + \sigma\boldsymbol{e}_1\|^2}(\boldsymbol{a} + \sigma\boldsymbol{e}_1)(\boldsymbol{a} + \sigma\boldsymbol{e}_1)^{\mathrm{T}} \\ &= \boldsymbol{I} - \frac{1}{\sigma(\sigma + a_1)}(\boldsymbol{a} + \sigma\boldsymbol{e}_1)(\boldsymbol{a} + \sigma\boldsymbol{e}_1)^{\mathrm{T}}. \end{aligned} \tag{4.3.14}$$

例 4.3.1　用 Householder 变换把向量 $\boldsymbol{a} = (-1, -1, 0)^{\mathrm{T}}$ 化为 $-\sigma\boldsymbol{e}_1$ 的形式.

解　由 (4.3.11)~(4.3.12) 式, 计算

$$\begin{aligned} &\sigma = \mathrm{sgn}((\boldsymbol{a})_1)\|\boldsymbol{a}\|_2 = -\sqrt{2}, \\ &\boldsymbol{v} = \frac{\boldsymbol{a} + \sigma\boldsymbol{e}_1}{\|\boldsymbol{a} + \sigma\boldsymbol{e}_1\|_2} = \frac{1}{\sqrt{4 + 2\sqrt{2}}}\Big(-(1 + \sqrt{2}), -1, 0\Big)^{\mathrm{T}}, \end{aligned}$$

这样

$$\boldsymbol{H}\boldsymbol{a} = \big(\boldsymbol{I} - 2\boldsymbol{v}\boldsymbol{v}^{\mathrm{T}}\big)\boldsymbol{a} = (\sqrt{2}, 0, 0)^{\mathrm{T}}.$$

4.3.2　化矩阵为上 Hessenberg 矩阵

为了节省 QR 方法的计算工作量, 在进行 QR 方法前, 我们先把矩阵化为上 Hessenberg 矩阵, 然后对上 Hessenberg 矩阵应用 QR 方法.

上 Hessenberg 矩阵的形式如下:

$$\boldsymbol{G} = \begin{bmatrix} * & * & * & * & \cdots & * & * & * \\ * & * & * & * & \cdots & * & * & * \\ 0 & * & * & * & \cdots & * & * & * \\ 0 & 0 & * & * & \cdots & * & * & * \\ \vdots & \vdots & \vdots & \vdots & \ddots & \vdots & \vdots & \vdots \\ 0 & 0 & 0 & 0 & \cdots & * & * & * \\ 0 & 0 & 0 & 0 & \cdots & * & * & * \\ 0 & 0 & 0 & 0 & \cdots & 0 & * & * \end{bmatrix}. \tag{4.3.15}$$

设 $\boldsymbol{A}$ 有如下分块形式:

$$\boldsymbol{A} = \boldsymbol{A}_1 = \begin{bmatrix} a_{11} & \boldsymbol{c}_1 \\ \boldsymbol{b}_1 & \boldsymbol{B}_1 \end{bmatrix} \tag{4.3.16}$$

其中 $\boldsymbol{c}_1 = (a_{12}, \cdots, a_{1n})$, $\boldsymbol{b}_1 = (a_{21}, \cdots, a_{n1})^{\mathrm{T}}$, $\boldsymbol{B}_1 \in \mathbb{R}^{(n-1)\times(n-1)}$.

第一步的工作是将矩阵 $\boldsymbol{A}$ 中第一列的后 $n-2$ 个元素化为零, 使得上 Hessenberg 矩阵的第一列得到.

根据前面的讨论可知, 存在 Householder 矩阵 $\widetilde{\boldsymbol{H}}_1 \in \mathbb{R}^{(n-1)\times(n-1)}$, 使得

$$\widetilde{\boldsymbol{H}}_1 \boldsymbol{b}_1 = (-\sigma_1, 0, \cdots, 0)^{\mathrm{T}} \in \mathbb{R}^{n-1}, \tag{4.3.17}$$

其中

$$\widetilde{\boldsymbol{H}}_1 = \boldsymbol{I}_{n-1} - 2\boldsymbol{v}_1 \boldsymbol{v}_1^{\mathrm{T}}, \tag{4.3.18}$$

$$\boldsymbol{v}_1 = \frac{\boldsymbol{b}_1 + \sigma_1 \boldsymbol{e}_1^{(n-1)}}{\|\boldsymbol{b}_1 + \sigma_1 \boldsymbol{e}_1^{(n-1)}\|}, \quad \sigma_1 = \operatorname{sgn}((\boldsymbol{b}_1)_1)\|\boldsymbol{b}_1\|_2. \tag{4.3.19}$$

令

$$\boldsymbol{H}_1 = \begin{bmatrix} 1 & \boldsymbol{0} \\ \boldsymbol{0} & \widetilde{\boldsymbol{H}}_1 \end{bmatrix}, \tag{4.3.20}$$

则 $\boldsymbol{H}_1$ 是 Householder 矩阵. 用 $\boldsymbol{H}_1$ 左乘右乘 $\boldsymbol{A}_1$, 得

$$\begin{aligned} \boldsymbol{A}_2 = \boldsymbol{H}_1 \boldsymbol{A}_1 \boldsymbol{H}_1 &= \begin{bmatrix} a_{11} & \boldsymbol{c}_1 \widetilde{\boldsymbol{H}}_1 \\ \widetilde{\boldsymbol{H}}_1 \boldsymbol{b}_1 & \widetilde{\boldsymbol{H}}_1 \boldsymbol{B}_1 \widetilde{\boldsymbol{H}}_1 \end{bmatrix} \\ &= \begin{bmatrix} a_{11} & a_{12}^{(1)} & \cdots & a_{1n}^{(1)} \\ -\sigma_1 & a_{22}^{(1)} & \cdots & a_{2n}^{(1)} \\ 0 & a_{32}^{(1)} & \cdots & a_{3n}^{(1)} \\ \vdots & \vdots & & \vdots \\ 0 & a_{n2}^{(1)} & \cdots & a_{nn}^{(1)} \end{bmatrix} \triangleq \left[\begin{array}{c|c} \boldsymbol{A}_{22} & \boldsymbol{C}_2 \\ \hline \boldsymbol{0} \quad \boldsymbol{b}_2 & \boldsymbol{B}_2 \end{array}\right], \end{aligned} \tag{4.3.21}$$

其中 $\boldsymbol{A}_{22} \in \mathbb{R}^{2\times 2}$, $\boldsymbol{B}_2 \in \mathbb{R}^{(n-2)\times(n-2)}$, $\boldsymbol{C}_2 \in \mathbb{R}^{2\times(n-2)}$, $\boldsymbol{b}_2 \in \mathbb{R}^{n-2}$, $\widetilde{\boldsymbol{b}}_2 = (\boldsymbol{0}\ \boldsymbol{b}_2) \in \mathbb{R}^{(n-2)\times 2}$.

第二步的工作是将矩阵 $\boldsymbol{A}_2$ 中第二列的后 $n-3$ 个元素化为零, 使得上 Hessenberg 矩阵的第二列得到. 于是, 构造 Householder 矩阵 $\widetilde{\boldsymbol{H}}_2 \in \mathbb{R}^{(n-2)\times(n-2)}$ 使得

$$\widetilde{\boldsymbol{H}}_2 \boldsymbol{b}_2 = (-\sigma_2, 0, \cdots, 0)^{\mathrm{T}} \in \mathbb{R}^{n-2}, \tag{4.3.22}$$

其中

$$\widetilde{\boldsymbol{H}}_2 = \boldsymbol{I}_{n-2} - 2\boldsymbol{v}_2 \boldsymbol{v}_2^{\mathrm{T}}, \ \boldsymbol{v}_2 \in \mathbb{R}^{n-2}, \tag{4.3.23}$$

$$\boldsymbol{v}_2 = \frac{\boldsymbol{b}_2 + \sigma_2 \boldsymbol{e}_1^{(n-2)}}{\|\boldsymbol{b}_2 + \sigma_2 \boldsymbol{e}_1^{(n-2)}\|_2}, \quad \sigma_2 = \operatorname{sgn}((\boldsymbol{b}_2)_1)\|\boldsymbol{b}_2\|_2. \tag{4.3.24}$$

令

$$\boldsymbol{H}_2 = \begin{bmatrix} \boldsymbol{I}_2 & \boldsymbol{0} \\ \boldsymbol{0} & \widetilde{\boldsymbol{H}}_2 \end{bmatrix}, \tag{4.3.25}$$

则有

$$\begin{aligned} \boldsymbol{A}_3 = \boldsymbol{H}_2\boldsymbol{A}_2\boldsymbol{H}_2 &= \begin{bmatrix} \boldsymbol{A}_{22} & \boldsymbol{C}_2\widetilde{\boldsymbol{H}}_2 \\ \widetilde{\boldsymbol{H}}_2\widetilde{\boldsymbol{b}}_2 & \widetilde{\boldsymbol{H}}_2\boldsymbol{B}_2\widetilde{\boldsymbol{H}}_2 \end{bmatrix} \\ &= \begin{bmatrix} a_{11} & a_{12}^{(1)} & a_{13}^{(2)} & \cdots & a_{1n}^{(2)} \\ -\sigma_1 & a_{22}^{(1)} & a_{23}^{(2)} & \cdots & a_{2n}^{(2)} \\ 0 & -\sigma_2 & a_{33}^{(2)} & \cdots & a_{3n}^{(2)} \\ \vdots & \vdots & \vdots & & \vdots \\ 0 & 0 & a_{n3}^{(2)} & \cdots & a_{nn}^{(2)} \end{bmatrix} = \left[\begin{array}{c|c} \boldsymbol{A}_{33} & \boldsymbol{C}_3 \\ \hline \boldsymbol{0} \quad \boldsymbol{b}_3 & \boldsymbol{B}_3 \end{array}\right], \end{aligned} \tag{4.3.26}$$

其中 $\boldsymbol{A}_{33}\in\mathbb{R}^{3\times3}$, $\boldsymbol{B}_3\in\mathbb{R}^{(n-3)\times(n-3)}$, $\boldsymbol{C}_3\in\mathbb{R}^{3\times(n-3)}$, $\boldsymbol{b}_3\in\mathbb{R}^{n-3}$, $\widetilde{\boldsymbol{b}}_3=(0\ \boldsymbol{b}_3)\in\mathbb{R}^{(n-3)\times3}$.

一般地, 第 k 步的工作是将矩阵 $\boldsymbol{A}_k$ 中第 k 列的后 $n-(k+1)$ 个元素化为零, 得到上 Hessenberg 矩阵的第 k 列. 设前 $k-1$ 步后得到的矩阵形式为

$$\boldsymbol{A}_k = \left[\begin{array}{c|c} \boldsymbol{A}_{kk} & \boldsymbol{C}_k \\ \hline \boldsymbol{0} \quad \boldsymbol{b}_k & \boldsymbol{B}_k \end{array}\right], \tag{4.3.27}$$

其中 $\boldsymbol{A}_{kk}\in\mathbb{R}^{k\times k}$, $\boldsymbol{B}_k\in\mathbb{R}^{(n-k)\times(n-k)}$, $\boldsymbol{C}_k\in\mathbb{R}^{k\times(n-k)}$, $\boldsymbol{b}_k\in\mathbb{R}^{n-k}$, $\widetilde{\boldsymbol{b}}_k=(\boldsymbol{0}\ \boldsymbol{b}_k)\in\mathbb{R}^{(n-k)\times k}$.

第 k 步构造的 Householder 矩阵 $\widetilde{\boldsymbol{H}}_k\in\mathbb{R}^{(n-k)\times(n-k)}$ 使得

$$\widetilde{\boldsymbol{H}}_k\boldsymbol{b}_k = (-\sigma_k, 0, \cdots, 0)^{\mathrm{T}} \in \mathbb{R}^{n-k}, \tag{4.3.28}$$

其中

$$\widetilde{\boldsymbol{H}}_k = \boldsymbol{I}_{n-k} - 2\boldsymbol{v}_k\boldsymbol{v}_k^{\mathrm{T}}, \quad \boldsymbol{v}_k\in\mathbb{R}^{n-k}, \tag{4.3.29}$$

$$\left.\begin{aligned} \boldsymbol{v}_k &= \frac{\boldsymbol{b}_k + \sigma_k\boldsymbol{e}_1^{(n-k)}}{\|\boldsymbol{b}_k + \sigma_k\boldsymbol{e}_1^{(n-k)}\|_2}, \\ \sigma_k &= \operatorname{sgn}((\boldsymbol{b}_k)_1)\|\boldsymbol{b}_k\|_2. \end{aligned}\right\} \tag{4.3.30}$$

令

$$\boldsymbol{H}_k = \begin{bmatrix} \boldsymbol{I}_k & \boldsymbol{0} \\ \boldsymbol{0} & \widetilde{\boldsymbol{H}}_k \end{bmatrix}, \tag{4.3.31}$$

则有

$$\begin{aligned}\boldsymbol{A}_{k+1}=\boldsymbol{H}_k\boldsymbol{A}_k\boldsymbol{H}_k&=\begin{bmatrix}\boldsymbol{A}_{kk} & \boldsymbol{C}_k\widetilde{\boldsymbol{H}}_k\\ \widetilde{\boldsymbol{H}}_k\widetilde{\boldsymbol{b}}_k & \widetilde{\boldsymbol{H}}_k\boldsymbol{B}_k\widetilde{\boldsymbol{H}}_k\end{bmatrix}\\ &=\left[\begin{array}{c|c}\boldsymbol{A}_{k+1,k+1} & \boldsymbol{C}_{k+1}\\ \hline \boldsymbol{0}\quad \boldsymbol{b}_{k+1} & \boldsymbol{B}_{k+1}\end{array}\right].\end{aligned}\tag{4.3.32}$$

注意到这里 $\boldsymbol{H}_k\boldsymbol{A}_k$ 使得 $\boldsymbol{A}_k$ 的前 k 行不变, 而 $\boldsymbol{H}_k\boldsymbol{A}_k\boldsymbol{H}_k$ 使得 $\boldsymbol{H}_k\boldsymbol{A}_k$ 的前 k 列不变. 经过 $n-2$ 步这样的变换, 所得到的矩阵

$$\begin{aligned}\boldsymbol{A}_{n-1}&=\boldsymbol{H}_{n-2}\boldsymbol{A}_{n-2}\boldsymbol{H}_{n-2}\\ &=\boldsymbol{H}_{n-2}\cdots\boldsymbol{H}_2\boldsymbol{H}_1\boldsymbol{A}\boldsymbol{H}_1\boldsymbol{H}_2\cdots\boldsymbol{H}_{n-2}\end{aligned}\tag{4.3.33}$$

就是上 Hessenberg 矩阵 (4.3.15), 而上 Hessenberg 形式的矩阵 $\boldsymbol{A}_{n-1}$ 与 $\boldsymbol{A}$ 是正交相似的.

进一步, 如果 $\boldsymbol{A}$ 是实对称矩阵, 则由上面的步骤得到的 (4.3.33) 式中的 $\boldsymbol{A}_{n-1}$ 就是一个实对称三对角矩阵, 因为这时 $\boldsymbol{A}_{n-1}$ 仍然是对称的. 这时, $\boldsymbol{A}_{n-1}$ 有形式

$$\boldsymbol{A}_{n-1}=\begin{bmatrix}\delta_1 & \alpha_1 & & & \\ \alpha_1 & \delta_2 & \alpha_2 & & \\ & \ddots & \ddots & \ddots & \\ & & \ddots & \ddots & \alpha_{n-1}\\ & & & \alpha_{n-1} & \delta_n\end{bmatrix}.$$

例 4.3.2 应用 Householder 变换把矩阵

$$\boldsymbol{A}=\begin{bmatrix}1&2&3&4\\4&5&6&7\\2&1&5&0\\4&2&1&0\end{bmatrix}$$

化为上 Hessenberg 矩阵.

解 我们首先构造 Householder 变换把矩阵 $\boldsymbol{A}$ 中第 1 列的后 2 个元素化为零. 按照 (4.3.17)~(4.3.19), 我们得到

$$\begin{aligned}&\boldsymbol{b}_1=(4,2,4)^{\mathrm{T}},\quad \|\boldsymbol{b}_1\|_2=6,\quad \sigma_1=6,\\ &\boldsymbol{v}_1=\frac{\boldsymbol{b}_1+\sigma_1\boldsymbol{e}_1^{(3)}}{\|\boldsymbol{b}_1+\sigma_1\boldsymbol{e}_1^{(3)}\|_2}=\frac{1}{2\sqrt{30}}(10,2,4)^{\mathrm{T}},\end{aligned}$$

$$\widetilde{\boldsymbol{H}}_1=\boldsymbol{I}_3-2\boldsymbol{v}_1\boldsymbol{v}_1^{\mathrm{T}}=\begin{bmatrix}1&&\\&1&\\&&1\end{bmatrix}-2\frac{1}{2\sqrt{30}\cdot2\sqrt{30}}\begin{pmatrix}10\\2\\4\end{pmatrix}(10,2,4)$$

$$=\frac{1}{15}\begin{bmatrix}-10&-5&-10\\-5&14&-2\\-10&-2&11\end{bmatrix}.$$

令

$$\boldsymbol{H}_1=\begin{bmatrix}1&\boldsymbol{0}\\\boldsymbol{0}&\widetilde{\boldsymbol{H}}_1\end{bmatrix},$$

则

$$\boldsymbol{A}_2=\boldsymbol{H}_1\boldsymbol{A}\boldsymbol{H}_1=\begin{bmatrix}1&-5&1.6&1.2\\-6&8.5556&-3.6222&0.75556\\0&1.3778&3.0089&-1.3822\\0&5.7556&-2.3822&-1.5644\end{bmatrix}.$$

继续做下去, 得到上 Hessenberg 矩阵为

$$\boldsymbol{G}=\begin{bmatrix}1&-5&-1.5395&-1.2767\\-6&8.5556&0.10848&3.6986\\0&-5.9182&-2.1689&-1.1428\\0&0&-0.14276&3.6133\end{bmatrix}.$$

4.3.3 QR 方法

设 $\boldsymbol{A}\in\mathbb{R}^{n\times n}$, 则 $\boldsymbol{A}$ 有 QR 分解

$$\boldsymbol{A}=\boldsymbol{Q}\boldsymbol{R}, \tag{4.3.34}$$

其中 $\boldsymbol{Q}$ 是 $n\times n$ 正交矩阵, $\boldsymbol{R}$ 是上三角矩阵. 不失一般性, 我们可以要求 $\boldsymbol{R}$ 的对角元非负, 即 $r_{ii}\geqslant0, i=1,2,\cdots,n$. 这种 QR 分解可以采用一系列的 Householder 变换或 Givens 旋转变换来实现. 记 $\boldsymbol{A}_1=\boldsymbol{A}$, 对 $\boldsymbol{A}_1$ 作 QR 分解

$$\boldsymbol{A}_1=\boldsymbol{Q}_1\boldsymbol{R}_1, \tag{4.3.35}$$

再令

$$\boldsymbol{A}_2=\boldsymbol{R}_1\boldsymbol{Q}_1. \tag{4.3.36}$$

然后对 $\boldsymbol{A}_2$ 作 QR 分解 $\boldsymbol{A}_2=\boldsymbol{Q}_2\boldsymbol{R}_2$, 并令 $\boldsymbol{A}_3=\boldsymbol{R}_2\boldsymbol{Q}_2$. 一般地, 对 $\boldsymbol{A}_k$ 作 QR 分解

$$\boldsymbol{A}_k=\boldsymbol{Q}_k\boldsymbol{R}_k, \tag{4.3.37}$$

然后令

$$\boldsymbol{A}_{k+1}=\boldsymbol{R}_k\boldsymbol{Q}_k. \tag{4.3.38}$$

这样, 我们得到一个矩阵序列 $\{\boldsymbol{A}_k\}$, 满足

$$\boldsymbol{A}_{k+1}=\boldsymbol{R}_k\boldsymbol{Q}_k=\boldsymbol{Q}_k^{\mathrm{T}}\boldsymbol{A}_k\boldsymbol{Q}_k, \tag{4.3.39}$$

于是, $\boldsymbol{A}_k$ 与 $\boldsymbol{A}_{k+1}$ 相似. 依此下去, 有

$$\begin{aligned}\boldsymbol{A}_{k+1}&=\boldsymbol{R}_k\boldsymbol{Q}_k=\boldsymbol{Q}_k^{\mathrm{T}}\boldsymbol{A}_k\boldsymbol{Q}_k\\&=\boldsymbol{Q}_k^{\mathrm{T}}\boldsymbol{R}_{k-1}\boldsymbol{Q}_{k-1}\boldsymbol{Q}_k=\boldsymbol{Q}_k^{\mathrm{T}}\boldsymbol{Q}_{k-1}^{\mathrm{T}}\boldsymbol{A}_{k-1}\boldsymbol{Q}_{k-1}\boldsymbol{Q}_k\\&=\cdots\\&=\boldsymbol{Q}_k^{\mathrm{T}}\boldsymbol{Q}_{k-1}^{\mathrm{T}}\cdots\boldsymbol{Q}_1^{\mathrm{T}}\boldsymbol{A}\boldsymbol{Q}_1\cdots\boldsymbol{Q}_{k-1}\boldsymbol{Q}_k\\&\triangleq\overline{\boldsymbol{Q}}_k^{\mathrm{T}}\boldsymbol{A}\overline{\boldsymbol{Q}}_k,\end{aligned}$$

其中 $\overline{\boldsymbol{Q}}_k=\boldsymbol{Q}_1\cdots\boldsymbol{Q}_{k-1}\boldsymbol{Q}_k$. 于是矩阵序列 $\{\boldsymbol{A}_k\}$ 中的所有矩阵都与原矩阵 $\boldsymbol{A}$ 相似, 从而它们有相同的特征值. 归纳一下, 我们有如下定理.

定理 4.3.3 设

$$\overline{\boldsymbol{Q}}_k=\boldsymbol{Q}_1\boldsymbol{Q}_2\cdots\boldsymbol{Q}_k,\quad \overline{\boldsymbol{R}}_k=\boldsymbol{R}_k\boldsymbol{R}_{k-1}\cdots\boldsymbol{R}_1,$$

则 QR 方法产生的矩阵序列有如下性质:

(1) $\boldsymbol{A}_{k+1}=\boldsymbol{Q}_k^{\mathrm{T}}\boldsymbol{A}_k\boldsymbol{Q}_k$, 即 $\boldsymbol{A}_{k+1}$ 与 $\boldsymbol{A}_k$ 相似;

(2) $\boldsymbol{A}_{k+1}=\boldsymbol{Q}_k^{\mathrm{T}}\boldsymbol{Q}_{k-1}^{\mathrm{T}}\cdots\boldsymbol{Q}_1^{\mathrm{T}}\boldsymbol{A}\boldsymbol{Q}_1\cdots\boldsymbol{Q}_{k-1}\boldsymbol{Q}_k=\overline{\boldsymbol{Q}}_k^{\mathrm{T}}\boldsymbol{A}\overline{\boldsymbol{Q}}_k$;

(3) $\boldsymbol{A}^k=\overline{\boldsymbol{Q}}_k\overline{\boldsymbol{R}}_k$.

定理 4.3.3 中的 (3) 留作练习. 借助于上面的定理, 我们可以得到 QR 方法的收敛性定理.

定理 4.3.4 设 $\boldsymbol{A}\in\mathbb{R}^{n\times n}$, $\boldsymbol{A}$ 的特征值满足

$$|\lambda_1|>|\lambda_2|>\cdots>|\lambda_n|,$$

则

$$\lim_{k\to+\infty}\boldsymbol{A}_k=\begin{bmatrix}\lambda_1 & a_{12}^{(k)} & a_{13}^{(k)} & \cdots & a_{1n}^{(k)}\\ & \lambda_2 & a_{23}^{(k)} & \cdots & a_{2n}^{(k)}\\ & & \ddots & & \vdots\\ & \boldsymbol{0} & & \ddots & \vdots\\ & & & & \lambda_n\end{bmatrix}. \tag{4.3.40}$$

关于收敛速度, 我们有对于 $k \to \infty$,

$$|a_{i,i-1}^{(k)}| = O\left(\left|\frac{\lambda_i}{\lambda_{i-1}}\right|^k\right), \quad i = 2, 3, \cdots, n. \tag{4.3.41}$$

进一步, 如果 $\boldsymbol{A}$ 是对称的, 则 $\boldsymbol{A}_k$ 趋向于一个对角阵.

本定理的证明可参见文献 (Wilkinson, 1965).

4.3.4 对上 Hessenberg 矩阵采用 QR 方法

在 4.3.2 节中我们已经讨论了如何用 Householder 变换把任一 $n \times n$ 实矩阵化为上 Hessenberg 矩阵. 现在, 我们讨论对上 Hessenberg 矩阵应用基本的 QR 方法.

设 $\boldsymbol{A}$ 具有上 Hessenberg 矩阵形式, 记 $\boldsymbol{A}_1 = \boldsymbol{A}$, 以 4×4 矩阵为例, 其形式为

$$\boldsymbol{A}_1 = \begin{bmatrix} * & * & * & * \\ * & * & * & * \\ 0 & * & * & * \\ 0 & 0 & * & * \end{bmatrix}. \tag{4.3.42}$$

对于 $k = 1$, 用 $n - 1$ 个 Givens 旋转矩阵左乘 $\boldsymbol{A}_1$,

$$\boldsymbol{R}(n-1, n) \cdots \boldsymbol{R}(2, 3)\boldsymbol{R}(1, 2)\boldsymbol{A}_1 = \boldsymbol{R}_1, \tag{4.3.43}$$

这样, 根据 Givens 旋转矩阵的性质, $\boldsymbol{R}(j, j+1)$ 将 $\boldsymbol{A}_1$ 的 $(j+1, j)$ 元素化为零, 即下次对角元变成零, 从而所得到的 $\boldsymbol{R}_1$ 是一个上三角矩阵. (4.3.43) 式相当于

$$\boldsymbol{Q}_1^{\mathrm{T}}\boldsymbol{A}_1 = \boldsymbol{R}_1, \quad \boldsymbol{A}_1 = \boldsymbol{Q}_1\boldsymbol{R}_1, \tag{4.3.44}$$

其中

$$\boldsymbol{Q}_1 = \boldsymbol{R}(1, 2)^{\mathrm{T}}\boldsymbol{R}(2, 3)^{\mathrm{T}} \cdots \boldsymbol{R}(n-1, n)^{\mathrm{T}}. \tag{4.3.45}$$

然后, 令

$$\boldsymbol{A}_2 = \boldsymbol{R}_1\boldsymbol{Q}_1 = \boldsymbol{R}_1(\boldsymbol{R}(1, 2)^{\mathrm{T}}\boldsymbol{R}(2, 3)^{\mathrm{T}} \cdots \boldsymbol{R}(n-1, n)^{\mathrm{T}}). \tag{4.3.46}$$

容易证明, 若 $\boldsymbol{A}_1$是上 Hessenberg 矩阵, 则 $\boldsymbol{A}_2$也是上 Hessenberg 矩阵 (作为练习).

一般地, 对于 $k \geqslant 1$, 我们用 $n - 1$ 个 Givens 旋转矩阵左乘 $\boldsymbol{A}_k$, 得到

$$\boldsymbol{Q}_k^{\mathrm{T}}\boldsymbol{A}_k = \boldsymbol{R}(n-1, n) \cdots \boldsymbol{R}(2, 3)\boldsymbol{R}(1, 2)\boldsymbol{A}_k = \boldsymbol{R}_k. \tag{4.3.47}$$

然后, 令

$$\boldsymbol{A}_{k+1} = \boldsymbol{R}_k\boldsymbol{Q}_k = \boldsymbol{R}_k\left(\boldsymbol{R}(1, 2)^{\mathrm{T}}\boldsymbol{R}(2, 3)^{\mathrm{T}} \cdots \boldsymbol{R}(n-1, n)^{\mathrm{T}}\right). \tag{4.3.48}$$

例 4.3.3 设

$$A=\begin{bmatrix}17&24&1&8&5\\23&5&7&14&16\\4&6&13&20&22\\10&12&19&21&3\\11&18&25&2&9\end{bmatrix}.$$

先把矩阵 $\boldsymbol{A}$ 化为上 Hessenber 矩阵, 再用基本 QR 方法求特征值.

解 将 $\boldsymbol{A}$ 化为上 Hessenberg 矩阵, 再用上述基本 QR 方法进行计算, 在 40 次迭代后得到

$$A_{40}=\begin{bmatrix}65&0&0&0&0\\0&14.6701&14.2435&4.4848&-3.4375\\0&16.6735&-14.6701&-1.2159&2.0416\\0&0&0&-13.0293&-0.7643\\0&0&0&-3.3173&13.0293\end{bmatrix}.$$

显然, $\boldsymbol{A}_{40}$ 不是上三角矩阵, 而是块上三角矩阵, 其对角块为

$$R_{1,1}=65,\ R_{2,2}=\begin{bmatrix}14.6701&14.2435\\16.6735&-14.6701\end{bmatrix},\ R_{3,3}=\begin{bmatrix}-13.0293&-0.7643\\-3.3173&13.0293\end{bmatrix}.$$

因此, 特征值为 $\lambda_1=65$, $\lambda_{2,3}=\pm21.28$, $\lambda_{4,5}=\pm13.13$. 注意, 这里 $\boldsymbol{A}_{40}$ 并不是真正的 Schur 分解形式的矩阵, 但如果采用下面的带原点平移的 QR 方法, 则方法将收敛到真正的 Schur 分解形式的矩阵.

4.3.5 带原点平移的 QR 方法

4.3.4 小节的 QR 方法常称为基本的 QR 方法, 其收敛速度不快. 为了加速收敛, 可以采用带原点平移的 QR 方法, 即对 $\boldsymbol{A}_k-\mu_k\boldsymbol{I}$ 作基本 QR 方法, 其中 μ_k 是平移参数.

对于 $k=1,2,\cdots$, 对 $\boldsymbol{A}_k-\mu_k\boldsymbol{I}$ 作 QR 分解

$$A_k-\mu_kI=Q_kR_k, \tag{4.3.49}$$

再令

$$A_{k+1}=R_kQ_k+\mu_kI. \tag{4.3.50}$$

这里, 我们采用 Givens 矩阵作正交变换, 得到如下带原点平移的 QR 方法.

算法 4.3.1 带原点平移的 QR 方法

初始步. 给出上 Hessenberg 矩阵 $\boldsymbol{A}$, 令 $\boldsymbol{A}_1 = \boldsymbol{A}$.
第 k 步. **For** $k = n, n-1, \cdots, 2$, **Do**
如果试验终止条件成立, 则 $a_{k,k-1} = 0$;
否则, 取 $\mu_k = a_{kk}$;
用 $n-1$ 个 Givens 旋转矩阵左乘 $\boldsymbol{A}_k - \mu_k \boldsymbol{I}$,
$\boldsymbol{R}(n-1,n)\cdots\boldsymbol{R}(2,3)\boldsymbol{R}(1,2)(\boldsymbol{A}_k - \mu_k\boldsymbol{I}) = \boldsymbol{R}_k$,
令 $\boldsymbol{A}_{k+1} = \boldsymbol{R}_k\boldsymbol{Q}_k + \mu_k\boldsymbol{I}$
$= \boldsymbol{R}_k\big(\boldsymbol{R}(1,2)^{\mathrm{T}}\boldsymbol{R}(2,3)^{\mathrm{T}}\cdots\boldsymbol{R}(n-1,n)^{\mathrm{T}}\big) + \mu_k\boldsymbol{I}$.
End 如果
End For

这样, 对于 $k \geqslant 1$,

$$\begin{aligned}
\boldsymbol{A}_{k+1} &= \boldsymbol{R}_k\boldsymbol{Q}_k + \mu_k\boldsymbol{I} \\
&= \boldsymbol{Q}_k^{\mathrm{T}}(\boldsymbol{Q}_k\boldsymbol{R}_k\boldsymbol{Q}_k + \mu_k\boldsymbol{Q}_k) \\
&= \boldsymbol{Q}_k^{\mathrm{T}}(\boldsymbol{Q}_k\boldsymbol{R}_k + \mu_k\boldsymbol{I})\boldsymbol{Q}_k \\
&= \boldsymbol{Q}_k^{\mathrm{T}}\boldsymbol{A}_k\boldsymbol{Q}_k \\
&= \cdots \\
&= \boldsymbol{Q}_k^{\mathrm{T}}\cdots\boldsymbol{Q}_1^{\mathrm{T}}\boldsymbol{A}\boldsymbol{Q}_1\cdots\boldsymbol{Q}_k \\
&\triangleq \overline{\boldsymbol{Q}}_k^{\mathrm{T}}\boldsymbol{A}\overline{\boldsymbol{Q}}_k,
\end{aligned} \tag{4.3.51}$$

这里 $\overline{\boldsymbol{Q}}_k = \boldsymbol{Q}_1\cdots\boldsymbol{Q}_k$. 这表明在带原点平移的 QR 方法中产生的迭代矩阵 $\boldsymbol{A}_k$ 都相似于初始矩阵 $\boldsymbol{A}$, 它们与 $\boldsymbol{A}$ 有相同的特征值. 在一定的条件下, $\boldsymbol{A}_k$ 的对角元以下的元素都趋于零. 适当选择平移参数 μ_k, 可使 $\boldsymbol{A}_k$ 最后一行的非零元更迅速地趋于零. 若

$$|\lambda_n - \mu| < |\lambda_i - \mu|, \quad i = 1, 2, \cdots, n-1,$$

则 $\boldsymbol{A}_k$ 的元素 $a_{n,n-1}^{(k)}$ 迅速趋于 0. 在实际上, 我们常取平移参数

$$\mu_k = a_{n,n}^{(k)}. \tag{4.3.52}$$

进一步, 可以证明 $\{a_{n,n-1}^{(k)}\} \to 0$ 的收敛速度是二次的, 即对某个 $k \geqslant 0$, 若

$$|a_{n,n-1}^{(k)}|/\|\boldsymbol{A}_1\|_2 = \eta_k < 1, \tag{4.3.53}$$

则

$$|a_{n,n-1}^{(k+1)}|/\|\boldsymbol{A}_1\|_2 = O(\eta_k^2). \tag{4.3.54}$$

(4.3.54) 式的证明可参见文献 (Demmel, 1997).

QR 方法是一种迭代法, 当 $\boldsymbol{A}_k$ 的下次对角元的模小到一定程度时, 就把它们当作零. 在实际计算中, 若

$$|a_{n,n-1}^{(k)}| \leqslant \varepsilon\left(|a_{n-1,n-1}^{(k)}| + |a_{n,n}^{(k)}|\right), \quad k \geqslant 0, \tag{4.3.55}$$

则把 $a_{n,n-1}^{(k)}$ 当作零, 其中 ε 是机器精度. 这时 $a_{n,n}^{(k)}$ 可以作为 $\boldsymbol{A}$ 的特征值 λ_n 的近似.

在算法中, 当求得一个特征值后, 就将矩阵降一阶, 对 $n-1$ 阶主子矩阵 (它也是上 Hessenberg 矩阵) 进行迭代. 这样可节省工作量. 对于上面的例 4.3.3, 采用带原点平移的 QR 方法, 经过 14 次迭代, 可以得到如下结果:

$$\boldsymbol{A}_{14} = \begin{bmatrix} 65 & 0 & 0 & 0 & 0 \\ 0 & -21.2768 & 2.5888 & -0.0445 & -4.2959 \\ 0 & 0 & -13.1263 & -4.0294 & -13.079 \\ 0 & 0 & 0 & 21.2768 & -2.6197 \\ 0 & 0 & 0 & 0 & 13.1263 \end{bmatrix}.$$

所得到的 $\boldsymbol{A}_{14}$ 是一个近似的真正 Schur 分解形式.

习 题 4

4.1 设

(1) $\boldsymbol{A} = \begin{bmatrix} 2 & -1 & 0 \\ -1 & 0 & 2 \\ 1 & 1 & 3 \end{bmatrix}$; (2) $\boldsymbol{A} = \begin{bmatrix} 15 & -2 & 2 \\ 1 & 10 & -3 \\ -2 & 1 & 0 \end{bmatrix}$.

用乘幂法求矩阵 $\boldsymbol{A}$ 的主特征值及其相应的特征向量.

4.2 设

$$\boldsymbol{A} = \begin{bmatrix} 2 & 0 & -1 \\ -2 & -10 & 0 \\ -1 & -1 & 4 \end{bmatrix}.$$

用反乘幂法求矩阵 $\boldsymbol{A}$ 的按模最小的特征值及其相应的特征向量.

4.3 证明下列结论:

(1) 若 $\boldsymbol{A}$ 是上 Hessenberg 矩阵, 则 QR 方法产生的序列 $\{\boldsymbol{A}_k\}$ 仍是上 Hessenberg 矩阵.

(2) 若 $\boldsymbol{A}$ 是三对角矩阵, 则 QR 方法产生的序列 $\{\boldsymbol{A}_k\}$ 仍是三对角矩阵.

4.4 在 QR 方法中, 设

$$\overline{\boldsymbol{Q}}_k = \boldsymbol{Q}_1\boldsymbol{Q}_2\cdots\boldsymbol{Q}_k, \quad \overline{\boldsymbol{R}}_k = \boldsymbol{R}_k\boldsymbol{R}_{k-1}\cdots\boldsymbol{R}_1.$$

证明 QR 方法产生的序列满足

$$\boldsymbol{A}^k = \overline{\boldsymbol{Q}}_k\overline{\boldsymbol{R}}_k.$$

4.5 设

$$A = \begin{bmatrix} -3 & 3 & 7 & 2 \\ 1 & 2 & 3 & -5 \\ 2 & -1 & 0 & 3 \\ 4 & 2 & -2 & 4 \end{bmatrix},$$

用正交相似变换把 A 化为上 Hessenberg 矩阵.

4.6 将 4 阶 Hilbert 矩阵 $H = \left(\dfrac{1}{i+j-1}\right)_{4\times 4}$ 化为三对角矩阵, 其中

$$H = \begin{bmatrix} 1 & \frac{1}{2} & \frac{1}{3} & \frac{1}{4} \\ \frac{1}{2} & \frac{1}{3} & \frac{1}{4} & \frac{1}{5} \\ \frac{1}{3} & \frac{1}{4} & \frac{1}{5} & \frac{1}{6} \\ \frac{1}{4} & \frac{1}{5} & \frac{1}{6} & \frac{1}{7} \end{bmatrix}.$$

4.7 设

(1) $A = \begin{bmatrix} 1 & 2 & 0 \\ 2 & -1 & 1 \\ 0 & 1 & 3 \end{bmatrix}$; (2) $A = \begin{bmatrix} -1 & -4 & 1 \\ -1 & -2 & -5 \\ 5 & 4 & 3 \end{bmatrix}$.

先把 A 化为上 Hessenberg 矩阵, 再用 QR 方法求 A 的特征值.

4.8 设

(1) $A = \begin{bmatrix} 2 & -1 & 0 \\ -1 & -1 & -2 \\ 0 & -2 & 3 \end{bmatrix}$; (2) $A = \begin{bmatrix} 1 & 2 & 1 & 2 \\ 2 & 2 & -1 & 1 \\ 1 & -1 & 1 & 1 \\ 2 & 1 & 1 & 1 \end{bmatrix}$.

先把 A 化为三对角矩阵, 再用 QR 方法求 A 的特征值.

4.9 设 A 是一个上三角块结构的实矩阵,

$$A = \begin{bmatrix} A_{11} & A_{12} & A_{13} & \cdots & A_{1n} \\ 0 & A_{22} & A_{23} & \cdots & A_{2n} \\ 0 & 0 & A_{33} & \cdots & A_{3n} \\ \vdots & \vdots & \vdots & \ddots & \vdots \\ 0 & 0 & 0 & \cdots & A_{nn} \end{bmatrix},$$

其中每一个 A_{ij} 是 2×2 矩阵. 试给出计算 A 的特征值的简单过程.

*** *** *** *** ***

第 4 章上机实验题

4.1 试编写乘幂法程序, 计算习题 4 中的 4.1 题 $\boldsymbol{A}$ 的主特征值.

4.2 试编写反乘幂法程序, 计算习题 4 中的 4.2 题 $\boldsymbol{A}$ 的按模最小的特征值.

4.3 (1) 试编写 QR 方法程序, 计算习题 4 中 4.8 题 (2) 中 $\boldsymbol{A}$ 的所有特征值.

(2) 应用 MATLAB 中的函数 eig, 计算习题 4 中 4.8 题 (2) 中 $\boldsymbol{A}$ 的所有特征值.

4.4 (1) 试编写 QR 方法程序, 计算 10 阶 Hilbert 矩阵 $\boldsymbol{H}=\left(\dfrac{1}{i+j-1}\right)_{10\times 10}$ 的特征值.

(2) 应用 MATLAB中的函数 eig, 计算 10 阶 Hilbert 矩阵 $\boldsymbol{H}=\left(\dfrac{1}{i+j-1}\right)_{10\times 10}$ 的特征值.

第 5 章　解非线性方程 (组) 的迭代法

5.1　迭代序列收敛的基本概念

科学与工程中的很多问题都常常归结为求解一个非线性方程 (组), 例如光衍射理论中, 需要求

$$x - \tan x = 0$$

的根; 在行星轨道计算中, 需要计算开普勒方程

$$x - a \sin x = b$$

的根, 其中 a 和 b 是给定的值. 本章我们将考虑求解非线性方程 (组) 的问题.

对于非线性方程求解, 其一般问题是

设 $f: I = (a,b) \subset \mathbb{R} \to \mathbb{R}$ 是一个非线性函数, 求 x^* 使得 $f(x^*) = 0$.

对于非线性方程组求解, 其一般问题是

设 $\boldsymbol{F}: D \subset \mathbb{R}^n \to \mathbb{R}^n$ 是一个非线性映射, D 是开集, 求 $\boldsymbol{x}^*$ 使得 $\boldsymbol{F}(\boldsymbol{x}^*) = \boldsymbol{0}$.

非线性方程 (组) 求根通常采用迭代的方法, 也就是逐次逼近的方法, 即给定初始点 $\boldsymbol{x}_0$, 产生一个迭代序列 $\{\boldsymbol{x}_k\}$, 使得

$$\lim_{k\to\infty} \boldsymbol{x}_k = \boldsymbol{x}^*.$$

与线性方程 (组) 的迭代法不同, 一般地, 解非线性方程 (组) 的迭代法的收敛性依赖于初始点 $\boldsymbol{x}_0$ 的选择. 因此, 对于非线性方程 (组) 求解, 我们需要考虑算法的局部收敛性和总体收敛性. 所谓*局部收敛性* 是指对初始点 $\boldsymbol{x}_0$ 在解 $\boldsymbol{x}^*$ 的某个邻域内算法的收敛性; 而所谓的*总体收敛性* 是指对定义区间 I (或定义域 D) 中的任意初始点 $\boldsymbol{x}_0$ 算法的收敛性.

下面, 我们叙述实数序列的收敛性和收敛速度的概念.

定义 5.1.1　设 $\{x_k\} \subset \mathbb{R}$, $x^* \in \mathbb{R}$. 若

$$\lim_{k\to\infty} |x_k - x^*| = 0, \tag{5.1.1}$$

则称*序列* $\{x_k\}$ *收敛到* x^*, 记作 $\lim\limits_{k\to\infty} x_k = x^*$ 或 $x_k \to x^*$.

定义 5.1.2　如果 $x_k \to x^*$, 且存在常数 $c \in (0,1)$ 和某个正整数 K, 使得对所有 $k \geqslant K$,

$$|x_{k+1} - x^*| \leqslant c|x_k - x^*|, \tag{5.1.2}$$

则称序列 $\{x_k\}$ 是 $q-$ 线性收敛到 x^*.

若 $x_k \to x^*$, 且存在某个序列 $\{c_k\}: c_k \to 0$, 使得

$$|x_{k+1} - x^*| \leqslant c_k |x_k - x^*| \tag{5.1.3}$$

对充分大的 k 成立, 则序列 $\{x_k\}$ 称为$q-$ 超线性收敛到 x^*; 或者说, 若 $x_k \to x^*$ 且

$$\lim_{k\to\infty} \frac{|x_{k+1} - x^*|}{|x_k - x^*|} = 0, \tag{5.1.4}$$

则序列 $\{x_k\}$ 称为$q-$ 超线性收敛到 x^*.

若 $x_k \to x^*$, 且存在常数 $p > 1$, $c > 0$ 和正整数 K, 使得对所有 $k \geqslant K$,

$$|x_{k+1} - x^*| \leqslant c|x_k - x^*|^p \tag{5.1.5}$$

成立, 则序列 $\{x_k\}$ 称为q–p 次收敛到 x^*. 特别地, 当 $p=2$ 时, 称为q–2 次收敛.

类似地, 若 $x_k \to x^*$ 且

$$\lim_{k\to\infty} \frac{|x_{k+j} - x^*|}{|x_k - x^*|} = 0 \tag{5.1.6}$$

对某个固定的 j 成立, 则序列 $\{x_k\}$ 称为j 步 $q-$ 超线性收敛.

若 $x_k \to x^*$, 且存在常数 $p > 1$, $c > 0$ 和正整数 K, 使得对所有 $k \geqslant K$,

$$|x_{k+j} - x^*| \leqslant c|x_k - x^*|^p \tag{5.1.7}$$

对某个固定的 j 成立, 则序列 $\{x_k\}$ 称为j 步 q–p 次收敛到 x^*.

另一种收敛速度叫做 $r-$ 收敛速度 (根收敛速度).

定义 5.1.3 定义

$$R_p \triangleq \begin{cases} \lim\limits_{k\to\infty} \sup |x_k - x^*|^{1/k}, & \text{当 } p = 1, \\ \lim\limits_{k\to\infty} \sup |x_k - x^*|^{1/p^k}, & \text{当 } p > 1. \end{cases}$$

当 $p = 1$ 时, 若 $R_1 = 0$, 则称 $\{x_k\}$ 是$r-$ 超线性收敛于 x^*; 若 $0 < R_1 < 1$, 则称 $\{x_k\}$ 是$r-$ 线性收敛于 x^*; 若 $R_1 = 1$, 则称 $\{x_k\}$ 是$r-$ 次线性收敛于 x^*.

类似地, 当 $p=2$ 时, 若 $R_2=0$, 则称 $\{x_k\}$ 是$r-$ 超平方收敛于 x^*; 若 $0<R_2<1$, 则称 $\{x_k\}$ 是$r-$ 平方收敛于 x^*; 若 $R_2 \geqslant 1$, 则称 $\{x_k\}$ 是$r-$ 次平方收敛于 x^*.

$r-$ 收敛速度也可定义为

定义 5.1.4 设 $\{x_k\} \subset \mathbb{R}$, $x^* \in \mathbb{R}$. 若 $x_k \to x^*$, 且存在一个非负数序列 $\{\nu_k\}$ 使得对于所有充分大的 k,

$$|x_k - x^*| \leqslant \nu_k \tag{5.1.8}$$

成立, 且 $\{\nu_k\}$ 为 q– 线性 (q– 超线性, q–2 次) 收敛到 0, 则序列 $\{x_k\}$ 称为r– 线性 (r– 超线性, r–2 次) 收敛到 x^*.

从定义 5.1.4 可以看出, r– 收敛弱于 q– 收敛.

应该指出, 对于充分靠近解点 x^* 的初始点 x_0, 若算法 q– 线性 (q– 超线性, q–2 次) 收敛到 x^*, 则称算法产生的迭代点列 $\{x_k\}$ 局部 q– 线性 (q– 超线性, q–2 次) 收敛到 x^*.

显然, q– 超线性收敛的序列也是 q– 线性收敛的, q–2 次收敛的序列也是 q– 超线性收敛的. 一般地, 若一个算法产生的序列具有 q– 超线性收敛速度, 则这个算法的收敛性被认为是快的. 在计算量几乎相同的情况下, q– 超线性收敛的方法优于 q– 线性收敛的算法, q–2 次收敛的方法优于 q– 超线性收敛的方法.

在定义 5.1.1 和定义 5.1.2 中, 若 $\{\boldsymbol{x}_k\} \subset \mathbb{R}^n$ 和 $\boldsymbol{x}^* \in \mathbb{R}^n$, 且将绝对值 $|\cdot|$ 换成范数 $\|\cdot\|$, 则上面实数序列的收敛性概念就是 n 维空间向量序列的收敛性概念.

在本章中, 如果不特别指明, 算法的收敛速度指的是 q– 收敛速度.

例 5.1.1　设序列 $\{x_k\}$: $x_0 = 2, x_1 = \dfrac{3}{2}, x_2 = \dfrac{5}{4}, x_3 = \dfrac{9}{8}, \cdots, x_k = 1+\dfrac{1}{2^k}, \cdots$. 显然, $x_k \to x^* = 1$. 由于

$$|x_{k+1} - x^*| = \frac{1}{2^{k+1}} \leqslant \frac{1}{2} \cdot \frac{1}{2^k} = \frac{1}{2}|x_k - x^*|,$$

故这个序列是 q– 线性收敛到 1.

例 5.1.2　考察序列

$$x_k = \begin{cases} 1 + \dfrac{1}{2^k}, & \text{当 } k \text{ 是奇数时}, \\ 1, & \text{当 } k \text{ 是偶数时}. \end{cases}$$

对于上述定义的序列, $x_k \to x^* = 1$. 由于

$$|x_k - x^*| \leqslant \nu_k,$$

而这里 $\{\nu_k\} = \left\{\dfrac{1}{2^k}\right\}$ 是 q– 线性收敛到 0. 故上述序列 $\{x_k\}$ 是 r– 线性收敛到 1.

5.2 不动点迭代

5.2.1 不动点迭代的基本思想

对于非线性函数 $f : [a, b] \to \mathbb{R}$, 在 5.1 节中我们简单介绍了求解非线性方程

$$f(x) = 0 \tag{5.2.1}$$

的基本构想. 为了求解非线性方程 (5.2.1), 我们先将方程 (5.2.1) 化为如下的等价方程:

$$x - \varphi(x) = 0, \tag{5.2.2}$$

即

$$x = \varphi(x). \tag{5.2.3}$$

再从某一初始点 x_0 出发, 作序列 $\{x_k\}$:

$$x_{k+1} = \varphi(x_k), \quad k = 0, 1, \cdots. \tag{5.2.4}$$

若序列 $\{x_k\}$ 收敛, 设 $x^* = \lim\limits_{n\to\infty} x_n$, 则当 $\varphi(x)$ 连续时, 由 (5.2.4) 式取极限可得

$$x^* = \varphi(x^*).$$

因为方程 (5.2.1) 与 (5.2.3) 等价, 所以

$$f(x^*) = 0.$$

这样一来, 就得到了方程 (5.2.1) 的实根 x^*. 通常 x^* 也称为 φ 的*不动点*. 这样, 解非线性方程 $f(x) = 0$ 的问题转化为求 φ 的不动点的问题. 这就是不动点迭代的基本思想. x_0 称为*初始近似*, x_k 称为 *k 次近似*, φ 称为*迭代函数*, (5.2.4) 式称为*不动点迭代公式* (Picard *迭代公式*). 不动点迭代需要考虑的主要问题:

(i) 如何选择初始近似 x_0 及迭代函数 φ, 才能确保由迭代公式 (5.2.4) 得到的序列 $\{x_k\}$ 收敛;

(ii) 当序列 $\{x_k\}$ 收敛时, 估计 k 次近似的误差 $\varepsilon_k \triangleq x_k - x^*$.

5.2.2 不动点迭代的几何解释

方程 (5.2.3) 的实根 x^* 是直线 $y = x$ 与曲线 $y = \varphi(x)$ 的交点 (x^*, x^*) 的坐标. 按迭代公式 (5.2.4) 由 x_k 求 x_{k+1} 的计算过程可用下述几何语言描述 (图 5.2.1~5.2.2). 过点 (x_k, x_k) 作 x 轴的垂线, 和曲线 $y = \varphi(x)$ 相交于 $(x_k, \varphi(x_k))$, 此点的纵坐标为 $x_{k+1} \triangleq \varphi(x_k)$; 过点 (x_k, x_{k+1}) 作 y 轴的垂线, 和直线 $y = x$ 相交于点 (x_{k+1}, x_{k+1}). 图 5.2.1 中的 x_k 单调地趋于 x^*; 图 5.2.2 中的 x_k 在根 x^* 的左右两侧交替出现而趋于 x^*; 图 5.2.3~5.2.4 表示了序列 $\{x_k\}$ 发散的情况.

由图 5.2.1~5.2.2 可以看出, 收敛的速度取决于曲线 $y = \varphi(x)$ 在根 x^* 邻域的斜率 $\varphi'(x)$. 事实上, 由 Lagrange 中值定理可知

$$\frac{x_{k+1} - x_k}{x_k - x_{k-1}} = \frac{\varphi(x_k) - \varphi(x_{k-1})}{x_k - x_{k-1}} = \varphi'(\xi_k), \quad \xi_k \text{ 介于 } x_k \text{ 与 } x_{k-1} \text{ 之间},$$

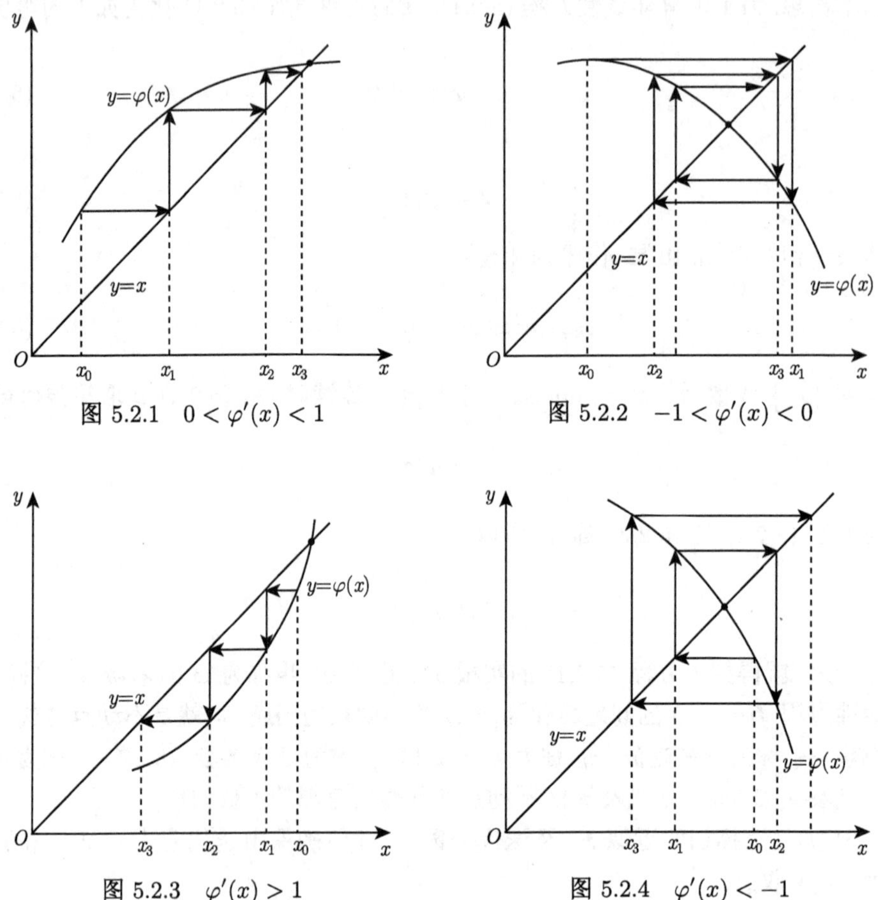

图 5.2.1　$0<\varphi'(x)<1$　　　图 5.2.2　$-1<\varphi'(x)<0$

图 5.2.3　$\varphi'(x)>1$　　　图 5.2.4　$\varphi'(x)<-1$

故在根 x^* 的邻域, $\varphi(x)$ 的导数的绝对值 $|\varphi'(x)|$ 愈小, 迭代序列 $\{x_k\}$ 收敛愈快. 若在根 x^* 的某一邻域, $|\varphi'(x)|<1$, 且迭代序列 $\{x_k\}$ 属于此邻域, 则此序列收敛.

5.2.3　压缩映射原理与不动点迭代

定义 5.2.1　映射 $\varphi:[a,b]\to[a,b]$ 称为压缩映射, 若存在常数 $\alpha\in[0,1)$, 成立

$$|\varphi(x)-\varphi(y)|\leqslant\alpha|x-y|,\quad\forall\, x,y\in[a,b], \tag{5.2.5}$$

其中 α 称为压缩系数.

由定义 5.2.1 可知, 压缩映射是连续的, 也是 Lipschitz 连续的. 如果

$$\max_{x\in[a,b]}|\varphi'(x)|\leqslant q<1, \tag{5.2.6}$$

则 φ 为 $[a,b]$ 上的压缩映射.

定理 5.2.1 设 $\varphi:[a,b]\to[a,b]$ 是压缩映射, 且 α 为压缩系数, 则

(i) φ 在 $[a,b]$ 上有唯一 x^* 满足 $x^*=\varphi(x^*)$ (即 φ 在 $[a,b]$ 上有唯一不动点 x^*);

(ii) 对任意 $x_0\in[a,b]$, 由 (5.2.4) 式产生的迭代序列 $\{x_k\}$ 收敛到 x^*;

(iii) 不动点迭代的 k 次近似的误差 $\varepsilon_k\triangleq x_k-x^*$ 满足

$$|\varepsilon_k|\leqslant\frac{\alpha^k}{1-\alpha}|x_1-x_0|. \tag{5.2.7}$$

证明 对 $x_0\in[a,b]$, 利用压缩映射定义和不动点迭代公式 (5.2.4), 有

$$\begin{aligned}&|x_2-x_1|=|\varphi(x_1)-\varphi(x_0)|\leqslant\alpha|x_1-x_0|,\\&|x_3-x_2|=|\varphi(x_2)-\varphi(x_1)|\leqslant\alpha|x_2-x_1|\leqslant\alpha^2|x_1-x_0|,\end{aligned}$$

一般地, 由数学归纳法可证明

$$|x_{k+1}-x_k|\leqslant\alpha^k|x_1-x_0|,\quad k\in\mathbb{N}_+. \tag{5.2.8}$$

这样, 对任意正整数 p, 由 (5.2.8) 式得

$$\begin{aligned}|x_{k+p}-x_k|&\leqslant|x_{k+p}-x_{k+p-1}|+\cdots+|x_{k+1}-x_k|\\&\leqslant(\alpha^{k+p-1}+\cdots+\alpha^k)|x_1-x_0|\\&\leqslant\frac{\alpha^k}{1-\alpha}|x_1-x_0|.\end{aligned} \tag{5.2.9}$$

由于 $\alpha\in[0,1)$, 故 $\{x_k\}$ 是 Cauchy 序列, 从而 $\{x_k\}\to x^*$. 由于 $a\leqslant x_k\leqslant b$, 故 $a\leqslant x^*\leqslant b$, 即 $x^*\in[a,b]$.

注意到压缩映射是连续的, 则由不动点迭代公式 (5.2.4) 取极限得

$$x^*=\varphi(x^*),$$

这就证明了 φ 在 $[a,b]$ 上有 x^* 满足 $x^*=\varphi(x^*)$, 即 φ 在 $[a,b]$ 上有不动点 x^*.

关于 x^* 的唯一性. 如果 x^* 和 y^* 都是 φ 的不动点, 则

$$|x^*-y^*|=|\varphi(x^*)-\varphi(y^*)|\leqslant\alpha|x^*-y^*|. \tag{5.2.10}$$

因为 $\alpha\in[0,1)$, 所以 $|x^*-y^*|=0$, 即 $x^*=y^*$, 从而唯一性得证.

最后, 证明误差估计式 (5.2.7). 在 (5.2.9) 式中令 $p\to\infty$ 即得 (5.2.7) 式. **证毕**

算法 5.2.1 不动点迭代的算法实现

步 1. 给出初始点 x_0, 迭代函数 φ, 允许最大迭代次数 $k_{\max}$, 误差容限 ε.

置 $\text{Error} = \varepsilon + 1$, $k = 0$, $x = x_0$.

步 2. 当 $k < k_{\max}$ 且 $\text{Error} > \varepsilon$ 做

$k = k + 1$;

$x_0 = \varphi(x)$;

$\text{Error} = |x - x_0|$;

$x = x_0$.

步 3. 输出结果: x, k 及 Error. 停机.

注 5.2.1 (i) 若将闭区间 $[a,b]$ 换成闭集 D, 则上述不动点迭代的收敛定理在有限维赋范空间和完备测度空间都成立.

(ii) 定理 5.2.1–(iii) 表明: α 的值愈小, 不动点迭代收敛愈快. 估计式 (5.2.7) 还可以用来估计为达到指定的精度所需迭代的次数. 若欲使

$$|\varepsilon_k| \leqslant 10^{-m}, \tag{5.2.11}$$

则只需

$$\frac{\alpha^k}{1-\alpha}|x_1 - x_0| \leqslant 10^{-m}, \tag{5.2.12}$$

从而只需迭代次数满足

$$k \geqslant \frac{m + \lg \dfrac{|x_1 - x_0|}{1-\alpha}}{|\lg \alpha|}. \tag{5.2.13}$$

上面的不动点迭代的收敛性定理也可以写成下面的形式.

定理 5.2.2 设 $\varphi : [a,b] \to [a,b]$ 是连续可微的, 且满足存在 $\alpha \in [0,1)$, 使得

$$|\varphi'(x)| \leqslant \alpha, \quad \forall\, x \in [a,b], \tag{5.2.14}$$

则 φ 在 $[a,b]$ 上有唯一不动点 x^*, 并且对任意 $x_0 \in [a,b]$, 由不动点迭代 (5.2.4) 产生的迭代序列 $\{x_k\}$ 收敛到 x^*, 以及误差公式 (5.2.7) 成立.

证明 由假设条件知, 对任意 $x, y \in [a,b]$, 由 Lagrange 中值定理得

$$|\varphi(x) - \varphi(y)| = |\varphi'(\eta)(x-y)| \leqslant \alpha|x-y|, \tag{5.2.15}$$

这里 η 位于 x 与 y 之间, $\alpha \in [0,1)$, 即知定理中的条件意味着 φ 是一个压缩映射. 从而由定理 5.2.1 知结论成立. 证毕

注 5.2.2 由定理 5.2.2 中的假设条件, 我们也可直接得到不动点迭代 (5.2.4) 产生的序列 $\{x_k\}$ 的收敛性. 事实上, 对任何正整数 k, 有

$$|x_{k+1}-x^*|=|\varphi(x_k)-\varphi(x^*)|=|\varphi'(\eta_k)(x_k-x^*)|, \tag{5.2.16}$$

其中 η_k 位于 x_k 与 x^* 之间. 由此立得当 $k\to\infty$ 时,

$$|x_{k+1}-x^*|\leqslant\alpha|x_k-x^*|\leqslant\alpha^{k+1}|x_0-x^*|\to 0. \tag{5.2.17}$$

这表明 $x_k\to x^*$.

另外, 作为副产品, 从 (5.2.16) 式我们也得到

$$\lim_{k\to\infty}\frac{x_{k+1}-x^*}{x_k-x^*}=\lim_{k\to\infty}\varphi'(\eta_k)=\varphi'(x^*). \tag{5.2.18}$$

$|\varphi'(x^*)|$ 称为**渐近收敛因子**. 若 (5.2.14) 式不满足, 则收敛性将不能保证. 例如, 若 $|\varphi'(x^*)|>1$, 则对充分靠近 x^* 的 x_k 来说, 我们也有 $|\varphi'(x_k)|>1$, 于是从 (5.2.16) 式有

$$|x_{k+1}-x^*|>|x_k-x^*|,$$

从而迭代不收敛. (5.2.17) 式也指出了对任何 $x_0\in[a,b]$, 不动点迭代产生的序列 $\{x_k\}$ 至少线性收敛到 x^*. 这保证了不动点迭代在 $[a,b]$ 上的总体收敛性和线性收敛速度.

设序列 $\{x_k\}$ 收敛于 α, 并记 $\varepsilon_k\triangleq x_k-\alpha$. 若存在实数 $p\geqslant 1$ 和正常数 c, 使得

$$\lim_{k\to\infty}\frac{|\varepsilon_{k+1}|}{|\varepsilon_k|^p}=c,$$

则称序列 $\{x_k\}$ 为 p **阶收敛** (或序列 $\{x_k\}$ 收敛的阶数为 p), c 称为**渐近误差常数**.

定理 5.2.3 (不动点迭代方法的收敛速度) 设 φ 满足定理 5.2.1 或定理 5.2.2 中的条件, 又设 φ 在其不动点 x^* 的某个邻域内 p $(p\geqslant 2)$ 次连续导数, 且

$$\varphi^{(\ell)}(x^*)=0,\quad \ell=1,2,\cdots,p-1, \tag{5.2.19}$$

$$\varphi^{(p)}(x^*)\neq 0, \tag{5.2.20}$$

则不动点迭代为 p 阶收敛, 即有

$$\lim_{k\to\infty}\frac{x_{k+1}-x^*}{(x_k-x^*)^l}=0,\quad l=1,2,\cdots,p-1, \tag{5.2.21}$$

$$\lim_{k\to\infty}\frac{x_{k+1}-x^*}{(x_k-x^*)^p}=\frac{\varphi^{(p)}(x^*)}{p!}. \tag{5.2.22}$$

证明　将 φ 作 Taylor 展开, 得

$$\begin{aligned} x_{k+1} = \varphi(x_k) &= \varphi(x^*) + \varphi'(x^*)(x_k - x^*) + \cdots \\ &+ \frac{\varphi^{p-1}(x^*)}{(p-1)!}(x_k - x^*)^{p-1} + \frac{\varphi^{(p)}(\eta)}{p!}(x_k - x^*)^p, \end{aligned} \tag{5.2.23}$$

其中 η 位于 x^* 与 x_k 之间. 由 (5.2.19) 式得

$$x_{k+1} - x^* = \frac{\varphi^{(p)}(\eta)}{p!}(x_k - x^*)^p.$$

再由假定 (5.2.19) 和 (5.2.20), 并注意到 $x_k \to x^*$, 得

$$\lim_{k\to\infty} \frac{x_{k+1} - x^*}{(x_k - x^*)^\ell} = \lim_{k\to\infty} \frac{1}{p!}\varphi^{(p)}(\eta)(x_k - x^*)^{p-\ell} = 0, \quad l = 1, 2, \cdots, p-1.$$

$$\lim_{k\to\infty} \frac{x_{k+1} - x^*}{(x_k - x^*)^p} = \lim_{k\to\infty} \frac{1}{p!}\varphi^{(p)}(\eta) = \frac{\varphi^{(p)}(x^*)}{p!}.$$

证毕

因此, 当 p 固定时, 若 $\dfrac{\varphi^{(p)}(x^*)}{p!}$ 比较小, 则迭代序列收敛是较快的.

特别地, 若

$$\varphi'(x^*) \neq 0, \tag{5.2.24}$$

则 (5.2.19)~(5.2.20) 式中的 $p = 1$, 从而 (5.2.23) 式简化为

$$x_{k+1} - x^* = \varphi'(\eta)(x_k - x^*). \tag{5.2.25}$$

因而条件 $|\varphi'(x)| < 1$, (对任意 $x \in [a, b]$), 保证了误差单调下降, 即不动点方法的收敛速度是线性的. 在这种情况下, 若 $|\varphi'(x)|$ 是小的, 则迭代序列收敛是快的.

若

$$\varphi'(x^*) = 0, \quad \varphi''(x^*) \neq 0, \tag{5.2.26}$$

则 (5.2.19)~(5.2.20) 式中的 $p = 2$, 从而 (5.2.23) 式简化为

$$x_{k+1} - x^* = \frac{1}{2}\varphi''(\eta)(x_k - x^*)^2. \tag{5.2.27}$$

例 5.2.1　利用压缩映射定理证明函数 $\varphi(x) = 4 + \dfrac{1}{3}\sin 2x$ 有不动点, 并计算其不动点 (取 $x_0 = 4$, $k_{\max} = 20$, $\varepsilon = 10^{-7}$).

解　易知 $\varphi: \left[\dfrac{11}{3}, \dfrac{13}{3}\right] \to \left[\dfrac{11}{3}, \dfrac{13}{3}\right]$. 对任意 $x, y \in \left[\dfrac{11}{3}, \dfrac{13}{3}\right]$, 由 Lagrange 中值

定理, 有

$$|\varphi(x)-\varphi(y)|=\frac{1}{3}|\sin 2x-\sin 2y|=\frac{2}{3}|\cos 2\zeta|\cdot|x-y|\leqslant\frac{2}{3}|x-y|,$$

其中 ζ 位于 x 与 y 之间, $\alpha=\dfrac{2}{3}\in[0,1)$. 故 φ 是压缩映射, 从而 φ 有不动点.

利用上述不动点算法计算 φ 的不动点, 计算结果如表 5.2.1 所示.

表 5.2.1

k	x_k
1	4.3297861
2	4.2308951
$\vdots$	$\vdots$
20	4.2614837

5.3 解非线性方程的几个方法

本节我们介绍解非线性方程的几个主要方法: 二分法、牛顿法、割线法和弦方法.

5.3.1 二分法

考虑非线性方程

$$f(x)=0, \tag{5.3.1}$$

其中 $f(x)$ 为区间 $[a,b]$ 上的连续函数, 且 $f(a)f(b)<0$. 由连续函数的介值定理知, 方程 (5.3.1) 在 (a,b) 内至少有一个根 x^*.

记 $a_0=a$, $b_0=b$. 取 $c_0=\dfrac{a_0+b_0}{2}$, 若 $f(c_0)=0$, 则 c_0 就是区间 $[a_0,b_0]$ 内的一个根. 若 $f(c_0)\neq 0$, 则必有 $f(a_0)f(c_0)<0$ 与 $f(c_0)f(b_0)<0$ 之一成立. 记

$$[a_1,b_1]=\begin{cases}[a_0,c_0], & \text{当 } f(a_0)f(c_0)<0 \text{ 时},\\ [c_0,b_0], & \text{当 } f(c_0)f(b_0<0) \text{ 时},\end{cases}$$

$$d_1\triangleq 2^{-1}(b_0-a_0)=2^{-1}(b-a).$$

一般地, 假设已经求出的区间 $[a_k,b_k]$, 在其端点的函数值异号, 即 $f(a_k)f(b_k)<0$, 取 $c_k=\dfrac{a_k+b_k}{2}$ (图 5.3.1). 若 $f(c_k)=0$, 则 c_k 就是区间 $[a_k,b_k]$ 内的一个根. 若

$f(c_k) \neq 0$, 则必有 $f(a_k)f(c_k) < 0$ 与 $f(c_k)f(b_k) < 0$ 之一成立. 记

$$[a_{k+1}, b_{k+1}] = \begin{cases} [a_k, c_k], & \text{当 } f(a_k)f(c_k) < 0 \text{ 时}, \\ [c_k, b_k], & \text{当 } f(c_k)f(b_k) < 0 \text{ 时}, \end{cases}$$

$$d_{k+1} \triangleq b_{k+1} - a_{k+1} = 2^{-1}(b_k - a_k) = \cdots = 2^{-(k+1)}(b - a).$$

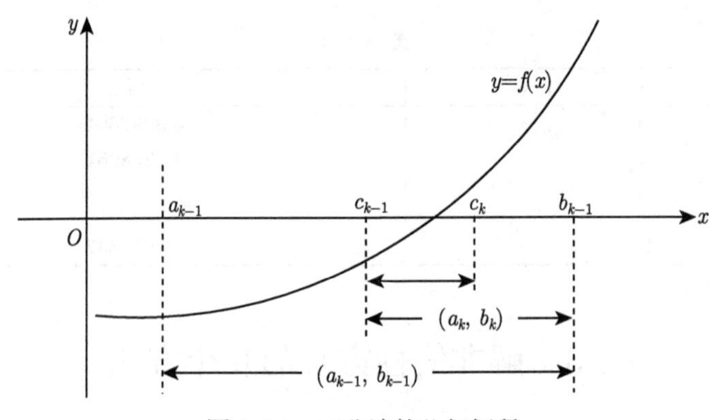

图 5.3.1　二分法的几何解释

反复使用上述方法, 由区间 $[a_0, b_0]$ 出发, 或者在某一步中求出了 $f(c_k) = 0$, 或者得到闭区间列

$$[a_0, b_0],\ [a_1, b_1],\ \cdots,\ [a_k, b_k],\ \cdots. \tag{5.3.2}$$

对于这些区间的每一个都有

$$f(a_k)f(b_k) < 0, \quad k \in \mathbb{N}.$$

也就是说, 每一个区间 $[a_k, b_k]$ 都至少包含 $f(x) = 0$ 的一个根. 该区间的长度 d_k 为

$$d_k \triangleq b_k - a_k = 2^{-k}(b - a).$$

若取 c_k 作为 $f(x) = 0$ 的实根近似值, 则误差 $\varepsilon_k \triangleq x^* - c_k$ 满足

$$|\varepsilon_k| = |x^* - c_k| \leqslant 2^{-(k+1)}(b - a). \tag{5.3.3}$$

从而得到

$$\lim_{k \to \infty} |c_k - x^*| = 0. \tag{5.3.4}$$

于是, 中点序列 $\{c_k\}$ 收敛到方程的根 x^*, $x^* = \lim\limits_{k \to \infty} c_k$.

上述方法称为求方程 $f(x)=0$ 实根的**二分法**. 二分法是总体收敛的, 但是收敛速度较慢, 它只保证每次迭代区间缩短一半.

算法 5.3.1 二分法的算法实现

步 1. 给出 a, b 满足 $f(a)f(b)<0$ 及误差容限 ε.
步 2. 对 $k=1,2,\cdots$, 做到步 3
$c=(a+b)/2$;
步 3. 若 $\lvert c-a\rvert \leqslant \varepsilon$ 或 $\lvert f(c)\rvert \leqslant \varepsilon$, 则转步 4. 否则
若 $f(a)f(c)<0$, 则 $b=c$; 否则
$a=c$.
步 4. 输出结果: c, k. 停机.

由 (5.3.3) 式可知, 欲使 $|c_k-x^*| \leqslant \varepsilon$, 须

$$2^{-(k+1)}(b-a) \leqslant \varepsilon.$$

这要求

$$k+1 \geqslant \log_2\left(\frac{b-a}{\varepsilon}\right)=\frac{\ln \dfrac{b-a}{\varepsilon}}{\ln 2} \approx \frac{\ln \dfrac{b-a}{\varepsilon}}{0.6931},$$

即

$$k \geqslant \frac{\ln \dfrac{b-a}{\varepsilon}}{0.6931}-1. \tag{5.3.5}$$

例 5.3.1 用二分法求解 $f(x) \triangleq \sin x-\dfrac{x^2}{4}=0$ 在区间 $[1.5,2]$ 内根的近似值.

解 易知 f 在 $[1.5,2]$ 内单调递减. 因为 $f \in C[1.5,2]$, 且 $f(1.5)>0$, $f(2)<0$, 所以 $f(x)=0$ 在 $[1.5,2]$ 内有唯一实根 x^*. 用二分法计算结果如表 5.3.1 所示.

表 5.3.1

k	a_k	b_k	c_k	$f(c_k)$
0	1.5	2	1.75	>0
1	1.75	2	1.875	>0
2	1.875	2	1.9375	<0
3	1.875	1.9375	1.90625	>0
4	1.90625	1.9375	1.921875	

故所求根的近似值 $x^* \approx c_4=1.921875$.

定理 5.3.1 设 $f(x)$ 在 $[a,b]$ 上连续可微. 设 $[a_k,b_k]$, $k \in \mathbb{N}$ 表示二分法产生的区间, 其中 $a_0=a$, $b_0=b$, 则 $\lim\limits_{k\to\infty} a_k$ 和 $\lim\limits_{k\to\infty} b_k$ 存在且相等, 而且

$$x^*=\lim_{k\to\infty} a_k=\lim_{k\to\infty} b_k \tag{5.3.6}$$

是方程 $f(x)=0$ 的根. 如果 $\{c_k\}$ 是中点序列, $c_k=\dfrac{a_k+b_k}{2}$, 则

$$x^*=\lim_{k\to\infty}c_k, \tag{5.3.7}$$

并且

$$|x^*-c_k|\leqslant\frac{b-a}{2^{k+1}}. \tag{5.3.8}$$

5.3.2　牛顿法

二分法收敛很慢, 为了设计出比二分法收敛快的方法, 我们希望在迭代方案中不仅包含函数值信息, 还要包含导数或其近似的信息.

考虑非线性方程

$$f(x)=0. \tag{5.3.9}$$

假定 $f(x)$ 二阶连续可微, 利用 $f(x)$ 在 x_k 点的 Taylor 级数展开, 得

$$0=f(x)\approx f(x_k)+f'(x_k)(x-x_k)+O((x-x_k)^2). \tag{5.3.10}$$

当 x 在 x_k 的某个邻域的时候, 我们可以忽略 $O((x-x_k)^2)$, 得到

$$f(x_k)+f'(x_k)(x-x_k)=0, \tag{5.3.11}$$

从而解为

$$x_{k+1}=x_k-\frac{f(x_k)}{f'(x_k)},\quad k=0,1,\cdots. \tag{5.3.12}$$

这就是**牛顿 (Newton) 法的迭代公式**. 在几何上, 这是利用过点 x_k 的切线来逼近 $f(x)$(图 5.3.2).

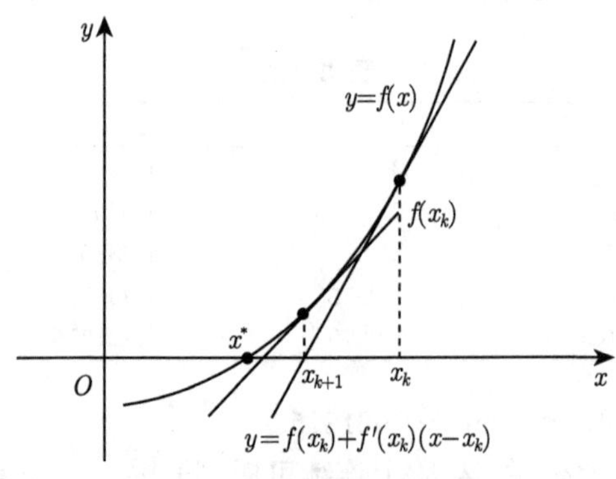

图 5.3.2　牛顿法的几何解释

算法 5.3.2 解非线性方程的牛顿法

步 1. 输入 x_0, M, δ, ε(误差容限) 的值.
步 2. $v \Leftarrow f(x_0)$;
步 3. 输出 0, x_0, v 的值.
步 4. 若 $|v| < \varepsilon$ 则停机. 否则
　步 5. 对 $k = 1, 2, \cdots, M$ 做
　　$x_1 \Leftarrow x_0 - v/f'(x_0)$;
　　$v \Leftarrow f(x_1)$;
　　输出 k, x_1, v;
　　若 $|x_1 - x_0| < \delta$ 或 $|v| < \varepsilon$, 则停机. 否则
　　　$x_0 \Leftarrow x_1$.

例 5.3.2 用牛顿法求方程 $f(x) \triangleq \sin x - \dfrac{x^2}{4} = 0$ 的正根.

解 $f'(x) = \cos x - \dfrac{x}{2}$. 由迭代公式 (5.3.12) 得

$$h_k = -\frac{f(x_k)}{f'(x_k)}, \quad x_{k+1} = x_k + h_k.$$

选取初始点 $x_0 = 1.5$, 计算结果如表 5.3.2 所示. 所求根的近似值 $x^* \approx 1.93375$.

表 5.3.2

k	x_k	$f'(x_k)$	$f(x_k)$	h_k
0	1.5	−0.67926	0.434995	0.640392
1	2.14039	−1.60949	−0.303202	−0.188384
2	1.95201	−1.34805	−0.024371	−0.018078
3	1.93393	−1.32217	−0.000233	−0.000177
4	1.93375			

下面我们讨论牛顿法的收敛性.

假定 $f(x)$ 二阶连续可微, x^* 是 $f(x) = 0$ 的单根, 使得

$$f(x^*) = 0 \neq f'(x^*). \tag{5.3.13}$$

根据牛顿迭代公式, 我们有

$$x_{k+1} - x^* = x_k - x^* - \frac{f(x_k)}{f'(x_k)} = \frac{(x_k - x^*)f'(x_k) - f(x_k)}{f'(x_k)}. \tag{5.3.14}$$

由 Taylor 定理, 得

$$0 = f(x^*) = f(x_k - (x_k - x^*)) = f(x_k) - (x_k - x^*)f'(x_k) + \frac{1}{2}(x_k - x^*)^2 f''(\xi_k),$$

其中 ξ_k 位于 x_k 与 x^* 之间. 由上式可得

$$(x_k - x^*)f'(x_k) - f(x_k) = \frac{1}{2}f''(\xi_k)(x_k - x^*)^2.$$

将上式代入到 (5.3.14) 式中得

$$x_{k+1} - x^* = \frac{1}{2}\frac{f''(\xi_k)}{f'(x_k)}(x_k - x^*)^2 \to C(x_k - x^*)^2, \tag{5.3.15}$$

其中 $C = \dfrac{1}{2}\dfrac{f''(x^*)}{f'(x^*)}$. 从而得到

$$\lim_{k\to\infty}\frac{|x_{k+1} - x^*|}{|x_k - x^*|^2} = \frac{1}{2}\frac{|f''(x^*)|}{|f'(x^*)|} = |C|. \tag{5.3.16}$$

这表明牛顿法是 2 阶收敛的.

下面我们再证 $\lim\limits_{k\to\infty} x_k = x^*$. 定义

$$c(\delta) = \frac{1}{2}\frac{\max\limits_{|x-x^*|\leqslant\delta}\{|f''(x)|\}}{\min\limits_{|x-x^*|\leqslant\delta}\{|f'(x)|\}}, \quad (\delta > 0). \tag{5.3.17}$$

由于 $f'(x^*) \neq 0$, 我们总可以选择 δ 充分小, 使得上式的分母是正的, 并使得 $\delta c(\delta) < 1$. 固定 δ, 并令 $\rho = \delta c(\delta) < 1$.

假定初始点 x_0 满足 $|x_0 - x^*| \leqslant \delta$, 则 $|\xi_0 - x^*| \leqslant \delta$, 进而

$$\frac{1}{2}\left|\frac{f''(\xi_0)}{f'(x_0)}\right| \leqslant c(\delta). \tag{5.3.18}$$

因此, 利用 (5.3.15) 式和 (5.3.18) 式, 得到

$$|x_1 - x^*| \leqslant |x_0 - x^*|^2 c(\delta) \leqslant |x_0 - x^*|\delta c(\delta) = |x_0 - x^*|\rho < |x_0 - x^*| \leqslant \delta.$$

这表明 x_1 也在以 x^* 为中心的 δ 邻域内. 重复上述运算, 有

$$\begin{aligned} &|x_2 - x^*| \leqslant \rho|x_1 - x^*| < \rho^2|x_0 - x^*|, \\ &\cdots\cdots \\ &|x_k - x^*| \leqslant \rho^k|x_0 - x^*|. \end{aligned}$$

由于 $0 \leqslant \rho < 1$, 故 $\lim\limits_{k\to\infty}\rho^k = 0$, 从而 $\lim\limits_{k\to\infty}|x_k - x^*| = 0$. 这证明了 $\lim\limits_{k\to\infty} x_k = x^*$.

定理 5.3.2 (牛顿法的局部收敛性定理)　设 $f(x)$ 二阶连续可微, 设 x^* 是 $f(x) = 0$ 的单根. 那么存在 x^* 的邻域 $N(x^*;\delta)$, 当 $x_0 \in N(x^*;\delta)$ 时, 由牛顿法产生的序列 $\{x_k\}$ 也在这个邻域中, $\{x_k\} \to x^*$, 并且收敛速度是 2 阶的,

$$|x_{k+1} - x^*| \leqslant C|x_k - x^*|^2, \quad k = 0, 1, \cdots \tag{5.3.19}$$

其中 C 是某个常数.

在不动点迭代

$$x_{k+1}=\varphi(x_k),\quad k=0,1,\cdots \tag{5.3.20}$$

的框架中, 上面的牛顿法就是选取

$$\varphi(x)=x-\frac{f(x)}{f'(x)},\quad (f'(x)\neq 0). \tag{5.3.21}$$

这样, 迭代为

$$x_{k+1}=x_k-\frac{f(x_k)}{f'(x_k)},\quad k=0,1,\cdots \tag{5.3.22}$$

假定 $f(x)$ 二阶连续可微, 则

$$\varphi'(x)=\frac{f(x)f''(x)}{[f'(x)]^2}. \tag{5.3.22$'$}$$

当 x^* 是 $f(x)=0$ 的单根时,

$$f(x^*)=0\neq f'(x^*), \tag{5.3.23}$$

则 $\varphi'(x^*)=0$. 故当 x 充分靠近 x^* 时可使得

$$|\varphi'(x)|\leqslant\alpha<1, \tag{5.3.24}$$

从而由定理 5.2.2 得到 (5.3.22) 式产生的序列是收敛的. 再由 (5.3.23) 式和定理 5.2.3 立得迭代 (5.3.22) 的收敛阶数是 2.

当 x^* 是 $f(x)=0$ 的多重根, 设为 $q\,(>1)$ 重根, 则有

$$f(x^*)=0=f'(x^*). \tag{5.3.25}$$

此时 $f(x)$ 可以写成

$$f(x)=(x-x^*)^q g(x), \tag{5.3.26}$$

其中 $g(x^*)\neq 0$. 由 (5.3.26) 式求出 $f'(x)$ 和 $f''(x)$, 并代入 (5.3.22$'$) 式得

$$\varphi'(x)=\frac{\left(1-\dfrac{1}{q}\right)+(x-x^*)\dfrac{2g'(x)}{qg(x)}+(x-x^*)^2\dfrac{g''(x)}{q^2g(x)}}{\left[1+(x-x^*)\dfrac{g'(x)}{qg(x)}\right]^2},$$

从而得

$$\lim_{x\to x^*}\varphi'(x)=\varphi'(x^*)=1-\frac{1}{q}\neq 0, \tag{5.3.26a}$$

这样由定理 5.2.3 可知迭代 (5.3.22) 线性收敛. 所以, 当 x^* 为 $f(x)=0$ 的多重根时, 牛顿法仅为线性收敛.

不过, 当 x^* 为 $f(x)=0$ 的 q 重根时, 如果我们事先知道 q 的值并采用下面的牛顿法的变形, 则牛顿法的 2 阶收敛性仍然能够恢复. 考虑作如下变形:

$$x_{k+1}=x_k-q\frac{f(x_k)}{f'(x_k)},\quad k=0,1,\cdots \tag{5.3.26b}$$

则由 (5.3.22′) 式和 (5.3.26a) 式可知

$$\lim_{x\to x^*}\frac{\mathrm{d}}{\mathrm{d}x}\left[\frac{f(x)}{f'(x)}\right]=\lim_{x\to x^*}\left[1-\frac{f(x)f''(x)}{(f'(x))^2}\right]=\lim_{x\to x^*}\left[1-\varphi'(x)\right]=\frac{1}{q}. \tag{5.3.26c}$$

令

$$\widetilde{\varphi}(x)=x-q\frac{f(x)}{f'(x)}, \tag{5.3.26d}$$

则利用 (5.3.26c) 立即得到

$$\lim_{x\to x^*}\widetilde{\varphi}'(x)=\widetilde{\varphi}'(x^*)=0. \tag{5.3.26e}$$

从而由定理 5.2.3 知, 当 x^* 为 $f(x)=0$ 的 q 重根时, 牛顿法变形 (5.3.26b) 仍有 2 阶收敛性. 但是, x^* 的重数 q 往往事先不知道, 因此上述方法不便于直接应用. 为了解决这个困难, 我们作如下考虑. 将 $f(x)$ 在 x^* 处作 Taylor 展开, 得

$$f(x)=\frac{1}{q!}(x-x^*)^q f^{(q)}(\xi_1),\quad f'(x)=\frac{1}{(q-1)!}(x-x^*)^{q-1}f^{(q)}(\xi_2),$$

其中 ξ_1 和 ξ_2 位于 x 和 x^* 之间. 于是

$$\frac{f(x)}{f'(x)}=\frac{1}{q}(x-x^*)\frac{f^{(q)}(\xi_1)}{f^{(q)}(\xi_2)}.$$

令

$$\psi(x)=f(x)/f'(x), \tag{5.3.26f}$$

因 $f^{(q)}(x^*)\neq 0$, 故 x^* 是 $\psi(x)=0$ 的单根. 以 $\psi(x)$ 代替牛顿法中的 $f(x)$ 得

$$x_{k+1}=x_k-\frac{\psi(x_k)}{\psi'(x_k)},\qquad k=0,1,\cdots \tag{5.3.26g}$$

另外一种牛顿法变形是简化牛顿法, 即在 (5.3.12) 式中不要求每步都计算 $f'(x_k)$, 或每隔若干步计算一次 f' 的值, 或用 $f'(x_0)$ 代替 $f'(x_k)$ 得迭代公式

$$x_{k+1}=x_k-\frac{f(x_k)}{f'(x_0)},\quad k=0,1,\cdots \tag{5.3.26h}$$

5.3.3　割线法

*割线法*又称为*两点弦截法*. 在牛顿法中, 每次迭代都要计算导数值 $f'(x_k)$, 这是一个缺点. 许多不要计算导数且仍有较快的收敛速度的方法被提出, 其中重要的一个方法就是差商代替导数, 即

$$f'(x_k) \approx \frac{f(x_k) - f(x_{k-1})}{x_k - x_{k-1}}. \tag{5.3.27}$$

这样, 我们得到迭代公式

$$x_{k+1} = x_k - \frac{x_k - x_{k-1}}{f(x_k) - f(x_{k-1})} f(x_k), \quad k = 1, 2, \cdots \tag{5.3.28}$$

它称为**割线法**. 割线方法的几何解释: 过曲线 $y = f(x)$ 上的两点 $(x_{k-1}, f(x_{k-1}))$, $(x_k, f(x_k))$ 作曲线的割线, 割线与 x 轴的交点即为 (5.3.28) 式给出的 x_{k+1} (图 5.3.3).

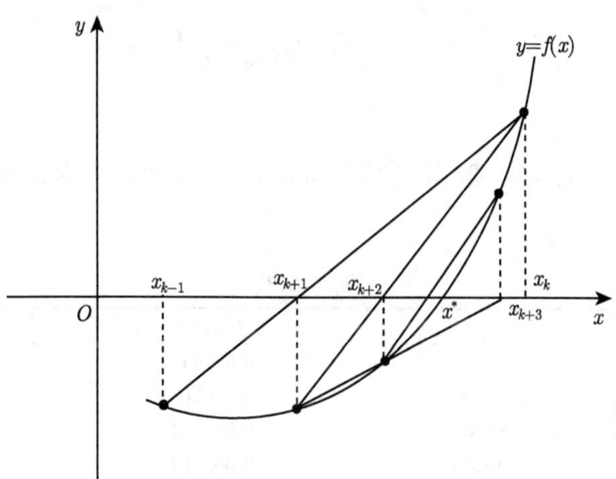

图 5.3.3 割线法的几何解释

算法 5.3.3 割线法

> **步 1.** 给出 x_0, x_1, δ, ε, M 的值.
> **步 2.** 令 $u = f(x_0)$, $v = f(x_1)$;
> **步 3.** **For** $k = 2, 3, \cdots, M$ **Do**
>   **If** $|u| < |v|$ **Then**
> $x_0 \leftrightarrow x_1$;
> $u \leftrightarrow v$;
>   **End If**
> $s \Leftarrow (x_1 - x_0)/(v - u)$;
> $x_0 \Leftarrow x_1$;
> $u \Leftarrow v$;
> $x_1 \Leftarrow x_1 - s \times v$;
> $v \Leftarrow f(x_1)$;
>   **Output** k, x_1, v;
>   **If** $|v| < \varepsilon$ **Or** $|x_1 - x_0| < \delta$ **Then Stop**.
> **End For**

在割线法中, 仅仅开始时需要两个初始点 x_0 和 x_1 的值 $f(x_0)$ 和 $f(x_1)$ 来求得 x_2, 在后续迭代中, 每次仅需计算一个函数值. 而牛顿法每次迭代需要计算一个函数值 $f(x_k)$ 和一个导数值 $f'(x_k)$. 因此, 从计算的角度, 割线法优于牛顿法.

注意, 在算法 5.3.3 中, 我们总是保持 $|f(x_{k+1})| \leqslant |f(x_k)|$, 从而函数的绝对值序列是非上升的.

例 5.3.3　用割线法求方程 $f(x) \triangleq \sin x - \dfrac{x^2}{4} = 0$ 的正根.

解　由割线法的迭代公式 (5.3.28) 得

$$\begin{aligned} h_k &= -\frac{x_k - x_{k-1}}{f(x_k) - f(x_{k-1})} f(x_k), \\ x_{k+1} &= x_k + h_k. \end{aligned}$$

选取初始点 $x_0 = 1, x_1 = 2$, 计算结果如表 5.3.3 所示. 所求正根的近似值 $x^* \approx$ 1.93375.

表 5.3.3

k	x_k	$f(x_k)$	h_k
0	1.00000	0.591471	
1	2.00000	−0.090703	−0.132961
2	1.86704	0.084981	0.064316
3	1.93135	0.003167	0.002490
4	1.93384	−0.000120	−0.000091
5	1.93375	0.000001	−0.000001
6	1.93375		

下面, 我们讨论割线法的收敛速度. 设 $\varepsilon_k = x_k - x^*$, 由 (5.3.28) 式得

$$\begin{aligned} \varepsilon_{k+1} = x_{k+1} - x^* &= x_k - \frac{x_k - x_{k-1}}{f(x_k) - f(x_{k-1})} f(x_k) - x^* \\ &= \frac{f(x_k)x_{k-1} - f(x_{k-1})x_k}{f(x_k) - f(x_{k-1})} - x^* \\ &= \frac{f(x_k)\varepsilon_{k-1} - f(x_{k-1})\varepsilon_k}{f(x_k) - f(x_{k-1})}. \end{aligned} \tag{5.3.29}$$

提取因子 $\varepsilon_k\varepsilon_{k-1}$, 并嵌入 $(x_k - x_{k-1})/\left(f(x_k) - f(x_{k-1})\right)$, 得

$$\varepsilon_{k+1} = \left[\frac{x_k - x_{k-1}}{f(x_k) - f(x_{k-1})}\right]\left[\frac{f(x_k)/\varepsilon_k - f(x_{k-1})/\varepsilon_{k-1}}{x_k - x_{k-1}}\right]\varepsilon_k\varepsilon_{k-1}. \tag{5.3.30}$$

由 Taylor 定理, 得

$$f(x_k) = f(x^* + \varepsilon_k) = f(x^*) + \varepsilon_k f'(x^*) + \frac{1}{2}\varepsilon_k^2 f''(x^*) + O(\varepsilon_k^3). \tag{5.3.31}$$

由于 $f(x^*)=0$, 则

$$f(x_k)/\varepsilon_k = f'(x^*) + \frac{1}{2}\varepsilon_k f''(x^*) + O(\varepsilon_k^2),$$
$$f(x_{k-1})/\varepsilon_{k-1} = f'(x^*) + \frac{1}{2}\varepsilon_{k-1} f''(x^*) + O(\varepsilon_{k-1}^2).$$

上述两式相减给出

$$\frac{f(x_k)}{\varepsilon_k} - \frac{f(x_{k-1})}{\varepsilon_{k-1}} = \frac{1}{2}(\varepsilon_k - \varepsilon_{k-1}) f''(x^*) + O(\varepsilon_{k-1}^2). \tag{5.3.32}$$

由于 $x_k - x_{k-1} = \varepsilon_k - \varepsilon_{k-1}$, 上式给出

$$\frac{f(x_k)/\varepsilon_k - f(x_{k-1})/\varepsilon_{k-1}}{x_k - x_{k-1}} \approx \frac{1}{2} f''(x^*). \tag{5.3.33}$$

又注意到 (5.3.30) 式中第一个方括号内的式子可以写成

$$\frac{x_k - x_{k-1}}{f(x_k) - f(x_{k-1})} \approx \frac{1}{f'(x^*)}. \tag{5.3.34}$$

将上面两式代入 (5.3.30) 式得到

$$\varepsilon_{k+1} \approx \frac{1}{2}\frac{f''(x^*)}{f'(x^*)}\varepsilon_k\varepsilon_{k-1} = C\varepsilon_k\varepsilon_{k-1}. \tag{5.3.35}$$

(5.3.35) 式表明: 若 $f'(x^*) \neq 0$, $f(x)$ 二次连续可微, 则对于足够好的初始值 x_0, x_1, 割线法是收敛的.

我们再来讨论割线法的收敛速度. 设割线法的收敛阶为 p, 即设

$$|\varepsilon_{k+1}| \approx K|\varepsilon_k|^p, \quad |\varepsilon_k| \approx K|\varepsilon_{k-1}|^p. \tag{5.3.36}$$

将上面的关系式代入 (5.3.35) 式, 得

$$K|\varepsilon_k|^p \approx C|\varepsilon_k|K^{-1/p}|\varepsilon_k|^{1/p}. \tag{5.3.37}$$

从而得到

$$p = 1 + \frac{1}{p}. \tag{5.3.38}$$

注意到 p 不能取负数, 解之得

$$p = \frac{1+\sqrt{5}}{2} \approx 1.618. \tag{5.3.39}$$

因此, 割线法的收敛阶为 1.618, 这表明割线法是超线性收敛的. 利用 (5.3.38) 式, 有

$$C = K^{1+\frac{1}{p}},$$

从而依次利用 (5.3.38) 式, (5.3.39) 式和 (5.3.35) 式, 得

$$K = C^{1/(1+1/p)} = C^{1/p} = C^{p-1} = C^{0.618} = \left[\frac{1}{2}\frac{f''(x^*)}{f'(x^*)}\right]^{0.618}.$$

从而

$$|\varepsilon_{k+1}| \approx K|\varepsilon_k|^{(1+\sqrt{5})/2} = \left[\frac{1}{2}\frac{f''(x^*)}{f'(x^*)}\right]^{0.618}|\varepsilon_k|^{(1+\sqrt{5})/2}. \tag{5.3.40}$$

有时我们也采用*定端点割线法* (*又称单点弦截法*). 设 $x_0 \neq x_i$, $i > 0$, $f(x)$ 在 $[x_0, x_i]$ 上连续, $f(x_0)f(x_i) < 0$, 在 (x_0, x_i) 内 $f'(x) \neq 0$, 则在 (x_0, x_i) 内有一单根. 定端点割线法为

$$x_{k+1} = x_k - \frac{x_k - x_0}{f(x_k) - f(x_0)}f(x_k), \quad k = 1, 2, 3, \cdots. \tag{5.3.40a}$$

类似于 (5.3.35) 式, 我们可得到

$$\varepsilon_{k+1} \approx \frac{1}{2}\frac{f''(x^*)}{f'(x^*)}\varepsilon_0\varepsilon_k. \tag{5.3.41}$$

定端点割线法的收敛速度不如割线法 (5.3.28).

5.3.4　弦方法

如果我们在每次迭代中都用

$$\frac{f(b) - f(a)}{b - a} \tag{5.3.42}$$

代替 (5.3.27) 式, 对于给出的初始点 x_0, 则得到迭代

$$x_{k+1} = x_k - \frac{b - a}{f(b) - f(a)}f(x_k), \quad k = 0, 1, \cdots. \tag{5.3.43}$$

(5.3.43) 式称为*弦方法*. 弦方法的几何解释如图 5.3.4 所示.

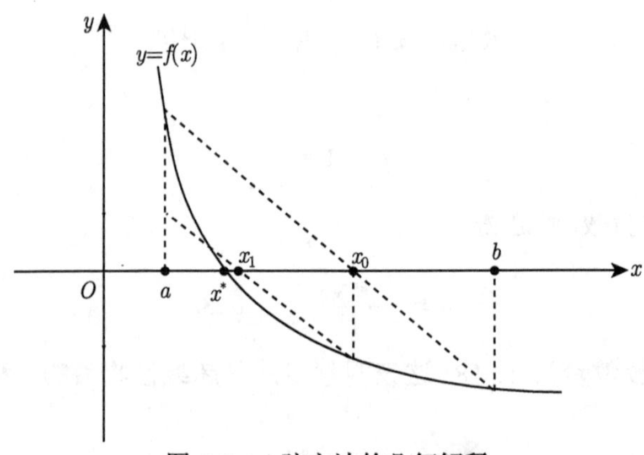

图 5.3.4　弦方法的几何解释

将弦方法放入不动点框架, 我们有

$$\phi(x) = x - \frac{b-a}{f(b)-f(a)} f(x). \tag{5.3.44}$$

如果 $f'(x^*) = 0$, 则 $\phi'(x^*) = 1$. 由不动点定理, 这时方法不保证收敛. 否则, 条件 $|\phi'(x^*)| < 1$ 成立当且仅当

$$0 < \frac{b-a}{f(b)-f(a)} f'(x^*) < 2. \tag{5.3.45}$$

按照上式, 若区间 $[a,b]$ 要求满足

$$b - a < 2\frac{f(b)-f(a)}{f'(x^*)}, \tag{5.3.46}$$

则存在 $\delta > 0$, 对任意 $x_0 \in N(x^*;\delta)$, 弦方法 (5.3.43) 收敛.

5.4 解非线性方程组的牛顿法及其变形

本节讨论解非线性方程组

$$\boldsymbol{F}(\boldsymbol{x}) = \boldsymbol{0} \tag{5.4.1}$$

的牛顿法及其变形, 其中 $\boldsymbol{F}: D \subset \mathbb{R}^n \to \mathbb{R}^n$ 连续可微, D 是一个开凸集,

$$\boldsymbol{F}(\boldsymbol{x}) = \begin{pmatrix} f_1(\boldsymbol{x}) \\ f_2(\boldsymbol{x}) \\ \vdots \\ f_n(\boldsymbol{x}) \end{pmatrix}. \tag{5.4.2}$$

我们用 $\boldsymbol{J}(\boldsymbol{x})$ 表示 $\boldsymbol{F}(\boldsymbol{x})$ 的 Jacobi 矩阵

$$\boldsymbol{J}(\boldsymbol{x}) = \begin{bmatrix} \dfrac{\partial f_1(\boldsymbol{x})}{\partial x_1} & \dfrac{\partial f_1(\boldsymbol{x})}{\partial x_2} & \cdots & \dfrac{\partial f_1(\boldsymbol{x})}{\partial x_n} \\ \dfrac{\partial f_2(\boldsymbol{x})}{\partial x_1} & \dfrac{\partial f_2(\boldsymbol{x})}{\partial x_2} & \cdots & \dfrac{\partial f_2(\boldsymbol{x})}{\partial x_n} \\ \vdots & \vdots & \ddots & \vdots \\ \dfrac{\partial f_n(\boldsymbol{x})}{\partial x_1} & \dfrac{\partial f_n(\boldsymbol{x})}{\partial x_2} & \cdots & \dfrac{\partial f_n(\boldsymbol{x})}{\partial x_n} \end{bmatrix}. \tag{5.4.3}$$

5.4.1 解非线性方程组的牛顿法

我们首先推导解 (5.4.1) 的牛顿法迭代公式. 和 5.3.2 节中解单个非线性方程的牛顿法一样, 利用 $\boldsymbol{F}(\boldsymbol{x})$ 在 $\boldsymbol{x}_k$ 点的 Taylor 展开, 得

$$\boldsymbol{F}(\boldsymbol{x}) = \boldsymbol{F}(\boldsymbol{x}_k) + \boldsymbol{J}(\boldsymbol{x}_k)(\boldsymbol{x} - \boldsymbol{x}_k) + O(\|\boldsymbol{x} - \boldsymbol{x}_k\|^2). \tag{5.4.4}$$

当 $\boldsymbol{x}$ 在 $\boldsymbol{x}_k$ 的某个邻域内的时候, 我们可以忽略 $O(\|\boldsymbol{x}-\boldsymbol{x}_k\|^2)$, 得

$$\boldsymbol{F}(\boldsymbol{x}_k)+\boldsymbol{J}(\boldsymbol{x}_k)(\boldsymbol{x}-\boldsymbol{x}_k)=\boldsymbol{0}. \tag{5.4.5}$$

解之得

$$\boldsymbol{x}_{k+1}=\boldsymbol{x}_k-\boldsymbol{J}(\boldsymbol{x}_k)^{-1}\boldsymbol{F}(\boldsymbol{x}_k),\quad k=0,1,2,\cdots, \tag{5.4.6}$$

这就是牛顿 (Newton) 法的迭代公式.

算法 5.4.1 解非线性方程组的牛顿法

步 1. 给出 $\boldsymbol{F}:\mathbb{R}^n\to\mathbb{R}^n$ 连续可微, 值 $\boldsymbol{x}_0\in\mathbb{R}^n$.
步 2. For $k=0,1,2,\cdots$ **Do**
求解 $\boldsymbol{J}(\boldsymbol{x}_k)\boldsymbol{s}_k=-\boldsymbol{F}(\boldsymbol{x}_k)$;
置 $\boldsymbol{x}_{k+1}=\boldsymbol{x}_k+\boldsymbol{s}_k$;
End For

为了说明上述算法, 我们举个例子. 设

$$\boldsymbol{F}(\boldsymbol{x})=\begin{bmatrix} x_1+x_2-3\\ x_1^2+x_2^2-9\end{bmatrix}.$$

$\boldsymbol{F}(\boldsymbol{x})=0$ 的解为 $\boldsymbol{x}^*=(3,0)^{\mathrm{T}}$ 和 $\boldsymbol{x}^*=(0,3)^{\mathrm{T}}$. 今设 $\boldsymbol{x}_0=(1,5)^{\mathrm{T}}$. 根据算法 5.4.1, 当 $k=0$ 时, 解 $\boldsymbol{J}(\boldsymbol{x}_0)\boldsymbol{s}_0=-\boldsymbol{F}(\boldsymbol{x}_0)$, 即解

$$\begin{bmatrix} 1 & 1\\ 2 & 10\end{bmatrix}\boldsymbol{s}_0=-\begin{bmatrix} 3\\ 17\end{bmatrix},$$

得 $\boldsymbol{s}_0=\left(-\dfrac{13}{8},-\dfrac{11}{8}\right)^{\mathrm{T}}$. 令

$$\boldsymbol{x}_1=\boldsymbol{x}_0+\boldsymbol{s}_0=(1,5)^{\mathrm{T}}+\left(-\frac{13}{8},-\frac{11}{8}\right)^{\mathrm{T}}=(-0.625,3.625)^{\mathrm{T}}.$$

当 $k=1$ 时, 解 $\boldsymbol{J}(\boldsymbol{x}_1)\boldsymbol{s}_1=-\boldsymbol{F}(\boldsymbol{x}_1)$, 即解

$$\begin{bmatrix} 1 & 1\\ -\dfrac{5}{4} & \dfrac{29}{4}\end{bmatrix}\boldsymbol{s}_1=-\begin{bmatrix} 0\\ \dfrac{145}{32}\end{bmatrix},$$

得 $\boldsymbol{s}_1=\left(\dfrac{145}{272},-\dfrac{145}{272}\right)^{\mathrm{T}}$. 令 $\boldsymbol{x}_2=\boldsymbol{x}_1+\boldsymbol{s}_1\approx(-0.092,3.092)^{\mathrm{T}}$. 显然, 我们只经过两步计算, 所得到的 $\boldsymbol{x}_2$ 就已经非常靠近解 $(0,3)^{\mathrm{T}}$. 这显示了牛顿法的一个主要优点, 即当初始点 $\boldsymbol{x}_0$ 充分靠近解 $\boldsymbol{x}^*$ 且 $\boldsymbol{J}(\boldsymbol{x}^*)$ 非奇异时, 牛顿法收敛很快.

下面我们建立牛顿法的局部收敛性. 设

$$N(\boldsymbol{x}^*;r)=\left\{\boldsymbol{x}\in\mathbb{R}^n\mid\|\boldsymbol{x}-\boldsymbol{x}^*\|<r\right\} \tag{5.4.7}$$

表示 $\boldsymbol{x}^*$ 的一个邻域, $\|\cdot\|$ 为 $\mathbb{R}^n$ 空间的某个范数.

引理 5.4.1 (Von–Neumann 引理) 设 $\|\cdot\|$ 表示相容矩阵范数满足 $\|\boldsymbol{I}\|=1$, 其中 $\boldsymbol{I}$ 是单位矩阵. 设 $\boldsymbol{E}\in\mathbb{R}^{n\times n}$, 若 $\|\boldsymbol{E}\|<1$, 则 $\boldsymbol{I}-\boldsymbol{E}$ 非奇异, 且

$$(\boldsymbol{I}-\boldsymbol{E})^{-1}=\sum_{k=0}^{\infty}\boldsymbol{E}^k, \tag{5.4.8}$$

$$\|(\boldsymbol{I}-\boldsymbol{E})^{-1}\|\leqslant\frac{1}{1-\|\boldsymbol{E}\|}. \tag{5.4.9}$$

如果 $\boldsymbol{A}\in\mathbb{R}^{n\times n}$ 非奇异, $\|\boldsymbol{A}^{-1}(\boldsymbol{B}-\boldsymbol{A})\|<1$, 则 $\boldsymbol{B}$ 非奇异, 且

$$\boldsymbol{B}^{-1}=\sum_{k=0}^{\infty}(\boldsymbol{I}-\boldsymbol{A}^{-1}\boldsymbol{B})^k\boldsymbol{A}^{-1}, \tag{5.4.10}$$

$$\|\boldsymbol{B}^{-1}\|\leqslant\frac{\|\boldsymbol{A}^{-1}\|}{1-\|\boldsymbol{A}^{-1}(\boldsymbol{B}-\boldsymbol{A})\|}. \tag{5.4.11}$$

证明 由于 $\|\boldsymbol{E}\|<1$, 故

$$\boldsymbol{S}_k\triangleq\boldsymbol{I}+\boldsymbol{E}+\boldsymbol{E}^2+\cdots+\boldsymbol{E}^k,\quad k=0,1,\cdots.$$

定义一个 Cauchy 序列, 因而 $\{\boldsymbol{S}_k\}$ 收敛,

$$\sum_{k=0}^{\infty}\boldsymbol{E}^k=\lim_{k\to\infty}\boldsymbol{S}_k=(\boldsymbol{I}-\boldsymbol{E})^{-1},$$

这证明了 (5.4.8)~(5.4.9) 式成立.

由于 $\boldsymbol{A}$ 非奇异, $\|\boldsymbol{A}^{-1}(\boldsymbol{B}-\boldsymbol{A})\|=\|-(\boldsymbol{I}-\boldsymbol{A}^{-1}\boldsymbol{B})\|<1$, 令 $\boldsymbol{E}=\boldsymbol{I}-\boldsymbol{A}^{-1}\boldsymbol{B}$, 则由 (5.4.8)~(5.4.9) 式立即得到 (5.4.10)~(5.4.11) 式. **证毕**

引理 5.4.2 设 $\boldsymbol{F}:\mathbb{R}^n\to\mathbb{R}^m$ 在开凸集 D 上连续可微, $\boldsymbol{F}'$ 在 $\boldsymbol{x}\in$ 邻域 D 中 Lipschitz 连续, γ 是 Lipschitz 常数, 则对于任何 $\boldsymbol{x}+\boldsymbol{d}\in D$, 有

$$\|F(\boldsymbol{x}+\boldsymbol{d})-\boldsymbol{F}(\boldsymbol{x})-\boldsymbol{F}'(\boldsymbol{x})\boldsymbol{d}\|\leqslant\frac{\gamma}{2}\|\boldsymbol{d}\|^2. \tag{5.4.12}$$

证明 由于

$$\begin{aligned}\boldsymbol{F}(\boldsymbol{x}+\boldsymbol{d})-\boldsymbol{F}(\boldsymbol{x})-\boldsymbol{F}'(\boldsymbol{x})\boldsymbol{d}&=\int_0^1\boldsymbol{F}'(\boldsymbol{x}+\alpha\boldsymbol{d})\boldsymbol{d}\mathrm{d}\alpha-\boldsymbol{F}'(\boldsymbol{x})\boldsymbol{d}\\&=\int_0^1\Big[\boldsymbol{F}'(\boldsymbol{x}+\alpha\boldsymbol{d})-\boldsymbol{F}'(\boldsymbol{x})\Big]\boldsymbol{d}\mathrm{d}\alpha,\end{aligned}$$

从而取范数得到

$$\begin{aligned}\|\boldsymbol{F}(\boldsymbol{x}+\boldsymbol{d})-\boldsymbol{F}(\boldsymbol{x})-\boldsymbol{F}'(\boldsymbol{x})\boldsymbol{d}\| &\leqslant \int_0^1 \|\boldsymbol{F}'(\boldsymbol{x}+\alpha\boldsymbol{d})-\boldsymbol{F}'(\boldsymbol{x})\|\cdot\|\boldsymbol{d}\|\mathrm{d}\alpha \\ &\leqslant \int_0^1 \gamma\|\alpha\boldsymbol{d}\|\cdot\|\boldsymbol{d}\|\mathrm{d}\alpha \\ &= \gamma\|\boldsymbol{d}\|^2\int_0^1 \alpha\mathrm{d}\alpha \\ &= \frac{\gamma}{2}\|\boldsymbol{d}\|^2.\end{aligned}$$

证毕

现在, 我们给出牛顿法的收敛性定理.

定理 5.4.1　设 $\boldsymbol{F}:\mathbb{R}^n\to\mathbb{R}^n$ 在开凸集 $D\subset\mathbb{R}^n$ 上连续可微. 假定存在 $\boldsymbol{x}^*\in\mathbb{R}^n$ 和 $r,\beta>0$ 使得 $N(\boldsymbol{x}^*,r)\subset D$, $\boldsymbol{F}(\boldsymbol{x}^*)=0$, $\boldsymbol{J}(\boldsymbol{x}^*)^{-1}$ 存在且 $\|\boldsymbol{J}(\boldsymbol{x}^*)^{-1}\|\leqslant\beta$. 又假定 $\boldsymbol{J}(\boldsymbol{x})$ 满足 Lipschitz 连续条件

$$\|\boldsymbol{J}(\boldsymbol{x})-\boldsymbol{J}(\boldsymbol{y})\|\leqslant\gamma\|\boldsymbol{x}-\boldsymbol{y}\|,\quad \forall\boldsymbol{x},\boldsymbol{y}\in N(\boldsymbol{x}^*;r), \tag{5.4.13}$$

则存在 $\varepsilon>0$ 使得对任何 $\boldsymbol{x}_0\in N(\boldsymbol{x}^*,\varepsilon)$, 由牛顿法产生的迭代序列 $\{\boldsymbol{x}_k\}$ 是有定义的, 收敛到 $\boldsymbol{x}^*$, 且收敛速度是 2 阶的, 即满足

$$\|\boldsymbol{x}_{k+1}-\boldsymbol{x}^*\|\leqslant\beta\gamma\|\boldsymbol{x}_k-\boldsymbol{x}^*\|^2. \tag{5.4.14}$$

证明　设 $\varepsilon=\min\left\{r,\dfrac{1}{2\beta\gamma}\right\}$. 我们用归纳法证明 (5.4.14) 式成立, 并证明

$$\|\boldsymbol{x}_{k+1}-\boldsymbol{x}^*\|\leqslant\frac{1}{2}\|\boldsymbol{x}_k-\boldsymbol{x}^*\|. \tag{5.4.15}$$

从而

$$\boldsymbol{x}_{k+1}\in N(\boldsymbol{x}^*;\varepsilon). \tag{5.4.16}$$

对于 $k=0$ 的情形, 我们首先证明 $\boldsymbol{J}(\boldsymbol{x}_0)$ 非奇异. 由 $\|\boldsymbol{x}_0-\boldsymbol{x}^*\|\leqslant\varepsilon$, $\boldsymbol{J}$ 在 $\boldsymbol{x}^*$ 是 Lipschitz 连续和 ε 的定义, 得到

$$\begin{aligned}\|\boldsymbol{J}(\boldsymbol{x}^*)^{-1}[\boldsymbol{J}(\boldsymbol{x}_0)-\boldsymbol{J}(\boldsymbol{x}^*)]\| &\leqslant \|\boldsymbol{J}(\boldsymbol{x}^*)^{-1}\|\cdot\|\boldsymbol{J}(\boldsymbol{x}_0)-\boldsymbol{J}(\boldsymbol{x}^*)\| \\ &\leqslant \beta\gamma\|\boldsymbol{x}_0-\boldsymbol{x}^*\| \\ &\leqslant \beta\gamma\varepsilon\leqslant\frac{1}{2}.\end{aligned} \tag{5.4.17}$$

由 Von–Neumann 引理 (引理 5.4.1) 得 $\boldsymbol{J}(\boldsymbol{x}_0)$ 非奇异, 且

$$\begin{aligned}\|\boldsymbol{J}(\boldsymbol{x}_0)^{-1}\| &\leqslant \frac{\|\boldsymbol{J}(\boldsymbol{x}^*)^{-1}\|}{1-\|\boldsymbol{J}(\boldsymbol{x}^*)^{-1}[\boldsymbol{J}(\boldsymbol{x}_0)-\boldsymbol{J}(\boldsymbol{x}^*)]\|} \\ &\leqslant 2\|\boldsymbol{J}(\boldsymbol{x}^*)^{-1}\| \\ &\leqslant 2\beta.\end{aligned} \tag{5.4.18}$$

因此 $\boldsymbol{x}_1$ 是有定义的, 并且

$$\begin{aligned}\boldsymbol{x}_1-\boldsymbol{x}^* &= \boldsymbol{x}_0-\boldsymbol{x}^*-\boldsymbol{J}(\boldsymbol{x}_0)^{-1}\boldsymbol{F}(\boldsymbol{x}_0)\\ &= \boldsymbol{x}_0-\boldsymbol{x}^*-\boldsymbol{J}(\boldsymbol{x}_0)^{-1}\big[\boldsymbol{F}(\boldsymbol{x}_0)-\boldsymbol{F}(\boldsymbol{x}^*)\big]\\ &= \boldsymbol{J}(\boldsymbol{x}_0)^{-1}\big[\boldsymbol{F}(\boldsymbol{x}^*)-\boldsymbol{F}(\boldsymbol{x}_0)-\boldsymbol{J}(\boldsymbol{x}_0)(\boldsymbol{x}^*-\boldsymbol{x}_0)\big].\end{aligned}$$

取范数, 并利用 (5.4.18) 式和引理 5.4.2, 得

$$\begin{aligned}\|\boldsymbol{x}_1-\boldsymbol{x}^*\| &\leqslant \|\boldsymbol{J}(\boldsymbol{x}_0)^{-1}\|\cdot\|\boldsymbol{F}(\boldsymbol{x}^*)-\boldsymbol{F}(\boldsymbol{x}_0)-\boldsymbol{J}(\boldsymbol{x}_0)(\boldsymbol{x}^*-\boldsymbol{x}_0)\|\\ &\leqslant 2\beta\cdot\frac{\gamma}{2}\|\boldsymbol{x}_0-\boldsymbol{x}^*\|^2 \qquad (5.4.19)\\ &= \beta\gamma\|\boldsymbol{x}_0-\boldsymbol{x}^*\|^2.\end{aligned}$$

这证明了当 $k=0$ 时 (5.4.14) 式成立.

此外, 由 $\boldsymbol{x}_0\in N(\boldsymbol{x}^*;\varepsilon)$ 和 ε 的定义知 $\|\boldsymbol{x}_0-\boldsymbol{x}^*\|\leqslant\dfrac{1}{2\beta\gamma}$, 因而得到

$$\|\boldsymbol{x}_1-\boldsymbol{x}^*\|\leqslant\frac{1}{2}\|\boldsymbol{x}_0-\boldsymbol{x}^*\|,$$

这表明 $\boldsymbol{x}_1\in N(\boldsymbol{x}^*;\varepsilon)$. 于是, 当 $k=0$ 时, (5.4.15) 式和 (5.4.16) 式也成立.

归纳步的证明同 $k=0$ 时完全一样, 即如果 (5.4.14) 式对某个 k 成立, 则 (5.4.14) 式对 $k+1$ 也成立. **证毕**

定理 5.4.1 是牛顿法的局部快速收敛性定理. 它指出, 若 $\boldsymbol{x}_0$ 充分靠近解 $\boldsymbol{x}^*$, 且 Jacobi 矩阵 $\boldsymbol{J}(\boldsymbol{x}^*)$ 非奇异, 则牛顿法收敛速度是 2 阶的. 但注意到牛顿法中, 每次迭代都要解一个线性方程组

$$\boldsymbol{J}(\boldsymbol{x}_k)\boldsymbol{s}_k=-\boldsymbol{F}(\boldsymbol{x}_k),$$

当问题的规模很大时, 工作量很大. 另外 Jacobi 矩阵 $\boldsymbol{J}(\boldsymbol{x}_k)$ 可能是坏条件的, 这会引起数值计算的困难. 此外, 在一些实际问题中, Jacobi 矩阵很难求, 甚至根本不好求, 这也限制了牛顿法的应用. 最后, 还注意到牛顿法是一个局部方法, 仅当初始点 $\boldsymbol{x}_0$ 充分靠近 $\boldsymbol{x}^*$ 时, 方法才有效, 若初始点 $\boldsymbol{x}_0$ 远离解 $\boldsymbol{x}^*$, 牛顿法将收敛很慢, 甚至不收敛. 例如, 考虑非线性方程组

$$\boldsymbol{F}(\boldsymbol{x})\triangleq\begin{bmatrix}e^{x_1^2+x_2^2}-1\\ e^{x_1^2-x_2^2}-1\end{bmatrix}=\boldsymbol{0},$$

其解为 $\boldsymbol{x}^*=(0,0)^{\mathrm{T}}$. 当初始点 $\boldsymbol{x}_0=(0.1,0.1)^{\mathrm{T}}$ 时, 算法 15 次迭代可达到 $\boldsymbol{x}_{15}=(0.61\times10^{-5},0.61\times10^{-5})^{\mathrm{T}}$. 当 $\boldsymbol{x}_0=(10,10)^{\mathrm{T}}$ 时, 算法经 220 次迭代才能达到上述精度. 而当 $\boldsymbol{x}_0=(20,20)^{\mathrm{T}}$ 时, 牛顿法不收敛. 针对这些问题, 许多修改牛顿法被提出来了, 限于篇幅, 下面我们仅仅给出一个简要的介绍.

5.4.2 修改牛顿法简介

牛顿法有若干种修改形式, 这里给出几种主要的修改方案.

1. 采用线性搜索的牛顿法

通常, 解非线性方程组的迭代法要求满足范数减少准则, 即要求

$$\|\boldsymbol{F}(\boldsymbol{x}_{k+1})\| \leqslant \|\boldsymbol{F}(\boldsymbol{x}_k)\|, \quad k = 0, 1, \cdots \tag{5.4.20}$$

对某个范数成立. 但基本牛顿法并不满足这个范数减少准则. 另外, 从刚才的例子可以看出, 当初始点不靠近解点时, 基本牛顿法是不理想的. 因此, 一个简单的修改是

$$\boldsymbol{x}_{k+1} = \boldsymbol{x}_k + \alpha_k \boldsymbol{d}_k = \boldsymbol{x}_k - \alpha_k \boldsymbol{J}(\boldsymbol{x}_k)^{-1}\boldsymbol{F}(\boldsymbol{x}_k), \quad k = 0, 1, \cdots \tag{5.4.21}$$

其中 α_k 是步长因子, 它由某种线性搜索准则确定, 使得充分下降性条件

$$\|\boldsymbol{F}(\boldsymbol{x}_t)\| < (1 - \omega\alpha)\|\boldsymbol{F}(\boldsymbol{x}_k)\| \tag{5.4.22}$$

成立, 其中 $\boldsymbol{x}_k$ 是当前点, $\boldsymbol{x}_t$ 是所得到的试验点, $\omega \in (0, 1)$. 这样, 我们得到如下算法, 其中输入参数为初始点 $\boldsymbol{x}$, 非线性函数 $\boldsymbol{F}$, 算法的终止准则向量 $\boldsymbol{\tau} = (\tau_r, \tau_a) \in \mathbb{R}^2$, τ_r 是相对误差容限, τ_a 是绝对误差容限.

在算法 5.4.2 中, $0<\sigma_0<\sigma_1<1$, 一般可取 $\sigma_0 = 0.1$, $\sigma_1 = 0.5$. 这样采用线性搜索的牛顿法既利用了基本牛顿法的局部快速收敛性, 又保证了方法的总体收敛性.

算法 5.4.2 采用线性搜索的牛顿法

初始步: 输入 $\boldsymbol{x}$, $\boldsymbol{F}$, $\boldsymbol{\tau}$ 的值;

1. $r_0 = \|\boldsymbol{F}(\boldsymbol{x})\|$;

2. Do while $\|\boldsymbol{F}(\boldsymbol{x})\| > \tau_r r_0 + \tau_a$

  (a) **Solve** $\boldsymbol{J}(\boldsymbol{x})\boldsymbol{d} = -\boldsymbol{F}(\boldsymbol{x})$ **For** $\boldsymbol{d}$;

  (b) $\alpha = 1$;

    (i) $\boldsymbol{x}_t = \boldsymbol{x} + \alpha\boldsymbol{d}$;

    (ii) **If** $\|\boldsymbol{F}(\boldsymbol{x}_t)\| < (1 - \omega\alpha)\|\boldsymbol{F}(\boldsymbol{x})\|$ **Then**

      $\boldsymbol{x} = \boldsymbol{x}_t$.

    Else

      Choose $\sigma \in [\sigma_0, \sigma_1]$;

      $\alpha = \sigma\alpha$;

      Go to 2 (b) (i).

    End If

End while

2. 采用阻尼策略的牛顿法

如果 Jacobi 矩阵奇异, 则牛顿迭代没有定义. 这时, 一种修改方案为

$$\boldsymbol{x}_{k+1}=\boldsymbol{x}_k+\boldsymbol{d}_k=\boldsymbol{x}_k-[\boldsymbol{J}(\boldsymbol{x}_k)+\lambda_k\boldsymbol{I}]^{-1}\boldsymbol{F}(\boldsymbol{x}_k),\quad k=0,1,\cdots, \tag{5.4.23}$$

其中, λ_k 的选择使得 $\boldsymbol{J}(\boldsymbol{x}_k)+\lambda_k\boldsymbol{I}$ 非奇异.

3. 有限差分牛顿法

当 Jacobi 矩阵计算很困难时, 为了避免计算 Jacobi 矩阵, 可以用有限差分代替 Jacobi 矩阵. 有限差分近似的第 j 列定义为

$$(\boldsymbol{J}_k^h)_j=\frac{\boldsymbol{F}(\boldsymbol{x}_k+h_k^j\boldsymbol{e}_j)-\boldsymbol{F}(\boldsymbol{x}_k)}{h_k^j},\quad j=1,2,\cdots,n, \tag{5.4.24}$$

其中 h_k^j 是一个增量. 迭代格式为

$$\boldsymbol{x}_{k+1}=\boldsymbol{x}_k-[\boldsymbol{J}_k^h]^{-1}\boldsymbol{F}(\boldsymbol{x}_k),\quad k=0,1,\cdots. \tag{5.4.25}$$

对于有限差分牛顿法, 我们有下面的收敛性定理.

定理 5.4.2 设 $\boldsymbol{F}$ 和 $\boldsymbol{x}^*$ 满足牛顿法收敛性定理 5.4.1 的假设, $\|\cdot\|$ 表示 l_1 范数. 如果存在 $\varepsilon, h>0$ 使得 $\boldsymbol{x}_0\in N(\boldsymbol{x}^*;\varepsilon)$ 和 $0<|h_k^j|\leqslant h$, $j=1,2,\cdots,n$, 则由有限差分牛顿法 (5.4.24)~ (5.4.25) 定义的序列 $\{\boldsymbol{x}_k\}$ 是有定义的, 并且 q- 线性收敛到 $\boldsymbol{x}^*$.

此外, 如果 $\lim\limits_{k\to\infty}h_k^j=0$, $j=1,2,\cdots,n$, 则序列 $\{\boldsymbol{x}_k\}$ 的收敛速度是 q- 超线性的. 如果存在某个常数 c_1, 使得

$$\max_j|h_k^j|\leqslant c_1\|\boldsymbol{x}_k-\boldsymbol{x}^*\|, \tag{5.4.26a}$$

或等价地, 存在某个常数 c_2 使得

$$\max_j|h_k^j|\leqslant c_2\|\boldsymbol{F}(\boldsymbol{x}_k)\|, \tag{5.4.26b}$$

则序列 $\{\boldsymbol{x}_k\}$ 的收敛速度是 q–2 次的.

关于有限差分牛顿法, 我们还应该指出两点:

第一, 增量 h_k^j 的适当选择是重要的, 因为如果 $|h_k^j|$ 太大, 则截断误差就会大; 如果 $|h_k^j|$ 太小, 则舍入误差就会大. 因此, 需要适当地选择 h_k^j. 一个可能的选择是

$$h_k^j=\sqrt{\varepsilon_M}\max\left\{|x_k^j|,M_j\right\}\mathrm{sgn}(x_k^j), \tag{5.4.27}$$

其中 ε_M 表示机器精度, M_j 表示分量 x_k^j 的典型大小, x_k^j 是向量 $\boldsymbol{x}_k$ 的第 j 个分量.

第二, (5.4.24) 式是向前差商表示式. 如果采用中心差商

$$(\boldsymbol{J}_k^h)_j = \frac{\boldsymbol{F}(\boldsymbol{x}_k + h_k^j \boldsymbol{e}_j) - \boldsymbol{F}(\boldsymbol{x}_k - h_k^j \boldsymbol{e}_j)}{2h_k^j}, \tag{5.4.28}$$

则算法可以得到进一步改进.

4. 不精确牛顿法

在牛顿法中, 每一次迭代都要解一个线性方程组, 而精确求解线性方程组的工作量是大的. 因此, 我们可以近似地求解牛顿法迭代步中的线性方程组. 我们考虑如下牛顿法方向的不精确形式: $\boldsymbol{d}_k$ 满足不等式

$$\|\boldsymbol{J}(\boldsymbol{x}_k)\boldsymbol{d}_k + \boldsymbol{F}(\boldsymbol{x}_k)\| \leqslant \eta_k \|\boldsymbol{F}(\boldsymbol{x}_k)\|, \quad \eta_k \in [0, \eta], \tag{5.4.29}$$

其中 $\eta \in [0, 1)$ 是一个常数, $\{\eta_k\}$ 是一个强制参数序列. 满足 (5.4.29) 式的算法称为不精确牛顿法.

类似于牛顿法和有限差分牛顿法的收敛性定理, 我们可以证明如下关于不精确牛顿法的收敛性定理.

定理 5.4.3　设 $\boldsymbol{F}$ 和 $\boldsymbol{x}^*$ 满足牛顿法收敛性定理 5.4.2 中的标准假设, 如果 $\boldsymbol{x}_0$ 充分靠近 $\boldsymbol{x}^*$, 则对不精确牛顿法产生的序列 $\{\boldsymbol{x}_k\}$, 下面的结论成立:

(1) 如果 (5.4.29) 式中 η 充分小, 则 $\{\boldsymbol{x}_k\}$ 是 q– 线性收敛;

(2) 如果 $\eta_k \to 0$, 则 $\{\boldsymbol{x}_k\}$ 是 q– 超线性收敛;

(3) 如果 $\eta_k = O(\|\boldsymbol{F}(\boldsymbol{x}_k)\|)$, 则 $\{\boldsymbol{x}_k\}$ 是 q–2 次收敛.

在不精确牛顿法中, 我们可以用一些经典的线性迭代法解牛顿步中的线性方程组 $\boldsymbol{J}(\boldsymbol{x}_k)\boldsymbol{d}_k = -\boldsymbol{F}(\boldsymbol{x}_k)$, 其中允许的最大迭代次数 $k_{\max}$ 是预先给定的. 这样, 根据所选择的线性迭代法的不同, 可以得到 Newton–Jacobi 迭代, Newton–Gauss–Seidel 迭代, Newton–CG 迭代, Newton–SOR 迭代, Newton–Krylov 迭代等等, 它们满足 (5.4.29) 式. 通常, 产生序列 $\{\boldsymbol{x}_k\}$ 的迭代称为外迭代, 而产生近似牛顿法迭代步的线性迭代称为内迭代. 下面, 我们仅就 Newton–SOR 迭代描述一下不精确牛顿法.

将第 k 次外迭代的 Jacobi 矩阵 $\boldsymbol{J}(\boldsymbol{x}_k)$ 分解为

$$\boldsymbol{J}(\boldsymbol{x}_k) = \boldsymbol{D}_k - \boldsymbol{E}_k - \boldsymbol{F}_k, \tag{5.4.30}$$

其中, $\boldsymbol{D}_k$, $-\boldsymbol{E}_k$, $-\boldsymbol{F}_k$ 分别为 $\boldsymbol{J}(\boldsymbol{x}_k)$ 的对角部分, 下三角部分和上三角部分. 为方便起见和避免混淆, 在讨论 SOR 内迭代时, 我们暂时忽略外迭代的下标 k, 把当前外迭代点记作 $\boldsymbol{x}$, 下次外迭代点记作 $\overline{\boldsymbol{x}}$, 而仅标记内迭代的下标 i. 这样, 所考虑的用 SOR 方法求解的牛顿步方程组为

$$\boldsymbol{J}(\boldsymbol{x})\boldsymbol{d} = -\boldsymbol{F}(\boldsymbol{x}), \tag{5.4.31}$$

其中 $\boldsymbol{J}(\boldsymbol{x})$ 分解为

$$\boldsymbol{J}(\boldsymbol{x}) = \boldsymbol{D} - \boldsymbol{E} - \boldsymbol{F}. \tag{5.4.32}$$

令 $\boldsymbol{d}_0 = \boldsymbol{0}$, 由 SOR 公式有

$$\boldsymbol{d}_k = \boldsymbol{M}\boldsymbol{d}_{k-1} - \omega(\boldsymbol{D} - \omega\boldsymbol{E})^{-1}\boldsymbol{F}(\boldsymbol{x}), \quad k = 1, 2, \cdots, \tag{5.4.33}$$

其中 $\boldsymbol{M}$ 是 SOR 方法的迭代矩阵

$$\boldsymbol{M} = [\boldsymbol{D} - \omega\boldsymbol{E}]^{-1}[(1-\omega)\boldsymbol{D} + \omega\boldsymbol{F}], \tag{5.4.34}$$

ω 是松弛参数. 假定 SOR 内迭代执行 m 次, 则由 (5.4.33) 式可知 m 次内迭代后得到的 $\boldsymbol{d}_m$ 为

$$\boldsymbol{d}_m = -\omega(\boldsymbol{M}^{m-1} + \boldsymbol{M}^{m-2} + \cdots + \boldsymbol{I})(\boldsymbol{D} - \omega\boldsymbol{E})^{-1}\boldsymbol{F}(\boldsymbol{x}), \tag{5.4.35}$$

并且

$$\boldsymbol{x}_m = \boldsymbol{x} + \boldsymbol{d}_m. \tag{5.4.36}$$

将 m 次内迭代产生的近似解 $\boldsymbol{x}_m$ 记作外迭代中的新点 $\overline{\boldsymbol{x}}$, 从而上述两式给出

$$\overline{\boldsymbol{x}} = \boldsymbol{x} - \omega(\boldsymbol{M}^{m-1} + \boldsymbol{M}^{m-2} + \cdots + \boldsymbol{I})(\boldsymbol{D} - \omega\boldsymbol{E})^{-1}\boldsymbol{F}(\boldsymbol{x}). \tag{5.4.37}$$

这就是 Newton–SOR 迭代公式. 若 SOR 内迭代仅执行一次, 则

$$\overline{\boldsymbol{x}} = \boldsymbol{x} - \omega(\boldsymbol{D} - \omega\boldsymbol{E})^{-1}\boldsymbol{F}(\boldsymbol{x}). \tag{5.4.38}$$

应该指出, 这类不精确牛顿法很有效, 特别适合于求解大型非线性方程组问题.

5.5　解非线性方程组的割线法

5.4 节我们讨论了牛顿法及其变形. 同样作为牛顿法的一类修改, 割线法不需要计算 Jacobi 矩阵, 而是用 Jacobi 的近似代替它. 我们的问题是

1. 这个割线近似满足什么样的性质?

2. 这个近似如何产生?

考虑仿射模型

$$\boldsymbol{M}_+(\boldsymbol{x}) = \boldsymbol{F}(\boldsymbol{x}_{k+1}) + \boldsymbol{B}_{k+1}(\boldsymbol{x} - \boldsymbol{x}_{k+1}), \tag{5.5.1}$$

这里 $\boldsymbol{B}_{k+1} \in \mathbb{R}^{n\times n}$. 显然, (5.5.1) 式满足 $\boldsymbol{M}_+(\boldsymbol{x}_{k+1}) = \boldsymbol{F}(\boldsymbol{x}_{k+1})$. 在牛顿法中, $\boldsymbol{B}_{k+1} = \boldsymbol{J}(\boldsymbol{x}_{k+1})$. 今假设 $\boldsymbol{J}(\boldsymbol{x}_{k+1})$ 是难以计算的. 像一维情形的割线方法一样 (5.3.3 小节), 我们要求 $\boldsymbol{x}_k$ 满足 $\boldsymbol{M}_+(\boldsymbol{x}_k) = \boldsymbol{F}(\boldsymbol{x}_k)$, 即

$$\boldsymbol{F}(\boldsymbol{x}_k) = \boldsymbol{M}_+(\boldsymbol{x}_k) = \boldsymbol{F}(\boldsymbol{x}_{k+1}) + \boldsymbol{B}_{k+1}(\boldsymbol{x}_k - \boldsymbol{x}_{k+1}), \tag{5.5.2}$$

从而得到

$$\boldsymbol{B}_{k+1}(\boldsymbol{x}_{k+1}-\boldsymbol{x}_k)=\boldsymbol{F}(\boldsymbol{x}_{k+1})-\boldsymbol{F}(\boldsymbol{x}_k). \tag{5.5.3}$$

令

$$\boldsymbol{s}_k=\boldsymbol{x}_{k+1}-\boldsymbol{x}_k,\quad \boldsymbol{y}_k=\boldsymbol{F}(\boldsymbol{x}_{k+1})-\boldsymbol{F}(\boldsymbol{x}_k), \tag{5.5.4}$$

(5.5.3) 式成为

$$\boldsymbol{B}_{k+1}\boldsymbol{s}_k=\boldsymbol{y}_k, \tag{5.5.5}$$

这就是割线近似所要满足的*割线方程*. 注意到 (5.5.3) 式或 (5.5.5) 式是 n^2 个未知量的 n 个线性方程组, 为了求出 $\boldsymbol{B}_{k+1}$, 我们解

$$\boldsymbol{B}_{k+1}(\boldsymbol{x}_{k+1}-\boldsymbol{x}_{k-j})=\boldsymbol{F}(\boldsymbol{x}_{k+1})-\boldsymbol{F}(\boldsymbol{x}_{k-j}),\quad j=0,1,\cdots,n-1,$$

即解

$$\boldsymbol{B}_{k+1}\boldsymbol{s}_{k-j}=\boldsymbol{y}_{k-j},\quad j=0,1,\cdots,n-1, \tag{5.5.6}$$

其中

$$\boldsymbol{s}_{k-j}=\boldsymbol{x}_{k+1}-\boldsymbol{x}_{k-j},\quad \boldsymbol{y}_{k-j}=\boldsymbol{F}(\boldsymbol{x}_{k+1})-\boldsymbol{F}(\boldsymbol{x}_{k-j}). \tag{5.5.7}$$

若 $\{\boldsymbol{s}_{k-j}\}$ 线性无关, 则我们可以唯一确定 $\boldsymbol{B}_{k+1}$. 遗憾地, 实际上这个向量组趋向于线性相关, 所得到的方程组是数值不稳定的, 而且还需要额外的 n^2 个存储单元. 因此, 我们选择另外的方法来确定 $\boldsymbol{B}_{k+1}$. 一个简单的巧妙的方法是把 $\boldsymbol{B}_{k+1}$ 看成 $\boldsymbol{B}_k$ 的一个秩一校正, 如果能够确定出这个秩一校正, 那么每次计算 $\boldsymbol{B}_{k+1}$ 就非常简单了.

设

$$\boldsymbol{B}_{k+1}=\boldsymbol{B}_k+\boldsymbol{u}\boldsymbol{v}^{\mathrm{T}}, \tag{5.5.8}$$

其中 $\boldsymbol{u},\boldsymbol{v}\in\mathbb{R}^n$, 对上式乘以 $\boldsymbol{s}_k$ 并利用割线方程 (5.5.5), 有

$$\boldsymbol{B}_{k+1}\boldsymbol{s}_k=\boldsymbol{B}_k\boldsymbol{s}_k+\boldsymbol{u}\boldsymbol{v}^{\mathrm{T}}\boldsymbol{s}_k=\boldsymbol{y}_k,$$

从而

$$(\boldsymbol{v}^{\mathrm{T}}\boldsymbol{s}_k)\boldsymbol{u}=\boldsymbol{y}_k-\boldsymbol{B}_k\boldsymbol{s}_k.$$

这表明向量 $\boldsymbol{u}$ 必在方向 $\boldsymbol{y}_k-\boldsymbol{B}_k\boldsymbol{s}_k$ 上. 我们直接令 $\boldsymbol{u}=\boldsymbol{y}_k-\boldsymbol{B}_k\boldsymbol{s}_k$, $\boldsymbol{v}^{\mathrm{T}}\boldsymbol{s}_k=1$, 即有 $\boldsymbol{v}=\boldsymbol{s}_k/\boldsymbol{s}_k^{\mathrm{T}}\boldsymbol{s}_k$. 从而得到

$$\boldsymbol{B}_{k+1}=\boldsymbol{B}_k+\frac{(\boldsymbol{y}_k-\boldsymbol{B}_k\boldsymbol{s}_k)\boldsymbol{s}_k^{\mathrm{T}}}{\boldsymbol{s}_k^{\mathrm{T}}\boldsymbol{s}_k}. \tag{5.5.9}$$

这个公式是 Broyden 在 1965 年得到的, 称为*Broyden 校正公式*. 采用 Broyden 校正的方法称为*Broyden 方法*. 这样, 我们回答了第二个问题.

下面的引理给出了 Broyden 校正的一个有意义的性质. 在满足割线方程的条件下, Broyden 校正具有最小改变割线校正性质.

定理 5.5.1 Broyden 校正 (5.5.9) 是极小化问题

$$\min\left\{\|\widehat{\boldsymbol{B}}-\boldsymbol{B}_k\|_F:\widehat{\boldsymbol{B}}\boldsymbol{s}_k=\boldsymbol{y}_k\right\} \tag{5.5.10}$$

的唯一解.

证明 因为 $\boldsymbol{y}_k=\widehat{\boldsymbol{B}}\boldsymbol{s}_k$, 故由 (5.5.9) 式得

$$\begin{aligned}\|\boldsymbol{B}_{k+1}-\boldsymbol{B}_k\|_F&=\left\|\frac{(\boldsymbol{y}_k-\boldsymbol{B}_k\boldsymbol{s}_k)\boldsymbol{s}_k^{\mathrm{T}}}{\boldsymbol{s}_k^{\mathrm{T}}\boldsymbol{s}_k}\right\|_F=\left\|(\widehat{\boldsymbol{B}}-\boldsymbol{B}_k)\frac{\boldsymbol{s}_k\boldsymbol{s}_k^{\mathrm{T}}}{\boldsymbol{s}_k^{\mathrm{T}}\boldsymbol{s}_k}\right\|_F\\&\leqslant\|(\widehat{\boldsymbol{B}}-\boldsymbol{B}_k)\|_F\left\|\frac{\boldsymbol{s}_k\boldsymbol{s}_k^{\mathrm{T}}}{\boldsymbol{s}_k^{\mathrm{T}}\boldsymbol{s}_k}\right\|_2\\&=\|(\widehat{\boldsymbol{B}}-\boldsymbol{B}_k)\|_F.\end{aligned}$$

这表明 Broyden 校正公式 (5.5.9) 产生的 $\boldsymbol{B}_{k+1}$ 是 (5.5.10) 式的解. 由于 Frobenius 范数是严格凸的, 又由于满足割线方程 $\widehat{\boldsymbol{B}}\boldsymbol{s}_k=\boldsymbol{y}_k$ 的 $\widehat{\boldsymbol{B}}$ 的集合是凸集, 从而极小化问题 (5.5.10) 的解是唯一的. **证毕**

注 5.5.1 当 (5.5.10) 式的范数改为 l_2 范数时, Broyden 校正 (5.5.9) 也是极小化问题 (5.5.10) 的解, 但不是唯一的.

下面, 我们给出 Broyden 方法的算法.

算法 5.5.1 Broyden 方法

步 1. 给出 $\boldsymbol{F}:\mathbb{R}^n\to\mathbb{R}^n$, 值 $\boldsymbol{x}_0\in R^n$, $\boldsymbol{B}_0\in\mathbb{R}^{n\times n}$.

步 2. **For** $k=0,1,\cdots$, **Do**

Check the termination;

Solve $\boldsymbol{B}_k\boldsymbol{s}_k=-\boldsymbol{F}(\boldsymbol{x}_k)$ for $\boldsymbol{s}_k$;

Set $\boldsymbol{x}_{k+1}=\boldsymbol{x}_k+\boldsymbol{s}_k$;

$\boldsymbol{y}_k=\boldsymbol{F}(\boldsymbol{x}_{k+1})-\boldsymbol{F}(\boldsymbol{x}_k)$;

$\boldsymbol{B}_{k+1}=\boldsymbol{B}_k+\dfrac{(\boldsymbol{y}_k-\boldsymbol{B}_k\boldsymbol{s}_k)\boldsymbol{s}_k^{\mathrm{T}}}{\boldsymbol{s}_k^{\mathrm{T}}\boldsymbol{s}_k}$;

End For

在算法 5.3.1 中, $\boldsymbol{B}_0$ 通常取 $\boldsymbol{J}(\boldsymbol{x}_0)$ 或 $\boldsymbol{J}(\boldsymbol{x}_0)$ 的有限差分近似, 终止准则可取为 $\|\boldsymbol{F}(\boldsymbol{x}_k)\|\leqslant\varepsilon$.

为了说明上述算法的执行, 我们给出一个例子.

例 5.5.1 用 Broyden 方法求解

$$\boldsymbol{F}(\boldsymbol{x})\triangleq\begin{bmatrix}x_1+x_2-3\\x_1^2+x_2^2-9\end{bmatrix}=\boldsymbol{0},$$

其解为 $\boldsymbol{x}^* = (0,3)^{\mathrm{T}}$ 和 $\boldsymbol{x}^* = (3,0)^{\mathrm{T}}$.

解 设 $\boldsymbol{x}_0 = (5,1)^{\mathrm{T}}$, 则对于 $k=0$,

$$\boldsymbol{B}_0 = \boldsymbol{J}(\boldsymbol{x}_0) = \begin{bmatrix} 1 & 1 \\ 10 & 2 \end{bmatrix},$$

于是

$$\boldsymbol{F}(\boldsymbol{x}_0) = \begin{bmatrix} 3 \\ 17 \end{bmatrix}, \quad \boldsymbol{s}_0 = -\boldsymbol{B}_0^{-1}\boldsymbol{F}(\boldsymbol{x}_0) = \begin{bmatrix} -1.375 \\ -1.625 \end{bmatrix},$$

$$\boldsymbol{x}_1 = \boldsymbol{x}_0 + \boldsymbol{s}_0 = \begin{bmatrix} 3.625 \\ -0.625 \end{bmatrix}, \quad \boldsymbol{F}(\boldsymbol{x}_1) = \begin{bmatrix} 0 \\ \dfrac{145}{32} \end{bmatrix},$$

$$\boldsymbol{y}_0 = \boldsymbol{F}(\boldsymbol{x}_1) - \boldsymbol{F}(\boldsymbol{x}_0) = \begin{bmatrix} -3 \\ -\dfrac{399}{32} \end{bmatrix}.$$

于是

$$\boldsymbol{B}_1 = \boldsymbol{B}_0 + \frac{(\boldsymbol{y}_0 - \boldsymbol{B}_0\boldsymbol{s}_0)\boldsymbol{s}_0^{\mathrm{T}}}{\boldsymbol{s}_0^{\mathrm{T}}\boldsymbol{s}_0} = \begin{bmatrix} 1 & 1 \\ 8.625 & 0.375 \end{bmatrix}.$$

对于 $k=1$,

$$\boldsymbol{s}_1 = -\boldsymbol{B}_1^{-1}\boldsymbol{F}(\boldsymbol{x}_1) \approx \begin{bmatrix} -0.5492 \\ 0.5492 \end{bmatrix}, \quad \boldsymbol{x}_2 = \boldsymbol{x}_1 + \boldsymbol{s}_1 \approx \begin{bmatrix} 3.0758 \\ -0.0758 \end{bmatrix},$$

$$\boldsymbol{F}(\boldsymbol{x}_2) \approx \begin{bmatrix} 0 \\ 0.4660 \end{bmatrix}, \quad \boldsymbol{B}_2 \approx \begin{bmatrix} 1 & 1 \\ 8.2008 & 0.7992 \end{bmatrix}.$$

采用 Broyden 方法的计算结果如表 5.5.1 所示.

表 5.5.1

k	$\boldsymbol{x}_k$	$\Vert\boldsymbol{x}_k - \boldsymbol{x}^*\Vert$	$\Vert\boldsymbol{F}(\boldsymbol{x}_k)\Vert$
0	$(5,1)^{\mathrm{T}}$	2.2361	17.2767
1	$(3.625, -0.625)^{\mathrm{T}}$	0.8839	4.5313
2	$(3.0758, -0.0758)^{\mathrm{T}}$	0.1071	0.4660
3	$(3.0128, -0.0128)^{\mathrm{T}}$	0.0181	0.0771
4	$(3.0003, -0.0003)^{\mathrm{T}}$	0.0004	0.0019

Broyden 方法的收敛性分析比牛顿法复杂得多. 下面, 我们不加证明地给出 Broyden 方法的超线性收敛定理.

定理 5.5.2 设牛顿法收敛性定理 5.4.2 中的标准假设成立. 如果存在正的常数 δ 和 ε 使得

$$\|\boldsymbol{x}_0-\boldsymbol{x}^*\|\leqslant\delta,\quad \|\boldsymbol{B}_0-\boldsymbol{J}(\boldsymbol{x}^*)\|\leqslant\varepsilon, \tag{5.5.11}$$

则由 Broyden 方法产生的序列 $\{\boldsymbol{x}_k\}$ 是有定义的, 并且 q– 超线性收敛到 $\boldsymbol{x}^*$.

为了得到总体收敛性, 我们可以采用线性搜索拟牛顿法. 类似于算法 5.4.2, 我们只要把算法 5.4.2 中 2(a) 改成解 $\boldsymbol{Bd}=-\boldsymbol{F}(\boldsymbol{x})$ 得 $\boldsymbol{d}$; 在 2(b)(ii) 中 $\boldsymbol{x}=\boldsymbol{x}_t$ 后面加上计算新的校正 $\boldsymbol{B}$ 即可.

另外两种常用的线性搜索准则是 Goldstein 准则和 Wolfe 准则. 定义

$$f(\boldsymbol{x})=\frac{1}{2}\|\boldsymbol{F}(\boldsymbol{x})\|_2^2=\frac{1}{2}\boldsymbol{F}(\boldsymbol{x})^{\mathrm{T}}\boldsymbol{F}(\boldsymbol{x}), \tag{5.5.12}$$

显然, 如果 $\boldsymbol{x}^*$ 满足 $\boldsymbol{F}(\boldsymbol{x})=\boldsymbol{0}$, 则必有 $f(\boldsymbol{x}^*)=0$, (5.5.12) 式称为**评价函数**.

线性搜索的 Goldstein 准则定义为: 求步长因子 α, 使其满足

$$f(\boldsymbol{x}_k+\alpha\boldsymbol{d}_k)\leqslant f(\boldsymbol{x}_k)+\rho\alpha\nabla f(\boldsymbol{x}_k)^{\mathrm{T}}\boldsymbol{d}_k, \tag{5.5.13}$$

$$f(\boldsymbol{x}_k+\alpha\boldsymbol{d}_k)\geqslant f(\boldsymbol{x}_k)+(1-\rho)\alpha\nabla f(\boldsymbol{x}_k)^{\mathrm{T}}\boldsymbol{d}_k, \tag{5.5.14}$$

其中 $0<\rho<\dfrac{1}{2}$.

线性搜索的 Wolfe 准则定义为: 求步长因子 α 使其满足

$$f(\boldsymbol{x}_k+\alpha\boldsymbol{d}_k)\leqslant f(\boldsymbol{x}_k)+\rho\alpha\nabla f(\boldsymbol{x}_k)^{\mathrm{T}}\boldsymbol{d}_k, \tag{5.5.15}$$

$$\nabla f(\boldsymbol{x}_k+\alpha\boldsymbol{d}_k)^{\mathrm{T}}\boldsymbol{d}_k\geqslant\sigma\nabla f(\boldsymbol{x}_k)^{\mathrm{T}}\boldsymbol{d}_k, \tag{5.5.16}$$

其中 $0<\rho<\sigma<1$, $\rho<\dfrac{1}{2}$.

这样, 采用线性搜索的 Broyden 方法也可以写成如下.

算法 5.5.2 采用线性搜索的 Broyden 方法

步 1. 给出 $\boldsymbol{F}:\mathbb{R}^n\to\mathbb{R}^n$, 值 $\boldsymbol{x}_0\in\mathbb{R}^n$, $\boldsymbol{B}_0\in\mathbb{R}^{n\times n}$.

步 2. **For** $k=0,1,\cdots,$ **Do**

Check the termination;

Solve $\boldsymbol{B}_k\boldsymbol{s}_k=-\boldsymbol{F}(\boldsymbol{x}_k)$ for $\boldsymbol{s}_k$;

求满足 Goldstein 准则或 Wolfe 准则的 α_k;

Set $\boldsymbol{s}_k=\alpha_k\boldsymbol{d}_k$; $\boldsymbol{x}_{k+1}=\boldsymbol{x}_k+\boldsymbol{s}_k$;

$\boldsymbol{y}_k=\boldsymbol{F}(\boldsymbol{x}_{k+1})-\boldsymbol{F}(\boldsymbol{x}_k)$;

$\boldsymbol{B}_{k+1}=\boldsymbol{B}_k+\dfrac{(\boldsymbol{y}_k-\boldsymbol{B}_k\boldsymbol{s}_k)\boldsymbol{s}_k^{\mathrm{T}}}{\boldsymbol{s}_k^{\mathrm{T}}\boldsymbol{s}_k}$;

End For

(关于总体收敛的线性搜索方法的详细讨论, 感兴趣的读者请参见文献 (袁亚湘等, 1997) 中的第 2 章内容).

习 题 5

5.1 设 $\varphi(x)=3-\frac{1}{2}|x|$.

(1) 证明 φ 有不动点;

(2) 计算 φ 的不动点.

5.2 设 $f(x)=2x^2+6\mathrm{e}^{-x}-4$. 试用不动点方法求 $f(x)$ 的零点.

5.3 证明对于任何 $x_0\in\mathbb{R}$, 迭代 $x_{k+1}=\cos x_k$ 收敛到不动点 $\zeta=\cos\zeta$.

5.4 如果令 $x_{k+1}=\dfrac{f(x_k)}{f'(x_k)}$, 试问这个迭代可以用来求 $f(x)$ 的零点吗? 收敛阶是多少?

5.5 考虑 Steffensen 迭代格式

$$x_{k+1}=x_k-\frac{f(x_k)}{\varphi(x_k)},$$

其中

$$\varphi(x_k)=\frac{f(x_k+f(x_k))-f(x_k)}{f(x_k)}.$$

(1) 假设 $f(x)$ 足够光滑, 证明这个方法是二阶收敛的;

(2) 用这个方法解非线性方程 $\mathrm{e}^{-x}-\sin x=0$.

5.6 在区间 $[1.5,3.5]$ 上应用二分法, 需要多少迭代步才能使得根的相对误差小于等于 10^{-12}?

5.7 对于二分法, 证明 (5.3.3) 式.

5.8 分别讨论牛顿法, 割线法和弦方法的几何解释和收敛速度.

5.9 试推导不精确牛顿法的 Newton–Gauss–Seidel 公式和 Newton–Jacobi 公式.

5.10 计算并说明例 5.5.1 中产生的矩阵序列 $\{\boldsymbol{B}_k\}$ 满足

$$\lim_{k\to\infty}\boldsymbol{B}_k=\begin{bmatrix}1 & 1\\ 1.5 & 7.5\end{bmatrix},$$

而

$$\boldsymbol{J}(\boldsymbol{x}^*)=\begin{bmatrix}1 & 1\\ 0 & 6\end{bmatrix}.$$

从而 $\{\boldsymbol{B}_k\}$ 不收敛到 $\boldsymbol{J}(\boldsymbol{x}^*)$.

5.11 改写方程 $x^2=2$ 为

$$x=\frac{x}{2}+\frac{1}{x}.$$

应用压缩映射原理证明迭代过程 $x_{k+1}=\dfrac{x_k}{2}+\dfrac{1}{x_k}$ 对于任何初值 $x_0>2$ 均收敛于 $\sqrt{2}$.

5.12 基于迭代原理证明 $\sqrt{2+\sqrt{2+\sqrt{2+\cdots}}}=2$.

5.13 基于迭代原理证明 $\sqrt{1+\sqrt{1+\sqrt{1+\cdots}}}=\dfrac{1+\sqrt{5}}{2}$.

5.14 证明迭代公式 $x_{k+1}=\dfrac{2}{3}x_k+\dfrac{a}{3x_k^2}$ 为求解方程 $(x^3-a)^2=0$ 的二阶方法, 即具有平方收敛性.

5.15 设 x^* 为方程 $f(x)=0$ 的 m $(m\geqslant 2)$ 重根, 证明修正的 Newtion 迭代格式

$$x_{k+1}=x_k-m\frac{f(x_k)}{f'(x_k)}$$

具有平方收敛性.

***　　***　　***　　***　　***

第 5 章上机实验题

5.1 在区间 $[1,3]$ 上用二分法求 $f(x)=2^{-x}+e^x+2\cos x-6$ 的零点.

5.2 在区间 $(0,1.5)$ 上分别用二分法, 牛顿法和割线法求函数 $f(x)=\cos^2(2x)-x^2$ 的零点, 取 $\varepsilon=10^{-10}$.

5.3 应用牛顿法解非线性方程组

$$\begin{cases} x_1^2+x_2^2-x_1=0,\\ x_1^2-x_2^2-x_2=0. \end{cases}$$

取 $\boldsymbol{x}_0=[0.8,0.4]^{\mathrm{T}}$, 终止容限 $\varepsilon=10^{-5}$.

5.4 设非线性方程组为

$$\begin{cases} -\dfrac{1}{81}\cos x_1+\dfrac{1}{9}x_2^2+\dfrac{1}{3}\sin x_3=x_1,\\ \dfrac{1}{3}\sin x_1 \qquad\qquad +\dfrac{1}{3}\cos x_3=x_2,\\ -\dfrac{1}{9}\cos x_1+\dfrac{1}{3}x_2+\dfrac{1}{6}\sin x_3=x_3. \end{cases}$$

(1) 试用不动点迭代 $\boldsymbol{x}_{k+1}=\varphi(\boldsymbol{x}_k)$ 分析和求解这个方程组, 其中 φ 取上述方程组等号左边部分;

(2) 用牛顿法解这个方程组.

5.5 用 Broyden 方法求解非线性方程组

$$\begin{cases} x_1+x_2-3=0,\\ 2x_1^2+x_2^2-5=0. \end{cases}$$

取初始点 $\boldsymbol{x}_0=[1.5,1.0]^{\mathrm{T}}$.

第 6 章　插值与逼近

在实际问题中，我们碰到的函数 $y = f(x)$, $x \in [a, b]$ 往往比较复杂，一般难以写出它的具体表达式. 但通常情况下，可得到函数 $f(x)$ 在 $[a, b]$ 上的一些互异的点 $x_0, x_1, \cdots, x_n$ 的值 $y_i = f(x_i)$, $i = 0, 1, \cdots, n$, 即得到下列数据表 (x_i, y_i):

x	x_0	x_1	x_2	$\cdots$	x_n
y	y_0	y_1	y_2	$\cdots$	y_n

(6.0.1)

其中 $x_0, x_1, \cdots, x_n$ 称为*节点*. 不失一般性，本章我们假定

$$a = x_0 < x_1 < x_2 < \cdots < x_n = b.$$

若 x 为某一节点 x_j, 则此点的函数值可由数据表 (6.0.1) 直接得到且为 y_j; 若 x 不为任一节点 x_j, 就不能单纯地查数据表 (6.0.1) 而得到该点的函数值. 所以需要解决的问题是: 已知某一函数 $y = f(x)$ 在区间 $[a, b]$ 处若干点的函数值 (必要时还知道函数 $f(x)$ 在此区间节点上的若干阶导数值), 如何求出 $f(x)$ 在 $[a, b]$ 上任一点 x^* 的近似值? 此即为*函数的插值问题*.

根据函数 $f(x)$ 在节点的值及导数值，求出一个足够光滑且又简单的函数 $\varphi(x)$ 作为 $f(x)$ 的近似表达式，然后计算 $\varphi(x)$ 在 $[a, b]$ 上点 x 的值作为原来函数 $f(x)$ 在该点的近似值，其中 $\varphi(x)$ 称为函数 $f(x)$ 在 $[a, b]$ 上的*插值函数*, $[a, b]$ 称为*插值区间*. 插值逼近就是按这一思想解决上述所提出的问题的一种有效方法.

插值函数有多种选择，较为常用的有代数多项式、三角多项式、有理函数等等. 由于代数多项式既简单，又充分光滑，所以我们常选其作为插值函数，此时相应的插值就称为*多项式插值*. 本章主要介绍这类插值问题.

在多项式插值中，最常见且最基本的问题是: 根据给定的数据表 (6.0.1), 求一个次数不超过 n 的代数多项式

$$\begin{aligned} p_n(x) &= a_0 + a_1 x + \cdots + a_n x^n \\ &\triangleq \left(1, x, \cdots, x^n\right) \cdot \left(a_0, a_1, \cdots, a_n\right)^{\mathrm{T}}, \end{aligned} \tag{6.0.2}$$

使得

$$p_n(x_i) = y_i, \quad i = 0, 1, \cdots, n, \tag{6.0.3}$$

其中 a_i $(i = 0, 1, \cdots, n)$ 为实数. (6.0.3) 式称为*多项式插值条件*.

满足插值条件 (6.0.3) 的多项式 (6.0.2) 称为函数 $f(x)$ 关于节点 x_i $(i=0,1,\cdots,n)$ 的 n 次 Lagrange**插值多项式**, 并记为 $L_n(x)$.

函数 $f(x)$ 的 n 次 Lagrange 插值多项式 $L_n(x)$ 的几何意义, 即是通过曲线 $y=f(x)$ 上的 $n+1$ 个点 (x_i,y_i), $i=0,1,\cdots,n$, 作一条 n 次代数曲线 $y=L_n(x)$ 作为曲线 $y=f(x)$ 的近似.

定理 6.0.1 若节点 x_i $(i=0,1,\cdots,n)$ 互异 (即当 $i\neq j$ 时, $x_i\neq x_j$), 则唯一存在满足插值条件 (6.0.3) 的 n 次插值多项式 (6.0.2).

证明 由插值条件 (6.0.3) 可知, 插值多项式 (6.0.2) 的系数 a_i $(i=0,1,\cdots,n)$ 满足

$$\left(1,x_i,x_i^2,\cdots,x_i^n\right)\cdot\left(a_0,a_1,a_2,\cdots,a_n\right)^{\mathrm{T}}=y_i,\quad i=0,1,\cdots,n,$$

或者

$$\begin{pmatrix} 1 & x_0 & x_0^2 & \cdots & x_0^n \\ 1 & x_1 & x_1^2 & \cdots & x_1^n \\ 1 & x_2 & x_2^2 & \cdots & x_2^n \\ \vdots & \vdots & \vdots & \ddots & \vdots \\ 1 & x_n & x_n^2 & \cdots & x_n^n \end{pmatrix}\begin{pmatrix} a_0 \\ a_1 \\ a_2 \\ \vdots \\ a_n \end{pmatrix}=\begin{pmatrix} y_0 \\ y_1 \\ y_2 \\ \vdots \\ y_n \end{pmatrix} \tag{6.0.4}$$

线性代数方程组 (6.0.4) 的系数矩阵的行列式为 $n+1$ 阶 Vandermonde 行列式, 且

$$V \triangleq \begin{vmatrix} 1 & x_0 & x_0^2 & \cdots & x_0^n \\ 1 & x_1 & x_1^2 & \cdots & x_1^n \\ 1 & x_2 & x_2^2 & \cdots & x_2^n \\ \vdots & \vdots & \vdots & \ddots & \vdots \\ 1 & x_n & x_n^2 & \cdots & x_n^n \end{vmatrix}=\prod_{0\leqslant j<i\leqslant n}^{n}(x_i-x_j).$$

由于当 $i\neq j$ 时, 有 $x_i\neq x_j$, 所以 $V\neq 0$. 从而线性代数方程组 (6.0.4) 存在唯一解. 这表示满足插值条件 (6.0.3) 的插值多项式 (6.0.2) 是唯一确定的. 证毕

除上述已提到的 Lagrange 型插值之外, 我们还考虑其他类型的插值问题.

本章主要介绍 Lagrange 插值、Hermite 插值、Newton 插值、三次样条插值及分段低次插值. 最后, 简要介绍用正交多项式作函数的最佳平方逼近.

6.1 Lagrange 插值

定理 6.0.1 不仅指出了 Lagrange 插值多项式的存在唯一性, 而且其证明过程也提供了 Lagrange 插值多项式的一种确定方法, 即通过求解线性代数方程组 (6.0.4)

来确定其系数 a_i $(i=0,1,\cdots,n)$. 但这种方法的计算量太大, 不适宜实际计算. 下面我们将介绍一种十分简便的方法.

6.1.1　插值基函数

为了构造出形如 (6.0.2) 的 n 次插值多项式, 我们先考虑如下一个问题: 确定一组 $n+1$ 个 n 次多项式函数 $l_i(x)$, $i=0,1,\cdots,n$, 使得 (6.0.2) 式可表示成如下形式:

$$\begin{aligned} L_n(x) &= a_0 l_0(x) + a_1 l_1(x) + \cdots + a_n l_n(x) \\ &\triangleq \big(l_0(x), l_1(x), \cdots, l_n(x)\big)\big(a_0, a_1, \cdots, a_n\big)^{\mathrm{T}}. \end{aligned} \tag{6.1.1}$$

由于 $L_n(x_i)=y_i$, $i=0,1,\cdots,n$, 所以

$$\begin{pmatrix} l_0(x_0) & l_1(x_0) & \cdots & l_n(x_0) \\ l_0(x_1) & l_1(x_1) & \cdots & l_n(x_1) \\ \vdots & \vdots & \ddots & \vdots \\ l_0(x_n) & l_1(x_n) & \cdots & l_n(x_n) \end{pmatrix} \begin{pmatrix} a_0 \\ a_1 \\ \vdots \\ a_n \end{pmatrix} = \begin{pmatrix} y_0 \\ y_1 \\ \vdots \\ y_n \end{pmatrix}. \tag{6.1.2}$$

令

$$\boldsymbol{C} = (c_{ij})_{(n+1)\times(n+1)}, \quad c_{ij} = l_j(x_i), \quad i,j=0,1,\cdots,n.$$

如果 $\boldsymbol{C}=\boldsymbol{I}$ 为单位阵, 则由 (6.1.2) 式立即可知 a_i 满足

$$a_i = y_i, \quad i=0,1,\cdots,n. \tag{6.1.3}$$

因此, 欲使 $\boldsymbol{C}$ 为单位阵, 当且仅当

$$l_i(x_j) = \delta_i^j = \begin{cases} 1, & i=j, \\ 0, & i\neq j. \end{cases} \quad i,j=0,1,\cdots,n, \tag{6.1.4}$$

由条件 (6.1.4) 所确定的 $n+1$ 个 n 次多项式函数 $l_0(x), l_1(x), \cdots, l_n(x)$ 称为节点 $x_0, x_1, \cdots, x_n$ 上的 n **次基本插值多项式**或称之为 n **次插值基函数**. 对 $l_i(x)$ 而言由 (6.1.4) 式可知, x_j $(j\neq i)$ 为 $l_i(x)$ 的 n 个零点, 而 $\deg\big(l_i(x)\big)=n$, 所以

$$\begin{aligned} l_i(x) &= A_i(x-x_0)(x-x_2)\cdots(x-x_{i-1})(x-x_{i+1})\cdots(x-x_n) \\ &= A_i \prod_{\substack{j=0 \\ j\neq i}}^{n} (x-x_j), \end{aligned} \tag{6.1.5}$$

再由 $l_i(x_i)=1$ 及 (6.1.5) 式, 立即可得

$$A_i=\Big(\prod_{\substack{j=0\\j\neq i}}^{n}(x_i-x_j)\Big)^{-1}. \tag{6.1.6}$$

将 A_i 的值代入 (6.1.5) 式, 有

$$l_i(x)=\prod_{\substack{j=0\\j\neq i}}^{n}\frac{x-x_j}{x_i-x_j}. \tag{6.1.7}$$

如果我们引入记号

$$\omega_{n+1}(x)\triangleq\prod_{i=0}^{n}(x-x_i), \tag{6.1.8}$$

则 (6.1.7) 式可写为

$$l_i(x)=\frac{\omega_{n+1}(x)}{(x-x_i)\omega'_{n+1}(x_i)},\quad i=0,1,\cdots,n. \tag{6.1.9}$$

6.1.2 Lagrange 插值多项式

由上述 (6.1.9) 式的 $l_i(x)$ $(i=0,1,\cdots,n)$ 所构成的 n 次多项式

$$\begin{aligned}L_n(x)&=\sum_{i=0}^{n}y_i\cdot l_i(x)\\&=\sum_{i=0}^{n}y_i\cdot\frac{\omega_{n+1}(x)}{(x-x_i)\omega'_{n+1}(x_i)}\end{aligned} \tag{6.1.10}$$

为函数 $f(x)$ 在区间 $[a,b]$ 上的 n 次 Lagrange**插值多项式**, 而 $l_i(x)$ $(i=0,1,\cdots,n)$ 称为 Lagrange **插值基函数**.

为了便于编程计算, 我们常采用如下形式:

$$L_n(x)=\sum_{i=0}^{n}\Big(\prod_{\substack{j=0\\j\neq i}}^{n}\frac{x-x_j}{x_i-x_j}\Big)y_i. \tag{6.1.11}$$

(6.1.11) 式形式对称, 结构紧凑. 编程时可用内外双重循环计算 $L_n(x)$ 值: (i) 先做内循环, 即固定 i, 让 j 从 0 到 n (要注意 $j\neq i$) 累乘求得 $l_i(x)=\prod\limits_{\substack{j=0\\j\neq i}}^{n}\dfrac{x-x_j}{x_i-x_j}$; (ii) 再做外循环, 即让 i 从 0 到 n 作累加得到插值结果 $L_n(x)$. 计算机实现的具体过程如下.

$L_n(x)$ 的计算机实现过程

```
输入数据: n, x 及 x_i, y_i (i = 0, 1, ···, n).
y ⇐ 0
对 i = 0, 1, ···, n 循环做
    L ⇐ 1
    对 j = 0, 1, ···, n 循环做
        若 j ≠ i 则 L ⇐ L * (x − x_j)/(x_i − x_j)
    y ⇐ y + L * y_i
输出结果: x, y.
```

下面我们列出两种简单而常用的 Lagrange 插值多项式.

(i) 当 $n=1$ 时, 由 (6.1.10) 式可得两点 Lagrange 插值公式 (即线性插值多项式)

$$\begin{aligned}
&L_1(x)=y_0\cdot l_0(x)+y_1\cdot l_1(x),\\
&l_0(x)=\frac{x-x_1}{x_0-x_1},\quad l_1(x)=\frac{x-x_0}{x_1-x_0}.
\end{aligned}$$

用 $L_1(x)$ 近似代替函数 $f(x)$, 其几何意义就是通过曲线 $y=f(x)$ 上的两点 (x_0,y_0) 和 (x_1,y_1), 作一条直线 $y=L_1(x)$ 近似代替曲线 $y=f(x)$.

(ii) 当 $n=2$ 时, 由 (6.1.10) 式可得三点 Lagrange 插值公式 (即二次插值多项式或抛物线插值)

$$\begin{aligned}
&L_1(x)=y_0\cdot l_0(x)+y_1\cdot l_1(x)+y_2\cdot l_2(x),\\
&l_0(x)=\frac{(x-x_1)(x-x_2)}{(x_0-x_1)(x_0-x_2)},\quad l_1(x)=\frac{(x-x_0)(x-x_2)}{(x_1-x_0)(x_1-x_2)},\\
&l_2(x)=\frac{(x-x_0)(x-x_1)}{(x_2-x_0)(x_2-x_1)}.
\end{aligned}$$

用 $L_2(x)$ 近似代替函数 $f(x)$, 其几何意义就是通过曲线 $y=f(x)$ 的上三点 (x_0,y_0)、(x_1,y_1) 和 (x_2,y_2), 作一条抛物线 $y=L_2(x)$ 近似代替曲线 $y=f(x)$.

6.1.3 插值余项

定理 6.1.1　设 $x_i\ (i=0,1,\cdots,n)$ 为区间 $[a,b]$ 上两两互异的 $n+1$ 个节点; 函数 $f(x)$ 在区间 $[a,b]$ 上有直到 $n+1$ 阶导数, $L_n(x)$ 是满足 $L_n(x_i)=f(x_i),\ i=0,1,\cdots,n$, 的 n 次插值多项式, 则对任意 $x\in[a,b]$, 均存在 $\xi\in(a,b)$ 且依赖于 x, 使得

$$R_n(x)\triangleq f(x)-L_n(x)=\frac{f^{(n+1)}(\xi)}{(n+1)!}\omega_{n+1}(x).\tag{6.1.12}$$

证明 取 $x \in [a,b]$ 为任一固定的数. 由 $L_n(x_j)=f(x_j)$, $\omega_{n+1}(x_j)=0$ $(j=0,1,\cdots,n)$ 知, 若 $x=x_j$ $(j=0,1,\cdots,n)$ 时, (6.1.12) 式成立. 如果 $x\neq x_j$ $(j=0,1,\cdots,n)$ 时, 作辅助函数

$$F(t)=f(t)-L_n(t)-\frac{f(x)-L_n(x)}{\omega_{n+1}(x)}\omega_{n+1}(t). \tag{6.1.13}$$

(6.1.13) 式右端第一项 $f(t)$ 对变量 t 具有直到 $n+1$ 阶导数, 第二项 $L_n(t)$ 是次数不超过 n 的多项式, 第三项是变量 t 的 $n+1$ 次多项式, 所以 $F(t)$ 具有直到 $n+1$ 阶导数. 在区间 $[a,b]$ 上, $F(t)$ 有 $n+2$ 个互异的零点 $x_0,x_1,\cdots,x_n,x$. 反复应用 Rolle 中值定理 (即 $n+1$ 次) 可知, $F^{(n+1)}(t)$ 在区间 (a,b) 上至少存在一个 ξ, 使得

$$0=F^{(n+1)}(\xi)=f^{(n+1)}(\xi)-\frac{f(x)-L_n(x)}{\omega_{n+1}(x)}\cdot(n+1)!. \tag{6.1.14}$$

由 (6.1.14) 式立即可得 (6.1.12) 式. **证毕**

(6.1.12) 式右端称为 n 次 Lagrange 插值的**插值余项**. 用它可以得到多项式 $L_n(x)$ 逼近 $f(x)$ 的误差估计. 若 $\sup\limits_{x\in[a,b]}|f^{(n+1)}(x)|=M_{n+1}$, 则

$$\big|R_n(x)\big|\leqslant\frac{M_{n+1}}{(n+1)!}\big|\omega_{n+1}(x)\big|. \tag{6.1.15}$$

例 6.1.1 给定函数 $\sin x$ 的数值表如下:

x	0.32	0.34	0.36
$\sin x$	0.314567	0.333487	0.352274

试用线性插值和抛物线插值计算 $\sin 0.3367$ 的值, 并估计逼近误差.

解 取 $x_0=0.32$, $y_0=0.314567$; $x_1=0.34$, $y_1=0.333487$; $x_2=0.36$, $y_2=0.352274$.

(i) 用线性插值计算. 由于 $0.3367\in[x_0,x_1]$, 所以在区间 $[x_0,x_1]$ 上由 (6.1.10) 式可得

$$\begin{aligned}\sin 0.3367\approx L_1(0.3367)&=y_0\frac{0.3367-x_1}{x_0-x_1}+y_1\frac{0.3367-x_0}{x_1-x_0}\\&=0.330365.\end{aligned}$$

由于

$$M_2=\sup_{x\in[x_0,x_1]}\big|f''(x)\big|=\sup_{x\in[x_0,x_1]}\big|-\sin x\big|=\sin x_1\leqslant 0.3335,$$

所以, 由 (6.1.15) 式知其逼近误差为

$$\begin{aligned}\big|R_1(0.3367)\big|&\leqslant\frac{1}{2}M_2\big|(0.3367-x_0)(0.3367-x_1)\big|\\&\leqslant\frac{1}{2}\times0.3335\times0.0167\times0.0033\\&\leqslant 0.92\times10^{-5}.\end{aligned}$$

(ii) 用抛物线插值计算. 由 (6.1.10) 式可得

$$\begin{aligned}\sin 0.3367 \approx L_2(0.3367) &= y_0\frac{(0.3367-x_1)(0.3367-x_2)}{(x_0-x_1)(x_0-x_2)}\\&\quad+y_1\frac{(0.3367-x_0)(0.3367-x_2)}{(x_1-x_0)(x_1-x_2)}\\&\quad+y_2\frac{(0.3367-x_0)(0.3367-x_1)}{(x_2-x_0)(x_2-x_1)}\\&=0.330374.\end{aligned}$$

由于

$$M_3=\sup_{x\in[x_0,x_1]}\left|f^{(3)}(x)\right|=\sup_{x\in[x_0,x_1]}\left|-\cos x\right|=\cos x_0<0.828,$$

所以, 由 (6.1.15) 式知其逼近误差为

$$\begin{aligned}\left|R_2(0.3367)\right| &\leqslant \frac{1}{6}M_3\left|(0.3367-x_0)(0.3367-x_1)(0.3367-x_2)\right|\\&\leqslant \frac{1}{6}\times 0.828\times 0.0167\times 0.0033\times 0.0233\\&<0.178\times 10^{-6}.\end{aligned}$$

从此例也可以看出, 用抛物线插值得到了相当高精度的计算结果.

6.2 Hermite 插值

许多实际问题不但要求插值函数 $\varphi(x)$ 在节点处的值与 $f(x)$ 在对应节点的值相等, 而且要求 $\varphi(x)$, $f(x)$ 在节点处的一阶直到指定阶导数的值也相等, 此类插值问题即为 Hermite 插值问题.

Hermite 插值问题的一般提法: 给定函数 $f(x)$ 在 $n+1$ 个互异节点 x_i, $i=0,1,\cdots,n$ 处函数值及其指定阶的导数值

x	x_0	x_1	x_2	$\cdots$	x_n
$f(x)$	$f(x_0)$	$f(x_1)$	$f(x_2)$	$\cdots$	$f(x_n)$
$f'(x)$	$f'(x_0)$	$f'(x_1)$	$f'(x_2)$	$\cdots$	$f'(x_n)$
$\vdots$	$\vdots$	$\vdots$	$\vdots$		$\vdots$
$f^{(k)}(x)$	$f^{(k)}(x_0)$	$f^{(k)}(x_1)$	$f^{(k)}(x_2)$	$\cdots$	$f^{(k)}(x_n)$

(6.2.1)

其中 k 为一指定的正整数. 寻找插值多项式 $H(x)$, 使其在节点 x_i, $i=0,1,\cdots,n$ 处满足

$$H(x_i)=f(x_i),\ H'(x_i)=f'(x_i),\ \cdots,\ H^{(k)}(x_i)=f^{(k)}(x_i). \tag{6.2.2}$$

为了描述简单起见, 下面我们仅讨论 $k=1$ 的情况, 而对 $k>1$ 时可类似讨论.

设在节点 $a \leqslant x_0 < x_1 < \cdots < x_n \leqslant b$ 上, $y_i = f(x_i)$, $m_i = f'(x_i)$, 要求插值多项式 $H(x)$, 满足条件

$$H(x_i) = y_i,\ H'(x_i) = m_i, \quad i = 0, 1, \cdots, n. \tag{6.2.3}$$

(6.2.3) 式共有 $2n+2$ 个条件, 可以证明这 $2n+2$ 个插值条件可唯一确定一个次数不超过 $2n+1$ 的多项式 $H_{2n+1}(x)$. 借助于 Lagrange 插值基函数构造的思想, 来构造两组次数均为 $2n+1$ 的多项式 $\lambda_i(x)$ 和 $\mu_i(x)$, $i=0,1,\cdots,n$, 使其满足条件

$$\begin{cases} \lambda_i(x_j) = \delta_i^j, \quad \lambda_i'(x_j) = 0, \\ \mu_i(x_j) = 0, \quad \mu_i'(x_j) = \delta_i^j. \end{cases} \qquad i, j = 0, 1, \cdots, n, \tag{6.2.4}$$

满足条件 (6.2.4) 的插值多项式 $H_{2n+1}(x)$ 可写成如下形式:

$$H_{2n+1}(x) = \sum_{i=0}^{n} \big[y_i \cdot \lambda_i(x) + m_i \cdot \mu_i(x) \big]. \tag{6.2.5}$$

下面来具体给出满足条件 (6.2.4) 的基函数 $\lambda_i(x)$ 和 $\mu_i(x)$. 由 (6.2.4) 式中关于 $\lambda_i(x)$ 的条件, 可知 x_j $(j=0,1,\cdots,i-1,i+1,\cdots,n)$ 为 $\lambda_i(x)$ 的二重零点, 所以利用 Lagrange 插值基函数 $l_i(x)$, 可设 (因 $\lambda_i(x)$ 为 $2n+1$ 次多项式)

$$\lambda_i(x) = (ax+b) l_i^2(x). \tag{6.2.6}$$

易知, $\lambda_i'(x) = l_i(x)\big[a l_i(x) + 2(ax+b) l_i'(x)\big]$. 所以, 由 $\lambda_i(x_i)=1$, $\lambda_i'(x_i)=0$, 并注意到 $l_i(x_i)=1$, 可得

$$\begin{cases} a x_i + b = 1, \\ a + 2(a x_i + b) l_i'(x_i) = 0. \end{cases} \tag{6.2.7}$$

求解方程组 (6.2.7), 可得 $a = -2l_i'(x_i)$, $b = 1 + 2x_i l_i'(x_i)$. 从而

$$\begin{aligned} \lambda_i(x) &= \Big(-2l_i'(x_i)x + 1 + 2x_i l_i'(x_i) \Big) l_i^2(x) \\ &= \Big(1 - 2(x - x_i) l_i'(x_i) \Big) l_i^2(x). \end{aligned} \tag{6.2.8}$$

同理可设

$$\mu_i(x) = (cx+d) l_i^2(x).$$

易求得

$$c = 1, \quad d = -x_i.$$

所以

$$\mu_i(x) = (x - x_i)l_i^2(x). \tag{6.2.9}$$

将 (6.2.8) 式和 (6.2.9) 式代入 (6.2.5) 式即得 $H_{2n+1}(x)$:

$$H_{2n+1}(x)=\sum_{i=0}^{n}\Big[y_i\cdot\Big(1-2(x-x_i)l_i'(x_i)\Big)l_i^2(x)+m_i\cdot(x-x_i)l_i^2(x)\Big]. \tag{6.2.10}$$

函数 $f(x)$ 的 Hermite 插值 $H_{2n+1}(x)$ 的几何意义: 插值曲线 $y = H_{2n+1}(x)$ 与原曲线 $y = f(x)$ 在节点处具有公共切线.

完全类似于 Lagrange 插值余项的推导, 我们可得 Hermite 插值的余项.

定理 6.2.1 若 $f(x)$ 在 (a,b) 内存在直到 $2n+2$ 阶导数, 则其 Hermite 插值余项

$$R_{2n+1}(x) \triangleq f(x) - H_{2n+1}(x)$$

满足

$$R_{2n+1}(x) = \frac{f^{(2n+2)}(\xi)}{(2n+2)!}\omega_{n+1}^2(x), \tag{6.2.11}$$

其中 $\xi \in (a,b)$ 且与 x 有关, 而 $\omega_{n+1}(x)$ 的含义与 (6.1.8) 式相同.

证明 取 $x \in [a,b]$ 为任一固定的数. 由 $H_{2n+1}(x_j) = f(x_j), \omega_{n+1}(x_j) = 0\ (j = 0,1,\cdots,n)$ 知, 若 $x = x_j\ (j = 0,1,\cdots,n)$ 时, (6.2.11) 式成立. 下设 $x \neq x_j\ (j = 0,1,\cdots,n)$, 作辅助函数

$$F(t) = f(t) - H_{2n+1}(t) - \frac{f(x) - H_{2n+1}(x)}{\omega_{n+1}^2(x)}\omega_{n+1}^2(t). \tag{6.2.12}$$

易知, $F(t)$ 有 $n+2$ 个零点 $x_0, x_1, \cdots, x_n, x$, 则由 Rolle 中值定理可知, 存在 $n+1$ 个互异的且异于 $F(t)$ 上述零点的 $\xi_i\ (i = 0,1,\cdots,n)$, 使 $F'(\xi_i) = 0$. 又 $x_i\ (i = 0,1,\cdots,n)$ 为 $F(t)$ 的二重零点, 所以 $F'(t)$ 还有 $n+1$ 个零点 $x_i\ (i = 0,1,\cdots,n)$, 从而 $F'(t)$ 在区间 $[a,b]$ 上有 $2n+2$ 个互异零点. 由于 (6.2.12) 式右端第一项 $f(t)$ 对变量 t 具有 $2n+2$ 阶导数, 第二项 $H_{2n+1}(t)$ 为次数不超过 $2n+1$ 的多项式, 第三项为变量 t 的 $2n+2$ 次多项式, 所以 $F(t)$ 具有 $2n+2$ 阶导数. 在区间 $[a,b]$ 上, 对 $F'(t)$ 反复应用 Rolle 中值定理 (即 $2n+1$ 次) 可得, $F^{(2n+2)}(t)$ 在区间 (a,b) 上至少存在一个 ξ, 使得

$$0 = F^{(2n+2)}(\xi) = f^{(2n+2)}(\xi) - \frac{f(x) - H_{2n+1}(x)}{\omega_{n+1}^2(x)} \cdot (2n+2)!. \tag{6.2.13}$$

由 (6.2.13) 式立即可得 (6.2.11) 式. 证毕

例 6.2.1 给定函数 e^x 在区间 $[-1,1]$ 的数据表如下:

x	-1	0	1
$f(x)$	0.3697	1.0000	2.7182
$f'(x)$	0.3697	1.0000	2.7182

试给出 Hermite 插值多项式, 并计算其误差.

解 取 $x_0=-1$, $x_1=0$, $x_2=1$. 由 (6.2.8) 式、(6.2.9) 式及 $l_i(x)$ 的表达式, 可得

$$\begin{aligned}
&l_0(x)=\frac{1}{2}\,x(x-1),\quad l_0'(x_0)=-\frac{3}{2},\\
&\lambda_0(x)=\Big(1-2(x+1)\big(-\frac{3}{2}\big)\Big)\Big(\frac{1}{2}\,x(x-1)\Big)^2=\frac{1}{4}\,x^2(x-1)^2(4+3x),\\
&\mu_0(x)=(x+1)\Big(\frac{1}{2}\,x(x-1)\Big)^2=\frac{1}{4}\,x^2(x-1)^2(x+1);\\
&l_1(x)=-(x-1)(x+1),\quad l_1'(x_1)=0,\\
&\lambda_1(x)=(x+1)^2(x-1)^2,\quad \mu_1(x)=x(x+1)^2(x-1)^2;\\
&l_2(x)=\frac{1}{2}\,x(x+1),\quad l_2'(x_2)=\frac{3}{2},\\
&\lambda_2(x)=\Big(1-2(x-1)\cdot\frac{3}{2}\Big)\Big(\frac{1}{2}\,x(x+1)\Big)^2=\frac{1}{4}\,x^2(x+1)^2(4-3x),\\
&\mu_2(x)=(x-1)\Big(\frac{1}{2}x(x+1)\Big)^2=\frac{1}{4}x^2(x+1)^2(x-1).
\end{aligned}$$

所以, 由 (6.2.10) 式可得所求的 Hermite 插值多项式 $H_5(x)$:

$$H_5(x)=1+x+0.4985x^2+0.1663x^3+0.0445x^4+0.0088x^5.$$

由 (6.2.11) 式, 可知误差满足

$$\big|R_5(x)\big|=\big|e^x-H_5(x)\big|\leqslant\frac{e}{6!}\cdot\max_{x\in[-1,1]}\big|\omega_3(x)\big|^2.$$

由 $\omega_3(x)=x(x^2-1)$, 易知 $\omega_3(x)$ 的驻点为 $x=\pm\dfrac{\sqrt{3}}{3}$. 再由 $|\omega_3(x)|$ 的连续性可知

$$\max_{x\in[-1,1]}\big|\omega_3(x)\big|=\Big|\omega_3\Big(\pm\frac{\sqrt{3}}{3}\Big)\Big|\approx 0.3849.$$

所以

$$\big|R_5(x)\big|=\big|e^x-H_5(x)\big|\leqslant\frac{1}{6!}\times 2.7183\times 0.3849^2\approx 5.5932\times 10^{-4}.$$

6.3 差　　分

6.3.1 差分及其基本性质

设有序列 $\{y_i\}$. *差分算子* $\mathbf{\Delta}$ 定义如下:

$$\mathbf{\Delta} y_i \triangleq y_{i+1} - y_i. \tag{6.3.1}$$

用递推方法将它的幂定义为

$$\mathbf{\Delta}^k y_i \triangleq \mathbf{\Delta}^{k-1}(\mathbf{\Delta} y_i) = \mathbf{\Delta}^{k-1} y_{i+1} - \mathbf{\Delta}^{k-1} y_i, \quad k = 1, 2, \cdots. \tag{6.3.2}$$

$\mathbf{\Delta}^k y_i$ 称为序列 $\{y_i\}$ 的*k 阶差分*. 由给定的原序列及其各阶差分而排列的表称为*差分表*, 如表 6.3.1 所示.

表 6.3.1

y_i	$\mathbf{\Delta}$	$\mathbf{\Delta}^2$	$\mathbf{\Delta}^3$	$\mathbf{\Delta}^4$	$\mathbf{\Delta}^5$	$\cdots$
y_0						
	$\mathbf{\Delta} y_0$					
y_1		$\mathbf{\Delta}^2 y_0$				
	$\mathbf{\Delta} y_1$		$\mathbf{\Delta}^3 y_0$			
y_2		$\mathbf{\Delta}^2 y_1$		$\mathbf{\Delta}^4 y_0$		
	$\mathbf{\Delta} y_2$		$\mathbf{\Delta}^3 y_1$		$\mathbf{\Delta}^5 y_0$	
y_3		$\mathbf{\Delta}^2 y_2$		$\mathbf{\Delta}^4 y_1$		$\cdots$
	$\mathbf{\Delta} y_3$		$\mathbf{\Delta}^3 y_2$		$\vdots$	
y_4		$\mathbf{\Delta}^2 y_3$		$\vdots$		
	$\mathbf{\Delta} y_4$		$\vdots$			
y_5		$\vdots$				
	$\vdots$					
$\vdots$						

由差分的定义, 我们立即可推出差分具有如下一些基本性质:

(1) 若 a, b 为常数, 则 $\mathbf{\Delta}(ay_i + bz_i) = a\mathbf{\Delta} y_i + b\mathbf{\Delta} z_i$;

(2) 乘积的差分公式　$\mathbf{\Delta}(y_i z_i) = y_i \mathbf{\Delta} z_i + (\mathbf{\Delta} y_i) z_{i+1}$;

(3) 商的差分公式　$\mathbf{\Delta}\left(\dfrac{y_i}{z_i}\right) = \dfrac{z_i \mathbf{\Delta} y_i - y_n \mathbf{\Delta} z_n}{z_i z_{i+1}}$;

(4) 分部求和差分公式 $\sum_{i=0}^{n-1} y_i \boldsymbol{\Delta} z_i = y_n z_n - y_0 z_0 - \sum_{i=0}^{n-1} (\boldsymbol{\Delta} y_i) z_{i+1}$.

在此我们仅证明 (4), 而 (1)~(3) 请读者自行证明. 因为

$$\sum_{i=0}^{n-1} \boldsymbol{\Delta} u_i = u_n - u_0,$$

所以取 $u_i = y_i z_i$, 由乘积的差分公式可得

$$\begin{aligned} y_n z_n - y_0 z_0 &= \sum_{i=0}^{n-1} \boldsymbol{\Delta}(y_i z_i) = \sum_{i=0}^{n-1} \Big(y_i \boldsymbol{\Delta} z_i + (\boldsymbol{\Delta} y_i) z_{i+1} \Big) \\ &= \sum_{i=0}^{n-1} y_i \boldsymbol{\Delta} z_i + \sum_{i=0}^{n-1} (\boldsymbol{\Delta} y_i) z_{i+1}. \end{aligned}$$

例 6.3.1 求序列 $\{n^3\}$ 的差分表.

解 序列 $\{n^3\}$ 的差分表如表 6.3.2 所示.

表 6.3.2

n^3	$\boldsymbol{\Delta}$	$\boldsymbol{\Delta}^2$	$\boldsymbol{\Delta}^3$	$\boldsymbol{\Delta}^4$	$\boldsymbol{\Delta}^5$	$\boldsymbol{\Delta}^6$
0						
	1					
1		6				
	7		6			
8		12		0		
	19		6		0	
27		18		0		0
	37		6		0	
64		24		0		
	61		6			
125		30				
	91					
216						

例 6.3.2 求序列 $\{0,0,0,1,0,0,0\}$ 的差分表.

解 序列 $\{0,0,0,1,0,0,0\}$ 的差分表如表 6.3.3 所示.

由例 6.3.2 可见, 虽然原序列中仅有一个数非零, 但它的各阶差分中却有较多的非零数, 而且绝对值很快地增大. 这描述了误差在差分表中的传播情况.

表 6.3.3

序列	Δ	Δ^2	Δ^3	Δ^4	Δ^5	Δ^6
0						
	0					
0		0				
	0		1			
0		1		−4		
	1		−3		10	
1		−2		6		−20
	−1		3		−10	
0		1		−4		
	0		−1			
0		0				
	0					
0						

6.3.2　高阶差分的表达式

定理 6.3.1　给定序列 $\{y_n, y_{n+1}, \cdots, y_{n+k}\}$, 则

$$\begin{aligned}\boldsymbol{\Delta}^k y_n &= y_{n+k} - C_k^1\, y_{n+k-1} + C_k^2\, y_{n+k-2} - \cdots + (-1)^k y_n \\ &= \sum_{j=0}^{k} (-1)^j C_k^j\, y_{n+k-j},\end{aligned} \tag{6.3.3}$$

其中

$$C_m^\ell \triangleq \frac{1}{\ell!} m(m-1)\cdots(m-\ell+1). \tag{6.3.4}$$

证明　对于阶数 k, 应用数学归纳法证明本定理.

当 $k=1$ 时, (6.3.3) 式即为 $\boldsymbol{\Delta} y_n = y_{n+1} - y_n$. 所以, 当 $k=1$ 时定理成立.

假设 $k=\ell$ 时定理成立, 下证 $k=\ell+1$ 时定理也成立. 由定义和上述归纳假设, 可得

$$\begin{aligned}\boldsymbol{\Delta}^{\ell+1} y_n &= \boldsymbol{\Delta}^\ell y_{n+1} - \boldsymbol{\Delta}^\ell y_n \\ &= \sum_{j=0}^{\ell} (-1)^j C_\ell^j\, y_{n+1+\ell-j} - \sum_{j=0}^{\ell} (-1)^j C_\ell^j\, y_{n+\ell-j}.\end{aligned}$$

令 $j=m-1$, 则

$$\begin{aligned}-\sum_{j=0}^{\ell} (-1)^j C_\ell^j\, y_{n+\ell-j} &= \sum_{m=1}^{\ell+1} (-1)^m C_\ell^{m-1}\, y_{n+\ell+1-m} \\ &= \sum_{j=1}^{\ell} (-1)^j C_\ell^{j-1}\, y_{n+\ell+1-j} + (-1)^{\ell+1} y_n.\end{aligned}$$

由上述两式, 并注意到 $C_{\ell+1}^j = C_\ell^j + C_\ell^{j-1}$, 可得

$$\begin{aligned}\mathbf{\Delta}^{\ell+1} y_n &= y_{n+\ell+1} + \sum_{j=1}^{\ell}(-1)^j\left[C_\ell^j + C_\ell^{j-1}\right]y_{n+\ell+1-j} + (-1)^{\ell+1}y_n \\ &= \sum_{j=0}^{\ell+1}(-1)^j C_{\ell+1}^j\, y_{n+\ell+1-j}.\end{aligned}$$

证毕

完全类似于定理 6.3.1 的证明, 我们可得

定理 6.3.2　若记 $\mathbf{\Delta}^0 y_n \triangleq y_n$, 则

$$y_{n+k} = \sum_{j=0}^{k} C_k^j \cdot \mathbf{\Delta}^j y_n. \tag{6.3.5}$$

例 6.3.3　利用差分性质证明:

(1) $1+2+3+\cdots+n = \dfrac{n(n+1)}{2}$;

(2) $1^3+2^3+3^3+\cdots+n^3 = \left[\dfrac{n(n+1)}{2}\right]^2$.

证明　我们仅证明 (1), 而 (2) 可类似证明 (留作练习).

令 $g_i = 1+2+3+\cdots+i$, 则 $g_i - g_{i-1} = \mathbf{\Delta} g_{i-1} = i$, 为此对序列 $\{g_0, g_1, \cdots, g_n\}$ 作表 6.3.4 所示的差分表.

表 6.3.4

i	g_i	$\mathbf{\Delta}$	$\mathbf{\Delta}^2$	$\mathbf{\Delta}^3$	$\mathbf{\Delta}^4$	$\mathbf{\Delta}^5$
0	g_0					
		1				
1	g_1		1			
		2		0		
2	g_2		$\cdots$		0	
		$\cdots$		0		0
$\cdots$	$\cdots$		1		0	
		$n-1$		0		
$n-1$	g_{n-1}		1			
		n				
n	g_n					

从表 6.3.4 可知, 二阶以上的差分均为零. 据定理 6.3.2 (即利用 (6.3.5) 式), 有

$$g_{i+n} = \sum_{j=0}^{n} C_n^j \cdot \mathbf{\Delta}^j g_i.$$

对上式取 $i=0$, 则得

$$\begin{aligned} g_n &= \sum_{j=0}^{n} C_n^j \cdot \boldsymbol{\Delta}^j g_0 = g_0 + C_n^1 \boldsymbol{\Delta} g_0 + C_n^2 \boldsymbol{\Delta}^2 g_0 \\ &= 0 + n\cdot 1 + \frac{1}{2!} n(n-1)\cdot 1 = \frac{1}{2} n(n+1). \end{aligned}$$

这就证明了 (1).　　**证毕**

6.4 Newton 插值公式

Lagrange 插值是采用基本多项式的线性组合构成插值多项式, 其特点是含义直观、形式对称. 但是, 如果已经作了一个 n 次插值多项式, 又要增加一个节点, 求 $n+1$ 次插值多项式, 就要重新构造新的基本插值多项式, 而以前的计算结果就白白浪费了. 为了克服这一不足, 本节将讨论 Newton 插值公式, 它可以利用以前计算的结果而临时增加新的节点.

6.4.1 逐步插值多项式

定理 6.4.1 设 $f(x)$ 在区间 $[a,b]$ 上有直到 $n+1$ 阶导数, 给定该区间上 $n+1$ 个两两互异的节点 $x_i\ (i=0,1,\cdots,n)$ 上函数 $f(x)$ 的数据表

x	x_0	x_1	x_2	$\cdots$	x_n
$f(x)$	$f(x_0)$	$f(x_1)$	$f(x_2)$	$\cdots$	$f(x_n)$

(6.4.1)

则可以唯一确定常数向量 $\boldsymbol{c}=\left(c_0,c_1,\cdots,c_n\right)^{\mathrm{T}}$, 使得

$$f(x)=\Big(1,\omega_1(x),\omega_2(x),\cdots,\omega_n(x)\Big)\boldsymbol{c}+R_n(x), \tag{6.4.2}$$

其中 $R_n(x)$ 为余项, 满足

$$R_n(x)=\frac{f^{n+1}(\xi)}{(n+1)!}\omega_{n+1}(x),\quad a<\xi<b. \tag{6.4.3}$$

证明 常数向量 $\boldsymbol{c}=\left(c_0,c_1,\cdots,c_n\right)^{\mathrm{T}}$ 满足 (6.4.2) 式的充要条件是

$$\begin{pmatrix} 1 & & & & \\ 1 & \omega_1(x_1) & & & \\ \vdots & \vdots & \cdots & & \\ 1 & \omega_1(x_n) & \omega_2(x_n) & \cdots & \omega_n(x_n) \end{pmatrix}\begin{pmatrix} c_0 \\ c_1 \\ \vdots \\ c_n \end{pmatrix}=\begin{pmatrix} f(x_0) \\ f(x_1) \\ \vdots \\ f(x_n) \end{pmatrix}.$$

由于节点互不相同, 即当 $i \neq j$ 时,$x_i \neq x_j$, 上述线性方程组的系数矩阵行列式的值 $\prod\limits_{0 \leqslant j < i \leqslant n} (x_i - x_j) \neq 0$, 所以上述方程组存在唯一的 $\boldsymbol{c} = \left(c_0, c_1, \cdots, c_n\right)^{\mathrm{T}}$.

对于 (6.4.3) 式, 可仿 6.1 节中的定理 6.1.1 的证法而得. **证毕**

(6.4.2) 式中前 $n+1$ 项组成的多项式称为 $f(x)$ 关于节点 x_i $(i = 0, 1, \cdots, n)$ 的*逐步插值多项式*. 定理 6.4.1 不仅给出了逐步插值多项式的存在唯一性, 而且给出了求此类多项式的构造性方法. 下面我们将引入差商概念, 给出求逐步插值多项式的一种变形方法.

6.4.2 差商与 Newton 插值公式

定义 6.4.1 称 $f[x_0, x_k] = \dfrac{f(x_k) - f(x_0)}{x_k - x_0}$ 为函数 $f(x)$ 关于点 x_0, x_k 的*一阶差商*; 称 $f[x_0, x_1, x_k] = \dfrac{f[x_0, x_k] - f[x_0, x_1]}{x_k - x_1}$ 为函数 $f(x)$ 关于点 x_0, x_1, x_k 的*二阶差商*. 一般地, 用递推法定义 k 阶差商如下: 若 $f(x)$ 的 $k-1$ 阶差商存在, $f(x)$ 关于 x_0, x_1, $\cdots$, x_{k-1}, x_k 的*k 阶差商* 定义为

$$f[x_0, x_1, \cdots, x_{k-1}, x_k] = \frac{f[x_0, \cdots, x_{k-2}, x_k] - f[x_0, \cdots, x_{k-1}]}{x_k - x_{k-1}}. \tag{6.4.4}$$

定理 6.4.2 设 $f(x)$ 在区间 $[a, b]$ 上有直到 $n+1$ 阶导数, 给定该区间上 $n+1$ 个两两互异的节点 x_0, x_1, x_2, $\cdots$, x_n, 则存在

$$\boldsymbol{c}_0 = \left(f(x_0), f[x_0, x_1], f[x_0, x_1, x_2], \cdots, f[x_0, x_1 \cdots, x_n]\right)^{\mathrm{T}},$$

使得

$$f(x) = N_n(x) + \overline{R}_n(x), \tag{6.4.5}$$

其中 $N_n(x)$, $\overline{R}_n(x)$ 满足

$$N_n(x) \triangleq \left(1, \omega_1(x), \omega_2(x), \cdots, \omega_n(x)\right)\boldsymbol{c}_0, \tag{6.4.6}$$

$$\overline{R}_n(x) \triangleq f(x) - N_n(x) = f[x_0, x_1, \cdots, x_n, x]\omega_{n+1}(x). \tag{6.4.7}$$

证明 当 $x = x_0$ 时, 由 (6.4.2) 式, 可得

$$c_0 = f(x_0).$$

由一阶差商的定义及 (6.4.2) 式, 可得

$$\begin{aligned} f[x_0, x] = {} & c_1 + c_2(x - x_1) + \cdots + c_n(x - x_1)\cdots(x - x_{n-1}) \\ & + \frac{f^{(n+1)}(\xi)}{(n+1)!}(x - x_1)(x - x_2)\cdots(x - x_n). \end{aligned} \tag{6.4.8}$$

当 $x = x_1$ 时, 由 (6.4.8) 式, 可得

$$c_1 = f[x_0, x_1].$$

由二阶差商的定义及 (6.4.8) 式, 可得

$$\begin{aligned} f[x_0, x_1, x] = &c_2 + c_3(x - x_2) + \cdots + c_n(x - x_2)\cdots(x - x_{n-1}) \\ &+ \frac{f^{(n+1)}(\xi)}{(n+1)!}(x - x_2)(x - x_3)\cdots(x - x_n). \end{aligned} \tag{6.4.9}$$

由此可得

$$c_2 = f[x_0, x_1, x_2].$$

由数学归纳法可以证明: 当 $k < n$ 时, 有

$$c_k = f[x_0, x_1, \cdots, x_{k-1}, x_k]; \tag{6.4.10}$$

而当 $k = n$ 时, 有

$$f[x_0, x_1, \cdots, x_n, x] = \frac{f^{(n+1)}(\xi)}{(n+1)!}. \tag{6.4.11}$$

将 (6.4.10) 式及 (6.4.11) 式代入 (6.4.2) 式, 立即得到本定理的结论. **证毕**

定理 6.4.2 中的 (6.4.5) 式称为Newton **插值公式**, (6.4.6) 式称为Newton **插值多项式**, (6.4.7) 式称为 Newton **插值余项**.

6.4.3 差商表

由 (6.4.4) 式所定义的差商具有如下一些性质:

性质 6.4.1 设 $f(x)$ 在区间 $[a,b]$ 上有直到 $n+1$ 阶导数, 互异的 $x_0, x_1, x_2, \cdots, x_n \in [a,b]$, 则对任意的 $x \in [a,b]$, 存在 $\xi \in (a,b)$, 使得

$$f[x_0, x_1, \cdots, x_n, x] = \frac{f^{(n+1)}(\xi)}{(n+1)!}. \tag{6.4.12}$$

性质 6.4.2 若令 $\omega_{n+1}(x) = \prod_{i=0}^{n}(x - x_i)$, 则

$$f[x_0, x_1, \cdots, x_n] = \sum_{j=0}^{n} \frac{f(x_j)}{\omega'_{n+1}(x_j)}. \tag{6.4.13}$$

证明 由 (6.1.12) 式, (6.4.5) 式及 (6.4.12) 式, 可知 Lagrange 插值多项式 $L_n(x)$ 及 Newton 插值多项式 $N_n(x)$ 满足

$$L_n(x) = N_n(x). \tag{6.4.14}$$

注意到 (6.1.10) 式, 比较 (6.4.14) 式两边 x 的最高次幂 x^n 的系数即得 (6.4.13) 式.

证毕

由性质 6.4.2 及差商的定义 6.4.1, 可得

性质 6.4.3 差商与它所含的节点的次序无关, 即若 $i_0, i_1, \cdots, i_n$ 为 $0, 1, \cdots, n$ 的某一排列, 则

$$f[x_{i_0}, x_{i_1}, \cdots, x_{i_n}] = f[x_0, x_1, \cdots, x_n]. \tag{6.4.15}$$

定理 6.4.3 若 $i < k$, 则差商可按下式进行计算

$$f[x_i, x_{i+1}, \cdots, x_k] = \frac{f[x_{i+1}, x_{i+2}, \cdots, x_k] - f[x_i, x_{i+1}, \cdots, x_{k-1}]}{x_k - x_i}. \tag{6.4.16}$$

证明 由差商定义 (6.4.4) 式, 可得

$$f[x_{i+1}, \cdots, x_k, x] = \frac{f[x_{i+1}, \cdots, x_{k-1}, x] - f[x_{i+1}, \cdots, x_{k-1}, x_k]}{x - x_k}.$$

在上式中取 $x = x_i$, 并利用性质 6.4.3, 立即可得 (6.4.16) 式. **证毕**

由 (6.4.16) 式, 可以依次求出函数 $f(x)$ 的各阶差商, 并将其列出表格称为*差商表*. 表 6.4.1 用来说明差商表的排列方式.

表 6.4.1

x_i	$f(x_i)$	一阶差商	二阶差商	三阶差商	四阶差商
x_0	$f(x_0)$				
		$f[x_0, x_1]$			
x_1	$f(x_1)$		$f[x_0, x_1, x_2]$		
		$f[x_1, x_2]$		$f[x_0, x_1, x_2, x_3]$	
x_2	$f(x_2)$		$f[x_1, x_2, x_3]$		$f[x_0, x_1, x_2, x_3, x_4]$
		$f[x_2, x_3]$		$f[x_1, x_2, x_3, x_4]$	
x_3	$f(x_3)$		$f[x_2, x_3, x_4]$		
		$f[x_3, x_4]$			
x_4	$f(x_4)$				

例 6.4.1 设 $(x_i, f(x_i))$ 的值如下表所示:

x_i	1	2	4	5	6
$f(x_i)$	0	2	12	20	70

求次数不超过 4 的多项式 $N_4(x)$, 使得 $N_4(x_i) = f(x_i)$.

解 先作差商表 6.4.2.

由此可得

$$f(1) = 0,\ f[1,2] = 2,\ f[1,2,4] = 1,\ f[1,2,4,5] = 0,\ f[1,2,4,5,6] = 1.$$

据定理 6.4.2 得 $N_4(x)$ 为

$$\begin{aligned}N_4(x) &= 2(x-1)+(x-1)(x-2)+(x-1)(x-2)(x-4)(x-5)\\ &= (x-1)\Big(2+(x-2)\big(1+(x-4)(x-5)\big)\Big).\end{aligned}$$

表 6.4.2

x_i	$f(x_i)$	一阶差商	二阶差商	三阶差商	四阶差商
1	0				
		2			
2	2		1		
		5		0	
4	12		1		1
		8		5	
5	20		21		
		50			
6	70				

例 6.4.2 函数 sh$x$ 的数值表如下所示:

x_i	0.40	0.55	0.65	0.80	0.90	1.05
shx_i	0.41075	0.57815	0.69675	0.88811	1.02652	1.25382

求 4 次数 Newton 插值多项式, 并计算 sh(0.596) 的近似值.

解 先作差商表 6.4.3.

表 6.4.3

x_i	$f(x_i)$	一阶差商	二阶差商	三阶差商	四阶差商
0.40	0.41075				
		1.11600			
0.55	0.57815		0.28000		
		1.18600		0.19733	
0.65	0.69675		0.35893		0.03134
		1.27573		0.21300	
0.80	0.88811		0.43348		
		1.38410			
0.90	1.02652				

据定理 6.4.2 得 $N_4(x)$ 为

$$\begin{aligned}N_4(x) = 0.41075 &+ 1.116(x-0.4)+0.28(x-0.4)(x-0.55)\\ &+0.19733(x-0.4)(x-0.55)(x-0.65)\\ &+0.03134(x-0.4)(x-0.55)(x-0.65)(x-0.8).\end{aligned}$$

$$\text{sh}(0.596) \approx N_4(0.596) = 0.63195.$$

例 6.4.3* 函数 $\sin x$ 的数值如下表所示:

x_i	1.566	1.567	1.568	1.569	1.570
$\sin x_i$	0.9999885	0.9999928	0.9999961	0.9999984	0.9999997

求满足 $\sin x = 0.9999950$ 的 x 值 (该方程的真解为 $x = 1.5676340$).

解 (分析: 通常情况下, 是已知 $(x_i, f(x_i))$, 求函数 $f(x)$ 在某一点 x_0 处的近似值, 这就是所谓的插值问题. 本例是求满足 $f(x) = \sin x = 0.9999950$ 的 x 值, 与我们所讨论的插值问题恰好相反, 这类问题我们称之为"反插值". 如果我们将 $f(x_i)$ 作为自变量值, 而 x_i 作为相应的函数值, 求出以 $(f(x_i), x_i)$ 为已知数据的插值多项式 $N_n(y)$, 则 $N_n(y)$ 的值即为 x 的值.) 据上述分析, 以数据 $(\sin x_i, x_i)$ 作差商表 6.4.4.

表 6.4.4

$\sin x_i$	x_i	一阶差商	二阶差商	三阶差商	四阶差商
0.9999885	1.566				
		232.55814			
0.9999928	1.567		9272652.6		
		303.03030		1.4398531×10^{12}	
0.9999961	1.568		23527198.2		7.6915223×10^{17}
		434.78261		1.0054358×10^{13}	
0.9999984	1.569		92902266.7		
		769.23077			
0.9999997	1.570				

根据定理 6.4.2, 可得

$$\begin{aligned} x \approx N_4(y) = {} & 1.566 + 232.55814(y - 0.9999885) \\ & + 9272652.6(y - 0.9999885)(y - 0.9999928) \\ & + 1.4398531 \times 10^{12}(y - 0.9999885)(y - 0.9999928)(y - 0.9999961) \\ & + 7.6915223 \times 10^{17}(y - 0.9999885)(y - 0.9999928) \\ & \cdot (y - 0.9999961)(y - 0.9999984). \end{aligned}$$

由此可得满足 $\sin x = 0.9999950$ 的 x 值

$$x \approx N_4(0.9999950) \approx 1.5676241.$$

例 6.4.4 已知函数 $f(x)$ 为一多项式, 其数据由下表给出, 试求其次数及 x 的最高幂的系数.

x_i	0	1	2	3	4	5
$f(x_i)$	−7	−4	5	26	65	128

解　以表中所给的数据 $(x_i, f(x_i))$ 作差商表 6.4.5.

表 6.4.5

x_i	$f(x_i)$	一阶差商	二阶差商	三阶差商	四阶差商	五阶差商
0	−7					
		3				
1	−4		3			
		9		1		
2	5		6		0	
		21		1		0
3	26		9		0	
		39		1		
4	65		12			
		63				
5	128					

由表 6.4.5 可知三阶差商 $f[0,1,2,3] = f[1,2,3,4] = f[2,3,4,5] = 1$, 四阶及五阶差商均为零, 所以多项式的次数为 3, 即 $\deg(f(x)) = 3$. 再由定理 6.4.2, 可得

$$\begin{aligned} f(x) &= -7 + 3(x-0) + 3(x-0)(x-1) + 1\cdot(x-0)(x-1)(x-2) \\ &= x^3 + 2x - 7. \end{aligned}$$

所以, x 的最高幂的系数为 1 (或直接由表 6.4.5 知, x 的最高幂的系数为 $f[0,1,2,3] = 1$).

6.4.4　等距节点插值公式

前面我们讨论了节点任意分布时的插值公式, 但在实际应用时常常是等距节点情况, 这时 Newton 插值公式可进一步简化. 下面介绍两种常用的插值公式.

令 $h = \dfrac{b-a}{n}$, $x_i = x_0 + ih$, $i = 0, 1, \cdots, n$. 函数 $y = f(x)$ 在区间 $[a, b]$ 上等距节点 x_i 处的值 $f_i = f(x_i)$:

x_i	x_0	x_1	x_2	$\cdots$	x_{n-1}	x_n
$f(x_i)$	f_0	f_1	f_2	$\cdots$	f_{n-1}	f_n

(6.4.17)

定理 6.4.4　若 x_i, f_i $(i=0,1,\cdots,n)$ 为 (6.4.17) 式所示, 则差分与差商满足

$$f[x_i, x_{i+1}, \cdots, x_{i+m}] = \frac{\boldsymbol{\Delta}^m f_i}{m!h^m}. \tag{6.4.18}$$

证明 对阶数 m 利用数学归纳法证明.

当 $m=1$ 时, 由一阶差商的定义可得

$$f[x_i,x_{i+1}]=\frac{f_{i+1}-f_i}{x_{i+1}-x_i}=\frac{\boldsymbol{\Delta} f_i}{1!\cdot h},$$

即 $m=1$ 时, 定理成立. 假设 (6.4.18) 式对 ℓ 阶差商成立, 下证 (6.4.18) 式对 $\ell+1$ 阶差商也成立. 根据定理 6.4.3 和归纳假设, 可得

$$\begin{aligned}f[x_i,x_{i+1},\cdots,x_{i+\ell+1}]&=\frac{f[x_{i+1},\cdots,x_{i+\ell+1}]-f[x_i,x_{i+1},\cdots,x_{i+\ell}]}{x_{i+\ell+1}-x_i}\\&=\frac{1}{(\ell+1)h}\left[\frac{\boldsymbol{\Delta}^\ell f_{i+1}}{\ell!\cdot h^\ell}-\frac{\boldsymbol{\Delta}^\ell f_i}{\ell!\cdot h^\ell}\right]=\frac{\boldsymbol{\Delta}^{\ell+1} f_i}{(\ell+1)!\cdot h^{\ell+1}}.\end{aligned}$$

由数学归纳法知, 本定理成立. **证毕**

定理 6.4.5 若 $x_i=x_0+ih\ (i=0,1,\cdots,n)$, $f(x)$ 在区间 $[x_0,x_n]$ 有直到 $n+1$ 阶导数, 则对任意 $x=x_0+jh\ (0\leqslant j\leqslant n)$, 有

$$f(x)=f(x_0+jh)=\sum_{i=0}^{n}C_j^i\boldsymbol{\Delta}^i f_0+R_n(x), \tag{6.4.19}$$

$$R_n(x)=\frac{j(j-1)\cdots(j-n)}{(n+1)!}h^{n+1}f^{(n+1)}(\xi),\quad \xi\in(x_0,x_n). \tag{6.4.20}$$

证明 对节点 x_i 和变元 j, 我们有下式:

$$\begin{aligned}(x-x_0)(x-x_1)\cdots(x-x_{i-1})&=jh(j-1)h\cdots(j-i+1)h\\&=h^ij(j-1)\cdots(j-i+1),\quad i=1,2,\cdots,n+1.\end{aligned} \tag{6.4.21}$$

将 (6.4.21) 式和 (6.4.18) 式代入 (6.4.5) 式, 即得 (6.4.19) 式和 (6.4.20) 式. **证毕**

定理 6.4.6 若 $x_i=x_0+ih\ (i=0,1,\cdots,n)$, $f(x)$ 在区间 $[x_0,x_n]$ 有直到 $n+1$ 阶导数, 则对任意 $x=x_n+jh\ (-n\leqslant j\leqslant 0)$, 有

$$f(x)=f(x_n+jh)=\sum_{i=0}^{n}(-1)^iC_{-j}^i\boldsymbol{\Delta}^i f_{n-i}+R_n(x), \tag{6.4.22}$$

$$R_n(x)=\frac{j(j+1)\cdots(j+n)}{(n+1)!}\cdot h^{n+1}f^{(n+1)}(\xi),\quad \xi\in(x_0,x_n). \tag{6.4.23}$$

证明 将 Newton 插值公式中的节点按由大到小的顺序排列, 可得

$$\begin{aligned}f(x)=&f(x_n)+f[x_n,x_{n-1}](x-x_n)+\cdots\\&+f[x_n,x_{n-1},\cdots,x_0](x-x_n)(x-x_{n-1})\cdots(x-x_1)\\&+\frac{1}{(n+1)!}f^{(n+1)}(\xi)(x-x_n)(x-x_{n-1})\cdots(x-x_0).\end{aligned} \tag{6.4.24}$$

由节点 x_i 和变元 j 所满足的关系, 有

$$\begin{aligned}(x-x_n)(x-x_{n-1})\cdots(x-x_{n-i+1}) &= jh(j+1)h\cdots(j+i-1)h \\ &= j(j+1)\cdots(j+i-1)h^i.\end{aligned} \tag{6.4.25}$$

再由定理 6.4.4 及性质 6.4.3, 可得

$$f[x_n, x_{n-1}, \cdots, x_{n-i}] = \frac{\boldsymbol{\Delta}^i f_{n-i}}{i! \cdot h^i}. \tag{6.4.26}$$

将 (6.4.25) 式和 (6.4.26) 式代入 (6.4.24) 式, 即得 (6.4.22) 式和 (6.4.23) 式. **证毕**

上述公式 (6.4.19) 式和 (6.4.22) 式分别称为**等距节点的前插公式**和**等距节点的后插公式**. 它们右端的 $\sum\limits_{i=0}^{n}$ 项 (共 $n+1$ 项) 分别称为**前插值多项式**和**后插值多项式**. $R_n(x)$ 为**余项**.

6.4.5* 带重节点差商

前面我们讨论差商的节点是彼此互异. 若节点中有一些相同时, 该如何定义差商? 现在我们对此作简单介绍.

若极限 $\lim\limits_{x_1 \to x_0} \dfrac{f(x_1)-f(x_0)}{x_1-x_0}$ 存在, 则规定

$$f[x_0, x_0] \triangleq \lim_{x_1 \to x_0} \frac{f(x_1)-f(x_0)}{x_1-x_0}. \tag{6.4.27}$$

只要上式的极限存在, 且 $x_0 \neq x_1$, 则规定

$$f[x_0, x_0, x_1] \triangleq \frac{f[x_0, x_0]-f[x_0, x_1]}{x_0-x_1}. \tag{6.4.28}$$

对于 $n+1$ 个相同的节点, 由定理 6.4.2 可得

$$f[\underbrace{x_0, x_0, \cdots, x_0}_{n+1\text{ 个}}] = \frac{f^{(n)}(x_0)}{n!}. \tag{6.4.29}$$

上述内容可以用来研究带导数的插值问题. 例如

例 6.4.5　求次数不超过 4 的多项式 $p_4(x)$, 使得

$$p_4(0)=0,\ p_4'(0)=1;\ p_4(1)=3,\ p_4'(1)=6;\ p_4(3)=39.$$

解　先作 $p_4(x)$ 差商表 6.4.6. 在此表中, 对已给的数据用横线 " _ " 标出.

表 6.4.6

x_i	$f(x_i)$	一阶差商	二阶差商	三阶差商	四阶差商
0	$\underline{0}$				
		$\underline{1}$			
0	$\underline{0}$		2		
		3		1	
1	$\underline{3}$		3		0
		$\underline{6}$		1	
1	$\underline{3}$		6		
		18			
3	$\underline{39}$				

根据定理 6.4.2 得 $p_4(x)$ 为

$$
\begin{aligned}
p_4(x) &= 0 + 1 \cdot x + 2x^2 + 1 \cdot x^2(x-1) + 0 \cdot x^2(x-1)^2 \\
&= x^3 + x^2 + x.
\end{aligned}
$$

例 6.4.6 求一个次数不超过 3 的多项式 $p_3(x)$ 满足下列插值条件

x_i	1	2	3
$f(x_i)$	2	4	12
$f'(x_i)$	—	3	—

并估计插值误差.

解 由已知的数据作差商表 6.4.7, 在此表中对已给的数据用横线 "_" 标出.

表 6.4.7

x_i	$f(x_i)$	一阶差商	二阶差商	三阶差商
1	$\underline{2}$			
		2		
2	$\underline{4}$		1	
		$\underline{3}$		2
2	$\underline{4}$		5	
		8		
3	$\underline{12}$			

据定理 6.4.2 得 $p_3(x)$ 为

$$
\begin{aligned}
p_3(x) &= 2 + 2 \cdot (x-1) + 1 \cdot (x-1)(x-2) + 2 \cdot (x-1)(x-2)^2 \\
&= 2x^3 - 9x^2 + 15x - 6,
\end{aligned}
$$

插值误差为

$$
|R_3(x)| = \frac{1}{24}\left|f^{(4)}(\xi)(x-1)(x-2)^2(x-3)\right|.
$$

6.5　分段低次插值

Runge 早在 1901 年发现: 在区间 $[-1,1]$ 上, 对充分光滑的函数

$$y \triangleq f(x) = \frac{1}{1+25x^2}.$$

若在该区间上用 $n+1$ 个等距节点作 $f(x)$ 的插值多项式 $p_n(x)$, 当 $n \to \infty$ 时, 插值多项式 $p_n(x)$ 在该区间的中部趋于 $f(x)$, 但对于满足条件 $0.726\cdots \leqslant |x| < 1$ 的 x, $p_n(x)$ 并不趋于 $f(x)$ 在对应点的值. 这种现象称之为Runge 现象(图 6.5.1). 后来 C. H. Bernstein 在 1916 年给出如下更有趣的例子: 对定义在区间 $[-1,1]$ 上的函数 $f(x)=|x|$, 若取 $n+1$ 个等距节点 $x_i^{(n)} = -1 + i \cdot \dfrac{2}{n}$, $i=0,1,\cdots,n$, 所构造的 $f(x)$ 的 n 次插值多项式 $p_n(x)$, 当 $n \to \infty$ 时, 该区间中除了三个点 $-1,0,1$ 之外, 在其余的任何点 x 处, $p_n(x)$ 均不收敛于 $|x|$.

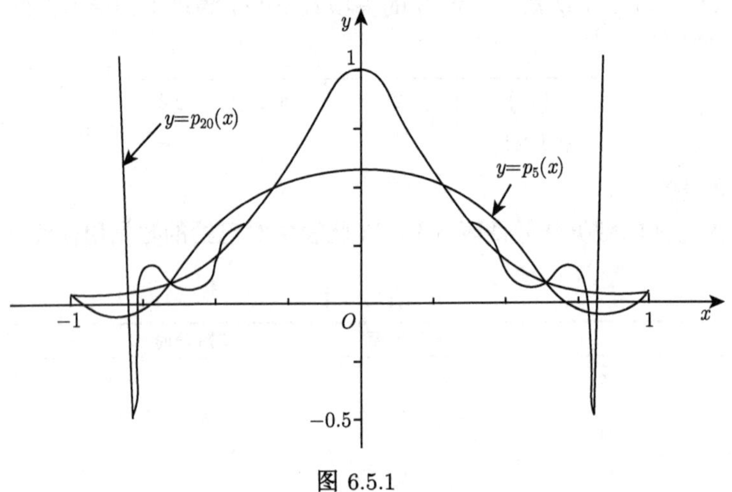

图 6.5.1

上述两例表明, 在区间 $[a,b]$ 上使用高次插值多项式并不能保证插值多项式序列收敛于原函数. 为此, 我们必须考虑低次插值. 本节主要讨论分段插值, 即将整个插值区间分成若干个小区间, 在每个小区间上进行低次插值. 分段插值函数虽不如前述的 Lagrange 插值多项式、Hermite 插值多项式和 Newton 插值多项式光滑, 但却不会出现上述 Runge 现象.

6.5.1　分段线性插值

所谓**分段线性插值**是指用相邻插值节点的折线段连接起来的一条折线来逼近 $f(x)$. 设在区间 $[a,b]$ 上取 $n+1$ 个节点

$$a = x_0 < x_1 < \cdots < x_n = b, \tag{6.5.1}$$

函数 $f(x)$ 在节点处的函数值为

$$f(x_0) = y_0,\ f(x_1) = y_1,\ \cdots,\ f(x_n) = y_n. \tag{6.5.2}$$

于是, 我们就得到 $n+1$ 个数据的表列

x	x_0	x_1	$\cdots$	x_n
$f(x)$	y_0	y_1	$\cdots$	y_n

(6.5.3)

连接相邻两点 $(x_{i-1},\ y_{i-1})$, (x_i, y_i), $i = 1, 2, \cdots, n$, 得 n 条线段, 它们组成一条折线, 称为函数 $f(x)$ 在区间 $[a, b]$ 关于数据 (6.5.3) 的**分段线性插值函数**, 记为 $I_n(x)$, 它具有如下性质:

(1) $I_n(x)$ 在每个小区间 $[x_i, x_{i+1}]$ 是 x 的线性函数;

(2) $I_n(x) \in C[a, b]$;

(3) $I_n(x_i) = y_i$, $i = 0, 1, \cdots, n$.

我们仍采用基函数方法 (参见 6.1 节) 来构造插函数 $I_n(x)$. 先在每个插值区间 $[x_{k-1}, x_k]$ 上构造分段线性插值基函数, 然后再将它们作线性组合. 而分段线性插值基函数 $\tilde{l}_i(x)$ 应满足

a) $\tilde{l}_i(x_j) = \delta_i^j$, $i, j = 0, 1, \cdots, n$;

b) $\tilde{l}_i(x)$ 在 $[x_{i-1}, x_i]$ 及 $[x_i, x_{i+1}]$ 上是线性函数, 而在其余区间均为零.

容易求得满足上述 a) 和 b) 函数 $\tilde{l}_i(x)$ 为

$$\left.\begin{aligned}
&\tilde{l}_0(x) = \begin{cases} \dfrac{x - x_1}{x_0 - x_1}, & x_0 \leqslant x \leqslant x_1, \\ 0, & x_1 \leqslant x \leqslant x_n, \end{cases} \\
&\tilde{l}_i(x) = \begin{cases} \dfrac{x - x_{i-1}}{x_i - x_{i-1}}, & x_{i-1} \leqslant x \leqslant x_i, \\ \dfrac{x - x_{i+1}}{x_i - x_{i+1}}, & x_i \leqslant x \leqslant x_{i+1}, \quad i = 1, 2, \cdots, n-1, \\ 0, & \text{其他}, \end{cases} \\
&\tilde{l}_n(x) = \begin{cases} \dfrac{x - x_{n-1}}{x_n - x_{n-1}}, & x_{n-1} \leqslant x \leqslant x_n, \\ 0, & x_0 \leqslant x \leqslant x_{n-1}. \end{cases}
\end{aligned}\right\} \tag{6.5.4}$$

由分段线性插值基函数 (6.5.4), 立即可得区间 $[a, b]$ 上的分段线性插值函数 $I_n(x)$:

$$I_n(x) = \sum_{i=0}^{n} y_i \cdot \tilde{l}_i(x), \quad \forall x \in [a, b]. \tag{6.5.5}$$

分段线性插值的余项可以通过 6.1 节线性 Lagrange 插值多项式的余项得到,此处从略.

6.5.2 分段三次 Hermite 插值

在上一小节我们讨论的分段线性插值函数 $I_n(x)$, 在节点的一阶导数通常是不存在的, 即 $I_n(x)$ 不光滑 (但为分段光滑的). 为了得到比较光滑的插值函数, 于是提出带导数的插值问题, 即本小节讨论分段三次 Hermite 插值.

设在区间 $[a,b]$ 上取 $n+1$ 个节点

$$a = x_0 < x_1 < \cdots < x_n = b,$$

函数 $f(x)$ 在节点处的函数值及其一阶导数值为

$$\begin{aligned}&f(x_0) = y_0,\ f(x_1) = y_1,\ \cdots,\ f(x_n) = y_n;\\&f'(x_0) = m_0,\ f'(x_1) = m_1,\ \cdots,\ f'(x_n) = m_n.\end{aligned}$$

于是, 我们就得到 $2n+2$ 个数据的表列

x_i	x_0	x_1	$\cdots$	x_n
$f(x_i)$	y_0	y_1	$\cdots$	y_n
$f'(x_i)$	m_0	m_1	$\cdots$	m_n

(6.5.6)

利用表列 (6.5.6) 就可以构造一个导数连续的分段插值函数, 仍记为 $I_n(x)$, 它具有如下性质:

(1) $I_n(x)$ 在每个小区间 $[x_i, x_{i+1}]$ 是 x 的 3 次多项式;

(2) $I_n(x) \in C^1[a,b]$;

(3) $I_n(x_i) = y_i$, $I_n'(x_i) = m_i$, $i = 0,1,\cdots,n$.

此时的 $I_n(x)$ 称为区间 $[a,b]$ 上关于数据表列 (6.5.6) 的**分段三次 Hermite 插值函数**.

同样, 我们采用基函数方法来构造插函数 $I_n(x)$. 先在每个插值区间 $[x_{k-1}, x_k]$ 上构造分段三次 Hermite 插值基函数 $\tilde{\lambda}_i(x)$, $\tilde{\mu}_i(x)$, 然后再将它们作线性组合. 而 $\tilde{\lambda}_i(x)$, $\tilde{\mu}_i(x)$ 应满足

a) $\tilde{\lambda}_i(x_j) = \delta_i^j$, $\tilde{\lambda}_i'(x_j) = 0$, $\tilde{\mu}_i(x_j) = 0$, $\tilde{\mu}_i'(x_j) = \delta_i^j$, $i,j = 0,1,\cdots,n$;

b) $\tilde{\lambda}_i(x)$, $\tilde{\mu}_i(x)$ 在 $[x_{i-1}, x_i]$ 及 $[x_i, x_{i+1}]$ 上是 3 次多项式, 而在其余区间为零.

容易求得满足上述 a) 和 b) 函数 $\tilde{\lambda}_i(x)$, $\tilde{\mu}_i(x)$, $i = 0,1,\cdots,n$, 为

$$\tilde{\lambda}_0(x) = \begin{cases}\left(1 + 2\dfrac{x - x_0}{x_1 - x_0}\right)\left(\dfrac{x - x_1}{x_0 - x_1}\right)^2, & x_0 \leqslant x \leqslant x_1,\\ 0, \ \text{其他},\end{cases}$$

$$\tilde{\mu}_0(x)=\begin{cases}(x-x_0)\left(\dfrac{x-x_1}{x_0-x_1}\right)^2, & x_0\leqslant x\leqslant x_1,\\ 0, \text{其他},\end{cases}$$

$$\tilde{\lambda}_i(x)=\begin{cases}\left(1+2\dfrac{x-x_i}{x_{i-1}-x_i}\right)\left(\dfrac{x-x_{i-1}}{x_i-x_{i-1}}\right)^2, & x_{i-1}\leqslant x\leqslant x_i,\\ \left(1+2\dfrac{x-x_i}{x_{i+1}-x_i}\right)\left(\dfrac{x-x_{i+1}}{x_i-x_{i+1}}\right)^2, & x_i\leqslant x\leqslant x_{i+1},\\ 0, \text{其他}, \quad i=1,2,\cdots,n-1,\end{cases}$$

$$\tilde{\mu}_i(x)=\begin{cases}(x-x_i)\left(\dfrac{x-x_{i-1}}{x_i-x_{i-1}}\right)^2, & x_{i-1}\leqslant x\leqslant x_i,\\ (x-x_i)\left(\dfrac{x-x_{i+1}}{x_i-x_{i+1}}\right)^2, & x_i\leqslant x\leqslant x_{i+1},\\ 0, \text{其他}, \quad i=1,2,\cdots,n-1,\end{cases}$$

$$\tilde{\lambda}_n(x)=\begin{cases}\left(1+2\dfrac{x-x_n}{x_{n-1}-x_n}\right)\left(\dfrac{x-x_{n-1}}{x_n-x_{n-1}}\right)^2, & x_{n-1}\leqslant x\leqslant x_n,\\ 0, \text{其他},\end{cases}$$

$$\tilde{\mu}_n(x)=\begin{cases}(x-x_n)\left(\dfrac{x-x_{n-1}}{x_n-x_{n-1}}\right)^2, & x_{n-1}\leqslant x\leqslant x_n,\\ 0, \text{其他}.\end{cases}$$

由上述的 $\tilde{\lambda}_i(x)$, $\tilde{\mu}_i(x)$, $i=0,1,\cdots,n$, 立即可得区间 $[a,b]$ 上的分段三次 Hermite 插值函数 $I_n(x)$:

$$I_n(x)=\sum_{i=0}^{n}\left[y_i\cdot\tilde{\lambda}_i(x)+m_i\cdot\tilde{\mu}_i(x)\right], \quad \forall x\in[a,b]. \tag{6.5.7}$$

由于分段三次 Hermite 插值的余项可以由每个小区间 $[x_i,x_{i+1}]$, $i=0,1,\cdots,n-1$, 上的三次 Hermite 插值多项式的余项来获得, 因此我们在此仅给出小区间 $[x_i,x_{i+1}]$ 上的三次 Hermite 插值多项式的余项即可. 若小区间 $[x_i,x_{i+1}]$ 上 $f(x)$ 的三次 Hermite 插值多项式记为

$$p_3(x)=y_i\cdot\tilde{\lambda}_i(x)+m_i\cdot\tilde{\mu}_i(x)+y_{i+1}\cdot\tilde{\lambda}_{i+1}(x)+m_{i+1}\cdot\tilde{\mu}_{i+1}(x), \tag{6.5.8}$$

其中

$$\tilde{\lambda}_i(x)=\left(1+2\frac{x-x_i}{x_{i+1}-x_i}\right)\left(\frac{x-x_{i+1}}{x_i-x_{i+1}}\right)^2,$$
$$\tilde{\mu}_i(x)=(x-x_i)\left(\frac{x-x_{i+1}}{x_i-x_{i+1}}\right)^2;$$

$$\begin{aligned}\tilde{\lambda}_{i+1}(x)&=\left(1+2\frac{x-x_{i+1}}{x_i-x_{i+1}}\right)\left(\frac{x-x_i}{x_{i+1}-x_i}\right)^2,\\ \tilde{\mu}_{i+1}(x)&=(x-x_{i+1})\left(\frac{x-x_i}{x_{i+1}-x_i}\right)^2.\end{aligned}\tag{6.5.9}$$

又设 $f(x)$ 在此小区间 $[x_i,x_{i+1}]$ 上具有四阶导数, 则对任意 $x\in[x_i,x_{i+1}]$, 均存在 $\xi\in(x_i,x_{i+1})$ 且依赖于 x, 使得

$$R_3(x)\triangleq f(x)-p_3(x)=\frac{1}{4!}f^{(4)}(\xi)(x-x_i)^2(x-x_{i+1})^2,\tag{6.5.10}$$

(6.5.10) 式即为函数 $f(x)$ 在小区间 $[x_i,x_{i+1}]$ 上的**三次 Hermite 插值的余项**.

6.6* 三次样条插值

分段低次插值虽具有简单、收敛性、整体连续性及数值计算的稳定性等优点, 但它只能保证各小区间上插值曲线的光滑性, 却不能保证整条插值曲线具有较好的光滑性. 那么, 对已知有限个数据点, 如何通过其作出一条较光滑 (比如, 具有二阶连续导数) 的曲线?

在工程技术 (如机械制造、航海、航空工业) 中, 对于工程师或绘图员而言, 解决这样问题的方法是首先将所给的数据点描绘在平面上, 再把一根富有弹性的细直条 (称之为**样条**) 弯曲, 使样条通过这些数据点, 并用压铁固定样条的上述状态, 最后沿样条的边描绘出一条光滑的曲线. 往往要用几根样条, 分段完成上述工作, 这时应当让样条在联结点处也保持光滑.

由力学理论进行分析, 上述所画的曲线, 在相邻两节点之间, 实际上是次数不超过 3 的多项式. 在整个区间上, 有连续的曲率.

对用样条画出来的曲线, 进行数学模拟, 导出了样条函数的概念. 从 20 世纪 40 年代起, 数学工作者, 特别是应用数学工作者, 对样条函数的理论与应用进行了很多的研究, 得出了许多很好的结果. 现在样条函数已成为数值分析的有力工具.

由于三次样条函数具有良好的数学性质, 它是 C^2 类函数, 能满足工程设计关于光滑性的要求, 且不论插值节点增加多少, 在两个相邻节点之间均为分段 3 次多项式, 所以本节仅对三次样条函数插值问题作简单介绍.

6.6.1 样条函数的概念

在区间 $[a,b]$ 上, 给定 $n+1$ 个互不相同的节点

$$a\triangleq x_0<x_1<\cdots<x_n\triangleq b,\tag{6.6.1}$$

函数 $y=f(x)$ 在这些节点的值为 $f(x_i)=y_i,\ i=0,1,\cdots,n$. 如果分段表示的函数 $S(x)$ 满足下列条件, 就称为**三次样条插值函数**, 简称为**三次样条**:

(1) $S(x)$ 在子区间 $[x_i, x_{i+1}]$ 上的表达式 $S_i(x)$ 都是次数不超过 3 的多项式;

(2) $S(x_i) = y_i$;

(3) $S(x) \in C^2[a, b]$.

6.6.2 三次样条的构造

记

$$h_i \triangleq x_{i+1} - x_i. \tag{6.6.2}$$

利用分段插值函数的构造方法 (实际上, 可由 (6.5.8) 式与 (6.5.9) 式直接得到), 可得区间 $[x_i, x_{i+1}]$ 上的三次插值函数

$$\begin{aligned} S_i(x) = & \frac{y_i}{h_i^3}\left[2(x - x_i) + h_i\right](x_{i+1} - x)^2 \\ & + \frac{y_{i+1}}{h_i^3}\left[2(x_{i+1} - x) + h_i\right](x - x_i)^2 \\ & + \frac{m_i}{h_i^2}(x - x_i)(x_{i+1} - x)^2 \\ & - \frac{m_{i+1}}{h_i^2}(x_{i+1} - x)(x - x_i)^2. \end{aligned} \tag{6.6.3}$$

由 (6.6.3) 式分段表示的函数 $S(x)$ 在 $[a, b]$ 上有二阶连续导数的充要条件为

$$S_{i-1}''(x_i) = S_i''(x_i), \quad i = 1, 2, \cdots, n-1. \tag{6.6.4}$$

由 (6.6.4) 式及 (6.6.3) 式, 可得

$$-\frac{6(y_i - y_{i-1})}{h_{i-1}^2} + \frac{2m_{i-1}}{h_{i-1}} + \frac{4m_i}{h_{i-1}} = \frac{6(y_{i+1} - y_i)}{h_i^2} - \frac{4m_i}{h_i} - \frac{2m_{i+1}}{h_i}.$$

整理后即得

$$\frac{1}{h_{i-1}}m_{i-1} + 2\left(\frac{1}{h_{i-1}} + \frac{1}{h_i}\right)m_i + \frac{1}{h_i}m_{i+1} = 3\left(\frac{y_i - y_{i-1}}{h_{i-1}^2} + \frac{y_{i+1} - y_i}{h_i^2}\right). \tag{6.6.5}$$

以 $\dfrac{1}{h_{i-1}} + \dfrac{1}{h_i}$ 除上式两端, 并令

$$\lambda_i \triangleq \frac{h_i}{h_{i-1} + h_i}, \quad \mu_i \triangleq \frac{h_{i-1}}{h_{i-1} + h_i} = 1 - \lambda_i, \quad i = 1, 2, \cdots, n-1, \tag{6.6.6}$$

则

$$\lambda_i m_{i-1} + 2m_i + \mu_i m_{i+1} = c_i, \quad i = 1, 2, \cdots, n-1, \tag{6.6.7}$$

其中

$$c_i = 3\lambda_i \frac{y_i - y_{i-1}}{h_{i-1}} + 3\mu_i \frac{y_{i+1} - y_i}{h_i}, \quad i = 1, 2, \cdots, n-1. \tag{6.6.8}$$

(6.6.7) 式中的 $n-1$ 个方程都是 $n+1$ 个参数 $m_i, i=0,1,\cdots,n$, 的线性方程. 欲确定这 $n+1$ 个参数 m_i, 还应再加两个条件. 比如, 可设 m_0 和 m_n 分别取已知值

$$2m_0 = c_0, \quad 2m_n = c_n. \tag{6.6.9}$$

由 (6.6.7) 式和 (6.6.9) 式, 可得如下线性代数方程组

$$\boldsymbol{K}\boldsymbol{m} = \boldsymbol{c}, \tag{6.6.10}$$

其中

$$\boldsymbol{K} = \begin{pmatrix} 2 & \mu_0 & & & & \\ \lambda_1 & 2 & \mu_1 & & & \\ & \lambda_2 & 2 & \mu_2 & & \\ & & \ddots & \ddots & \ddots & \\ & & & \lambda_{n-1} & 2 & \mu_{n-1} \\ & & & & \lambda_n & 2 \end{pmatrix}, \quad \boldsymbol{m} = \begin{pmatrix} m_0 \\ m_1 \\ m_2 \\ \vdots \\ m_{n-1} \\ m_n \end{pmatrix}, \quad \boldsymbol{c} = \begin{pmatrix} c_0 \\ c_1 \\ c_2 \\ \vdots \\ c_{n-1} \\ c_n \end{pmatrix}.$$

而 h_i, λ_i, μ_i, c_i 分别由 (6.6.2) 式, (6.6.6) 式和 (6.6.8) 式确定, 且 c_0, c_n 为给定的数,

$$\lambda_n = 0, \quad \mu_0 = 0. \tag{6.6.11}$$

由 (6.6.6) 式及 (6.6.11) 式知, 线性方程组 (6.6.10) 的系数矩阵 $\boldsymbol{K}$ 按行严格对角占优, 所以它的行列式非零, 从而方程组 (6.6.10) 存在唯一解 $\boldsymbol{m} = (m_0, m_1, \cdots, m_n)^{\mathrm{T}}$.

先由方程组 (6.6.10) 求出 $\boldsymbol{m}$, 再将所得的结果代入 (6.6.3) 式, 就得到了所要求的样条函数的分段表达式.

6.6.3 边界条件

要求样条函数二阶导数在中间节点连续, 仅仅能得出方程组 (6.6.10) 中的 $n-1$ 个方程 ((6.6.7) 式), 还必须增加两个条件才能完全确定 $n+1$ 个参数 $m_0, m_1, \cdots, m_n$. 通常在区间 $[a,b]$ 的两个端点 $x=a$, $x=b$ 各加一个条件, 这种加在区间端点的条件称为*边界条件*. 这种边界条件通常反映了给物理样条两端所加的约束力. 常见的边界条件有如下两种情况:

(1) 给定一阶导数值 $S'(a)$, $S'(b)$. 设 c_0, c_n 为常数, 且

$$S'(a) = \frac{1}{2}c_0, \quad S'(b) = \frac{1}{2}c_n,$$

即方程组 (6.6.10) 首末两个方程的系数是由 (6.6.11) 式给出.

(2) 给定二阶导数值 $S''(a), S''(b)$. 设 r_0, r_n 为常数, 且

$$S_0''(a) = r_0, \quad S_{n-1}''(b) = r_n, \tag{6.6.12}$$

求 $S_0''(a), S_{n-1}''(b)$ 并代入 (6.6.12) 式, 可得

$$\begin{cases} 2m_0 + m_1 = 3\dfrac{y_1 - y_0}{h_0} - \dfrac{1}{2}r_0 h_0, \\ m_{n-1} + 2m_n = 3\dfrac{y_n - y_{n-1}}{h_{n-1}} + \dfrac{1}{2}r_n h_{n-1}, \end{cases}$$

由此即知, 方程组 (6.6.10) 中首末两个方程的系数满足条件

$$\begin{cases} \mu_0 = 1, \\ \lambda_n = 1, \end{cases} \quad \begin{cases} c_0 = 3\dfrac{y_1 - y_0}{h_0} - \dfrac{1}{2}r_0 h_0, \\ c_n = 3\dfrac{y_n - y_{n-1}}{h_{n-1}} + \dfrac{1}{2}r_n h_{n-1}. \end{cases} \tag{6.6.13}$$

特别地, 边界条件

$$S''(a) = 0, \quad S''(b) = 0 \tag{6.6.14}$$

称为自然边界条件, 由此而得的样条函数称为自然样条. 它反映了在 a 和 b 两是简支情况.

6.6.4 计算的基本步骤

三次样条函数的计算步骤如下:

步 1. 对给定的数据: $(x_i, y_i), i = 0, 1, \cdots, n$, 由 (6.6.2) 式, (6.6.6) 式及 (6.6.8) 式确定 (6.6.10) 式中 $n-1$ 个方程的系数及其右端项;

步 2. 据边界条件来确定 (6.6.10) 式中首末两个方程的系数及其右端项;

步 3. 可用追赶法求解线性方程组 (6.6.10) 式, 得 $\boldsymbol{m} = \left(m_0, m_1, \cdots, m_n\right)^{\mathrm{T}}$;

步 4. 对给定的 $x_0 \in [a, b]$, 先确定出 i, 使得 $x_0 \in [x_i, x_{i+1}]$, 然后由 (6.6.3) 式求出 $S_i(x_0)$, 便得 $S(x_0) = S_i(x_0)$.

为使上述步 4 计算方便, 我们可将 (6.6.3) 式按 $x - x_i$ 升幂形式改写为如下形式:

$$S_i(x) = y_i + m_i \cdot (x - x_i) + a_i \cdot (x - x_i)^2 + b_i \cdot (x - x_i)^3, \quad x \in [x_i, x_{i+1}], \tag{6.6.15}$$

其中

$$\begin{cases} a_i = \dfrac{3}{h_i^2}\left(y_{i+1} - y_i\right) - \dfrac{1}{h_i}(m_{i+1} + 2m_i), \\ b_i = \dfrac{2}{h_i^3}\left(y_i - y_{i+1}\right) + \dfrac{1}{h_i^2}(m_{i+1} + m_i), \quad i = 0, 1, \cdots, n. \end{cases} \tag{6.6.16}$$

6.7* 正交多项式与最佳平方逼近

在前面的几节中, 我们已研究了函数的插值问题, 概括起来即是: 对于区间 $[a,b]$ 上的函数 $f(x)$, 利用其在区间 $[a,b]$ 上的 $n+1$ 个点处的函数值, 构造一个次数不超过 n 的多项式或三次样条函数来近似代替它. 这种方法具有明显的优点: 简单易行, 且在插值节点上被插函数与插值函数精确相等. 但其也有不足之处, 其突出的缺点在于插值函数与被插值函数的 "接近程度" 不够均匀. 因此, 有必要去另外寻找函数 $\varphi(x)$ 使其 "更好" 地逼近函数 $f(x)$. 本节所介绍的函数最佳逼近, 就是为解决这一问题而采取的一个有效途径. 在本节中, 我们主要研究用正交多项式来作为函数的最佳逼近问题, 而对于更一般的逼近问题, 有兴趣的读者可阅读函数逼近的有关书籍 (李庆扬等, 1986; 阿特金森, 1986; 张德荣等, 1981).

6.7.1 正交函数系的概念

在数学分析中, 曾经介绍过 Fourier 函数系

$$1,\ \cos x,\ \sin x,\ \cos 2x,\ \sin 2x,\ \cdots,\ \cos nx,\ \sin nx,\ \cdots \tag{6.7.1}$$

该函数系满足

$$\int_{-\pi}^{\pi}\cos mx\mathrm{d}x=2\pi\delta_0^m,\ \int_{-\pi}^{\pi}\sin mx\mathrm{d}x=\int_{-\pi}^{\pi}\sin mx\cos nx\mathrm{d}x=0,$$
$$\int_{-\pi}^{\pi}\cos mx\cos nx\mathrm{d}x=\int_{-\pi}^{\pi}\sin mx\sin nx\mathrm{d}x=\pi\delta_n^m.$$

我们常称函数系 (6.7.1) 为 $[-\pi,\pi]$ 上的*正交函数系* (简称为*正交系*). 若对 (6.7.1) 式中的每个函数分别乘以适当的常数使之为

$$\frac{1}{\sqrt{2\pi}},\ \frac{1}{\sqrt{\pi}}\cos x,\ \frac{1}{\sqrt{\pi}}\sin x,\ \cdots,\ \frac{1}{\sqrt{\pi}}\cos nx,\ \frac{1}{\sqrt{\pi}}\sin nx,\ \cdots \tag{6.7.2}$$

函数系 (6.7.2) 不仅保持正交性, 而且还是标准化的, 即标准正交系.

为了方便起见, 我们引入区间 $[a,b]$ 上函数内积的概念.

定义 6.7.1 设 $f(x),g(x)\in C[a,b]$, $\rho(x)$ 于 $[a,b]$ 上恒正 (称为*权函数*), 称积分

$$(f,g)\triangleq\int_a^b\rho(x)f(x)g(x)\mathrm{d}x \tag{6.7.3}$$

为函数 $f(x)$, $g(x)$ 在区间 $[a,b]$ 上的*内积*.

由定积分的性质, 容易验证由 (6.7.3) 式定义的 (f,g) 满足一般内积的四条公理:

(1) 非负性, 即 $(f,f) \geqslant 0$, 且 $(f,f) \equiv 0$ 当且仅当 $f \equiv 0$;

(2) 对称性, 即 $(f,g) = (g,f)$;

(3) 齐次性, 即 $(cf,g) = c(f,g)$, c 为常数;

(4) 线性性, 即 $(f_1+f_2,g) = (f_1,g)+(f_2,g)$.

定义 6.7.2 设 $f(x) \in C[a,b]$, 称

$$\|f\|_2 \triangleq \sqrt{(f,f)} \equiv \left(\int_a^b \rho(x) f^2(x) \mathrm{d}x\right)^{\frac{1}{2}} \tag{6.7.4}$$

为函数 $f(x)$ 于 $[a,b]$ 上**范数**.

定义 6.7.3 称区间 $[a,b]$ 上的函数列 $\{f_i(x)\}$ 为**正交函数系**, 如果

$$(f_i, f_j) = 0, \quad i \neq j. \tag{6.7.5}$$

若 $\{f_i(x)\}$ 为正交函数系, 且 $(f_i,f_i)=1$, 则称 $\{f_i(x)\}$ 为**标准正交函数系** (**标准正交系**).

6.7.2 正交多项式

据定义 6.7.3, 我们给出正交多项式的概念.

定义 6.7.4 若 n 次多项式 $p_n(x) = a_0 + a_1 x + \cdots + a_n x^n$ $(n=0,1,\cdots)$ 满足

$$(p_i,p_j) \triangleq \int_a^b \rho(x) p_i(x) p_j(x) \mathrm{d}x = c_j \delta_i^j, \quad i,j=0,1,\cdots; \ c_j > 0, \tag{6.7.6}$$

则称多项式系 $\{p_i(x)\}$ 在区间 $[a,b]$ 上带权 $\rho(x)$ **正交**, 并称 $p_n(x)$ 为 $[a,b]$ 上带权 $\rho(x)$ 的 n **次正交多项式**.

易知, 多项式系 $1, x, x^2-\dfrac{1}{3}$ 在 $[-1,1]$ 上对 $\rho(x) \equiv 1$ 正交. 一般地, 可利用 Schmidt 正交化方法, 对不同的 $\rho(x)$ 可由多项式系 $\{1,x,x^2,\cdots,x^n,\cdots\}$ 构造出正交多项系 $\{p_0(x),p_1(x),p_2(x),\cdots,p_n(x),\cdots\}$. 以下我们给出几类常用且重要的正交多项式.

1) Legrendre (勒让德) 多项式 $P_n(x)$.

取区间 $[-1,1]$, $\rho(x)=1$, 由多项式系 $\{1,x,x^2,\cdots,x^n,\cdots\}$ 正交化得到的多项式即为 Legrendre 多项式, 其表达式可写为

$$P_0(x)=1, \ P_n(x) = \frac{1}{2^n n!}\frac{\mathrm{d}^n}{\mathrm{d}x^n}\left(x^2-1\right)^n, \quad n=1,2,\cdots, \ |x| \leqslant 1. \tag{6.7.7}$$

$\deg(P_n(x)) = n$, $P_n(x)$ 中 x^n 的系数为 $\dfrac{(2n)!}{2^n(n!)^2}$. Legrendre 多项式具有如下性质:

(1) 正交性.

$$(P_n,P_m) \triangleq \int_{-1}^{1} P_n(x) P_m(x) \mathrm{d}x = \frac{2}{2n+1}\delta_n^m, \quad m,n=0,1,\cdots \tag{6.7.8}$$

(2) 递推性. $P_n(x)$ 具有如下递推关系:

$$P_{n+1}(x)=\frac{2n+1}{n+1}\,xP_n(x)-\frac{n}{n+1}\,P_{n-1}(x),\quad n=1,2,\cdots \tag{6.7.9}$$

由此递推关系, 可以写出 Legrendre 多项式的具体表达式

$$\left.\begin{aligned}&P_0(x)=1,\\&P_1(x)=x,\\&P_2(x)=\frac{1}{2}(3x^2-1),\\&P_3(x)=\frac{1}{2}(5x^3-3x),\\&P_4(x)=\frac{1}{8}(35x^4-30x^2+3),\\&P_5(x)=\frac{1}{8}(63x^5-70x^3+15x),\\&\cdots\cdots\end{aligned}\right\} \tag{6.7.10}$$

(3) 奇偶性. $P_n(-x)=(-1)^nP_n(x)$, 即 $P_n(x)$ 当 n 为奇数时是奇函数, 而当 n 为偶数时是偶函数.

事实上, 由于 $\varphi(x)=(x^2-1)^n$ 为偶次多项式, 所以 $\varphi(x)$ 对 x 求偶数阶导数时仍为偶次多项式, 求奇数阶导数时为常数是零的奇次多项式, 由此立即可得上述结论.

(4) $P_n(x)$ 在区间 $[-1,1]$ 内有 n 个不同的零点.

(5) 有界性. $|P_n(x)|\leqslant 1,\ x\in[-1,1]$.

2) Tchebychev (切比雪夫) 多项式 $T_n(x)$.

取区间 $[-1,1]$, $\rho(x)=(1-x^2)^{-\frac{1}{2}}$, 由多项式系 $\left\{1,x,x^2,\cdots,x^n,\cdots\right\}$ 正交化得到的多项式即为 Tchebychev 多项式, 其表达式可写为

$$\begin{aligned}T_n(x)&=\cos(n\arccos x)\\&=\frac{(-1)^n}{(2n-1)!!}\sqrt{1-x^2}\frac{\mathrm{d}^n}{\mathrm{d}x^n}\left(1-x^2\right)^{n-\frac{1}{2}},\ n=0,1,\cdots,|x|\leqslant 1.\end{aligned} \tag{6.7.11}$$

$\deg(T_n(x))=n$, $T_n(x)$ 中 x^n 的系数为 2^{n-1}. Tchebychev 多项式具有如下性质:

(1) 正交性.

$$(T_n,T_m)\triangleq\int_{-1}^{1}\frac{1}{\sqrt{1-x^2}}T_n(x)T_m(x)\mathrm{d}x=\frac{\pi}{2}(1+\delta_0^n)\delta_n^m,\quad m,n=0,1,\cdots \tag{6.7.12}$$

(2) 递推性. $T_n(x)$ 具有如下递推关系:

$$T_{n+1}(x)=2xT_n(x)-T_{n-1}(x),\quad n=1,2,\cdots \tag{6.7.13}$$

(事实上, 由 $\cos(n+1)\theta+\cos(n-1)\theta=2\cos n\theta\cos\theta$ 得, $\cos(n+1)\theta=2\cos n\theta\cos\theta-\cos(n-1)\theta$, 由此立即可得 (6.7.13) 式). 由此递推关系, 可以写出 Tchebychev 多项式的具体表达式

$$\left.\begin{aligned}&T_0(x)=1,\\&T_1(x)=x,\\&T_2(x)=2x^2-1,\\&T_3(x)=4x^3-3x,\\&T_4(x)=8x^4-8x^2+1,\\&T_5(x)=16x^5-20x^3+5x,\\&\cdots\cdots\end{aligned}\right\}\tag{6.7.14}$$

(3) 奇偶性. $T_n(-x)=(-1)^nT_n(x)$, 即 $T_n(x)$ 当 n 为奇数时是奇函数, 而当 n 为偶数时是偶函数.

(4) $T_n(x)$ 在区间 $[-1,1]$ 内有 n 个零点: $x_i=\cos\dfrac{(2i-1)\pi}{2n}$, $i=1,2,\cdots,n$.

(5) $T_n(x)$ 在区间 $[-1,1]$ 上的点 $\cos\dfrac{i\pi}{n}$ 顺序取 $+1$ 或 -1.

(6) 有界性. $|T_n(x)|\leqslant 1$, $x\in[-1,1]$.

3) Laguerre (拉盖尔) 多项式 $L_n(x)$.

取区间 $[0,+\infty)$, $\rho(x)=\mathrm{e}^{-x}$, 由多项式系 $\{1,x,x^2,\cdots,x^n,\cdots\}$ 正交化得到的多项式即为 Laguerre 多项式, 其表达式可写为

$$L_n(x)=\mathrm{e}^x\frac{\mathrm{d}^n}{\mathrm{d}x^n}\left(x^n\mathrm{e}^{-x}\right),\quad n=0,1,\cdots,\quad x\in[0,+\infty).\tag{6.7.15}$$

$\deg(L_n(x))=n$, $L_n(x)$ 中 x^n 的系数为 $(-1)^n$, 而 x^{n-1} 的系数为 $(-1)^{n-1}n^2$. Laguerre 多项式具有如下性质:

(1) 正交性.

$$(L_n,L_m)\triangleq\int_0^{+\infty}\mathrm{e}^{-x}L_n(x)L_m(x)\mathrm{d}x=(n!)^2\delta_n^m,\quad m,n=0,1,\cdots\tag{6.7.16}$$

(2) 递推性. $L_n(x)$ 具有如下递推关系:

$$L_{n+1}(x)=(2n+1-x)L_n(x)-n^2L_{n-1}(x),\quad n=1,2,\cdots\tag{6.7.17}$$

由此递推关系, 可以写出 Laguerre 多项式的具体表达式

$$\left.\begin{aligned}&L_0(x)=1,\\&L_1(x)=-x+1,\\&L_2(x)=x^2-4x+3,\\&L_3(x)=-x^3+9x^2-18x+6,\\&L_4(x)=x^4-16x^3+72x^2-96x+24,\\&L_5(x)=-x^5+25x^4-200x^3+600x^2-600x+120,\\&\cdots\cdots\end{aligned}\right\}\tag{6.7.18}$$

(3) $L_n(x)$ 在区间 $(0,+\infty)$ 内有 n 个不同的零点.

(4) $L_n(x)$ 为 $[0,+\infty)$ 上的无界函数.

4) Hermite (埃尔米特) 多项式 $H_n(x)$.

取区间 $(-\infty,+\infty)$, $\rho(x)=\mathrm{e}^{-x^2}$, 由多项式系 $\{1,x,x^2,\cdots,x^n,\cdots\}$ 正交化得到的多项式即为 Hermite 多项式, 其表达式可写为

$$H_n(x)=(-1)^n\mathrm{e}^{x^2}\frac{\mathrm{d}^n}{\mathrm{d}x^n}\left(\mathrm{e}^{-x^2}\right),\quad n=0,1,\cdots,\ x\in(-\infty,+\infty).\tag{6.7.19}$$

$\deg(H_n(x))=n$, $H_n(x)$ 中 x^n 的系数为 2^n. Hermite 多项式具有如下性质:

(1) 正交性.

$$(H_n,H_m)\triangleq\int_{-\infty}^{+\infty}\mathrm{e}^{-x^2}H_n(x)H_m(x)\mathrm{d}x=2^n n!\sqrt{\pi}\,\delta_n^m,\qquad m,n=0,1,\cdots\tag{6.7.20}$$

(2) 递推性. $H_n(x)$ 具有如下递推关系:

$$H_{n+1}(x)=2xH_n(x)-2nH_{n-1}(x),\quad n=1,2,\cdots\tag{6.7.21}$$

由此递推关系, 可以写出 Hermite 多项式的具体表达式

$$\left.\begin{aligned}&H_0(x)=1,\\&H_1(x)=2x,\\&H_2(x)=4x^2-2,\\&H_3(x)=8x^3-12x,\\&H_4(x)=16x^4-48x^2+12,\\&H_5(x)=32x^5-160x^3+120x,\\&\cdots\cdots\end{aligned}\right\}\tag{6.7.22}$$

(3) 奇偶性. $H_n(-x)=(-1)^nH_n(x)$, 即 $H_n(x)$ 当 n 为奇数时是奇函数, 而当 n 为偶数时是偶函数.

(4) $H_n(x)$ 在区间 $(-\infty,+\infty)$ 内有 n 个不同的零点.

(5) $H_n(x)$ 为 $(-\infty,+\infty)$ 上的无界函数.

6.7.3 用正交多项式作最佳平方逼近

设 $f(x)\in C[a,b]$, 用正交多项式系 $\{\varphi_i(x)\}_{i=0}^n$ 作基, 求多项式

$$\Psi_n(x)=\sum_{i=0}^n a_i\varphi_i(x), \tag{6.7.23}$$

使 $f(x)-\Psi_n(x)$ 的自身内积为最小, 即

$$I(a_0,a_1,\cdots,a_n)\triangleq\int_a^b\rho(x)\Big[f(x)-\sum_{i=0}^n a_i\varphi_i(x)\Big]^2\mathrm{d}x=\min. \tag{6.7.24}$$

上述 (6.7.24) 式 $I(a_0,a_1,\cdots,a_n)$ 是关于待定参数 $a_i\ (i=0,1,\cdots,n)$ 的二次函数, 欲使 (6.2.24) 式成立, $a_i\ (i=0,1,\cdots,n)$ 必是多元函数 $I(a_0,a_1,\cdots,a_n)$ 的极值点. 由多元函数求极值的必要条件, 可得

$$\frac{\partial I}{\partial a_j}=0,\quad j=0,1,\cdots,n,$$

即

$$2\int_a^b\rho(x)\Big[\sum_{i=0}^n a_i\varphi_i(x)-f(x)\Big]\varphi_j(x)\mathrm{d}x=0,\quad j=0,1,\cdots,n.$$

由此得到 $a_i\ (i=0,1,\cdots,n)$ 应满足的线性代数方程组

$$\sum_{i=0}^n(\varphi_i,\varphi_j)a_i=(f,\varphi_j),\quad j=0,1,\cdots,n. \tag{6.7.25}$$

注意到 $(\varphi_i,\varphi_j)=0$, $i\neq j$, (6.7.25) 式即为

$$(\varphi_i,\varphi_i)a_i=(f,\varphi_i),\quad i=0,1,\cdots,n.$$

由此可得

$$a_i=\frac{(f,\varphi_i)}{(\varphi_i,\varphi_i)},\quad i=0,1,\cdots,n. \tag{6.7.26}$$

可以验证, 由 (6.7.26) 式给出 a_i 所确定的多项式 $\Psi_n(x)=\sum\limits_{i=0}^n a_i\varphi_i(x)$, (6.7.24) 式成立. 所以, $f(x)$ 的最佳逼近多项式为

$$\Psi_n(x)=\sum_{i=0}^n\frac{(f,\varphi_i)}{(\varphi_i,\varphi_i)}\cdot\varphi_i(x). \tag{6.7.27}$$

此时平方逼近的误差为

$$\delta \triangleq \left\|f(x)-\Psi_n(x)\right\|_2=\left(\|f\|_2^2-\sum_{i=0}^{n}\frac{(f,\varphi_i)^2}{(\varphi_i,\varphi_i)}\right)^{\frac{1}{2}}. \tag{6.7.28}$$

下面考虑用 Legrendre 正交多项式作最佳平方逼近.

对函数 $f(x)\in C[-1,1]$ (注: 对一般的区间 $[a,b]$, 只要作 $x=\dfrac{b+a}{2}+\dfrac{b-a}{2}t$ 就可以将 $[a,b]$ 转化为区间 $[-1,1]$), 用 Legrendre 多项式作基, 构造最佳平方逼近多项式

$$\Psi_n(x)=\sum_{i=0}^{n}A_iP_i(x), \tag{6.7.29}$$

其中 (由 (6.7.26) 式可知)

$$A_i=\frac{(f,P_i)}{(P_i,P_i)}\equiv\frac{2i+1}{2}\int_{-1}^{1}f(x)P_i(x)\mathrm{d}x. \tag{6.7.30}$$

此时, 逼近的误差满足

$$\delta \triangleq \left\|f(x)-\Psi_n(x)\right\|_2=\left(\int_{-1}^{1}f^2(x)\mathrm{d}x-\sum_{i=0}^{n}\frac{2}{2i+1}A_i^2\right)^{\frac{1}{2}}. \tag{6.7.31}$$

同样, 我们也可以考虑用 Tchebychev 多项式、Laguerre 多项式及 Hermite 多项式作基, 构造出 $f(x)$ 的最佳逼近多项式, 在此不再详细讨论, 请读者自行给出.

例 6.7.1　求函数 $f(x)=\mathrm{e}^x$ 在区间 $[-1,1]$ 上的三次最佳平方逼近多项式, 并估计逼近误差.

解　取 Legrendre 多项式系 $\{P_0(x),P_1(x),P_2(x),P_3(x)\}$ 作为基函数. 由于

$$\begin{aligned}
(f,P_0)&=\int_{-1}^{1}\mathrm{e}^x\mathrm{d}x=\mathrm{e}-\mathrm{e}^{-1}\approx 2.3504,\\
(f,P_1)&=\int_{-1}^{1}x\mathrm{e}^x\mathrm{d}x=2\mathrm{e}^{-1}\approx 0.7358,\\
(f,P_2)&=\int_{-1}^{1}\frac{1}{2}(3x^2-1)\mathrm{e}^x\mathrm{d}x=\mathrm{e}-7\mathrm{e}^{-1}\approx 0.1432,\\
(f,P_3)&=\int_{-1}^{1}\frac{1}{2}(5x^3-3x)\mathrm{e}^x\mathrm{d}x=37\mathrm{e}^{-1}-5\mathrm{e}\approx 0.02013.
\end{aligned}$$

所以, 由 (6.7.30) 式可得

$$A_0=\frac{1}{2}(f,P_0)=1.1752,\quad A_1=\frac{3}{2}(f,P_1)=1.1036,$$

$$A_2=\frac{5}{2}(f,P_2)=0.3578,\quad A_3=\frac{7}{2}(f,P_3)=0.07046.$$

由此及 (6.7.29) 式可得所求的三次最佳平方逼近多项式为

$$\begin{aligned}\Psi_3(x)&=1.1752P_0(x)+1.1036P_1(x)+0.3578P_2(x)+0.07046P_3(x)\\&=0.1761x^3+0.5376x^2+0.9979x+0.9963.\end{aligned}$$

逼近误差为

$$\delta\triangleq\left\|f(x)-\Psi_3(x)\right\|_2=\left(\int_{-1}^{1}\mathrm{e}^{2x}\mathrm{d}x-\sum_{i=0}^{3}\frac{2}{2i+1}A_i^2\right)^{\frac{1}{2}}\leqslant 0.0084.$$

习 题 6

6.1 求次数不超过 2 和 3 的多项式 $p_2(x)$ 和 $p_3(x)$, 使得

$$p_2(0)=p_3(0)=0,\ p_2(1)=p_3(1)=1,\ p_2(2)=p_3(2)=8,\ p_3(3)=27.$$

6.2 设 $f(x)$ 关于节点 $2,4,6,8$ 的三次插值多项式为 $p_3(x)$, 若在区间 $[2,8]$ 上 $|f^{(4)}(x)|\leqslant M$, 求在此区间上 $|f(x)-p_3(x)|$ 的上界.

6.3 求一 3 次多项式 $p_3(x)$, 使其满足下列条件:

$$p_3(0)=0,\ p_3(1)=1,\ p_3'(0)=3,\ p_3'(1)=9.$$

6.4 求一首项系数为 1 的 4 次多项式 $p_4(x)$, 使其满足条件

$$p_4(a)=p_4'(a)=p_4''(a)=0,\quad p_4'(b)=0.$$

6.5 设 $x_i\ (i=0,1,\cdots,n)$ 为 $n+1$ 个互异的插值节点, $l_i(x), i=0,1,\cdots,n$ 为 Lagrange 插值基函数. 证明下列结论:

(1) $\sum\limits_{i=0}^{n}l_i(x)\equiv 1$;

(2) $\sum\limits_{i=0}^{n}x_i^k l_i(x)\equiv x^k,\ k=0,1,\cdots,n$;

(3) $\sum\limits_{i=0}^{n}(x_i-x)^k l_i(x)\equiv 0,\ k=0,1,\cdots,n$;

(4) $\sum\limits_{i=0}^{n}l_i(0)\cdot x_i^k=\begin{cases}1, & k=0,\\ 0, & k=1,2,\cdots,n,\\ (-1)^n\prod\limits_{i=0}^{n}x_i, & k=n+1.\end{cases}$

6.6 若

$$y_n=z_n,\ \boldsymbol{\Delta}y_n=\boldsymbol{\Delta}z_n,\ \cdots,\ \boldsymbol{\Delta}^k y_n=\boldsymbol{\Delta}^k z_n,$$

则有

$$y_{n+1} = z_{n+1},\ \cdots,\ y_{n+k} = z_{n+k}.$$

6.7 证明差分的基本性质 (1)~(3), 即

(1) $\boldsymbol{\Delta}\Big(ay_i + bz_i\Big) = a\boldsymbol{\Delta}y_i + b\boldsymbol{\Delta}z_i$;

(2) $\boldsymbol{\Delta}\Big(y_i z_i\Big) = y_i\boldsymbol{\Delta}z_i + \Big(\boldsymbol{\Delta}y_i\Big)z_{i+1}$;

(3) $\boldsymbol{\Delta}\left(\dfrac{y_i}{z_i}\right) = \dfrac{z_i\boldsymbol{\Delta}y_i - y_i\boldsymbol{\Delta}z_i}{z_i z_{i+1}}$.

其中 a 和 b 均为常数.

6.8 设有序列: $\mathrm{e}^x, \mathrm{e}^{x+h}, \cdots, \mathrm{e}^{x+nh}$. 试证明 $\boldsymbol{\Delta}^n\mathrm{e}^x = \mathrm{e}^x\Big(\mathrm{e}^h - 1\Big)^n$.

6.9 证明定理 6.3.2, 即若记 $\boldsymbol{\Delta}^0 y_n \triangleq y_n$, 则 $y_{n+k} = \sum\limits_{j=0}^{k} C_k^j \cdot \boldsymbol{\Delta}^j y_n$.

6.10 若 $\boldsymbol{\Delta}^n f(x) \equiv$ 常数, 试问 $f(x)$ 是否为一多项式? 请举例说明之.

6.11 利用差分性质证明下列各等式:

(1) $1^3 + 2^3 + 3^3 + \cdots + n^3 = \left[\dfrac{1}{2}n(n+1)\right]^2$;

(2) $1\times 2 + 2\times 3 + \cdots + n(n+1) = \dfrac{1}{3}n(n+1)(n+2)$;

(3) $1\times 3 + 2\times 4 + \cdots + n(n+2) = \dfrac{1}{6}n(n+1)(2n+7)$.

6.12 给定函数 $y = \ln x$ 的数据如下:

x_i	0.40	0.50	0.60	0.70	0.80	0.90
$f(x_i)$	−0.916291	−0.693147	−0.510826	−0.356675	−0.223144	−0.105361

(1) 用线性插值及二次插值计算 $\ln 0.54$ 的近似值;

(2) 用 Newton 后插值公式求 $\ln 0.78$ 的近似值, 并估计其误差.

6.13 已知对数函数 $\ln x$ 和它的导数 $\dfrac{1}{x}$ 的数值表如下:

x_i	0.40	0.50	0.70	0.80
$\ln x_i$	−0.916291	−0.693147	−0.356675	−0.223144
$\dfrac{1}{x_i}$	2.50	2.00	1.43	1.25

(1) 利用 Lagrange 插值公式求 $\ln 0.60$;

(2) 利用 Hermite 插值公式求 $\ln 0.60$.

6.14 求一次数不超过 4 的多项式 $p_4(x)$, 使其满足

$$p_4(0) = p_4'(0) = 0;\ p_4(1) = p_4'(1) = 1;\ p_4(2) = 1.$$

并求其插值余项.

6.15 试证明若 $f(x) \in C^{2n+2}[a,b]$, $H_{2n+1}(x)$ 为 $f(x)$ 的 Hermite 插值多项式, 则存在 $\xi \in (a,b)$, 使得

$$R_{2n+1}(x) \triangleq f(x) - H_{2n+1}(x) = \frac{f^{(2n+2)}(\xi)}{(2n+2)!}\omega_{n+1}^2(x).$$

6.16 若 n 次多项式函数 $f(x)=\sum_{i=0}^{n}a_ix^i$ 有 n 个不同的实根 $x_j,\ j=1,2,\cdots,n$, 试证明

$$\sum_{j=1}^{n}\frac{x_j^i}{f'(x_j)}=\begin{cases}0, & 0\leqslant i\leqslant n-2,\\ \dfrac{1}{a_n}, & i=n-1.\end{cases}$$

6.17 给定插值条件

x_i	0	1	2	3
$f(x_i)$	0	0	0	0

边界条件 (两端点的一阶导数值) 为 $m_0=1,\ m_3=0$. 试求满足上述条件的三次样条插值函数的分段表达式.

6.18 若 $f(x)=x^7+x^3+1$, 求 $f[2^0,2^1,\cdots,2^7]$ 和 $f[2^0,2^1,\cdots,2^8]$.

6.19 设 $x_i\ (i=0,1,\cdots,n)$ 互异, 若 $f(x)=\omega_{n+1}(x)=\prod_{i=0}^{n}(x-x_i)$, 求 $f[x_0,x_1,\cdots,x_p]$ 之值, 其中 $p\leqslant n+1$.

6.20 在区间 $[a,b]$ 上任取插值节点:

$$a\leqslant x_0<x_1<x_2<\cdots<x_n\leqslant b.$$

作函数 $f(x)$ 的不超过 n 次的插值多项式 $p_n(x)$. 假定 $f(x)\in C^\infty[a,b]$, 且 $|f^{(k)}(x)|\leqslant M$, $k=0,1,2,\cdots$, $x\in[a,b]$. 试问 $\lim\limits_{n\to\infty}p_n(x)=f(x)$?

6.21* 设 $l_0(x)$ 是以 $x_i\ (i=0,1,\cdots,n)$ 为插值节点的 Lagrange 基本插值多项式

$$l_0(x)=\frac{(x-x_1)(x-x_2)\cdots(x-x_n)}{(x_0-x_1)(x_0-x_2)\cdots(x_0-x_n)}.$$

试证明

$$l_0(x)=1+\frac{x-x_0}{x_0-x_1}+\frac{(x-x_0)(x-x_1)}{(x_0-x_1)(x_0-x_2)}+\cdots+\frac{(x-x_0)(x-x_1)\cdots(x-x_{n-1})}{(x_0-x_1)(x_0-x_2)\cdots(x_0-x_n)}.$$

6.22* 设 $P_{n+1}(x)$ 为任意一个首项系数为 1 的 $n+1$ 次多项式, 证明:

(1) $P_{n+1}(x)-\sum_{i=0}^{n}P_{n+1}(x_i)l_i(x)=\omega_{n+1}(x)$;

(2) $\dfrac{P_{n+1}(x)}{\omega_{n+1}(x)}=1+\sum_{i=0}^{n}\dfrac{P_{n+1}(x_i)}{(x-x_i)\omega'_{n+1}(x_i)}$.

6.23* 求一 3 次多项式 $p_3(x)$, 使其在 $x=0$ 及 $x=\dfrac{\pi}{2}$ 处与曲线 $y=\cos x$ 相切, 并写出余项.

6.24 试推出分段三次样条函数 $\varphi_i(x)$ 所满足的 (6.6.3) 式.

6.25* 设 $f(x)\in C^2[a,b]$, 且 $f(a)=f(b)=0$. 试证明

$$\max_{x\in[a,b]}\left|f(x)\right|\leqslant\frac{1}{8}(b-a)^2\max_{x\in[a,b]}\left|f''(x)\right|.$$

6.26* 设 $f(x) \in C^{n+1}[a,b]$, 且 $a = x_0 < x_1 < x_2 < \cdots < x_n = b$, $h = \max\limits_{1 \leqslant i \leqslant n}(x_i - x_{i-1})$, 则

$$\max_{x\in[a,b]}\left|f(x) - p_n(x)\right| \leqslant \frac{h^{n+1}}{4(n+1)}\max_{x\in[a,b]}\left|f^{(n+1)}(x)\right|,$$

其中 $p_n(x)$ 是以 $x_0, x_1, \cdots, x_n$ 为节点的 $f(x)$ 的 n 次插值多项式.

6.27 求作具体分划 $T: a = x_0 < x_1 < x_2 = b$ 的三次样条函数 $S_3(x)$, 使其满足条件

$$S_3(x_i) = y_i, \quad i = 0, 1, 2,$$
$$S_3'(x_0) = y_0', \quad S_3'(x_2) = y_2'.$$

6.28 证明: 若插值公式

$$f(x) \approx \sum_{i=0}^{n} A_i f(x_i)$$

对于幂函数 $f(x) = x^k$, $k = 0, 1, \cdots, m$ 均精确成立, 则它必对任给次数不超过 m 的多项式精确成立.

6.29 用正交多项式作基, 求下列函数在指定区间上的一次、二次最佳平方逼近多项式:

(1) $f(x) = x^3 - 1$, $x \in [0, 2]$;

(2) $f(x) = \mathrm{e}^{-x}$, $x \in [0, 1]$;

(3) $f(x) = \ln x$, $x \in [1, 2]$.

*** *** *** *** ***

第 6 章上机实验题

6.1 试编写 Lagrange 插值标准程序, 并据此由下列数据表求 $\ln 0.55$ 的近似值.

x_i	0.4	0.5	0.6	0.7	0.8
$\ln x_i$	−0.9163	−0.6931	−0.5108	−0.3578	−0.2231

6.2 试编写三次样条插值函数的一个标准程序, 并由此生成一条曲线, 而该曲线经过如下数据点.

x_i	0.0	1.5	2.0	3.0	4.5	5.45	6.0	7.5	9.0	9.8	10.5	12.0	13.38	14.48
y_i	0.28	1.75	2.00	3.43	3.25	4.00	4.48	6.00	7.37	8.00	8.48	9.27	9.68	9.89

6.3 对于函数 $f(x) = \dfrac{5}{a^2 + x^2}$ (其 a 为参数), 在区间 $[-5, 5]$ 上采用等距节点 n 次 Lagrange 插值. 试编写标准程序, 针对不同的 n 和参数 a, 将 $f(x)$ 和相应的插值多项式的曲线图视化, 观察 Lagrange 插值的 Runge 现象.

6.4 给定区间 $[0, 1]$ 上的非光滑函数 $f(x) = \left|\sin k\pi x\right|$ (其 k 为参数), 采用等距节点 n 次 Lagrange 插值多项式. 试编写标准程序, 针对不同的 k 和 n, 观察插值误差的变化和收敛情况.

第 7 章　数值积分与数值微分

由微积分可知, 若函数 $f(x)$ 的原函数为 $F(x)$, 则

$$\int_a^b f(x)\mathrm{d}x = F(x)\Big|_a^b = F(b) - F(a).$$

这似乎是可积函数的定积分的计算已不存在问题, 其实不然, 如 $f(x) = \dfrac{\sin x}{x}$, e^{-x^2} 等等, 就无法使用上述公式. 在实际问题中常常会遇到如下的一些情况:

(1) 函数 $f(x)$ 较复杂, 求其原函数很困难;

(2) 函数 $f(x)$ 的原函数 $F(x)$ 不能用初等函数来表示或者太复杂;

(3) 函数 $f(x)$ 的精确表达式不知道, 只知其在若干个点上的值.

对于上述这些情况, 要计算函数 $f(x)$ 定积分就无法或很难用 Newton–Leibniz 公式计算, 这就需要用数值方法来计算定积分近似值. 为书写方便起见, 记

$$I(a,b;f) \triangleq \int_a^b f(x)\mathrm{d}x \tag{7.0.1}$$

用数值方法来求定积分 (7.0.1) 的值, 就是用 $f(x)$ 在节点 x_i $(i = 0, 1, \cdots, n)$ 上的函数值 $f(x_i)$, $i = 0, 1, \cdots, n$, 的某种线性组合作近似替代, 即

$$\begin{aligned} I(a,b;f) &\approx A_0 f(x_0) + A_1 f(x_1) + \cdots + A_n f(x_n) \\ &= \sum_{i=0}^{n} A_i f(x_i) \triangleq I_n(a,b;f) \end{aligned} \tag{7.0.2}$$

或者

$$\begin{aligned} I(a,b;f) &= \sum_{i=0}^{n} A_i f(x_i) + \mathscr{E}_n[f] \\ &= I_n(a,b;f) + \mathscr{E}_n[f]. \end{aligned} \tag{7.0.3}$$

(7.0.2) 式与 (7.0.3) 式均称为**数值求积公式**, 其中 A_i $(i = 0, 1, \cdots, n)$ 称为**求积公式的系数**, $\mathscr{E}_n[f]$ 表示**截断误差**, 又称为**求积公式的余项**. 显然

$$\mathscr{E}_n[f] = I(a,b;f) - I_n(a,b;f). \tag{7.0.4}$$

$\mathscr{E}_n[f]$ 为求积公式 $I_n(a,b;f)$ 精确与否的一个重要标志. 由于连续函数可由多项式一致逼近, 所以, 一个求积公式对多项类函数的精确程度如何, 应当能够反映出该求积公式的优劣. 在此我们先引入求积公式的**代数精度**的概念.

定义 7.0.1　若求积公式$I_n(a,b;f)=\sum_{i=0}^{n}A_if(x_i)$对任意次数不超过 m 的多项式均精确成立, 而对于某一次数为 $m+1$ 的多项式不能精确地成立 (或对于幂函数 $f(x)=1,\ x,\ \cdots,\ x^m$ 均精确成立, 而对 $f(x)=x^{m+1}$ 不精确成立), 则称该求积公式的代数精度为 m (或具有 m 次代数精度).

本章先介绍数值积分的若干方法, 主要集中在数值积分公式的构造及其截断误差分析, 等等. 然后, 集中讨论数值微分的一些常用方法, 主要介绍如何利用函数 $f(x)$ 在若干个点上的值, 求其在指定点导数值, 并给出截断误差.

7.1　复化矩形公式、复化梯形公式和抛物线公式

假定函数 $f(x)$ 在给定区间 $[a,b]$ 上足够光滑. 设 n 为正整数, 取 $h=\dfrac{b-a}{n}$, 称其为*步长*, 采用如下等距节点:

$$x_0\triangleq a,\quad x_i\triangleq x_0+ih,\quad x_n\triangleq b \tag{7.1.1}$$

分割区间 $[a,b]$. x_i 可以是节点, 也可以不是节点. 当 i 为整数时, x_i 为节点; 当 i 不为整数时, x_i 不是节点. 但不论 x_i 是否为节点, 我们均记 $f_i\triangleq f(x_0+ih)$.

7.1.1　复化矩形公式、复化梯形公式及其截断误差

若在每个子区间 $[x_{i-1},x_i]$, $i=1,2,\cdots,n$, 被积函数 $f(x)$ 用其在该区间中点的函数值 $f_{i-\frac{1}{2}}$ 作为它在该子区间上的近似值, 即

$$I(x_{i-1},x_i;f)=\int_{x_{i-1}}^{x_i}f(x)\mathrm{d}x\approx h\cdot f_{i-\frac{1}{2}},$$

称此为*矩形公式*. 由此可得

$$\begin{aligned}I(a,b;f)&=\sum_{i=1}^{n}\int_{x_{i-1}}^{x_i}f(x)\mathrm{d}x\\&\approx h\big(f_{1-\frac{1}{2}}+f_{2-\frac{1}{2}}+\cdots+f_{n-\frac{1}{2}}\big)\triangleq\widetilde{R}(h).\end{aligned}\tag{7.1.2}$$

公式 (7.1.2) 称为*复化矩形公式*.

若在每个子区间 $[x_{i-1},x_i]$, $i=1,2,\cdots,n$, 被积函数 $f(x)$ 用分段线性函数 (参见 6.5 节) 来逼近, 即

$$I(x_{i-1},x_i;f)=\int_{x_{i-1}}^{x_i}f(x)\mathrm{d}x\approx\frac{h}{2}\Big(h_{i-1}+h_i\Big),$$

称此为**梯形公式**. 由此可得

$$\begin{aligned} I(a,b;f) &= \sum_{i=0}^{n-1} \int_{x_{i-1}}^{x_i} f(x)\mathrm{d}x \\ &\approx h\Big(\frac{1}{2}f_0 + f_1 + \cdots + f_{n-1} + \frac{1}{2}f_n\Big) \triangleq \widetilde{T}(h). \end{aligned} \tag{7.1.3}$$

公式 (7.1.3) 称为**复化梯形公式**.

现在我们给出复化矩形公式与复化梯形公式的截断误差.

定理 7.1.1 若 $f(x) \in C^2[a,b]$, 则复化矩形公式与复化梯形公式的截断误差分别为

$$\mathscr{E}_R[f] \triangleq I(a,b;f) - \widetilde{R}(h) = \frac{1}{24}(b-a)h^2 f''(\eta_1), \quad \eta_1 \in [a,b], \tag{7.1.4}$$

$$\mathscr{E}_T[f] \triangleq I(a,b;f) - \widetilde{T}(h) = -\frac{1}{12}(b-a)h^2 f''(\eta_2), \quad \eta_2 \in [a,b]. \tag{7.1.5}$$

证明 在此我们仅证明 (7.1.5) 式, 而 (7.1.4) 式可类似得到. 对 $f(x) \in C^2[a,b]$, 在每个小区间 $[x_{i-1}, x_i]$ 上, 记梯形公式的**局部截断误差**为

$$\mathscr{E}_i^T(h) \triangleq I(x_{i-1}, x_i; f) - \frac{1}{2}h\big(f_{i-1} + f_i\big).$$

由定积分的定义及定理 6.1.1, 可得

$$\begin{aligned} \mathscr{E}_i^T(h) &= \int_{x_{i-1}}^{x_i} \Big[f(x) - f_{i-1} - \frac{f_i - f_{i-1}}{h}(x - x_{i-1})\Big]\mathrm{d}x \\ &= \int_{x_{i-1}}^{x_i} \frac{1}{2}f''(\xi_i)(x - x_{i-1})(x - x_i)\mathrm{d}x, \end{aligned}$$

其中 $\xi_i \in (x_{i-1}, x_i)$ 且依赖于 x, 当 $x \in (x_{i-1}, x_i)$ 时, $(x - x_{i-1})(x - x_i) < 0$, 所以据积分中值定理, 又可得

$$\begin{aligned} \mathscr{E}_i^T(h) &= \frac{1}{2}f''(\eta_i)\int_{x_{i-1}}^{x_i} (x - x_{i-1})(x - x_i)\mathrm{d}x \\ &= \frac{1}{2}f''(\eta_i)\int_0^1 h^3 t(t-1)\mathrm{d}t \quad (\text{令 } x = x_{i-1} + ht) \\ &= -\frac{1}{12}h^3 f''(\eta_i). \end{aligned}$$

由此可得, 在区间 $[a,b]$ 上复化梯形公式的**整体截断误差**为

$$\mathscr{E}_T[f] \triangleq \sum_{i=1}^{n} \mathscr{E}_i^T(h) = -\frac{1}{12}h^3 \sum_{i=1}^{n} f''(\eta_i). \tag{7.1.6}$$

由于

$$\min_{1\leqslant i\leqslant n} f''(\eta_i) \leqslant \frac{1}{n}\sum_{i=1}^{n} f''(\eta_i) \leqslant \max_{1\leqslant i\leqslant n} f''(\eta_i)$$

且 $f''(x)\in C[a,b]$, 所以存在 $\eta\in[a,b]$, 使得

$$f''(\eta) = \frac{1}{n}\sum_{i=1}^{n} f''(\eta_i). \tag{7.1.7}$$

由 (7.1.6) 式和 (7.1.7) 式, 可得复化梯形公式的整体截断误差

$$\mathscr{E}_T[f] = -\frac{nh^3}{12} f''(\eta) = -\frac{1}{12}(b-a)h^2 f''(\eta),$$

其中 η 为区间 $[a,b]$ 内某一点.

类似地, 可得到区间 $[a,b]$ 上复化矩形公式的整体截断误差 (7.1.4) 式. **证毕**

由 (7.1.4) 式与 (7.1.5) 式可知, 复化矩形公式和复化梯形公式的整体截断误差的阶均为 $O(h^2)$. 但一般情况下, 复化矩形公式的精度要比复化梯形公式高, 这是复化矩形公式的优点之一. 易验证, 复化矩形公式和复化梯形公式的代数精度均为 1 次.

7.1.2 抛物线公式及其截断误差

设 $f(x)\in C^4[a,b]$, 求定积分 (7.0.1) 时, 常将区间 $[a,b]$ 等分 $2m$ 份, $h=\dfrac{b-a}{2m}$, 节点为

$$x_0 \triangleq a,\quad x_i \triangleq x_0+ih,\quad x_{2m}\triangleq b. \tag{7.1.1$'$}$$

先求 $f(x)$ 在子区间 $[x_{i-1},x_{i+1}]$ (其中 i 为奇数, 即 $i=1,3,\cdots,2m-1$) 上的定积分的近似值. 用经过三点 (x_{i-1},f_{i-1}), (x_i,f_i), (x_{i+1},f_{i+1}) 的抛物线 $p_3^{[i]}(x)$ 来逼近 $f(x)$,

$$\begin{aligned} f(x) &\approx p_3^{[i]}(x)\\ &= f_{i-1}\frac{(x-x_i)(x-x_{i+1})}{(x_{i-1}-x_i)(x_{i-1}-x_{i+1})} + f_i\frac{(x-x_{i-1})(x-x_{i+1})}{(x_i-x_{i-1})(x_i-x_{i+1})}\\ &\quad + f_{i+1}\frac{(x-x_{i-1})(x-x_i)}{(x_{i+1}-x_{i-1})(x_{i+1}-x_i)}, \end{aligned} \tag{7.1.8}$$

而以 $p_3^{[i]}(x)$ 在子区间 $[x_{i-1},x_{i+1}]$ 上的积分作为 $f(x)$ 在此子区间上积分的近似值, 即

$$\begin{aligned} I(x_{i-1},x_{i+1};f) &= \int_{x_{i-1}}^{x_{i+1}} f(x)\mathrm{d}x \approx \int_{x_{i-1}}^{x_{i+1}} p_3^{[i]}(x)\mathrm{d}x\\ &= \frac{1}{3}h\big(f_{i-1}+4f_i+f_{i+1}\big). \end{aligned} \tag{7.1.9}$$

公式 (7.1.9) 称为**抛物线公式**或**Simpson公式**.

定理 7.1.2 若 $f(x) \in C^4[a,b]$, 则在子区间 $[x_{i-1}, x_{i+1}]$ 抛物线公式 (7.1.9) 的截断误差 (即局部截断误差) 为

$$\mathscr{E}_i^P(h) \triangleq I(x_{i-1}, x_{i+1}; f) - \frac{1}{3}h\big(f_{i-1} + 4f_i + f_{i+1}\big) = -\frac{1}{90}h^5 f^{(4)}(\xi_i), \tag{7.1.10}$$

其中 $\xi_i \in (x_{i-1}, x_{i+1})$.

证明 为了证明 (7.1.10) 式, 我们主要研究如下函数:

$$\mathscr{E}_i^P(t) = \int_{x_i-t}^{x_i+t} f(x)\mathrm{d}x - \frac{t}{3}\Big[f(x_i - t) + 4f(x_i) + f(x_i + t)\Big]. \tag{7.1.11}$$

当 $t = h$ 时, (7.1.11) 式即为区间 $[x_{i-1}, x_{i+1}]$ 上抛物线公式的截断误差. 由于

$$\begin{aligned}\frac{\mathrm{d}}{\mathrm{d}t}\int_{x_i-t}^{x_i+t} f(x)\mathrm{d}x &= f(x_i+t)\frac{\mathrm{d}}{\mathrm{d}t}(x_i+t) - f(x_i-t)\frac{\mathrm{d}}{\mathrm{d}t}(x_i-t)\\ &= f(x_i+t) + f(x_i-t),\end{aligned} \tag{7.1.12}$$

所以

$$\begin{aligned}\frac{\mathrm{d}\mathscr{E}_i^P(t)}{\mathrm{d}t} &= \frac{2}{3}\Big[f(x_i-t) - 2f(x_i) + f(x_i+t)\Big] - \frac{t}{3}\Big[-f'(x_i-t) + f'(x_i+t)\Big],\\ \frac{\mathrm{d}^2\mathscr{E}_i^P(t)}{\mathrm{d}t^2} &= \frac{1}{3}\Big[-f'(x_i-t) + f'(x_i+t)\Big] - \frac{t}{3}\Big[f''(x_i-t) + f''(x_i+t)\Big],\\ \frac{\mathrm{d}^3\mathscr{E}_i^P(t)}{\mathrm{d}t^3} &= -\frac{t}{3}\Big[-f^{(3)}(x_i-t) + f^{(3)}(x_i+t)\Big].\end{aligned} \tag{7.1.13}$$

由 (7.1.11) 式及 (7.1.13) 式, 易知

$$\mathscr{E}_i^P(0) = \frac{\mathrm{d}\mathscr{E}_i^P(0)}{\mathrm{d}t} = \frac{\mathrm{d}^2\mathscr{E}_i^P(0)}{\mathrm{d}t^2} = \frac{\mathrm{d}^3\mathscr{E}_i^P(0)}{\mathrm{d}t^3} = 0. \tag{7.1.14}$$

再作辅助函数

$$\varphi(t) = \mathscr{E}_i^P(t) - \frac{t^5}{h^5}\mathscr{E}_i^P(h).$$

由于

$$\varphi(h) = \varphi(0) = \varphi'(0) = \varphi''(0) = 0,$$

故由微分中值定理, 可知

存在 $\eta_1 \in (0, h)$, 使得 $\varphi'(\eta_1) = 0$;

存在 $\eta_2 \in (0, \eta_1)$, 使得 $\varphi''(\eta_2) = 0$;

存在 $\eta_3 \in (0, \eta_2)$, 使得 $\varphi^{(3)}(\eta_3) = 0$.

所以

$$\frac{\mathrm{d}^3\mathscr{E}_i^P(\eta_3)}{\mathrm{d}t^3} = \frac{60}{h^5}\eta_3^2 \cdot \mathscr{E}_i^P(h),$$

即

$$\mathscr{E}_i^P(h)=\frac{h^5}{60\eta_3^2}\cdot\frac{\mathrm{d}^3\mathscr{E}_i^P(\eta_3)}{\mathrm{d}t^3}. \tag{7.1.15}$$

由 (7.1.13) 式中的第三式和微分中值定理, 可得

$$\begin{aligned}\frac{\mathrm{d}^3\mathscr{E}_i^P(\eta_3)}{\mathrm{d}t^3}&=-\frac{1}{3}\eta_3\big(-f^{(3)}(x_i-\eta_3)+f^{(3)}(x_i+\eta_3)\big)\\&=-\frac{2}{3}\eta_3^2f^{(4)}(x_i+\eta_4),\end{aligned} \tag{7.1.16}$$

其中 $\eta_4\in(-\eta_3,\eta_3)$. 设 $\xi_i=x_i+\eta_4$, 则 $\xi_i\in(x_{i-1},x_{i+1})$, 且由 (7.1.15) 及 (7.1.16) 两式可得

$$\mathscr{E}_i^P(h)=\frac{h^5}{60\eta_3^2}\cdot\Big[-\frac{2}{3}\eta_3^2f^{(4)}(\xi_i)\Big]=-\frac{1}{90}h^5f^{(4)}(\xi_i).$$

证毕

7.1.3　复化抛物线公式及其截断误差

在每一个子区间 $[x_{2i},x_{2i+2}]$, $i=0,1,\cdots,m-1$, 上应用抛物线公式, 即得复化抛物线公式

$$\begin{aligned}I(a,b;f)&\approx\frac{h}{3}\sum_{i=0}^{m-1}\big(f_{2i}+4f_{2i+1}+f_{2i+2}\big)\\&\equiv\frac{h}{3}\big(f_0+4f_1+2f_2+4f_3+2f_4+4f_5+\cdots\\&\quad+4f_{2m-3}+2f_{2m-2}+4f_{2m-1}+f_{2m}\big)\\&\triangleq\widetilde{P}(h),\end{aligned} \tag{7.1.17}$$

复化抛物线公式的**整体截断误差**为

$$\begin{aligned}\mathscr{E}_P[f]&\triangleq I(a,b;f)-\widetilde{P}(h)\\&=-\sum_{i=0}^{m-1}\frac{1}{90}h^5f^{(4)}(\xi_i)=-\frac{1}{90}mh^5f^{(4)}(\xi)\\&=-\frac{1}{180}(b-a)h^4f^{(4)}(\xi),\quad\xi\in[a,b].\end{aligned} \tag{7.1.18}$$

由 (7.1.10) 式与 (7.1.18) 式可知, 抛物线公式在子区间 $[x_{2i},x_{2i+2}]$ 上的 (局部) 截断误差的阶为 $O(h^5)$, 而复化抛物线公式在区间 $[a,b]$ 上的 (整体) 截断误差的阶为 $O(h^4)$. 易验证, 抛物线公式的代数精度为 3 次.

例 7.1.1　分别用复化矩形公式、复化梯形公式和复化抛物线公式计算如下积分:

$$I\left(0,1;\frac{\sin x}{x}\right)=\int_0^1\frac{\sin x}{x}\,\mathrm{d}x$$

的近似值, 并估计复化抛物线公式的截断误差.

解 记 $f(x)=\dfrac{\sin x}{x}$. 若将区间 $[0,1]$ 分成 8 等份, 可得下列数据表 7.1.1.

表 7.1.1

x_i	0.000	0.125	0.250	0.375	0.500
$f(x_i)$	1.000	0.9973979	0.9896158	0.9767267	0.9588511
x_i	0.625	0.750	0.875	1.000	
$f(x_i)$	0.9361556	0.9088517	0.8771926	0.8414710	

分别据公式 (7.1.2)、(7.1.3) 和 (7.1.17) 式得计算结果如表 7.1.2 所示.

表 7.1.2

区间数	步长 h	$\widetilde{R}(h)$	$\widetilde{T}(h)$	$\widetilde{P}(h)$
1	1.000	0.9588511	0.9207355	
2	0.500	0.9492338	0.9397933	0.9461459
4	0.250	0.9468682	0.9445135	0.9460869
8	0.125		0.9456909	0.9460813

由 (7.1.18) 式可知, 要估计截断误差, 我们先要计算出 $f^{(4)}(x)$. 由于

$$f(x)\triangleq\frac{\sin x}{x}=\int_0^1\cos(tx)\mathrm{d}t,$$

所以

$$f^{(k)}(x)=\frac{\mathrm{d}^k}{\mathrm{d}x^k}\left(\frac{\sin x}{x}\right)=\int_0^1\frac{\mathrm{d}^k}{\mathrm{d}x^k}\cos(tx)\mathrm{d}t=\int_0^1 t^k\cos\left(tx+\frac{1}{2}k\pi\right)\mathrm{d}t.$$

于是

$$\max_{x\in[0,1]}\left|f^{(k)}(x)\right|\leqslant\int_0^1\left|t^k\cos\left(tx+\frac{1}{2}k\pi\right)\right|\mathrm{d}t\leqslant\int_0^1 t^k\mathrm{d}t=\frac{1}{k+1}.$$

由此及 (7.1.18) 式立即可得复化抛物线公式的截断误差为

$$\left|\mathscr{E}_P[f]\right|\leqslant\frac{1}{180}\times(0.125)^4\times\frac{1}{4+1}=\frac{1}{3686400}<0.3\times10^{-6}<\frac{1}{2}\times10^{-6}.$$

所求积分精确到小数点后七位的值是 0.9460831. 由表 7.1.2 可知复化抛物线公式所得的结果 $\widetilde{P}(0.125)$ 已相当精确.

对于一般问题, 按例 7.1.1 的方法去估计误差是比较困难. 因此常常用 $\widetilde{P}(0.25)$ 和 $\widetilde{P}(0.125)$ 的差来估计误差, 即事后误差估计. 有关事后误差估计, 感兴趣的读者可参阅文献 (黄铎等, 2000; 李荣华等, 1996).

7.2 Newton–Cotes 求积公式

在 7.1 节中, 我们单独研究了复化矩形公式、复化梯形公式和复化抛物线公式, 以及相应的截断误差. 在某种意义下, 7.1 节中的内容可视为本节内容的特殊情况.

在区间 $[a,b]$ 上任选 $n+1$ 个互异点

$$a \triangleq x_0 < x_1 < x_2 < \cdots < x_{n-1} < x_n \triangleq b,$$

作为插值节点, 利用分段插值基函数 (参照 6.5 节的构造方法) 来构造 $f(x)$ 的 k ($k \leqslant n$) 次插值多项式 $p_k(x)$

$$p_k(x) = \sum_{i=0}^{n} f_i \cdot l_i(x), \tag{7.2.1}$$

此处 $f_i = f(x_i)$, 而 $l_i(x)$ 为节点 i 的分段 k 次多项式. 若用 (7.2.1) 式中的 $p_k(x)$ 替代 $I(a,b;f)$ 式中的 $f(x)$, 可得积分 $I(a,b;f)$ 的插值型求积公式

$$I(a,b;f) \approx \int_a^b p_k(x)\mathrm{d}x = \sum_{i=0}^{n} f_i \cdot C_i^{[k]} \triangleq I_n(a,b;f), \tag{7.2.2}$$

其中

$$C_i^{[k]} = \int_a^b l_i(x)\mathrm{d}x. \tag{7.2.3}$$

求积公式 (7.2.2) 的截断误差为

$$\mathscr{E}_n[f] \triangleq I(a,b;f) - I_n(a,b;f) = \int_a^b \Big[f(x) - p_k(x)\Big]\mathrm{d}x. \tag{7.2.4}$$

(7.2.2)式称为Newton–Cotes(**牛顿–科茨**)**求积公式**, $C_i^{[k]}$ 称为 Newton–Cotes**系数**.

若对区间 $[a,b]$ 采用等距剖分, 即取节点 $x_i = a + ih,\ i = 0,1,\cdots,n;\ h = \dfrac{b-a}{n}$.

当 $k=1$, 即 $l_i(x)$ 为分段线性插值基函数时, (7.2.2) 式即为复化梯形公式.

当 $k=2$, 即 $l_i(x)$ 为分段二次 Lagrange 插值基函数时, 可得复化抛物线公式.

当 $k=n$, 即 $l_i(x)$ 为 n 次 Lagrange 插值基函数时, Newton–Cotes 系数

$$\begin{aligned} C_i^{[n]} &= \int_a^b l_i(x)\mathrm{d}x = \int_a^b \Big(\prod_{j=0,j\neq i}^{n} \frac{x-x_j}{x_i-x_j}\Big)\mathrm{d}x \\ &= h\int_0^n \Big(\prod_{j=0,j\neq i}^{n} \frac{t-j}{i-j}\Big)\mathrm{d}t, \quad (\text{令 } x = x_0 + th) \qquad (7.2.5) \\ &= \frac{b-a}{n}\int_0^n \Big(\prod_{j=0,j\neq i}^{n} \frac{t-j}{i-j}\Big)\mathrm{d}t \triangleq (b-a)\widetilde{C}_i^{[n]}, \end{aligned}$$

其中$\widetilde{C}_i^{[n]}=\dfrac{1}{n}\displaystyle\int_0^n\Big(\prod_{j=0,j\neq i}^{n}\frac{t-j}{i-j}\Big)\mathrm{d}t$ 与积分区间 $[a,b]$ 及 $f(x)$ 均无关, $\widetilde{C}_i^{[n]}$ 也称为 Newton–Cotes 系数. 此时, 求积公式 (7.2.2) 化为

$$I_n(a,b;f)=(b-a)\sum_{i=0}^{n}\widetilde{C}_i^{[n]}\cdot f_i, \tag{7.2.6}$$

而余项为

$$\mathcal{E}_n[f]=\int_a^b f[x,x_0,x_1,\cdots,x_n]\cdot\omega_{n+1}(x)\mathrm{d}x. \tag{7.2.7}$$

易证, Newton–Cotes 系数 $\widetilde{C}_i^{[n]}$ 具有下列性质:

(1) $\displaystyle\sum_{i=0}^{n}\widetilde{C}_i^{[n]}=1$;

(2) $\widetilde{C}_i^{[n]}$ 与被积函数 $f(x)$ 及积分区间 $[a,b]$ 均无关, 而仅与积分区间的等分个数 n 有关;

(3) $\widetilde{C}_i^{[n]}$ 具有 "对称性", 即 $\widetilde{C}_i^{[n]}=\widetilde{C}_{n-i}^{[n]}$, $i=0,1,\cdots,\left[\dfrac{n}{2}\right]$;

(4) $\widetilde{C}_i^{[n]}$ 可由下列方程组直接求出

$$\sum_{i=0}^{n}\left(\frac{i}{n}\right)^k\widetilde{C}_i^{[n]}=\frac{1}{k+1},\quad k=0,1,\cdots,n.$$

为了便于使用, 我们将部分的 Newton–Cotes 系数 $\widetilde{C}_i^{[n]}$ 列表如表 7.2.1 所示.

表 7.2.1

区间数 n	$\widetilde{C}_0^{[n]}$	$\widetilde{C}_1^{[n]}$	$\widetilde{C}_2^{[n]}$	$\widetilde{C}_3^{[n]}$	$\widetilde{C}_4^{[n]}$	$\widetilde{C}_5^{[n]}$	$\widetilde{C}_6^{[n]}$	$\widetilde{C}_7^{[n]}$	$\widetilde{C}_8^{[n]}$
1	$\frac{1}{2}$	$\frac{1}{2}$							
2	$\frac{1}{6}$	$\frac{4}{6}$	$\frac{1}{6}$						
3	$\frac{1}{8}$	$\frac{3}{8}$	$\frac{3}{8}$	$\frac{1}{8}$					
4	$\frac{7}{90}$	$\frac{32}{90}$	$\frac{12}{90}$	$\frac{32}{90}$	$\frac{7}{90}$				
5	$\frac{19}{288}$	$\frac{75}{288}$	$\frac{50}{288}$	$\frac{50}{288}$	$\frac{75}{288}$	$\frac{19}{288}$			
6	$\frac{41}{840}$	$\frac{216}{840}$	$\frac{27}{840}$	$\frac{272}{840}$	$\frac{27}{840}$	$\frac{216}{840}$	$\frac{41}{840}$		
7	$\frac{751}{17280}$	$\frac{3577}{17280}$	$\frac{1323}{17280}$	$\frac{2989}{17280}$	$\frac{2989}{17280}$	$\frac{1323}{17280}$	$\frac{3577}{17280}$	$\frac{751}{17280}$	
8	$\frac{989}{28350}$	$\frac{5888}{283508}$	$\frac{-928}{28350}$	$\frac{10496}{18350}$	$\frac{-4540}{28350}$	$\frac{10496}{18350}$	$\frac{-928}{28350}$	$\frac{5888}{283508}$	$\frac{989}{28350}$

类似于梯形公式与抛物线公式截断误差的推导方法, 我们可得 (请读者自证)

定理 7.2.1　若 n 为奇数, $f(x) \in C^{n+1}[a,b]$, 则 n 等份 $[a,b]$ 的 Newton–Cotes 求积公式 (7.2.6) 的余项为

$$\mathscr{E}_n[f] = E_n h^{n+2} f^{(n+1)}(\eta), \tag{7.2.8}$$

其中

$$E_n = \frac{1}{(n+1)!}\int_0^n \prod_{j=0}^{n}(t-j)\mathrm{d}t, \quad \eta \in (a,b), \quad h = \frac{b-a}{n},$$

而此时 Newton–Cotes 求积公式的代数精度为 n 次.

定理 7.2.2　若 n 为偶数, $f(x) \in C^{n+2}[a,b]$, 则 n 等份 $[a,b]$ 的 Newton–Cotes 求积公式 (7.2.6) 的余项为

$$\mathscr{E}_n[f] = E_n h^{n+3} f^{(n+2)}(\eta), \tag{7.2.9}$$

其中

$$E_n = \frac{1}{(n+2)!}\int_0^n t\prod_{j=0}^{n}(t-j)\mathrm{d}t, \quad \eta \in (a,b), \quad h = \frac{b-a}{n},$$

而此时 Newton–Cotes 求积公式的代数精度为 $n+1$ 次.

7.3 Romberg 求积法

7.3.1 Euler–Maclaurin 公式

在此, 我们先不加证明的引入一个结论, 其详细证明可参阅文献 (张德荣等, 1981; 何旭初等, 1980).

定理 7.3.1　设在有限闭区间 $[a,b]$ 上, $f(x) \in C^{2k+2}[a,b]$, $\widetilde{T}(h)$ 是由 (7.1.3) 式所确定的复化梯形公式, 则

$$\widetilde{T}(h) = I(a,b;f) + \sum_{i=1}^{k} A_{2i} \cdot h^{2i} \cdot \left[f^{(2i-1)}(b) - f^{(2i-1)}(a)\right] + R_{2k+2}, \tag{7.3.1}$$

其中常数 A_{2i} 由下面的递推公式给出

$$\begin{cases} A_0 = 1, \\ \dfrac{A_0}{(2k+1)!} + \dfrac{A_2}{(2k-1)!} + \cdots + \dfrac{A_{2k-2}}{3!} + \dfrac{A_{2k}}{1!} = \dfrac{1}{2}\dfrac{1}{(2k)!}, \quad k = 1,2,\cdots \end{cases} \tag{7.3.2}$$

而余项满足

$$\left|R_{2k+2}\right| \leqslant M h^{2k+2}, \tag{7.3.3}$$

(7.3.3) 式中的 M 是与 h 无关的常数.

公式 (7.3.1) 称为 Euler–Maclaurin (欧拉 – 麦克劳林) 公式. 由 (7.3.2) 式易得

$$A_0 = 1,\ A_2 = \frac{1}{12},\ A_4 = -\frac{1}{720},\ A_6 = \frac{1}{30240},\ \cdots$$

7.3.2 复化梯形公式的二分技术

我们将区间 $[a,b]$ 等分为 n 份, $h = \dfrac{b-a}{n}$, 并记

$$x_0 \triangleq a,\quad x_i \triangleq x_0 + ih\ (i = 1, 2, \cdots, n-1),\quad x_n \triangleq b. \tag{7.3.4}$$

由 (7.1.3) 式可知, 求定积分 $I(a,b;f)$ 的近似值可用如下梯形公式求得

$$\widetilde{T}(h) = \frac{h}{2}\sum_{i=0}^{n-1}\big(f_i + f_{i+1}\big). \tag{7.3.5}$$

如果计算结果不够精确, 则可以将每一个小区间 $[x_i, x_{i+1}]$ 再等分为两个小区间, 在所得的 $2n$ 个小区间 $\left(\text{此时小区间的长度为 } h_1 = \dfrac{h}{2}\right)$上用复化梯形公式可求得 $\widetilde{T}(h_1) \equiv \widetilde{T}\Big(\dfrac{h}{2}\Big)$. 这样等分区间时, 原来的节点仍是新的剖分下的节点, 对应节点处的函数值在计算 $\widetilde{T}(h_1)$ 时仍有用, 但尚需计算新加入的节点 (即原来每个小区间的中点) 的函数值: $f_{i+\frac{1}{2}} \triangleq f\Big(x_0 + \Big(i + \dfrac{1}{2}\Big)h\Big)$, $i = 0, 1, \cdots, n-1$. 在新的剖分下, 复化梯形公式为

$$\widetilde{T}\Big(\frac{h}{2}\Big) = \frac{1}{2}\widetilde{T}(h) + \frac{h}{2}\sum_{i=0}^{n-1} f_{i+\frac{1}{2}}. \tag{7.3.6}$$

一般情况下, $\widetilde{T}\Big(\dfrac{h}{2}\Big)$ 要比 $\widetilde{T}(h)$ 更为精确. 如果精度还不满足要求, 可重复上述过程继续二等分小区间, 直到满足要求为止. 在逐步平分小区间使用复化梯形公式的过程中 h 的值越来越小, 而 $\widetilde{T}(h)$ 和 $\widetilde{T}\Big(\dfrac{h}{2}\Big)$ 的值越来越接近定积分 $I(a,b;f)$ 的值. 通常当 $\left|\widetilde{T}(h) - \widetilde{T}\Big(\dfrac{h}{2}\Big)\right| < \varepsilon$ 时 (其中 ε 是事先给定的误差界), 我们就认为 $\widetilde{T}\Big(\dfrac{h}{2}\Big)$ 为所求积分 $I(a,b;f)$ 的近似值.

复化梯形公式的二等分小区间方法虽然具有计算过程简单且有规律等优点, 但随着小区间平分的继续, 新的分点约成倍的增加, 且必须计算在新的节点处的函数值, 因此存在计算量较大的缺点, 有必要寻找较为简捷的更好方法.

7.3.3 Richardson 外推法与复化抛物线公式

先来介绍一下 Richardson (理查逊) 外推法. 设 $F(h)$ 为与步长 h 相关的一个数值量, $F(h)$ 与准确解 a_0 之间满足如下关系:

$$F(h)=a_0+a_1h^{\ell}+O(h^r),\quad r>\ell. \tag{7.3.7}$$

其中 $a_1h^{\ell}+O(h^r)$ 为截断误差, a_1h^{ℓ} 则为截断误差的主要部分. 如果在求出了 $F(h)$ 的同时又求出了 $F\left(\dfrac{h}{2}\right)$:

$$F\left(\frac{h}{2}\right)=a_0+a_12^{-\ell}h^{\ell}+O(h^r),\quad r>\ell. \tag{7.3.8}$$

由 (7.3.7) 式与 (7.3.8) 式可得

$$A_1F(h)+A_2F\left(\frac{h}{2}\right)=(A_1+A_2)a_0+(A_1+A_22^{-\ell})a_1h^{\ell}+O(h^r). \tag{7.3.9}$$

令

$$A_1+A_2=1,\quad A_1+A_22^{-\ell}=0. \tag{7.3.10}$$

解 (7.3.10) 式可得

$$A_1=-\frac{1}{2^{\ell}-1},\quad A_2=1+\frac{1}{2^{\ell}-1}. \tag{7.3.11}$$

将 (7.3.11) 式代入 (7.3.9) 式, 可得

$$F\left(\frac{h}{2}\right)+\frac{F\left(\dfrac{h}{2}\right)-F(h)}{2^{\ell}-1}=a_0+O(h^r). \tag{7.3.12}$$

若以 (7.3.12) 式左边的表达式作为 a_0 的近似值, 则误差阶为 r $(r>\ell)$.

对 (7.3.12) 式可作如下几何解释: a_0 可以看作为经过数据 (即 “两点”)

$$\left(h^{\ell},F(h)\right),\quad \left(2^{-\ell}h^{\ell},F\left(\frac{h}{2}\right)\right) \tag{7.3.13}$$

的直线

$$y(x)=a_0+a_1x$$

在 y 轴上的截距 (或当 $x=0$ 时的值)

$$a_0=y(0)=F\left(\frac{h}{2}\right)+\frac{F\left(\dfrac{h}{2}\right)-F(h)}{2^{\ell}-1}. \tag{7.3.14}$$

显然, 点 $x=0$ 不在节点 h^{ℓ} 和 $2^{-\ell}h^{\ell}$ 之间, 故上述方法称为**外推法**. 又由于此法是从满足 (7.3.7) 式而来的, 因此此方法又称 Richardson **外推法**.

由 Euler–Maclaurin 公式可知, 复化梯形公式满足 Richardson 外推法的条件. 现等分区间 $[a,b]$, 设 $b-a=2mh$. 由复化梯形公式可得

$$\widetilde{T}(2h)=\frac{h}{2}\sum_{i=1}^{m}\big(f_{2i-2}+f_{2i+2}\big). \tag{7.3.15}$$

$$\widetilde{T}(h)=\frac{h}{2}\sum_{i=0}^{2m-1}\big(f_i+f_{i+1}\big)=h\sum_{i=1}^{m}\Big(\frac{1}{2}f_{2i-2}+f_{2i-1}+\frac{1}{2}f_{2i}\Big). \tag{7.3.16}$$

使用一次 Richardson 外推法消去 Euler–Maclaurin 公式中 h^2 的系数 (注意: 只要 (7.3.1) 式中取 $k=1$ 即可), 可得

$$\begin{aligned}I(a,b;f)&\approx\frac{4^1\cdot\widetilde{T}(h)-\widetilde{T}(2h)}{4^1-1}\\&=\widetilde{T}(h)+\frac{1}{3}\big[\widetilde{T}(h)-\widetilde{T}(2h)\big]\\&=\frac{h}{3}\sum_{i=1}^{m}\Big[\big(2f_{2i-2}+4f_{2i-1}+2f_{2i}\big)-\big(f_{2i-2}+f_{2i}\big)\Big]\\&=\frac{h}{3}\sum_{i=0}^{m-1}\Big(f_{2i}+4f_{2i+1}+f_{2i+2}\Big)=\widetilde{P}(h).\end{aligned} \tag{7.3.17}$$

(7.3.17) 式表明, 由二分技术而得到的相邻两次复化梯形公式的值 $\widetilde{T}(2h)$ 和 $\widetilde{T}(h)$, 用 Richardson 外推法可得到复化抛物线公式的结果, 其误差阶为 $O(h^4)$.

同样, 对于步长为 $2h$ 和 h 而得出的复化抛物线公式的值 $\widetilde{P}(2h)$ 和 $\widetilde{P}(h)$, 可使用 Richardson 外推法得到误差阶为 $O(h^6)$ 的结果, 请读者自己考虑.

7.3.4 Romberg 求积法

在计算积分 $I(a,b;f)$ 时, 联合使用复化梯形公式的逐次二分技术和 Richardson 外推法, 即可得到 Romberg (龙贝格) *求积法*. 具体步骤如下:

(1) 将区间 $[a,b]$ 逐次平分,

$$h_i=2^{-i}(b-a),\quad i=0,1,\cdots,k.$$

利用梯形公式计算积分 $I(a,b;f)$ 的近似值 $\widetilde{T}(h_i)$, 并记为

$$T_{i,0}\triangleq\widetilde{T}(h_i),\quad i=0,1,\cdots,k; \tag{7.3.18}$$

(2) 在求出 $T_{\ell,r}$ 和 $T_{\ell-1,r}$ 的条件下, 据 Richardson 外推法, 按下列公式求出 $T_{\ell,r+1}$

$$T_{\ell,r+1}=\frac{4^{r+1}\cdot T_{\ell,r}-T_{\ell-1,r}}{4^{r+1}-1}=T_{\ell,r}+\frac{T_{\ell,r}-T_{\ell-1,r}}{4^{r+1}-1}. \tag{7.3.19}$$

上述计算过程可以列成表 7.3.1 的形状, 此表称之为 Romberg 表. 由 (7.3.18) 式及 (7.3.17) 式可知, 表 7.3.1 中的第二列及第三列分别为复化梯形公式与复化抛物线公式所得的 $\widetilde{T}(h)$, $\widetilde{P}(h)$ 组成.

表 7.3.1

步长		$\frac{\Delta}{3}$	$\frac{\Delta}{15}$	$\frac{\Delta}{63}$	$\cdots$
h_0	$T_{0,0}$				
h_1	$T_{1,0}$	$T_{1,1}$			
h_2	$T_{2,0}$	$T_{2,1}$	$T_{2,2}$		
h_3	$T_{3,0}$	$T_{3,1}$	$T_{3,2}$	$T_{3,3}$	
$\vdots$	$\vdots$	$\vdots$	$\vdots$	$\vdots$	$\cdots$

用 Romberg 求积法求积分的近似值时, 可用表 7.3.1 中的同行 (或同列) 相邻两数的差的绝对值小于预先给定的正数 ε, 即

$$\Delta_r(i,j) \triangleq \left|T_{i,j+1} - T_{i,j}\right| \leqslant \varepsilon \ (\text{称为行误差}), \tag{7.3.20}$$

$$\Delta_c(i,j) \triangleq \left|T_{i+1,j} - T_{i,j}\right| \leqslant \varepsilon \ (\text{称为列误差}) \tag{7.3.21}$$

作为数值计算的结束标志, 即当上述的 $\Delta_r(i,j)$, $\Delta_c(i,j)$ 之一成立时, 计算结束. 为了保证数值计算结果足够精确, 也可以要求 $\Delta_r(i,j)$ 和 $\Delta_c(i,j)$ 同时成立才结束计算.

由 (7.3.19)~(7.3.21) 式, 可得

$$\Delta_r(i,j) = (4^{j+1}-1)^{-1}\Delta_c(i-1,j), \tag{7.3.22}$$

$$\Delta_c(i,j) = (4^{j+1}-1)\Delta_r(i+1,j). \tag{7.3.23}$$

(7.3.22) 式或 (7.3.23) 式常可用来检验数值计算结果的正确性.

例 7.3.1　用 Romberg 求积法求下列积分的近似值:

$$I\big(0,1,\frac{4}{1+x^2}\big) = \int_0^1 \frac{4}{1+x^2}\mathrm{d}x.$$

解　此例中的积分精确值可以算出, 易求出 $I\Big(0,1;\dfrac{4}{1+x^2}\Big) = \pi \approx 3.141592654$.

用 Romberg 求积法逐步求得结果如表 7.3.2 所示.

由表 7.3.2 可知, $T_{4,4} = 3.141592665$ 可作为所求积分的近似值, 且小数点后的前七位都是准确的.

表 7.3.2

		$\frac{\Delta}{3}$	$\frac{\Delta}{15}$	$\frac{\Delta}{63}$	$\frac{\Delta}{255}$
h_0	3.000000000				
h_1	3.100000000	3.133333333			
h_2	3.131176471	3.141568628	3.142117648		
h_3	3.138988495	3.141592503	3.141594095	3.141585785	
h_4	3.140941612	3.141592651	3.141592661	3.141592638	3.141592665

例 7.3.2 用 Romberg 求积法求下列积分的近似值:

$$I\left(0,1,\frac{\sin x}{x}\right)=\int_0^1 \frac{\sin x}{x}\,\mathrm{d}x.$$

解 应用 Romberg 求积法, 逐步求得 Romberg 表如表 7.3.3 所示.

表 7.3.3

		$\frac{\Delta}{3}$	$\frac{\Delta}{15}$	$\frac{\Delta}{63}$
h_0	0.9207355			
h_1	0.9397933	0.9461459		
h_2	0.9445135	0.9460869	0.9460830	
h_3	0.9456901	0.9460823	0.9460820	0.9460820

由表 7.3.3 可知, $I_n\left(0,1,\frac{\sin x}{x}\right)=T_{3,3}=0.9460820.$

此积分具有 7 位有效数字的数值解为 $I_n\left(0,1,\frac{\sin x}{x}\right)=0.9460831$, 若用逐次二分复化梯形公式计算, 求积节点须近 1000 才能达到与 $T_{3,3}$ 相吻合, 而此处应用 9 节点复化梯形公式并进行三次 Richardson 外推, 得到 $T_{3,3}=0.9460820$ 就已接近此值. 所以, Romberg 求积法具有高效率的优点.

7.4 Gauss 型求积公式

前面我们已就区间 $[a,b]$ 等分的情形, 对插值型求积公式作了较全面的讨论. 本节中我们简要介绍的 Gauss (高斯) 型求积公式, 在节点取定的情况下它具有最高的代数精度.

7.4.1 Gauss 型求积公式

在 7.2 节中, 我们将区间 $[a,b]$ 等分, 以分点作为求积点而构造出一类特殊的插值型求积公式 ——Newton–Cotes 求积公式. 这种做法虽然具有简化计算的优点,

但却大大降低了所得求积公式的代数精度. 例如, 在构造如下形式:

$$I(-1,1;f(x)) \triangleq \int_{-1}^{1} f(x)\mathrm{d}x \approx A_0 f(x_0) + A_1 f(x_1) \tag{7.4.1}$$

的两点求积公式时, 如果取求积节点 $x_0=-1$, $x_1=1$, 立即可得插值型求积公式

$$\int_{-1}^{1} f(x)\mathrm{d}x \approx f(-1)+f(1). \tag{7.4.2}$$

(7.4.2) 式的代数精度仅为 1 次. 但若对 (7.4.1) 式中的系数 A_0, A_1 和节点 x_0, x_1 都不加限制, 则就可适当选取 A_0, A_1 和节点 x_0, x_1, 使所得求积公式的代数精度 $m>1$. 事实上, 若要求求积公式 (7.4.1) 的代数精度为 3 次, 即 (7.4.1) 式对函数 $f(x)=1$, x, x^2, x^3 均精确成立, 只要权数 A_0, A_1 和求积点 x_0, x_1 满足下列方程即可.

$$\begin{cases} A_0+A_1=2, \\ A_0x_0+A_1x_1=0, \\ A_0x_0^2+A_1x_1^2=\dfrac{2}{3}, \\ A_0x_0^3+A_1x_1^3=0. \end{cases} \tag{7.4.3}$$

解方程组 (7.4.3), 得到一组数值

$$A_0=A_1=1, \quad x_0=-x_1=\frac{\sqrt{3}}{3}.$$

将此组数值代入 (7.4.1) 式, 就得到了具有 3 次代数精度的求积公式

$$\int_{-1}^{1} f(x)\mathrm{d}x = f\Big(-\frac{\sqrt{3}}{3}\Big)+f\Big(\frac{\sqrt{3}}{3}\Big). \tag{7.4.4}$$

同理, 对于一般的求积公式

$$I_n(a,b;f)=\sum_{i=0}^{n} A_i \cdot f(x_i), \tag{7.4.5}$$

只要适当地选取 $2n+2$ 个待定的参数 $x_i\in[a,b]$, A_i, $i=0,1,\cdots,n$, 要使其具有 $2n+1$ 次代数精度也是完全有可能的.

定义 7.4.1 称具有 $2n+1$ 次代数精度的求积公式 (7.4.5) 为 Gauss 型求积公式, 并称求积节点 x_i $(i=0,1,\cdots,n)$ 为 Gauss 点.

关于 Gauss 型求积公式的构造, 一般可以参照两点 Gauss 型求积公式 (7.4.4) 的求法, 通过求解形如 (7.4.3) 式的含有 $2n+2$ 个未知数 x_i, A_i, $i=0,1,\cdots,n$, 的非线性方程, 以获得 Gauss 点 x_i $(i=0,1,\cdots,n)$ 和求积系数 A_i $(i=0,1,\cdots,n)$,

然后代入 (7.4.5) 式便可得到一个具有 $2n+1$ 次代数精度的 Gauss 型求积公式, 但这种方法计算工作量相当大, 且精确求解非线性方程组相当困难, 我们可以用其他方法求出 Gauss 点. 一种比较简便的方法是

(1) 先利用 $[a,b]$ 上的 $n+1$ 次正交多项式确定 Gauss 点 $x_i \in [a,b]$, $i=0,1,\cdots,n$;

(2) 利用所得的 Gauss 点来确定求积系数 A_i, $i=0,1,\cdots,n$.

关于 Gauss 点的性质, 我们有如下定理.

定理 7.4.1 对于插值型求积公式 (7.4.5), 其节点 $x_i \in [a,b]$ $(i=0,1,\cdots,n)$ 为 Gauss 点的充要条件是 $n+1$ 次多项式 $\omega_{n+1}(x)=\prod\limits_{i=0}^{n}(x-x_i)$ 与任意次数不超过 n 的多项式 $p_n(x)$ 正交, 即

$$\int_a^b p_n(x)\omega_{n+1}(x)\mathrm{d}x=0.$$

证明 [必要性] 设 x_i $(i=0,1,\cdots,n)$ 为 Gauss 点, 则由 Gauss 点的定义可知, 求积公式 (7.4.5) 具有 $2n+1$ 次代数精度. 由于 $p_n(x)$ 是次数不超过 n 的多项式, 而 $\deg\big(\omega_{n+1}(x)\big)=n+1$, 所以 $\deg\big(p_n(x)\omega_{n+1}(x)\big)\leqslant 2n+1$, 从而有

$$\int_a^b p_n(x)\omega_{n+1}(x)\mathrm{d}x=\sum_{i=0}^{n}A_i\cdot p_n(x_i)\omega_{n+1}(x_i).$$

又注意到 $\omega_{n+1}(x_i)=0$, $i=0,1,\cdots,n$, 故可得

$$\int_a^b p_n(x)\omega_{n+1}(x)\mathrm{d}x=0.$$

[充分性] 若 $\int_a^b p_n(x)\omega_{n+1}(x)\mathrm{d}x=0$, 则只要证明求积公式 (7.4.5) 具有 $2n+1$ 次代数精度即可. 为此我们只要证明当 $f(x)$ 为次数不超过 $2n+1$ 多项式时, 有

$$\int_a^b f(x)\mathrm{d}x=\sum_{i=0}^{n}A_i\cdot f(x_i).$$

设 $f(x)$ 为任一次数不超过 $2n+1$ 的多项式, 由多项式理论可知, 存在次数不超过 n 的多项式 $q_n(x)$ 和 $r_n(x)$, 使得

$$f(x)=q_n(x)\omega_{n+1}(x)+r_n(x). \tag{7.4.6}$$

由已知的正交条件, 可得

$$\int_a^b f(x)\mathrm{d}x=\int_a^b r_n(x)\mathrm{d}x. \tag{7.4.7}$$

注意到, 求积公式 (7.4.5) 也可以看作以 $x_i\ (i=1,2,\cdots,n)$ 为节点的求积公式, 所以其代数精度至少为 n 次, 于是对多项式 $r_n(x)$ 而言 (7.4.5) 式是精确成立的, 即

$$\int_a^b r_n(x)\mathrm{d}x=\sum_{i=0}^{n}A_i\cdot r_n(x_i).$$

此时 (7.4.7) 式可表示为

$$\int_a^b f(x)\mathrm{d}x=\sum_{i=0}^{n}A_i\cdot r_n(x_i). \tag{7.4.8}$$

再注意到 $\omega_{n+1}(x_i)=0,\ i=0,1,\cdots,n$, 所以

$$r_n(x_i)=q_n(x)\omega_{n+1}(x_i)+r_n(x_i)=f(x_i).$$

从而得到

$$\int_a^b f(x)\mathrm{d}x=\sum_{i=0}^{n}A_i\cdot f(x_i).$$

由 $f(x)$ 的任意性, 可知 $x_i\ (i=0,1,\cdots,n)$ 是 Gauss 点. 证毕

本定理表明, 寻找 (7.4.5) 式中的 Gauss 点, 即寻找区间 $[a,b]$ 上正交多项式的零点.

例 7.4.1 求积公式 (7.4.5) 的代数精度达不到 $2n+2$.

证明 对 $x_i\in[a,b],\ i=0,1,\cdots,n$, 取 $f(x)=\omega_{n+1}^2(x)\equiv\prod\limits_{i=0}^{n}(x-x_i)^2$ 为 $2n+2$ 次多项式, 则由定积分性质可得

$$\int_a^b f(x)\mathrm{d}x=\int_a^b \omega_{n+1}^2(x)\mathrm{d}x>0.$$

而

$$\sum_{i=0}^{n}A_i\cdot f(x_i)=\sum_{i=0}^{n}A_i\cdot\omega_{n+1}^2(x_i)=0,$$

即

$$\int_a^b f(x)\mathrm{d}x\neq\sum_{i=0}^{n}A_i\cdot f(x_i).$$

这表明存在 $2n+2$ 次多项式, 使求积公式 (7.4.5) 不精确成立. 证毕

对于区间 $[a,b]$ 上的积分 $I(a,b;f)$, 可以通过线性变换

$$x=\frac{a+b}{2}+\frac{b-a}{2}t \tag{7.4.9}$$

化为标准区间 $[-1,1]$ 上的积分 $I(-1,1;g(t))$, 即

$$\begin{aligned}I(a,b;f) &= \frac{b-a}{2}\int_{-1}^{1} f\Big(\frac{a+b}{2}+\frac{b-a}{2}t\Big)\mathrm{d}t \\ &\approx \frac{b-a}{2}\sum_{i=0}^{n} A_i \cdot f\Big(\frac{a+b}{2}+\frac{b-a}{2}t_i\Big).\end{aligned} \tag{7.4.10}$$

因此, 为了便于使用 Gauss 型求积公式, 在此我们给出标准积分区间 $[-1,1]$ 的两点至五点的 Gauss 型求积公式的 Gauss 点、系数及余项如表 7.4.1 所示, 其中 $\xi \in [-1,1]$.

表 7.4.1

节点数 $n+1$	Gauss 点 t_i	系数 A_i	余项
2	± 0.57735027	1.00000000	$\frac{1}{135}f^{(4)}(\xi)$
3	0.77459667	0.55555556	$\frac{1}{15750}f^{(6)}(\xi)$
	-0.77459667	0.55555556	
	0.00000000	0.88888889	
4	0.86113631	0.34785485	$\frac{1}{34872875}f^{(8)}(\xi)$
	-0.86113631	0.34785485	
	0.33998104	0.65214515	
	-0.33998104	0.65214515	
5	0.90617985	0.23692689	$\frac{1}{1237732650}f^{(10)}(\xi)$
	-0.90617985	0.23692689	
	0.53846931	0.47862867	
	-0.53846931	0.47862867	
	0.00000000	0.56888889	

7.4.2 常用的两个 Gauss 型求积公式

1. Gauss–Legendre 求积公式

考虑区间 $[-1,1]$ 上的积分, 求积节点取为首项系数为 1 的如下 Legendre 多项式的零点:

$$P_{n+1}(x) = \frac{(n+1)!}{(2n+2)!}\frac{\mathrm{d}^{n+1}}{\mathrm{d}x^{n+1}}\Big((x^2-1)^{n+1}\Big), \quad n \geqslant 0.$$

求积系数

$$A_i = \int_{-1}^{1}\prod_{j=0,j\neq i}^{n}\Big(\frac{x-x_j}{x_i-x_j}\Big)\mathrm{d}x, \quad i=0,1,\cdots,n.$$

Gauss–Legendre 求积公式为

$$I(-1,1;f) \approx \sum_{i=0}^{n} A_i \cdot f(x_i). \tag{7.4.11}$$

求积公式 (7.4.11) 的求积节点和系数可参见表 7.4.1.

例 7.4.2　用 Gauss-Legendre 求积公式下列积分:

$$I(0,\pi;\mathrm{e}^x\cos x) \triangleq \int_0^{\pi} \mathrm{e}^x \cos x \mathrm{d}x = -12.0703463164\cdots$$

解　先利用线性变换 $x = \frac{\pi}{2} + \frac{\pi}{2} t$ 将原定积分化为

$$I(0,\pi;\mathrm{e}^x\cos x) = \int_0^{\pi} \mathrm{e}^x \cos x \mathrm{d}x = -\frac{\pi}{2}\mathrm{e}^{\frac{\pi}{2}} \int_{-1}^{1} \mathrm{e}^{\frac{\pi}{2}t} \sin\left(\frac{\pi}{2}t\right) \mathrm{d}t.$$

然后, 分别用两点、三点、四点和五点求积公式计算上述积分, 计算结果如下：

$$\begin{aligned} I_1(0,\pi;\mathrm{e}^x\cos x) &= -12.33621047 \quad (\text{两点求积公式}),\\ I_2(0,\pi;\mathrm{e}^x\cos x) &= -12.12742045 \quad (\text{三点求积公式}),\\ I_3(0,\pi;\mathrm{e}^x\cos x) &= -12.07018949 \quad (\text{四点求积公式}),\\ I_4(0,\pi;\mathrm{e}^x\cos x) &= -12.07032854 \quad (\text{五点求积公式}). \end{aligned}$$

2. Tchebychev–Gauss 求积公式

取权函数为 $\rho(x) = (1-x^2)^{-\frac{1}{2}}$, 求积区间取为 $[-1,1]$, 而求积节点取为首项系数为 1 的 Tchebychev 多项式

$$T_n(x) = \frac{1}{2^{n-1}} \cos(n \arccos x), \quad n \geqslant 1$$

的零点

$$x_i = \cos\frac{2i+1}{2n}\pi, \quad i = 0,1,\cdots,n-1,$$

相应的求积系数取为

$$A_i = \frac{\pi}{n}, \quad i = 0,1,\cdots,n-1,$$

Tchebychev–Gauss 求积公式为

$$I(-1,1;\rho(x)f(x)) \approx \sum_{i=0}^{n-1} A_i \cdot f(x_i) \equiv \frac{\pi}{n}\sum_{i=0}^{n-1} f(x_i). \tag{7.4.12}$$

关于加权函数的求积公式的相关内容, 有兴趣的读者可参阅文献 (黄铎等, 2000).

7.5* 应用样条插值的求积公式

设被积函数 $f(x)$ 不是由解析表达式给出, 而是由如下数据表给出 ($f(x_i)=y_i$, $i=0,1,\cdots,n$):

x	x_0	x_1	x_2	$\cdots$	x_n
y	y_0	y_1	y_2	$\cdots$	y_n

(7.5.1)

我们沿用 6.6 节中的记号, 先求经过表 (7.5.1) 所给的数据的三次样条插值函数 $S_i(x)$, 再用

$$\widetilde{S} \triangleq \sum_{i=0}^{n-1}\int_{x_i}^{x_{i+1}} S_i(x)\mathrm{d}x \tag{7.5.2}$$

作为积分 $I(a,b;f)=\int_a^b f(x)\mathrm{d}x$ 的近似值. 因为样条函数是分段三次多项式, 而抛物线公式的代数精度是 3, 所以

$$\widetilde{S}=\frac{1}{6}\sum_{i=0}^{n-1}h_i\left[S_i(x_i)+4S_i\left(\frac{x_i+x_{i+1}}{2}\right)+S_i(x_{i+1})\right]. \tag{7.5.3}$$

由样条函数的分段表达式, 可得

$$\begin{cases} S_i(x_i)=f_i, \quad S_i(x_{i+1})=f_{i+1}, \\ S_i\left(\dfrac{x_i+x_{i+1}}{2}\right)=\dfrac{1}{2}(f_i+f_{i+1})+\dfrac{1}{8}h_i\cdot(m_i-m_{i+1}), \end{cases} \tag{7.5.4}$$

其中参数

$$m_i=f'(x_i), \quad m_{i+1}=f'(x_{i+1}) \tag{7.5.5}$$

的确定方法见 6.6 节. 将 (7.5.4) 式中的结果代入 (7.5.3) 式, 可得

$$\widetilde{S}=\sum_{i=0}^{n-1}\left[\frac{1}{2}h_i\cdot(f_i+f_{i+1})+\frac{1}{12}h_i^2\cdot(m_i-m_{i+1})\right]. \tag{7.5.6}$$

如果我们采用等距节点, 步长为 h, 则 (7.5.6) 式即为

$$\widetilde{S}=\frac{1}{2}h\sum_{i=0}^{n-1}(f_i+f_{i+1})-\frac{1}{12}h^2\cdot(m_n-m_0). \tag{7.5.7}$$

(7.5.7) 式右端的和即为复化梯形公式 (7.1.3), 最后一项恰好为 Euler–Maclaurin 公式 (7.3.1) 中 $i=1$ 的这一项.

7.6 数值微分

若函数 $f(x) \in C^2[a,b]$, 则由 Taylor 展开式, 可得

$$\frac{f(x+h)-f(x)}{h} = f'(x) + \frac{1}{2}hf''(\xi), \quad \xi \text{ 介于 } x \text{ 与 } x+h \text{ 之间}. \tag{7.6.1}$$

用 (7.6.1) 式的左端表达式作为 $f'(x)$ 的近似值, 其误差阶为 $O(h)$.

上述方法存在如下困难: h 的取法难以准确把握, 即 h 取大了, 其截断误差会过大, 求出的值不会是 $f'(x)$ 的较为精确的近似值; h 取小了, (7.6.1) 式左端表达式包含相当接近的同号数的差除以较小的数 h, 由于舍入误差的影响, 结果的相对误差较大. 如果用位数较多的浮点数求 $f(x)$ 的值, 或用精度较高的公式, 结果会比较好.

7.6.1 用插值多项式求数值导数

设函数 $f(x) \in C^{n+1}[a,b]$, 已知它在节点

$$a \triangleq x_0 < x_1 < \cdots < x_n \triangleq b \tag{7.6.2}$$

的值 $f(x_i) = f_i$, 求经过数据点

$$(x_0, f_0),\ (x_1, f_1),\ \cdots,\ (x_n, f_n) \tag{7.6.3}$$

的插值多项式 $p(x)$, 并将 $p'(x_i)$ 作为 $f'(x_i)$ 的近似值, 即

$$f'(x_i) \approx p'(x_i). \tag{7.6.4}$$

为了求出近似计算的截断误差估计式, 先引入如下引理.

引理 7.6.1　若 $f(x) \in C^2[a,b]$, $p(x)$ 是经过数据点 (7.6.3) 的插值多项式, 又设

$$\omega_{n+1}(x) = \prod_{i=0}^{n}(x - x_i), \tag{7.6.5}$$

$$g(x) = \begin{cases} \dfrac{f(x)-p(x)}{\omega_{n+1}(x)}, & x \neq x_i, \\[2ex] \dfrac{f'(x)-p'(x)}{\omega'_{n+1}(x)}, & x = x_i, \end{cases} \tag{7.6.6}$$

则在区间 $[a,b]$ 上 $g'(x)$ 存在.

证明　令 $\varphi(x) \triangleq f(x) - p(x)$, 并且对固定的 i, 定义

$$\psi(x) \triangleq \begin{cases} \dfrac{\varphi(x)}{x - x_i}, & x \neq x_i, \\[2ex] \varphi'(x), & x = x_i. \end{cases} \tag{7.6.7}$$

需要证明 $\psi'(x)$ 存在. 因为 $\varphi(x_i)\equiv 0$, 所以由 Taylor 展开式, 可得

$$\varphi(x)=(x-x_i)\varphi'(x_i)+\frac{1}{2}(x-x_i)^2\varphi''(\xi),$$

其中 ξ 介于 x 与 x_i 之间. 当 $x\neq x_i$ 时,

$$\psi(x)-\psi(x_i)=\frac{\varphi(x)}{x-x_i}-\varphi'(x_i)=\frac{1}{2}(x-x_i)\varphi''(\xi).$$

于是, 有

$$\lim_{x\to x_i}\frac{\psi(x)-\psi(x_i)}{x-x_i}=\lim_{x\to x_i}\frac{1}{2}\varphi''(\xi)=\frac{1}{2}\varphi''(x_i).$$

所以 $\psi'(x_i)$ 存在. 再令

$$\omega_n^{[k]}(x)=\prod_{\substack{j=0\\j\neq k}}^{n}(x-x_j), \tag{7.6.8}$$

则在 x_i 的附近有 $g(x)=\dfrac{\psi(x)}{\omega_n^{[i]}(x)}$. 但 $\omega_n^{[i]}(x)$ 为 n 次多项式, 且 $\omega_n^{[i]}(x_i)\neq 0$, 所以 $g'(x_i)$ 存在. 这就说明了 $g'(x)$ 在 (7.6.2) 式中的一切节点处均存在. 当 x 不是 (7.6.2) 式中的节点时, 易知, $g'(x)$ 是存在的. 证毕

定理 7.6.1 若 $n\geqslant 1$, $f(x)\in C^{n+1}[a,b]$, $g(x)$, $p(x)$, $\omega_{n+1}(x)$ 和 $\omega_n^{[k]}(x)$ 的定义如引理 7.6.1. 如果 x_i 是 (7.6.2) 式中的某一个节点, 则存在 $\xi\in[a,b]$, 有下列截断误差估计式

$$f'(x_i)-p'(x_i)=\frac{f^{(n+1)}(\xi)}{(n+1)!}\omega_n^{[i]}(x_i). \tag{7.6.9}$$

证明 由引理 7.6.1 可知

$$f(x)-p(x)=g(x)\omega_{n+1}(x) \tag{7.6.10}$$

对区间 $[a,b]$ 上的一切 x 均成立. 上式两端对 x 求导数, 并注意到 $\omega_{n+1}(x_i)=0$, $\omega'_{n+1}(x_i)=\omega_n^{[i]}(x_i)$, 可得

$$f'(x_i)-p'(x_i)=g(x_i)\omega_n^{[i]}(x_i). \tag{7.6.11}$$

若 $x\neq x_i$, 则由 Lagrange 插值公式的余项, 有

$$g(x)=\frac{f(x)-p(x)}{\omega_{n+1}(x)}=\frac{f^{(n+1)}(\xi)}{(n+1)!}. \tag{7.6.12}$$

假设 m 和 M 为 $f^{(n+1)}(x)$ 在区间 $[a,b]$ 上的最小值和最大值, 则

$$m\leqslant(n+1)!g(x)\leqslant M. \tag{7.6.13}$$

又因 $g(x)$ 在 x_i 处连续, 所以

$$m \leqslant \lim_{x \to x_i} (n+1)! g(x) = (n+1)! g(x_i) \leqslant M. \tag{7.6.14}$$

从而对 $f^{(n+1)}(x)$ 应用介值定理, 存在 $\xi \in [a,b]$, 使

$$g(x_i) = \frac{f^{(n+1)}(\xi)}{(n+1)!}. \tag{7.6.15}$$

由 (7.6.11) 式及 (7.6.15) 式, 立即可得 (7.6.9) 式. **证毕**

据 (7.6.4) 式容易得出一系列计算节点 x_i 处的数值导数公式. 特别在等距节点情况下, 有如下两个常用的数值微分公式.

(1) 两点公式. 由两节点 x_0, x_1 作线性插值函数, 且 $h \triangleq x_1 - x_0$, 则

$$L_1(x) = -\frac{x - x_1}{h} y_0 + \frac{x - x_0}{h} y_1.$$

$L_1(x)$ 对 x 求导, 即得

$$L_1'(x) = \frac{1}{h}(y_1 - y_0).$$

所以

$$f'(x_0) = f'(x_1) \approx L_1'(x_0) = L_1'(x_1) = \frac{1}{h}(y_1 - y_0). \tag{7.6.16}$$

此时的截断误差为

$$\left.\begin{aligned} \mathscr{E}[x_0, h] &\triangleq f'(x_0) - L_1'(x_0) = -\frac{1}{2} h f''(\xi), \\ \mathscr{E}[x_1, h] &\triangleq f'(x_1) - L_1'(x_1) = \frac{1}{2} h f''(\xi_1). \end{aligned}\right. \qquad \xi, \xi_1 \in [x_0, x_1] \tag{7.6.17}$$

(2) 三点公式. 由三节点 x_0, x_1, x_2 作二次插值多项式, 且 $h \triangleq x_1 - x_0 = x_2 - x_1$, 则

$$L_2(x) = \frac{(x - x_1)(x - x_2)}{2h^2} y_0 - \frac{(x - x_0)(x - x_2)}{h^2} y_1 + \frac{(x - x_0)(x - x_1)}{2h^2} y_2.$$

$L_2(x)$ 对 x 求导, 即得

$$L_2'(x) = \frac{x - x_1 + x - x_2}{2h^2} y_0 - \frac{x - x_0 + x - x_2}{h^2} y_1 + \frac{x - x_0 + x - x_1}{2h^2} y_2.$$

于是

$$\begin{aligned} f'(x_0) &\approx L_2'(x_0) = \frac{1}{2h}(-3y_0 + 4y_1 - y_2), \\ f'(x_1) &\approx L_2'(x_1) = \frac{1}{2h}(y_2 - y_0), \\ f'(x_2) &\approx L_2'(x_2) = \frac{1}{2h}(y_0 - 4y_1 + 3y_2). \end{aligned} \tag{7.6.18}$$

此时的截断误差为

$$
\begin{aligned}
&\mathscr{E}[x_0,h] \triangleq f'(x_0)-L_2'(x_0)=\frac{1}{3}h^2f^{(3)}(\xi),\\
&\mathscr{E}[x_1,h] \triangleq f'(x_1)-L_2'(x_1)=-\frac{1}{6}h^2f^{(3)}(\xi_1),\quad \xi,\xi_1,\xi_2\in[x_0,x_2],\\
&\mathscr{E}[x_2,h] \triangleq f'(x_2)-L_2'(x_2)=\frac{1}{3}h^2f^{(3)}(\xi_2).
\end{aligned} \tag{7.6.19}
$$

对于经过三点的二次插值多项式, 还可以得 $f(x)$ 的二阶导数近似公式:

$$
f''(x_0)=f''(x_1)=f''(x_2)=L_2''(x_0)=\frac{1}{2h^2}(y_0-2y_1+y_2). \tag{7.6.20}
$$

此时的截断误差为

$$
\begin{aligned}
&\mathscr{E}^*[x_0,h] \triangleq f''(x_0)-L_2''(x_0)=-hf^{(3)}(\xi_1)+\frac{1}{6}h^2f^{(4)}(\xi_2),\\
&\mathscr{E}^*[x_1,h] \triangleq f''(x_1)-L_2''(x_1)=-\frac{1}{12}h^2f^{(4)}(\xi),\quad \xi,\xi_1,\xi_2\in[x_0,x_2],\\
&\mathscr{E}^*[x_2,h] \triangleq f''(x_2)-L_2''(x_2)=hf^{(3)}(\xi_1)-\frac{1}{6}h^2f^{(4)}(\xi_2).
\end{aligned} \tag{7.6.21}
$$

7.6.2 用幂级数展开式求数值导数

应用幂级数展开式, 可以得到具有较高阶误差的数值微分公式.

定理 7.6.2 若 $f(x)\in C^3[x_0-h,x_0+h]$, 则存在 $\xi\in[x_0-h,x_0+h]$, 使

$$
f'(x_0)=\frac{1}{2h}\Big[f(x_0+h)-f(x_0-h)\Big]+\mathscr{E}[x_0,h], \tag{7.6.22}
$$

$$
\mathscr{E}[x_0,h]=-\frac{1}{6}h^2f^{(3)}(\xi). \tag{7.6.23}
$$

证明 由幂级数展开式, 可知存在 $\xi_1\in(x_0,x_0+h)$, $\xi_2\in(x_0-h,x_0)$, 使得

$$
\begin{aligned}
f(x_0+h)&=f(x_0)+hf'(x_0)+\frac{1}{2}h^2f''(x_0)+\frac{1}{6}h^3f^{(3)}(\xi_1),\\
f(x_0-h)&=f(x_0)-hf'(x_0)+\frac{1}{2}h^2f''(x_0)-\frac{1}{6}h^3f^{(3)}(\xi_2).
\end{aligned}
$$

上述两式相减并除以 $2h$, 可得

$$
f'(x_0)=\frac{1}{2h}\Big[f(x_0+h)-f(x_0-h)\Big]-\frac{1}{6}h^2\cdot\frac{1}{2}\Big[f^{(3)}(\xi_1)+f^{(3)}(\xi_2)\Big]. \tag{7.6.24}
$$

由于 $f^{(3)}(x)\in C[x_0-h,x_0+h]$, 而 $\frac{1}{2}\big(f^{(3)}(\xi_1)+f^{(3)}(\xi_2)\big)$ 介于 $f^{(3)}(x)$ 在区间 $[x_0-h,x_0+h]$ 上的最大值与最小值之间. 所以存在 $\xi\in[x_0-h,x_0+h]$, 使得

$$
\frac{1}{2}\Big[f^{(3)}(\xi_1)+f^{(3)}(\xi_2)\Big]=f^{(3)}(\xi). \tag{7.6.25}
$$

由 (7.6.24) 式及 (7.6.25) 式即得 (7.6.22) 式. **证毕**

例 7.6.1 设 $f(x)=\sqrt{x}$. 试用数值微分公式 (7.6.22) 式计算 $f'(2)$ 的近似值.

解 准确值为 $f'(2)=\dfrac{1}{2\sqrt{2}}\approx 0.353553\cdots$. 由数值微分公式 (7.6.22) 式可得计算结果如表 7.6.1 所示.

表 7.6.1

h	$f(2+h)$	$f(2-h)$	$f'(2)$	误差
1	1.7320	1.0000	0.3660	−0.012447
0.5	1.5811	1.2247	0.3564	−0.002847
0.1	1.4491	1.3784	0.3535	0.000053
0.05	1.4317	1.3964	0.3530	0.000553
0.01	1.4177	1.4106	0.3550	−0.001447
0.005	1.4159	1.4124	0.3500	0.003553
0.001	1.4145	1.4138	0.3500	0.003553
0.0005	1.4143	1.4140	0.3000	0.053553
0.0001	1.4142	1.4141	0.5000	−0.146447

从表 7.6.1 中的数值结果, 我们也可以看出: 由于舍入误差的影响, 较小的 h 并不一定得到较好的结果, 且实际所得的误差也不一定满足理论结果 (由 (7.6.23) 式易得)

$$\left|\mathscr{E}(h)\right|=\frac{1}{16}h^2\xi^{-\frac{5}{2}},\quad \xi\in[2-h,2+h].$$

7.6.3 用外推法求数值导数

类似于 (7.6.22) 式证明的方法可得: 若 $f(x)$ 足够光滑, 则

$$F(h)=f'(x_0)+c_1h^2+c_2h^4+\cdots+c_nh^{2n}+O(h^{2n+2}),\tag{7.6.26}$$

其中

$$F(h)=\frac{1}{2h}\Big(f(x_0+h)-f(x_0-h)\Big),\tag{7.6.27}$$

其中 $c_1,c_2,\cdots,c_n$ 均是与 h 无关的常数, 而 h 为步长.

我们可以应用 Richardson 外推法 (参见 7.3.3 节) 求 $f'(x_0)$. 据 (7.6.26) 式和 (7.6.27) 式, 用 Richardson 外推法求 $f'(x_0)$ 近似值的一般步骤:

(1) 取常数 h_0 (初始步长), 由 (7.6.27) 式求出序列

$$A_{m,0}\triangleq F(2^{-m}h_0),\quad m=0,1,\cdots;\tag{7.6.28}$$

(2) 在求出 $A_{m,k}$ 和 $A_{m-1,k}$ 的条件下, 按下列公式求出 $A_{m,k+1}$

$$A_{m,k+1}=\frac{4^{k+1}\cdot A_{m,k}-A_{m-1,k}}{4^{k+1}-1}=A_{m,k}+\frac{A_{m,k}-A_{m-1,k}}{4^{k+1}-1},\quad k=0,1,\cdots \tag{7.6.29}$$

(7.6.29) 式中的分子相当于差分运算, 而分母部分的值依次为 $3,15,63,\cdots,4^{k+1}-1,\cdots$. 上述计算过程可以列为如下表 7.6.2 的形状来进行.

表 7.6.2

步长		$\frac{\Delta}{3}$	$\frac{\Delta}{15}$	$\frac{\Delta}{63}$	$\cdots$
h_0	$A_{0,0}$				
$2^{-1}h_0$	$A_{1,0}$	$A_{1,1}$			
$2^{-2}h_0$	$A_{2,0}$	$A_{2,1}$	$A_{2,2}$		
$2^{-3}h_0$	$A_{3,0}$	$A_{3,1}$	$A_{3,2}$	$A_{3,3}$	
$\vdots$	$\vdots$	$\vdots$	$\vdots$	$\vdots$	$\cdots$

用外推法求微分的近似值时, 可用表 7.6.2 中的同行 (或同列) 相邻两数的差的绝对值小于预先给定的正数 ε,

$$\Delta_R(i,j)\triangleq\left|A_{i,j+1}-A_{i,j}\right|\leqslant\varepsilon\quad(\text{称为行误差}), \tag{7.6.30}$$

$$\Delta_C(i,j)\triangleq\left|A_{i+1,j}-A_{i,j}\right|\leqslant\varepsilon\quad(\text{称为列误差}) \tag{7.6.31}$$

作为数值计算的结束标志, 即当上述的 $\Delta_R(i,j)$, $\Delta_C(i,j)$ 之一成立时, 计算结束. 为了保证数值计算结果足够精确, 也可以要求 $\Delta_R(i,j)$ 和 $\Delta_C(i,j)$ 同时成立才结束计算.

由 (7.6.29)~(7.6.31) 式, 可得

$$\Delta_R(i,j)=(4^{j+1}-1)^{-1}\Delta_C(i-1,j), \tag{7.6.32}$$

$$\Delta_C(i,j)=(4^{j+1}-1)\Delta_R(i+1,j). \tag{7.6.33}$$

(7.6.32) 式或 (7.6.33) 式常可用来检验数值计算结果的正确性.

例 7.6.2 设 $f(x)=\ln x$. 取步长 $h=0.8$, 利用六位对数表中 $\ln x$ 的值计算

$$A_{m,0}\triangleq\frac{1}{2^{-m}h}\Big[\ln(3+2^{-m}h)\Big)-\ln(3-2^{-m}h)\Big];$$

再用外推计法求 $f'(3)$ 的更加精确的近似值.

解 依次使用外推法得表 7.6.3, 表中第二列即为 $A_{m,0}$ 的值. 取 $f'(3)\equiv A_{3,2}=$

0.333330. 此例中 $f'(3)=\dfrac{1}{3}\approx 3.333333\cdots$, 所以误差约为 3×10^{-6}.

表 7.6.3

步长		$\dfrac{\Delta}{3}$	$\dfrac{\Delta}{15}$	$\dfrac{\Delta}{63}$	$\cdots$
0.8	0.341590				
0.4	0.335330	0.333243			
0.2	0.333830	0.333330	0.333336		
0.1	0.333455	0.333330	0.333330	0.333296	
$\vdots$	$\vdots$	$\vdots$	$\vdots$	$\vdots$	$\cdots$

7.6.4* 用三次样条插值方法求数值导数

若 $S(x)$ 为满足如下条件的三次样条插值函数:

$$
\begin{aligned}
&S(x_i)=f(x_i),\quad i=0,1,\cdots,n,\\
&S'(x_0)=f'(x_0),\quad S'(x_n)=f'(x_n),\quad x_i=x_0+ih\ \ (\text{等距节点}).
\end{aligned}
$$

令 $m_i=S'(x_i)$, $f_i=f(x_i)$, $i=0,1,\cdots,n$, 则有

$$
\begin{cases}
m_{i-1}+4m_i+m_{i+1}=\dfrac{3}{h}(f_{i+1}-f_{i-1}),\quad i=1,2,\cdots,n-1;\\
m_0=f'(x_0),\quad m_n=f'(x_n).
\end{cases}\tag{7.6.34}
$$

解代数方程组 (7.6.34) 可以求得 m_i, 此即为 $f'(x_i)$ 的近似值. 用此法求数值导数, 有两点要特别注意: (1) 必须提供边界条件; (2) 必须求解一个线性代数方程组. 求解线性方程组所得的结果不只是一点的数值导数, 而是全部节点处的数值导数. 用此方法求数值导数时, 我们有如下误差估计.

定理 7.6.3 若 $f(x)\in C^5[a,b]$, $x_i=a+ih\ (i=0,1,\cdots,n)$, $h=\dfrac{b-a}{n}$, 则

$$
\max_{1\leqslant i\leqslant n}\left|f'(x_i)-m_i\right|\leqslant\frac{h^4}{60}\max_{x\in[a,b]}\left|f^{(5)}(x)\right|.\tag{7.6.35}
$$

请读者自行证明.

习　题　7

7.1 将区间 $[0,1]$ 分为 16 等分, 分别用复化梯形公式和复化抛物线公式计算下列定积分:

$$
I\Big(0,1,\frac{1}{1+x^2}\Big)\triangleq\int_0^1\frac{1}{1+x^2}\,\mathrm{d}x.
$$

7.2 用梯形公式和 Simpson 公式计算积分: $\sqrt{\frac{2}{\pi}}\int_0^1 \mathrm{e}^{-\frac{x^2}{2}}\mathrm{d}x$.

(注: 该积分的准确值为 0.68269)

7.3 试证明定理 7.2.1 和定理 7.2.2.

7.4 试求 Euler–Maclaurin 公式 (7.3.1) 中的系数 A_2, A_4 和 A_6.

7.5 证明: 存在 $\xi \in (x_0, x_0+h)$ 使

$$\int_{x_0}^{x_0+h} f(x)\mathrm{d}x \approx hf(x_0) + \frac{1}{2}h^2 f'(\xi).$$

7.6 设 $x_1 = x_0 + h$, 而 $f(x)$ 是次数不超过 3 的多项式, 试证明

$$\int_{x_0}^{x_1} f(x)\mathrm{d}x \approx \frac{1}{2}h\Big[f(x_0)+f(x_1)\Big] + \frac{1}{12}h^2\Big[f'(x_0)-f'(x_1)\Big].$$

又若 $f(x)$ 为具有 4 阶连续导数的光滑函数, 证明上述求积公式的截断误差为

$$\mathscr{E}[f] = -\frac{1}{720}h^5 f^{(4)}(\xi), \quad \xi \in [x_0, x_1].$$

7.7 以 $x_0=-a$, $x_1=0$, $x_2=a$ 为节点, 对积分 $\int_{-a}^{a} f(x)\mathrm{d}x$ 构造形如

$$\int_{-a}^{a} f(x)\mathrm{d}x \approx A_0\cdot f(x_0) + A_1\cdot f(x_1) + A_2\cdot f(x_2)$$

的插值型求积公式, 并讨论所得求积公式的截断误差和代数精度.

7.8* 试用函数 $f(x)$ 在 x_1 和 x_2 两点处的值的线性组合作为积分 $\int_{-1}^{1}(1+x^2)f(x)\mathrm{d}x$ 的近似值, 即

$$\int_{-1}^{1}(1+x^2)f(x)\mathrm{d}x \approx C_1 f(x_1) + C_2 f(x_2),$$

求出 C_1, C_2, x_1, x_2, 使 $f(x)$ 为次数不超过 3 的多项式时, 上式精确成立.

7.9 试确定下列求积公式中的待定参数, 使其代数精度尽量高, 并指出所得公式的代数精度.

(1) $\int_0^2 f(x)\mathrm{d}x \approx A_0\cdot f(0) + A_1\cdot f(1) + A_2\cdot f(2)$;

(2) $\int_{-1}^{1} f(x)\mathrm{d}x \approx \frac{1}{3}\Big[f(-1)+2f(x_1)+3f(x_2)\Big]$.

7.10 用 Simpson 公式计算积分 $\int_0^1 \mathrm{e}^{-x}\mathrm{d}x$, 并估计其截断误差.

7.11 用 Romberg 求积法计算积分 $\int_0^1 \frac{\sin x}{x}\mathrm{d}x$, 使其截断误差不超过 $\frac{1}{2}\times 10^{-6}$.

7.12 按下列要求计算积分 $\int_1^3 \frac{1}{x}\mathrm{d}x$.

(1) Romberg 求积法;

(2) 三点、五点 Gauss 型求积公式.

7.13* 设 $\widetilde{T}(h)$ 为 $\sqrt{x}$ 关于步长 h 的复化梯形公式, 试证明

$$\int_0^1 \sqrt{x}\,\mathrm{d}x = \widetilde{T}(h) + \alpha_1 h^{\frac{3}{2}} + \alpha_2 h^2 + \alpha_3 h^4 + \alpha_4 h^6 + \cdots,$$

其中 $\alpha_1, \alpha_2, \cdots$, 是与 h 无关的常数, 并用此结果设计外推方案.

7.14 对函数 $f(x)$ 给定如下的数据表:

x	1.0	1.1	1.2
$f(x)$	0.2500	0.2268	0.2066

试用三点公式计算 $f'(x)$ 在数据表中节点处的近似值, 并估计截断误差.

7.15* 试证明定理 7.6.3, 即若 $f(x) \in C^5[a,b]$, $x_i = a + ih\ (i = 0, 1, \cdots, n)$, $h = \dfrac{b-a}{n}$, 则

$$\max_{1 \leqslant i \leqslant n} \left| f'(x_i) - m_i \right| \leqslant \frac{h^4}{60} \max_{x \in [a,b]} \left| f^{(5)}(x) \right|.$$

7.16 试构造如下 Gauss 型求积公式

$$\int_0^1 x f(x)\mathrm{d}x \approx A_1 \cdot f(x_1) + A_2 \cdot f(x_2).$$

7.17 直接验证下列数值微分公式的代数精度:

(1) $f'(x_0) \approx \dfrac{f(x_0+h) - f(x_0)}{h}$ (前差公式);

(2) $f'(x_0) \approx \dfrac{f(x_0) - f(x_0-h)}{h}$ (后差公式);

(3) $f'(x_0) \approx \dfrac{f(x_0+h) - f(x_0-h)}{2h}$ (中点公式).

7.18* 证明数值微分公式具有 4 阶代数精度:

$$f'(x_0)\mathrm{d}x \approx \frac{1}{12h}\Big[f(x_0-2h) - 8f(x_0-h) + 8f(x_0+h) - f(x_0+2h)\Big].$$

*** *** *** *** ***

第 7 章上机实验题

7.1 编写用逐次二分梯形公式求数值积分的标准程序.

7.2 编写 Romberg 求积法的标准程序.

7.3 编写用 Richardson 外推法求数值微分的标准程序.

7.4 编写用三次样条插值方法求数值导数的标准程序.

第 8 章　常微分方程数值解法

8.1　引　　言

常微分方程源于生产实际，研究其目的就在于掌握它所反映的客观规律. 虽然在常微分方程课程中已介绍了一些求解常微分方程的初等方法，但大量的常微分方程不可能用初等解法求出它们的精确解，这就促使人们去探讨求解常微分方程的数值方法. 因此，也就使得人们极大地关注常微分方程数值解法.

随着计算机的迅猛发展，常微分方程的数值求解越来越受到重视. 一方面，可借助于计算机，对一些超大规模的问题和原来无法通过初等方法求解的问题能得以求解；另一方面，借助于数值方法，也可以简化一些问题的理论分析.

本章主要介绍如下的一阶常微分方程初值问题：

$$\begin{cases} \dfrac{\mathrm{d}u}{\mathrm{d}t} = f(t,u), \\ u(0) = u_0, \end{cases} \qquad D:\ 0 \leqslant t \leqslant T,\ |u| < \infty \tag{8.1.1}$$

的数值方法，其中 f 为 t 和 u 的已知函数，u_0 是给定的初始值 (简称初值). 在介绍数值方法之前，我们先给出初值问题解的存在唯一性定理. 为此我们先引入如下定义.

定义 8.1.1　设函数 $f(t,u)$ 定义在区域 D 内，若存在正常数 L，使得对任意 (t,u_1),$(t,u_2) \in D$，成立下列不等式

$$\left|f(t,u_1) - f(t,u_2)\right| \leqslant L\left|u_1 - u_2\right|, \tag{8.1.2}$$

则称函数 $f(t,u)$ 在 D 内关于 u 满足 Lipschitz 条件 (简称 L– 条件)，L 称为 Lipschitz 常数.

定理 8.1.1　若函数 $f(t,u)$ 在区域 D 内满足 (1) 连续，(2) 关于 u 满足 Lipschitz 条件. 则存在唯一的连续可微函数 $u = u(t)$ 满足

$$\frac{\mathrm{d}u(t)}{\mathrm{d}t} = f(t,u(t)), \quad 0 < t < T,$$

及初始条件 $u(0) = u_0$，且 $u(t)$ 连续地依赖于初始值 u_0.

若 $f(t,u)$ 及 $f_u(t,u)$ 在含点 $(0,u_0)$ 的某一区域 D 上连续有界，此时函数 $f(t,u)$ 一定满足 Lipschitz 条件，从而初值问题 (8.1.1) 必存在唯一解.

为了本章后面的内容需要, 我们先引入如下一些结论.

引理 8.1.1 (一元函数 Taylor 公式)　若函数 $u(t)$ 在含有 t_0 的某个开区间 (a,b) 内具有直到 $n+1$ 阶导数, 则对任意 $t\in(a,b)$ 时 $u(t)$ 可表示为

$$u(t)=u(t_0)+u'(t_0)(t-t_0)+\frac{u''(t_0)}{2!}(t-t_0)^2+\cdots+\frac{u^{(n)}(t_0)}{n!}(t-t_0)^n+R_n(t),$$

其中

$$R_n(t)=\frac{u^{(n+1)}(\xi)}{(n+1)!}(t-t_0)^{n+1},\ \xi\text{ 介于 } t_0 \text{ 与 } t \text{ 之间}.$$

引理 8.1.2 (二元函数 Taylor 公式)　若函数 $z=f(t,u)$ 在 (t_0,u_0) 的某个邻域 $U(t_0,u_0)$ 内连续且具有直到 $n+1$ 阶连续偏导数, 则对任意 $(t,u)\in U(t_0,u_0)$ 时 $f(t,u)$ 可表示为

$$\begin{aligned}&f(t_0+\Delta t,u_0+\Delta u)\\&=f(t_0,u_0)+\left(\Delta t\frac{\partial}{\partial t}+\Delta u\frac{\partial}{\partial u}\right)f(t_0,u_0)\\&\quad+\left(\Delta t\frac{\partial}{\partial t}+\Delta u\frac{\partial}{\partial u}\right)^2 f(t_0,u_0)+\cdots+\left(\Delta t\frac{\partial}{\partial t}+\Delta u\frac{\partial}{\partial u}\right)^n f(t_0,u_0)\\&\quad+\left(\Delta t\frac{\partial}{\partial t}+\Delta u\frac{\partial}{\partial u}\right)^{n+1} f(t_0+\xi\Delta t,u_0+\xi\Delta u),\end{aligned}$$

其中

$$\left(\Delta t\frac{\partial}{\partial t}+\Delta u\frac{\partial}{\partial u}\right)^k f(t_0,u_0)=\sum_{i=0}^{k}C_k^i(\Delta t)^i(\Delta u)^{k-i}\left.\frac{\partial^k f(t,u)}{\partial t^i\partial u^{k-i}}\right|_{(t_0,u_0)},\quad |\xi|<1.$$

引理 8.1.3　设 M 为任一正数, h 为某一正数, 而 n 为某自然数, 则成立如下不等式:

$$(1+Mh)^n\leqslant \mathrm{e}^{Mhn}. \tag{8.1.3}$$

证明　由于函数 e^x 在 $(-\infty,+\infty)$ 上无限光滑, 所以由引理 8.1.1, 可得

$$\begin{aligned}\mathrm{e}^{Mhn}&=1+nMh+\frac{1}{2!}(nMh)^2+\frac{1}{3!}(nMh)^3+\cdots\\&=1+nMh+\frac{n^2}{2!}(Mh)^2+\frac{n^3}{3!}(Mh)^3+\cdots,\end{aligned}$$

$$\begin{aligned}(1+Mh)^n=&1+nMh+\frac{n(n-1)}{2!}(Mh)^2+\frac{n(n-1)(n-2)}{3!}(Mh)^3\\&+\cdots+(Mh)^n.\end{aligned}$$

比较上述两式, 立即可得 (8.1.3) 式.　　证毕

引理 8.1.4　设 $\lambda > 0$, $\mu \geqslant 0$, 且实数序列 $\{\sigma_i\}$ 满足递推关系

$$\left|\sigma_{i+1}\right| \leqslant (1+\lambda)\left|\sigma_i\right| + \mu, \quad i = 0, 1, \cdots, \tag{8.1.4}$$

则

$$\left|\sigma_i\right| \leqslant \mathrm{e}^{i\lambda}\left|\sigma_0\right| + \frac{\mu}{\lambda}\left(\mathrm{e}^{i\lambda} - 1\right). \tag{8.1.5}$$

证明　用数学归纳法证明该引理. 当 $i = 0$ 时, 引理显然成立. 假定 $i = k$ 时引理也成立, 即

$$\left|\sigma_k\right| \leqslant \mathrm{e}^{k\lambda}\left|\sigma_0\right| + \frac{\mu}{\lambda}\left(\mathrm{e}^{k\lambda} - 1\right). \tag{8.1.6}$$

据引理的假设、引理 8.1.3 (即 $n = 1$ 的情形) 及归纳假设 (8.1.6) 式, 可得

$$\begin{aligned}
\left|\sigma_{k+1}\right| &\leqslant (1+\lambda)\left|\sigma_k\right| + \mu \leqslant (1+\lambda)\left[\mathrm{e}^{k\lambda}\left|\sigma_0\right| + \frac{\mu}{\lambda}(\mathrm{e}^{k\lambda} - 1)\right] + \mu \\
&\leqslant (1+\lambda)\mathrm{e}^{k\lambda}\left|\sigma_0\right| + \frac{\mu}{\lambda}\left[(1+\lambda)\mathrm{e}^{k\lambda} - 1\right] \\
&\leqslant \mathrm{e}^{(k+1)\lambda}\left|\sigma_0\right| + \frac{\mu}{\lambda}\left(\mathrm{e}^{(k+1)\lambda} - 1\right).
\end{aligned}$$

这表明 (8.1.5) 式对 $i = k+1$ 也成立. 由数学归纳法可知, 该引理成立.　**证毕**

所谓*常微分方程数值解法*就是求初值问题 (8.1.1) 的解 $u(t)$ 关于变量 t 在指定的离散点列 (或称为节点)

$$0 \triangleq t_0 < t_1 < \cdots < t_i < \cdots < t_n \triangleq T$$

上的近似值

$$u_0,\ u_1,\ \cdots,\ u_i,\ \cdots,\ u_n.$$

相邻两节点间的距离

$$h_i = t_i - t_{i-1}, \quad i = 1, 2, \cdots, n \tag{8.1.7}$$

称为*步长*. 一般地, 我们采取等距节点, 即取 $h_i \equiv h$ (常数) 也称为*等步长*, 有

$$t_i = t_0 + ih, \quad i = 0, 1, \cdots, n \tag{8.1.8}$$

或

$$t_{i+1} = t_i + h, \quad i = 0, 1, \cdots, n-1. \tag{8.1.8$'$}$$

由于初值问题中的初始条件 $u(0) = u_0$ 为已知, 则可利用已知的 u_0 来求下一节点 t_1 处 $u(t_1)$ 的近似值 u_1, 再利用 u_1 来求出 $u_2, \cdots$, 如此继续下去, 直到求出 u_n 为止. 这种用按节点的排列顺序一步一步地向前推进的方式求解的算法称为*步进式*或*递推式*算法. 它是初值问题数值解法的各种计算格式具有的共同特点. 因

此, 只要能写出由前几步已知信息 $u_0, u_1, \cdots, u_i$ 来计算 u_{i+1} 的递推公式 (通常为差分格式), 就可以完全表达该种算法. 计算格式的构造常采用微商化为差商, Taylor 展开和数值积分等方法. 我们将在以后的内容中加以介绍.

本章采用等距步长, 主要介绍初值问题 (8.1.1) 的几种常用、有效数值方法:Euler 方法、预估 – 校正法、Runge–Kutta 法以及其他线性多步法, 并讨论数值方法的截断误差、收敛性与稳定性.

8.2 Euler 方法

8.2.1 Euler 格式

下面我们将用三种不同的方法, 导出求解初值问题 (8.1.1) 的 Euler 格式.

(1) 数值积分法. 将 (8.1.1) 式中的微分方程在区间 $[t_i, t_{i+1}]$ 上积分, 可得

$$u(t_{i+1}) - u(t_i) = \int_{t_i}^{t_{i+1}} f(t, u)\mathrm{d}t.$$

若在区间 $[t_i, t_{i+1}]$ 上将 $f(t, u)$ 近似地看作常数 $f(t_i, u_i)$, 则有

$$u_{i+1} = u_i + hf(t_i, u_i), \quad i = 0, 1, \cdots \tag{8.2.1}$$

(8.2.1) 式称为Euler 格式. 从此格式可以看出, 若 u_0 已知, 则据 (8.2.1) 式可依次求出 $u_1, u_2, \cdots$

(2) 数值微分法. 除了用数值积分方法导出 Euler 格式外, 我们也可以用数值微分方法. 其过程如下: 设在 $[t_i, t_{i+1}]$ 上, $u(t)$ 可用线性插值函数近似表示, 即

$$u(t) \approx u_i \cdot \frac{t_{i+1} - t}{h} + u_{i+1} \cdot \frac{t - t_i}{h}. \tag{8.2.2}$$

将 (8.2.2) 式代入 (8.1.1) 式左边, 并令 $t = t_i$, 则得 Euler 格式

$$u_{i+1} = u_i + hf(t_i, u_i), \quad i = 0, 1, \cdots \tag{8.2.1}$$

(3) 级数展开法. 我们还可以用级数展开 (即 Taylor 展开) 得到 Euler 格式 (8.2.1). 其过程如下: 设初值问题 (8.1.1) 的解 $u(t) \in C^2$, 将 $u(t_{i+1})$ 在 $t = t_i$ 处展开, 可得

$$u(t_{i+1}) = u(t_i) + h \cdot \frac{\mathrm{d}u(t_i)}{\mathrm{d}t} + \frac{1}{2}h^2 \cdot \frac{\mathrm{d}^2u(\xi)}{\mathrm{d}t^2}, \quad \xi \in (t_i, t_{i+1}). \tag{8.2.3}$$

在 (8.2.3) 式中略去 h 的二次项, 并注意到 $\dfrac{\mathrm{d}u}{\mathrm{d}t} = f(t, u)$, 则得 Euler 格式

$$u_{i+1} = u_i + hf(t_i, u_i), \quad i = 0, 1, \cdots \tag{8.2.1}$$

上述这三种方法是迄今为止构造常微分方程初值问题数值计算格式的主要方法. 从几何上来看, 这三种方法的本质就是假设解曲线 $u=u(t)$ 在 $[t_i,t_{i+1}]$ 上为直线. 因此, 又称 Euler 格式为 Euler **折线法**. 其几何解释如下:

过点 (t_0,u_0), 以 $f(t_0,u_0)$ 为斜率作直线 L_0

$$u(t)=u_0+f(t_0,u_0)(t-t_0),$$

求直线 L_0 在 $t_1=t_0+h$ 的值 u_1, 得

$$u_1=u_0+h\cdot f(t_0,u_0).$$

再过点 (t_1,u_1), 以 $f(t_1,u_1)$ 为斜率作直线 L_1

$$u(t)=u_1+f(t_1,u_1)(t-t_1),$$

求直线 L_1 在 $t_2=t_1+h$ 的值 u_2, 得

$$u_2=u_1+h\cdot f(t_1,u_1).$$

$$\cdots\cdots$$

如此继续下去, 将求出经过数据点

$$(t_0,u_0),\ (t_1,u_1),\ \cdots,\ (t_n,u_n) \tag{8.2.4}$$

的一条折线. 由此折线的作法, 可知由 u_0 据 (8.2.1) 可依次求出: $u_1,u_2,\cdots,u_i,\cdots$. 由于欲求出 u_{i+1} 仅需要 u_i 的值即可, 故称此类方法又称之为**单步法**.

Euler 格式的实现过程

输入必要的初始数据: t_0, T, u_0, h.
输出: t_0, u_0.
对 $t_0\leqslant T$ 循环求 u_1 值:
　　$t_1\Leftarrow t_0+h$,
　　$u_1=u_0+h*f(t_0,u_0)$,
　　输出 t_1, u_1,
　　$t_0\Leftarrow t_1$,
　　$u_0\Leftarrow u_1$.
结束循环, 停机.

例 8.2.1　在区间 $[0,1.6]$ 上, 用 Euler 方法求解初值问题:

$$\frac{\mathrm{d}u}{\mathrm{d}t}=u-\frac{2t}{u},\quad u(0)=1. \tag{8.2.5}$$

解　利用 Euler 格式 (8.2.1), 可得此时的具体计算格式为

$$\left.\begin{aligned} &u_0 = 1, \quad h = 0.1,\ 0.05,\ \cdots, \\ &u_{i+1} = u_i + h\left(u_i - \frac{2t_i}{u_i}\right). \end{aligned}\right\}$$

(8.2.5) 式中的微分方程为 $n = -1$ 的 Bernoulli 方程, 易求出其精确解为 $u = \sqrt{1+2t}$. 由上述计算格式所得数值结果 u_i 与精确解 $u(t_i)$ 的曲线, 以及误差曲线如图 8.2.1 所示.

从本例来看, Euler 格式的精度不高. 下面我们来分析 Euler 格式的误差.

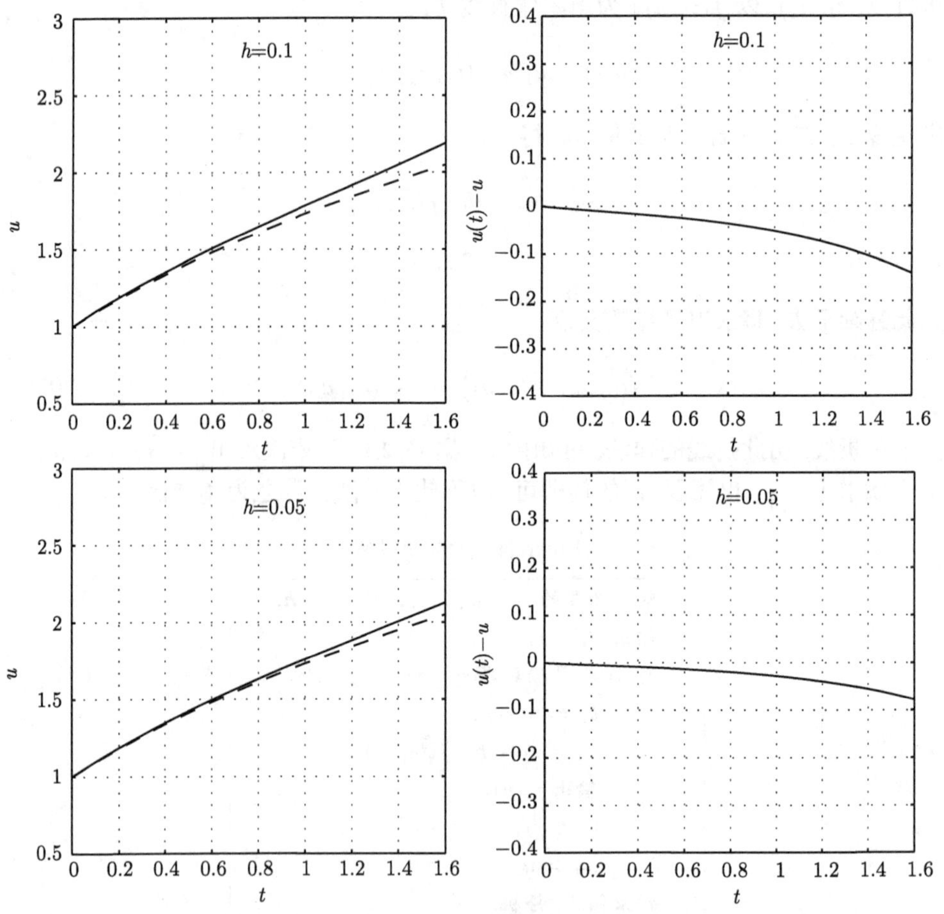

图 8.2.1

左图为所得的近似解 u_i 与精确解 $u(t_i)$ 所描绘的曲线, 其中虚线为精确解的曲线, 而实线为数值解对应的曲线; 右图为误差 $u(t_i) - u_i$ 的曲线

8.2.2 Euler 格式的误差分析

首先, 我们给出 Euler 格式 (8.2.1) 的局部截断误差和整体截断误差的概念, 而在本章后面对初值问题 (8.1.1) 所给出的一些其他数值方法的局部截断误差和整体截断误差的概念, 可完全类似给出.

在讨论和分析 Euler 格式 (8.2.1) 的误差时, 引入如下 "局部化假设": 在应用数值格式 (8.2.1) 求初值问题 (8.1.1) 的数值解 u_{i+1} 时, 假定在此格式中所用到的 u_{i+1} 之前的各点值 u_j $(j=0,1,\cdots,i)$ 均为真解 $u(t)$ 在相应点的值 $u(t_j)$, 即 $u_j=u(t_j)$, $j=0,1,\cdots,i$.

定义 8.2.1 设 u_i 是由 u_0 出发 (在不考虑舍入误差的情况下), 据格式 (8.2.1) 求得初值问题的数值解, 称

$$\mathscr{E}_i \triangleq u(t_i)-u_i, \quad i=0,1,\cdots \tag{8.2.6}$$

为格式 (8.2.1) 的*整体截断误差*, 又称为*截断误差*或*精度*. 称

$$\mathscr{R}_{i+1} \triangleq u(t_{i+1})-u(t_i)-hf\big(t_i,u(t_i)\big), \tag{8.2.7}$$

为 (8.2.1) 式的*局部截断误差*, 其中 $u(t_i)$ 为初值问题的精确解 $u(t)$ 在 $t=t_i$ 的值.

现在, 对定义 8.2.1 作如下几点说明:

(1) 局部截断误差表明初值问题的精确解 "适合" 数值格式到何种程度, 我们有理由期望, 此误差越小, 用此数值格式计算的数值解越准确.

(2) 用上述局部化假设, 在 (8.2.1) 式内令 $u_i=u(t_i)$ 而求得的

$$u_{i+1}=u_i+hf(t_i,u_i). \tag{8.2.1}$$

由 (8.2.1) 式与 (8.2.7) 式可得

$$\mathscr{R}_{i+1} \triangleq u(t_{i+1})-u_{i+1}. \tag{8.2.8}$$

由此可知, 局部截断误差 $\mathscr{R}_{i+1}$ 实际上表示的是精确解 $u(t_{i+1})$ 与局部化假设下的数值解 u_{i+1} 的差, 这就是 $\mathscr{R}_{i+1}$ 称为局部截断误差的原因.

(3) 一般来说, 可以采用如下手续将局部误差 "具体化": 设 $u(t)$ 足够光滑, 在 $t=t_i$ 处展开 (8.2.7) 式内的 $u(t_{i+1})$ 与 $f(t_i,u(t_i))$, 有

$$\mathscr{R}_{i+1} \triangleq u(t_{i+1})-u(t_i)-hf\big(t_i,u(t_i)\big)=O(h^{r+1}), \tag{8.2.9}$$

其中 r 是使得 (8.2.9) 式成立的最大正整数, 称 Euler 格式为 r 阶格式, 即其局部截断误差的阶为 $O(h^{r+1})$.

(4) 当利用 (8.2.1) 求数值解时, 通常关心的是 $\mathscr{E}_i$ 的上界. 在假定精确解足够光滑的条件下, 通过分析论证便可以得出整体误差 $\mathscr{E}_i$ 的上界, 而此上界在计算格式的稳定性及收敛性分析中占有举足轻重的地位.

定理 8.2.1　若 $f(t,u)$ 关于 t 和 u 均满足 Lipschitz 条件, K 和 L 为相应的 Lipschitz 常数, 即

$$\left|f(t_1,u)-f(t_2,u)\right| \leqslant K\left|t_1-t_2\right|, \tag{8.2.10}$$

$$\left|f(t,u_1)-f(t,u_2)\right| \leqslant L\left|u_1-u_2\right|, \tag{8.2.11}$$

且 $ih \leqslant T$, 而

$$M \triangleq \max_{t\in[0,T]}\left|\frac{\mathrm{d}u}{\mathrm{d}t}\right| \equiv \max_{t\in[0,T]}\left|f\big(t,u(t)\big)\right|, \tag{8.2.12}$$

则 Euler 格式的局部截断误差满足

$$\left|\mathscr{R}_{i+1}\right| \leqslant \frac{1}{2}(K+LM)h^2 := R,\quad i=1,2,\cdots; \tag{8.2.13}$$

而整体截断误差满足

$$\begin{aligned}\left|\mathscr{E}_i\right| &\leqslant \mathrm{e}^{LT}\left|\mathcal{E}_0\right| + \frac{R}{Lh}\Big(\mathrm{e}^{LT}-1\Big)\\ &\leqslant \mathrm{e}^{LT}\left|\mathscr{E}_0\right| + \frac{1}{2}\Big(\frac{K}{L}+M\Big)\Big(\mathrm{e}^{LT}-1\Big)h,\quad i=1,2,\cdots\end{aligned} \tag{8.2.14}$$

证明　首先, 我们来估计局部截断误差. 只要 $(i+1)h \leqslant T$, 由 (8.2.7) 式可得

$$\begin{aligned}\mathscr{R}_{i+1} &= \int_{t_i}^{t_{i+1}} f\big(t,u(t)\big)\mathrm{d}t - hf\big(t_i,u(t_i)\big)\\ &= \int_{t_i}^{t_{i+1}} \Big[f\big(t,u(t)\big)-f\big(t_i,u(t_i)\big)\Big]\mathrm{d}t.\end{aligned} \tag{8.2.15}$$

由于 $f(t,u)$ 关于 t 和 u 均满足 Lipschitz 条件, 故由 (8.2.15) 式可得

$$\begin{aligned}\left|\mathscr{R}_{i+1}\right| &\leqslant \int_{t_i}^{t_{i+1}}\left|f\big(t,u(t)\big)-f\big(t_i,u(t_i)\big)\right|\mathrm{d}t\\ &\leqslant \int_{t_i}^{t_{i+1}}\left|f\big(t,u(t)\big)-f\big(t_i,u(t)\big)\right| + \int_{t_i}^{t_{i+1}}\left|f\big(t_i,u(t)\big)-f\big(t_i,u(t_i)\big)\right|\mathrm{d}t\\ &\leqslant K\int_{t_i}^{t_{i+1}}\left|t-t_i\right|\mathrm{d}t + L\int_{t_i}^{t_{i+1}}\left|u(t)-u(t_i)\right|\mathrm{d}t\\ &\leqslant \frac{1}{2}Kh^2 + L\int_{t_i}^{t_{i+1}}\left|u'\big(t_i+\xi(t-t_i)\big)\right|\cdot\left|t-t_i\right|\mathrm{d}t\quad (\text{其中 } \xi\in(0,1))\\ &\leqslant \frac{1}{2}\big(K+LM\big)h^2.\end{aligned}$$

这就证明了局部截断误差估计式 (8.2.13) 式.

下面来证明整体截断误差估计式 (8.2.14) 式. 由于

$$u(t_{i+1}) = u(t_i) + hf(t_i, u(t_i)) + \mathscr{R}_{i+1}, \tag{8.2.16}$$

所以, 由 (8.2.16) 及 (8.2.1) 式, 可得

$$\mathscr{E}_{i+1} = \mathscr{E}_i + h\big[f(t_i, u(t_i)) - f(t_i, u_i)\big] + \mathscr{R}_{i+1} \tag{8.2.17}$$

由于 $f(t,u)$ 关于 u 满足 Lipschitz 条件, 所以由 (8.2.17) 式可得

$$\big|\mathscr{E}_{i+1}\big| \leqslant (1+hL)\big|\mathscr{E}_i\big| + R. \tag{8.2.18}$$

据引理 8.1.4, 只要 $ih \leqslant T$ 便有

$$\begin{aligned}\big|\mathscr{E}_i\big| &\leqslant \mathrm{e}^{ihL}\big|\mathscr{E}_0\big| + \frac{R}{Lh}\Big(\mathrm{e}^{ihL}-1\Big) \leqslant \mathrm{e}^{LT}\big|\mathscr{E}_0\big| + \frac{R}{Lh}\Big(\mathrm{e}^{LT}-1\Big),\\ &\leqslant \mathrm{e}^{LT}\big|\mathscr{E}_0\big| + \frac{1}{2}\Big(\frac{K}{L}+M\Big)\Big(\mathrm{e}^{LT}-1\Big)h, \quad i=1,2,\cdots\end{aligned}$$

证毕

由 (8.2.13) 式可见, $\mathscr{R}_{i+1} = O(h^2)$. 当初值无误差时, 即 $\mathscr{E}_0 = 0$, 由 (8.2.14) 式即知 $\mathscr{E}_i = O(h)$. 所以, 整体截断误差比局部截断误差要低一阶. 这就启示我们以提高局部截断误差的阶构造整体截断误差的阶也较高的计算格式, 将在后面逐步加以介绍.

8.2.3 Euler 方法的收敛性与稳定性

Euler 格式 (8.2.1) 是为了用来计算初值问题的近似解而提出的, 一个很自然的问题即是: 在步长 h 充分小时, 由 (8.2.1) 式所得的 u_i (在没有舍入误差的条件下) 是否足够精确地逼近初值问题的准确解 $u(t)$ 在对应点的值 $u(t_i)$? 其次, 据 Euler 格式 (8.2.1), 若给定了初始值 u_0, 则可逐步推进求出 $u_1, u_2, \cdots, u_i, \cdots$. 但问题是, 即使在计算过程中完全准确无误, 而一般情况下初始数据 u_0 总有微小扰动, 则此扰动是否会在数值计算过程中传播下去? 这是数值计算必须关心的问题. 我们所期望的是, 只要扰动充分小, 受扰动的解与在无扰动情况下所得到的解的误差也应充分小, 即数值解对初始数据扰动并不十分 “敏感”. 为此, 我们考虑 Euler 格式的收敛性与稳定性.

定义 8.2.2 称 Euler 格式 (8.2.1) 是收敛的, 若 $\lim\limits_{h\to 0} u_0 = u(t_0)$, 且对任意固定的 $t_i = t_0 + ih$ (即 $h \to 0$ 时 $i \to +\infty$, ih 保持固定), 有 $\lim\limits_{h\to 0} u_i = u(t_i)$.

定理 8.2.2 若定理 8.2.1 的条件成立, 且 $\mathscr{E}_0 \triangleq u(0) - u_0 \equiv 0$ (即无初始值误差) 时, 则 Euler 格式 (8.2.1) 是收敛的.

证明　由于 $\mathscr{E}_0=0$, 所以据定理 8.2.1, 有

$$\left|\mathscr{E}_i\right| \leqslant \frac{1}{2}\Big(\frac{K}{L}+M\Big)\big(\mathrm{e}^{LT}-1\big)h. \tag{8.2.19}$$

由于 K, L 及 T 均是与 h 无关的常数, 所以 $\lim\limits_{h\to 0}\left|\mathscr{E}_i\right|=0$, 即 $\lim\limits_{h\to 0}u_i=u(t_i)$. 这表明在定理 8.2.1 的条件下, Euler 格式 (8.2.1) 是收敛的.　**证毕**

定义 8.2.3　称 Euler 格式 (8.2.1) 是稳定的, 若存在常数 C 及 h_0, 使得对任意满足条件 $0<h<h_0$, $ih\leqslant T$ 的 h 和 i, 对任意的初始值 u_0 与 v_0, (8.2.1) 式的相应解 u_i 与 v_i (不考虑计算的舍入误差) 满足

$$\left|u_i-v_i\right| \leqslant C\left|u_0-v_0\right|.$$

上述稳定性意味着: 对于满足 $0<h<h_0$, $ih\leqslant T$ 的一切 h, 即允许 h 无限变小, 从而计算步数 i 无限变大, 但相应的 (8.2.1) 的解连续依赖于初始值 u_0.

定理 8.2.3　若 $f(t,u)$ 在 $D:\ 0\leqslant t\leqslant T$, $|u|<\infty$ 上连续, 且关于 u 满足 Lipschitz 条件, 则 Euler 格式 (8.2.1) 是稳定的.

证明　设 u_i 与 v_i 是分别从初始值 u_0 与 v_0 出发据 (8.2.1) 式求得 (在没有计算的舍入误差条件下), 则

$$u_{i+1}=u_i+h\cdot f(t_i,u_i),\quad v_{i+1}=v_i+h\cdot f(t_i,v_i).$$

所以

$$\begin{aligned}\left|u_{i+1}-v_{i+1}\right| &\leqslant \left|u_i-v_i\right|+h\cdot\left|f(t_i,u_i)-f(t_i,v_i)\right|\\ &\leqslant (1+hL)\left|u_i-v_i\right|.\end{aligned}$$

故由引理 8.1.3, 有 $\left|u_i-v_i\right|\leqslant \mathrm{e}^{ihL}\left|u_0-v_0\right|$. 当 $ih\leqslant T$ 时, 记 $C=\mathrm{e}^{LT}$ (与 h 无关的常数), 则有 $\left|u_i-v_i\right|\leqslant C\left|u_0-v_0\right|$. 这表明, Euler 格式 (8.2.1) 是稳定的.　**证毕**

例 8.2.2　在区间 $[0,2]$ 上, 用 Euler 格式求初值问题 $\dfrac{\mathrm{d}u}{\mathrm{d}t}=u$, $u(0)=1$ 的数值解.

解　易得此初值问题的准确解为 $u(t)=\mathrm{e}^t$. 由 Euler 格式 (8.2.1), 数值计算格式

$$\left.\begin{aligned}&u_0=1,\quad h=0.4,\ 0.2,\ 0.1,\ 0.05,\ 0.025,\ 0.0125,\ \cdots,\\ &u_{i+1}=u_i+hu_i.\end{aligned}\right\}$$

由上述计算格式所得的数值解 u_i 与精确解 $u(t_i)$ 的曲线如图 8.2.2 所示.

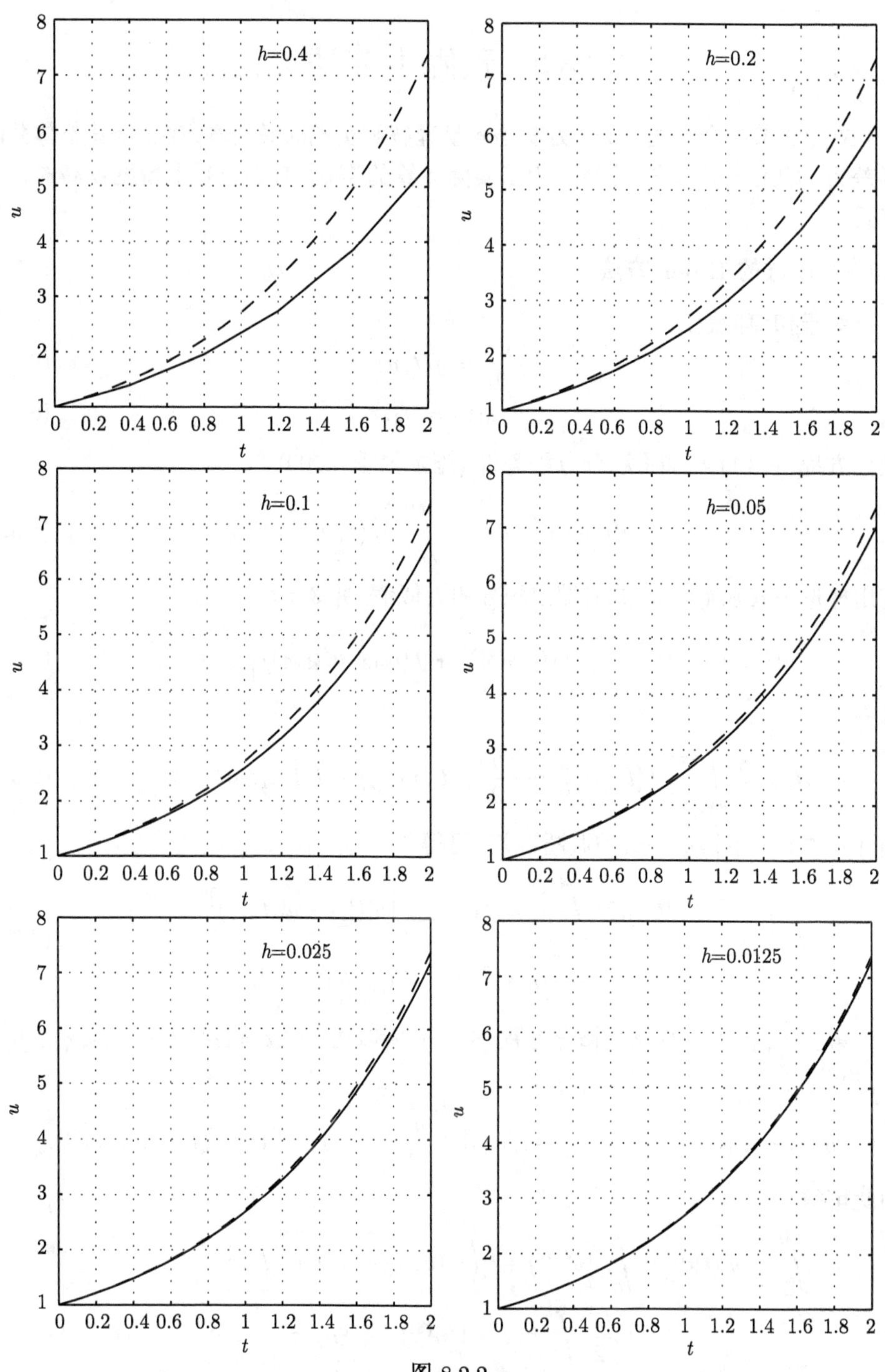

图 8.2.2

虚线为精确解的曲线, 而实线为数值解对应的曲线

8.3　预估–校正法

在 8.2 节中介绍的 Euler 方法是容易理解和实现的最基本方法, 但其整体截断误差为 $O(h)$, h 为步长. 因此, 为了实际计算的需要, 有必要寻求精度较高的计算格式.

8.3.1　改进的 Euler 方法

对于初值问题:

$$\frac{\mathrm{d}u}{\mathrm{d}t} = f(t,u), \tag{8.3.1}$$

$$u(0) = u_0. \tag{8.3.2}$$

微分方程 (8.3.1) 与如下积分方程等价 (施妙根等, 2000)

$$u(t+h) - u(t) = \int_t^{t+h} f\big(\tau, u(\tau)\big)\mathrm{d}\tau \tag{8.3.3}$$

若用梯形公式求 (8.3.3) 式右端定积分的近似值, 并令 $t = t_i$, 则

$$u(t_{i+1}) = u(t_i) + \frac{h}{2}\Big[f\big(t_i, u(t_i)\big) + f\big(t_{i+1}, u(t_{i+1})\big)\Big] + R_{i+1}, \tag{8.3.4}$$

其中

$$R_{i+1} \triangleq \int_{t_i}^{t_{i+1}} f\big(t, u(t)\big)\mathrm{d}t - \frac{h}{2}\Big[f\big(t_i, u(t_i)\big) + f\big(t_{i+1}, u(t_{i+1})\big)\Big]. \tag{8.3.5}$$

由此和 7.1 节中梯形公式的截断误差, 可得

$$\begin{aligned} R_{i+1} &\triangleq \int_{t_i}^{t_{i+1}} u'(t)dt - \frac{h}{2}\Big[u'(t_i) + u'(t_{i+1})\Big] \\ &= -\frac{1}{12}h^3 u^{(3)}(t_i + \theta h), \quad \theta \in [0,1]. \end{aligned} \tag{8.3.6}$$

事实上, 由于 $u(t)$ 满足微分方程 (8.3.1), 所以当 $t_i \leqslant t = t_i + \tau h \leqslant t_{i+1}, \eta \in [0,1]$ 时, 有

$$u'(t) = u'(t_i) + \tau\big[u'(t_{i+1}) - u'(t_i)\big] + \frac{h^2}{2}\tau(\tau-1)u^{(3)}(t_i + \xi h), \quad \xi \in [0,1].$$

由此可得

$$\begin{aligned} \int_{t_i}^{t_{i+1}} u'(t)\mathrm{d}t &= \int_0^1 \Big[u'(t_i) + \tau\Big(u'(t_{i+1}) - u'(t_i)\Big)\Big] h\mathrm{d}\tau \\ &\quad + \frac{h^3}{2}\int_0^1 \tau(\tau-1)u^{(3)}(t_i + \xi h)\mathrm{d}\tau \\ &= \frac{h}{2}\Big[u'(t_{i+1}) + u'(t_i)\Big] - \frac{1}{12}h^3 u^{(3)}(t_i + \theta h), \quad \theta \in [0,1]. \end{aligned}$$

将此式代入 (8.3.5) 式就得到 (8.3.6) 式.

若舍去 (8.3.4) 式中的余项 R_{i+1}, 并用 u_i 和 u_{i+1} 分别代替 $u(t_i)$ 和 $u(t_{i+1})$, 则 (8.3.4) 式化为

$$u_{i+1}=u_i+\frac{h}{2}\big[f(t_i,u_i)+f(t_{i+1},u_{i+1})\big],\quad i=0,1,\cdots \tag{8.3.7}$$

(8.3.7) 式称为**改进的 Euler 格式**, 又称为**梯形公式**.

现在, 来讨论改进的 Euler 方法的局部截断误差, 即假定在 $u(t_i)=u_i$ 条件下, 求 $u(t_{i+1})$ 和满足 (8.3.7) 式的 u_{i+1} 的差

$$\mathscr{R}_{i+1}\triangleq u(t_{i+1})-u_{i+1},\quad i=0,1,\cdots \tag{8.3.8}$$

由 (8.3.4) 和 (8.3.7) 两式, 可得

$$\begin{aligned}\mathscr{R}_{i+1}&=\frac{h}{2}\big[f\big(t_{i+1},u(t_{i+1})\big)-f(t_{i+1},u_{i+1})\big]+R_{i+1}\\&=\frac{h}{2}f_u(t_{i+1},\theta_{i+1})\cdot\mathscr{R}_{i+1}+R_{i+1},\quad (\theta_{i+1}\text{ 介于 }u_{i+1}\text{ 和 }u(t_{i+1})\text{ 之间 })\end{aligned}$$

移项后整理可得

$$\left[1-\frac{h}{2}f_u(t_{i+1},\theta_{i+1})\right]\mathscr{R}_{i+1}=R_{i+1}.$$

所以

$$\mathscr{R}_{i+1}=O(h^3). \tag{8.3.9}$$

这表明, 改进的 Euler 方法的局部截断误差要比 Euler 方法的局部截断误差高一阶.

Euler 方法与改进的 Euler 方法有一个重要的差别, 即是 Euler 方法在已知 u_i 时, 可由 (8.2.1) 式依次计算出 u_{i+1}, $i=0,1,\cdots$, 不必解任何方程, 此时 (8.2.1) 式称为**显式格式**; 而改进的 Euler 方法, (8.3.7) 式仅仅给出 u_i 和 u_{i+1} 之间的关系, 在 t_i 和 t_{i+1} 已知的条件下, 由 u_i 求 u_{i+1} 需要求解方程 (8.3.7), 此时 (8.3.7) 式称为**隐式格式**.

余下我们来讨论方程 (8.3.7) 的一种解法. 若 $f(t,u)$ 关于 u 不是线性的, 则 (8.3.7) 式是非线性方程. 试用迭代法解此方程. 使用迭代法需要选择初值. Euler 方法局部截断误差的阶虽然较低, 但用以提供初值却比较好. 取

$$u_{i+1}^{(0)}\triangleq u_i+hf(t_i,u_i) \tag{8.3.10}$$

作为迭代初值, 用迭代公式

$$u_{i+1}^{(k+1)}=u_i+\frac{h}{2}\Big[f(t_i,u_i)+f(t_{i+1},u_{i+1}^{(k)})\Big],\quad k=0,1,\cdots \tag{8.3.11}$$

求出迭代序列

$$u_{i+1}^{(0)},\ u_{i+1}^{(1)},\ \cdots,\ u_{i+1}^{(k)},\ \cdots \tag{8.3.12}$$

若 $f(t,u)$ 在所讨论的区域上关于变元 u 满足 Lipschitz 条件 (Lipschitz 常数为 L), 且步长 h 满足

$$hL<2, \tag{8.3.13}$$

则迭代序列 (8.3.12) 收敛于方程 (8.3.7) 的解 u_{i+1}.

事实上, 由 (8.3.11) 式可得

$$\begin{aligned}\left|u_{i+1}^{(k+1)}-u_{i+1}^{(k)}\right| &= \frac{h}{2}\left|f(t_{i+1},u_{i+1}^{(k)})-f(t_{i+1},u_{i+1}^{(k-1)})\right| \\ &\leqslant \frac{1}{2}hL\left|u_{i+1}^{(k)}-u_{i+1}^{(k-1)}\right|\leqslant\cdots \\ &\leqslant \left(\frac{1}{2}hL\right)^k\left|u_{i+1}^{(1)}-u_{i+1}^{(0)}\right|.\end{aligned} \tag{8.3.14}$$

由 (8.3.14) 式可知, 只要选择 h 满足 (8.3.13) 式, 迭代序列 (8.3.12) 收敛, 并易知它收敛于方程 (8.3.7) 的解 u_{i+1}.

8.3.2　预估–校正法

由前述可知, Euler 方法的局部截断误差的阶为 $O(h^2)$, 而改进的 Euler 方法的局部截断误差的阶为 $O(h^3)$, 所以改进的 Euler 方法比 Euler 方法精确. 但是, 改进的 Euler 方法的每一步都要解方程. 如果仿照改进的 Euler 方法只使用迭代公式 (8.3.11) 一次, 就作为方程 (8.3.7) 解的近似值, 则运算量显然比较小. 这样处理, 相应的计算公式即为

$$u_{i+1}^{(0)}=u_i+hf(t_i,u_i), \tag{8.3.10}$$

$$u_{i+1}=u_i+\frac{h}{2}\Big[f(t_i,u_i)+f(t_{i+1},u_{i+1}^{(0)})\Big]. \tag{8.3.15}$$

(8.3.10) 式与 (8.3.15) 式称为**预估 – 校正格式**. (8.3.10) 式用 $u_{i+1}^{(0)}$ 作为 u_{i+1} 的近似值, 用它来预先估计 u_{i+1}; (8.3.15) 式用以校正 $u_{i+1}^{(0)}$, 得出更加准确的近似值 u_{i+1}. 所以, (8.3.10) 式与 (8.3.15) 式分别称为**预估** (predict) **公式**和**校正** (correct) **公式**. 预估 – 校正格式可写成如下形式:

$$\begin{cases}k_1=f(t_i,u_i),\\[2ex] k_2=f(t_{i+1},u_i+hk_1),\\[2ex] u_{i+1}=u_i+\dfrac{h}{2}\Big(k_1+k_2\Big).\end{cases} \tag{8.3.16}$$

预估 – 校正格式的实现过程

输入必要的初始数据: t_0, T, u_0, h. 输出: t_0, u_0. 对 $t_0 \leqslant T$ 循环求 u_1 值: $t_1 \Leftarrow t_0 + h$, $k_1 = f(t_0, u_0)$, $k_2 = f(t_1, u_0 + h * k_1)$, $u_1 = u_0 + \big(k_1 + k_2\big) * h/2$, 输出 t_1, u_1, $t_0 \Leftarrow t_1$, $u_0 \Leftarrow u_1$. 结束循环, 停机.

现在来讨论一下预估–校正格式的局部截断误差. 设 $u(t)$ 为方程 (8.3.1) 经过点 (t_i, u_i) 的准确解, 在 $u_i = u(t_i)$ 的条件下, 求预估 – 校正法所得的 u_{i+1} 和 $u(t_{i+1})$ 的差. 由于

$$
\begin{aligned}
k_1 &\triangleq f(t_i, u_i) = f\big(t_i, u(t_i)\big) = u'(t_i),\\
k_2 &\triangleq f(t_i + h, u_i + hk_1) = f(t_i + h, u(t_i) + hk_1)\\
&= f\big(t_i, u(t_i)\big) + hf_t\big(t_i, u(t_i)\big) + hk_1 f_u\big(t_i, u(t_i)\big) + O(h^2)\\
&= u'(t_i) + h\Big[f_t\big(t_i, u(t_i)\big) + u'(t_i) f_u\big(t_i, u(t_i)\big)\Big] + O(h^2)\\
&= u'(t_i) + hu''(t_i) + O(h^2).
\end{aligned}
$$

所以

$$
\begin{aligned}
u_{i+1} &= u_i + \frac{1}{2}h(k_1 + k_2) = u(t_i) + hu'(t_i) + \frac{1}{2}h^2 u''(t_i) + O(h^3)\\
&= u(t_{i+1}) + O(h^3).
\end{aligned}
\tag{8.3.17}
$$

所以, 预估–校正法的局部截断误差为

$$
\mathscr{R}_{i+1} \triangleq u(t_{i+1}) - u_{i+1} = O(h^3).
$$

虽然表面上预估–校正格式和改进的 Euler 方法具有相同的局部截断误差的阶, 但一般情况下, 两者的局部截断误差并不相同, 改进的 Euler 方法比较精确, 但它的计算量较预估–校正格式大. 因而, 预估–校正法具有一定的优点.

对于预估–校正法的收敛性和稳定性分析, 将在后面另行讨论.

例 8.3.1 在区间 $[0, 1.6]$ 上, 用改进的 Euler 法和预估 – 校正法求解初值问题

$$
\frac{\mathrm{d}u}{\mathrm{d}t} = u - \frac{2t}{u}, \quad u(0) = 1.
$$

解　(1) 由改进的 Euler 格式 (8.3.7), 有

$$\left.\begin{aligned}&u_0=1,\ \ h=0.4,\ 0.2,\ 0.1,\ 0.05,\ \cdots,\\&u_{i+1}^{(0)}=u_i+h\left(u_i-\frac{2t_i}{u_i}\right),\\&u_{i+1}^{(k+1)}=u_i+\frac{h}{2}\left[\left(u_i-\frac{2t_i}{u_i}\right)+\left(u_{i+1}^{(k)}-\frac{2t_{i+1}}{u_{i+1}^{(k)}}\right)\right],\ k=0,1,2,\cdots\end{aligned}\right\}\tag{8.3.18}$$

由 (8.3.18) 式所得数值解 u_i 与精确解 $u(t_i)$(精确解见例 8.2.1) 的曲线如图 8.3.1 所示.

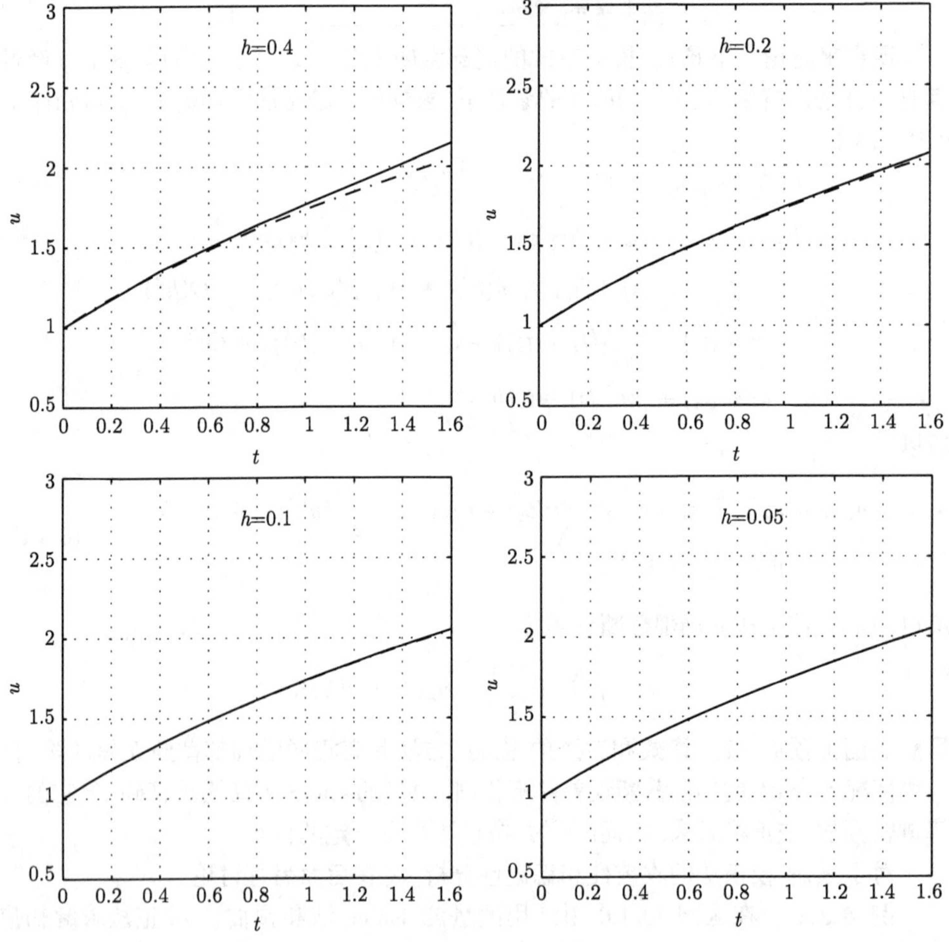

图 8.3.1

虚线为精确解的曲线, 而实线为数值解对应的曲线

(2) 由预估–校正格式 (8.3.10) 及 (8.3.15), 有

$$\left.\begin{aligned}
&u_0 = 1, \quad h = 0.4,\ 0.2,\ 0.1,\ 0.05,\ \cdots, \\
&u_{i+1}^{(0)} = u_i + h\left(u_i - 2t_i/u_i\right), \\
&u_{i+1} = u_i + \frac{h}{2}\left[\left(u_i - 2t_i/u_i\right) + \left(u_{i+1}^{(0)} - 2t_{i+1}/u_{i+1}^{(0)}\right)\right].
\end{aligned}\right\} \tag{8.3.19}$$

由 (8.3.19) 式所得的数值解 u_i 与精确解 $u(t_i)$ 解的曲线如图 8.3.2 所示.

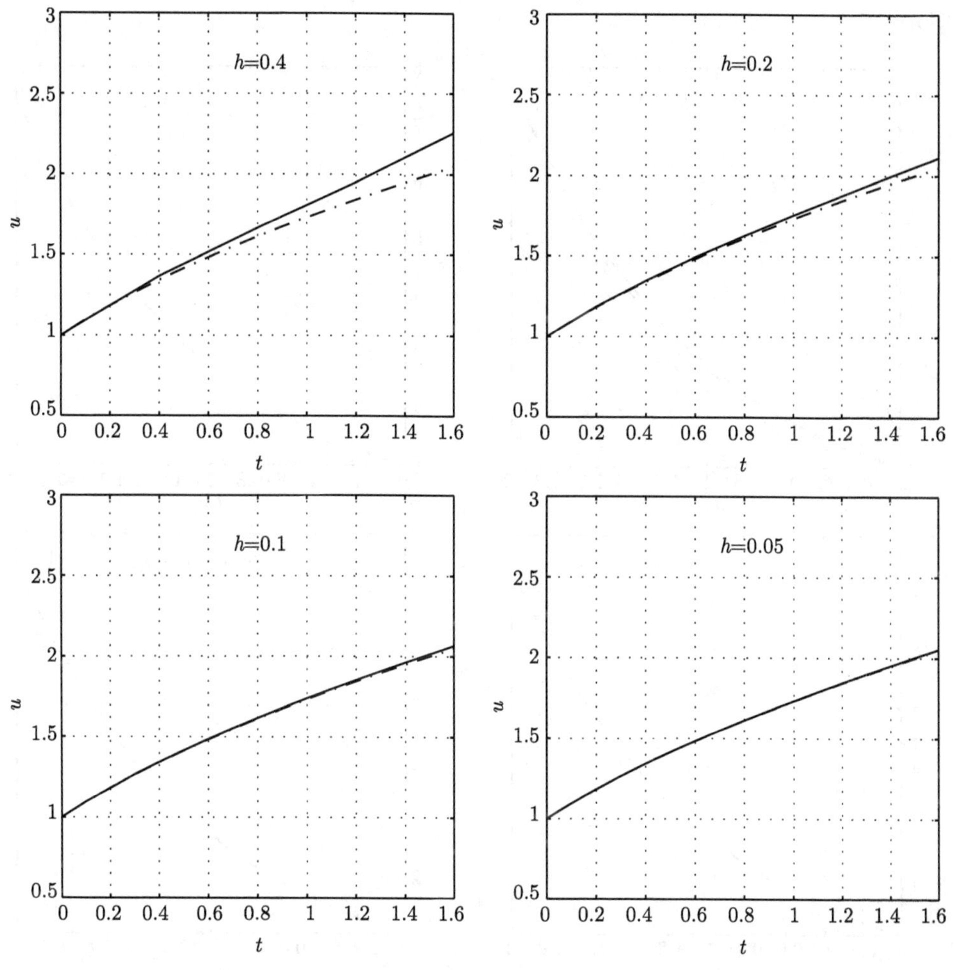

图 8.3.2

虚线为精确解的曲线, 而实线为数值解对应的曲线

例 8.3.2 在区间 [0, 2] 上, 用改进的 Euler 格式和预估 – 校正格式求如下初

值问题的数值解:

$$\frac{\mathrm{d}u}{\mathrm{d}t} = u, \quad u(0) = 1.$$

解　(1) 由改进的 Euler 格式 (8.3.7), 有

$$\left.\begin{aligned} &u_0 = 1, \quad h = 0.4,\ 0.2,\ 0.1,\ 0.05,\ \cdots, \\ &u_{i+1} = u_i + \frac{h}{2}(u_i + u_{i+1}). \end{aligned}\right\} \tag{8.3.20}$$

由 (8.3.20) 式所得数值解 u_i 与精确解 $u(t_i)$ (其可见例 8.2.2) 的曲线如图 8.3.3 所示.

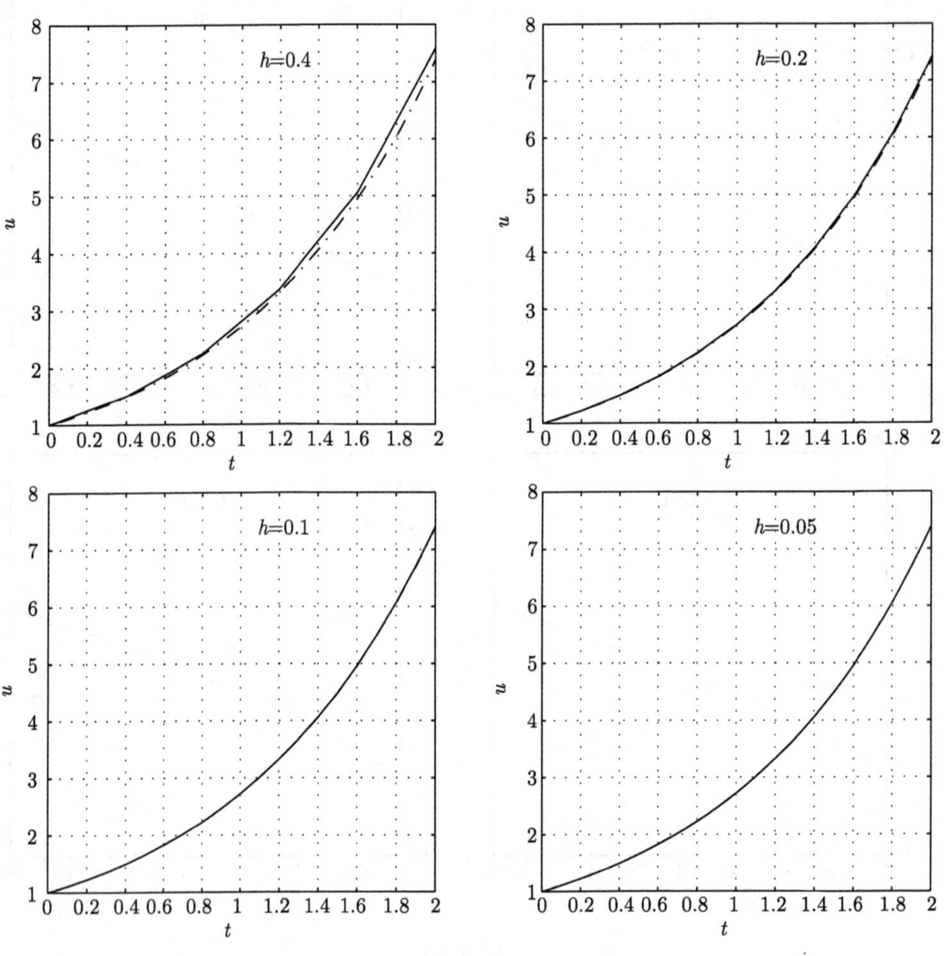

图 8.3.3

虚线为精确解的曲线, 而实线为数值解对应的曲线

(2) 由预估–校正格式 (8.3.10) 及 (8.3.15), 有

$$\left.\begin{aligned}&u_0=1,\quad h=0.4,\ 0.2,\ 0.1,\ 0.05,\ \cdots,\\&u_{i+1}^{(0)}=u_i+hu_i,\\&u_{i+1}=u_i+\frac{h}{2}\big(u_i+u_{i+1}^{(0)}\big).\end{aligned}\right\}\tag{8.3.21}$$

由 (8.3.21) 式所得的数值解 u_i 与精确解 $u(t_i)$ 的曲线如下图 8.3.4 所示.

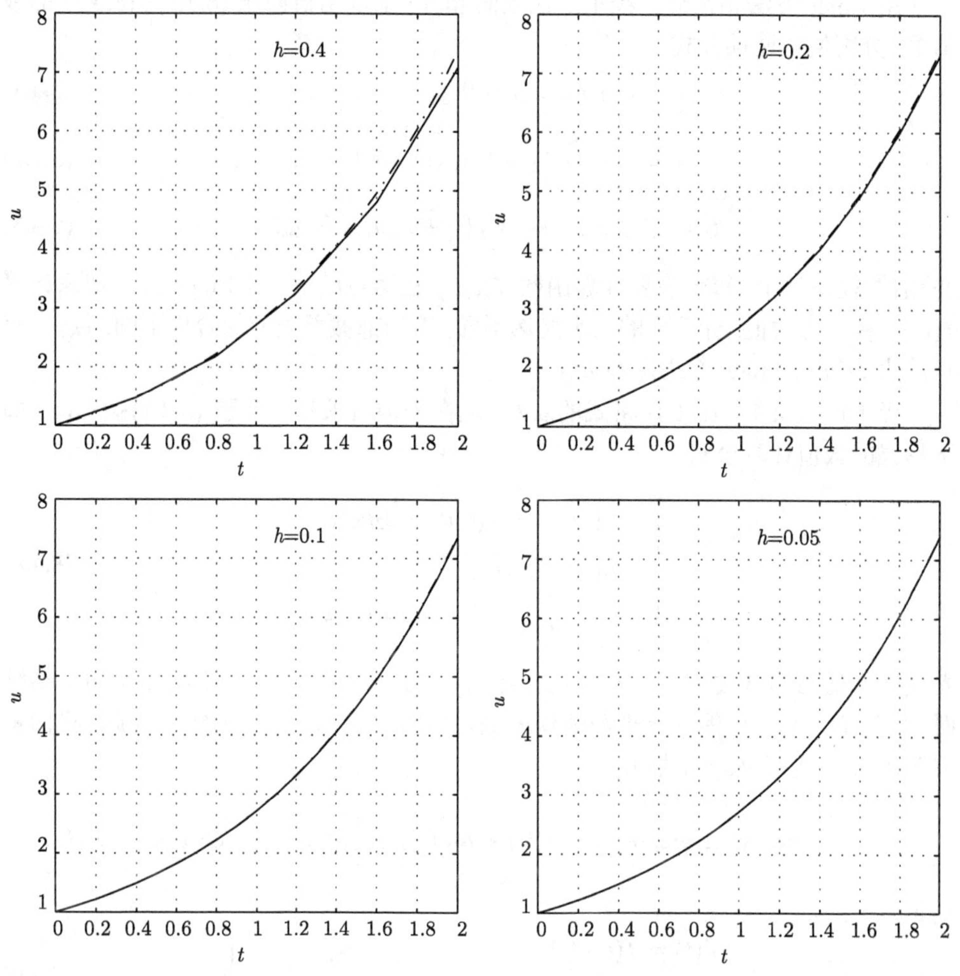

图 8.3.4

虚线为精确解的曲线, 而实线为数值解对应的曲线

此例说明, 改进的 Euler 方法和预估校正法, 当步长 $h=0.2$ 时所得结果已比 Euler 方法取步长 $h=0.025$ 时的数值结果要好. 亦即改进的 Euler 方法和预估 – 校

正法均比 Euler 方法的精度要高得多. 改进的 Euler 方法与预估 – 校正法的数值结果差别不大, 只不过一般情况下, 改进的 Euler 方法的计算量略大于预估 – 校正法.

8.4 Runge–Kutta 法

8.4.1 二阶 Runge–Kutta 法

用 Euler 方法和预估 – 校正法在区间 $[0,T]$ 上求初值问题 (8.3.1)~(8.3.2) 的数值解, 分别使用递推公式

$$u_{i+1}=u_i+hk_1,\quad i=0,1,\cdots, \tag{8.4.1}$$

$$u_{i+1}=u_i+\frac{h}{2}(k_1+k_2),\quad i=0,1,\cdots, \tag{8.4.2}$$

$$k_1=f(t_i,u_i),\quad k_2=f(t_i+h,u_i+hk_1). \tag{8.4.3}$$

在预估–校正法中, 每一步要计算函数 $f(t,u)$ 在两点的值, 而 Euler 方法却只计算 $f(t,u)$ 在一点的值. 计算量的大小显然不同, 而局部截断误差的阶也不同, 预估–校正法为 $O(h^3)$, Euler 方法为 $O(h^2)$.

受上述 (8.4.1)~(8.4.3) 格式的启发, 现在来构造求初值问题 (8.3.1)~(8.3.2) 如下形式的数值计算公式:

$$\begin{cases} u_{i+1}=u_i+h(c_1k_1+c_2k_2),\\ \quad k_1=f(t_i,u_i),\\ \quad k_2=f(t_i+ha_2,u_i+ha_2k_1). \end{cases} \tag{8.4.4}$$

希望选择适当的常数 c_1, c_2, a_2 的值, 当 $u(t)$ 为 (8.3.1) 式经过点 (t_i,u_i) 的准确解时 (有 $u(t_i)\equiv u_i$), 能使局部截断误差满足 $u(t_{i+1})-u_{i+1}=O(h^3)$. 为此, 我们将 $u(t)$ 在 t_i 点进行 Taylor 展开

$$u(t_{i+1})\equiv u(t_i+h)=u(t_i)+hu'(t_i)+\frac{1}{2}h^2u''(t_i)+O(h^3), \tag{8.4.5}$$

由于

$$\left.\begin{aligned} &u'(t)=f(t,u(t)),\\ &u''(t)=f_t\big(t,u(t)\big)+f_u\big(t,u(t)\big)\cdot f\big(t,u(t)\big). \end{aligned}\right\} \tag{8.4.6}$$

所以, 由 (8.4.5) 及 (8.4.6) 式, 可得

$$u(t_{i+1})=u(t_i)+hf+\frac{1}{2}h^2\big(f_t+ff_u\big)+O(h^3), \tag{8.4.7}$$

另一方面, 求 k_2 在 (t_i, u_i) 点展开式 (利用引理 8.1.2)

$$k_2 = f + ha_2(f_t + ff_u) + O(h^2). \tag{8.4.8}$$

所以, (8.4.4) 式可以改写为

$$u_{i+1} = u_i + h(c_1 + c_2)f + h^2 a_2 c_2 \cdot (f_t + ff_u) + O(h^3). \tag{8.4.9}$$

比较 (8.4.7) 与 (8.4.9) 两式, 可知在 $u(t_i) = u_i$ 的假定下, 为使

$$u(t_{i+1}) - u_{i+1} = O(h^3)$$

当且仅当

$$c_1 + c_2 = 1, \quad a_2 c_2 = \frac{1}{2}. \tag{8.4.10}$$

方程组 (8.4.10) 有三个未知数 c_1, c_2, a_2, 却只有两个方程, 可以得到无穷多个具有局部截断误差为 $O(h^3)$ 的计算公式. 如果取一组数

$$c_1 = c_2 = \frac{1}{2}, \quad a_2 = 1.$$

就得到了预估 – 校正法的计算公式 (8.4.2) 和 (8.4.3). 如果取一组数

$$c_1 = 0, \quad c_2 = 1, \quad a_2 = \frac{1}{2}.$$

则递推公式便为

$$\begin{cases} u_{i+1} = u_i + hk_2, \\ k_1 = f(t_i, u_i), \\ k_2 = f(t_i + \frac{1}{2}h, u_i + \frac{1}{2}hk_1). \end{cases} \tag{8.4.11}$$

(8.4.11) 式称为**二阶 Runge–Kutta 格式**.

8.4.2 三阶 Runge–Kutta 法

求初值问题 (8.3.1)~(8.3.2) 的数值解采用如下形式计算公式:

$$\begin{cases} u_{i+1} = u_i + h(c_1 k_1 + c_2 k_2 + c_3 k_3), \\ k_1 = f(t_i, u_i), \\ k_2 = f(t_i + ha_2, u_i + ha_2 k_1), \\ k_3 = f(t_i + ha_3, u_i + hb_{31} k_1 + hb_{32} k_2). \end{cases} \tag{8.4.12}$$

在

$$b_{31}+b_{32}=a_2 \tag{8.4.13}$$

的条件下, 选择参数 $c_1, c_2, c_3, a_2, a_3, b_{31}, b_{32}$, 使得 (8.4.12) 式具有局部截断误差的阶为 $O(h^4)$. 为此, 设 $u(t)$ 为 (8.3.1) 式经过点 (t_i, u_i) 的准确解 (此时 $u(t_i)=u_i$), 将 $u(t)$ 在 t_i 点进行 Taylor 展开成

$$u(t_{i+1})=u(t_i)+hu'(t_i)+\frac{1}{2}h^2u''(t_i)+\frac{1}{3!}h^3u^{(3)}(t_i)+O(h^4). \tag{8.4.14}$$

由于

$$\left.\begin{aligned}&u'(t)=f,\\&u''(t)=f_t+ff_u,\\&u^{(3)}(t)=f_{tt}+2ff_{tu}+f^2f_{uu}+f_tf_u+ff_u^2.\end{aligned}\right\} \tag{8.4.15}$$

若记

$$F=f_t+ff_u,\quad G=f_{tt}+2ff_{tu}+f^2f_{uu}, \tag{8.4.16}$$

则由 (8.4.14)~(8.4.16) 式, 可得

$$u(t_{i+1})=u(t_i)+hf+\frac{1}{2}h^2F+\frac{1}{6}(Ff_u+G)h^3+O(h^4). \tag{8.4.17}$$

另一方面, 求 (8.4.12) 式中的 k_2, k_3 在 (t_i, u_i) 点的 Taylor 展开式, 并注意应用 (8.4.13) 式和已经表示出的 k_1 的式子, 可导出

$$\begin{aligned}k_2&=f+ha_2(f_t+k_1f_u)+\frac{1}{2}h^2a_2^2(f_{tt}+2k_1f_{tu}+k_1^2f_{uu})+O(h^3)\\&=f+ha_2F+\frac{1}{2}h^2a_2^2G+O(h^3);\end{aligned} \tag{8.4.18}$$

$$\begin{aligned}k_3=&f+h\Big[a_3f_t+(b_{31}k_1+b_{32}k_2)f_u\Big]+\frac{1}{2}h^2\Big[a_2^3f_{tt}\\&+2a_3(b_{31}k_1+b_{32}k_2)f_{tu}+(b_{31}k_1+b_{32}k_2)^2f_{uu}\Big]+O(h^3)\\=&f+ha_3F+h^2\Big(a_2b_{32}f_u+\frac{1}{2}a_3^2G\Big)+O(h^3).\end{aligned} \tag{8.4.19}$$

将 k_1, k_2, k_3 的展开式代入到 (8.4.12) 式中的第一式, 即得

$$\begin{aligned}u_{i+1}=&u_i+h(c_1+c_2+c_3)f+h^2(a_2c_2+a_3c_3)F\\&+\frac{1}{2}h^3\left[2a_2b_{32}c_3Ff_u+(a_2^2c_2+a_3^2c_3)G\right]+O(h^4).\end{aligned} \tag{8.4.20}$$

比较 (8.4.17) 与 (8.4.20) 两式, 在 $u(t_i) = u_i$ 的假定下, 为使

$$u(t_{i+1}) - u_{i+1} = O(h^4)$$

当且仅当

$$\begin{cases} c_1 + c_2 + c_3 = 1, \\ a_2 c_2 + a_3 c_3 = \dfrac{1}{2}, \\ a_2 b_{32} c_3 = \dfrac{1}{6}, \\ a_2^2 c_2 + a_3^2 c_3 = \dfrac{1}{3}. \end{cases} \tag{8.4.21}$$

(8.4.21) 式为含有 6 个未知数四个方程构成的方程组, 其中有两个自由未知数. 若取

$$c_1 = \frac{1}{6}, \quad c_2 = \frac{2}{3}, \quad c_3 = \frac{1}{6}, \quad a_2 = \frac{1}{2}, \quad a_3 = 1, \quad b_{32} = 2, \quad b_{31} = -1.$$

则得到如下的三阶 Runge–Kutta 格式:

$$\begin{cases} u_{i+1} = u_i + \dfrac{1}{6} h(k_1 + 4k_2 + k_3), \\ \quad k_1 = f(t_i, u_i), \\ \quad k_2 = f\left(t_i + \dfrac{1}{2}h, u_i + \dfrac{1}{2}hk_1\right), \\ \quad k_3 = f(t_i + h, u_i - hk_1 + 2hk_2). \end{cases} \tag{8.4.22}$$

8.4.3 四阶 Runge–Kutta 法

类似于三阶 Runge–Kutta 格式的推导, 易得标准四阶 Runge–Kutta 格式:

$$\begin{cases} u_{i+1} = u_i + \dfrac{1}{6} h(k_1 + 2k_2 + 2k_3 + k_4), \\ \quad k_1 = f(t_i, u_i), \\ \quad k_2 = f\left(t_i + \dfrac{1}{2}h, u_i + \dfrac{1}{2}hk_1\right), \\ \quad k_3 = f\left(t_i + \dfrac{1}{2}h, u_i + \dfrac{1}{2}hk_2\right), \\ \quad k_4 = f(t_i + h, u_i + hk_3). \end{cases} \tag{8.4.23}$$

现在我们给出四阶 Runge–Kutta 格式的实现过程, 对于二阶及三阶 Runge–Kutta 格式可参考此内容而给出.

四阶 Runge–Kutta 格式的实现过程

```
输入必要的初始数据: t0, T, u0, h.
输出: t0, u0.
对 t0 ⩽ T 循环求 u1 值:
    t1 ⇐ t0 + h,
    k1 = f(t0, u0),
    k2 = f(t0 + h/2, u0 + h * k1/2),
    k3 = f(t0 + h/2, u0 + h * k2/2),
    k4 = f(t0 + h, u0 + h * k3),
    u1 = (k1 + 2 * k2 + 2 * k3 + k4)/6,
    输出 t1, u1,
    t0 ⇐ t1,
    u0 ⇐ u1.
结束循环, 停机.
```

有关 Runge–Kutta 算法的收敛性和稳定性问题, 将另行讨论. Runge–Kutta 算法精度较高, 可以根据需要而改变步长, 这是它的优点. 但在每一步中, 需要不止一次地计算 $f(t,u)$ 在一些点的值, 这也是它的缺点. 鉴于此, 通常将它与线性多步法 (将在 8.5 节中介绍) 联合使用, 以减少计算量, 提高计算效率.

例 8.4.1　在区间 $[0,1.6]$ 上, 用三阶和四阶 Runge–Kutta 格式求解初值问题:

$$\frac{\mathrm{d}u}{\mathrm{d}t}=u-\frac{2t}{u},\quad u(0)=1.$$

解　(1) 将 $f(t,u)=u-\dfrac{2t}{u}$ 代入三阶 Runge–Kutta 格式 (8.4.22) 中, 得

$$\left.\begin{aligned}
&u_0=1,\quad h=0.4,\ 0.2,\ 0.1,\ 0.05,\ \cdots,\\
&u_{i+1}=u_i+\frac{1}{6}\,h(k_1+2k_2+2k_3+k_4),\\
&k_1=u_i-2t_i/u_i,\\
&k_2=\left(u_i+\frac{1}{2}\,hk_1\right)-2t_{i+\frac{1}{2}}\Big/\left(u_i+\frac{1}{2}\,hk_1\right),\\
&k_3=(u_i-hk_1+2hk_2)-2t_{i+1}/(u_i-hk_1+2hk_2).
\end{aligned}\right\}\tag{8.4.24}$$

由 (8.4.24) 式所得数值结果 u_i 与精确解 $u(t_i)$ (例 8.2.1) 的曲线如图 8.4.1 所示.

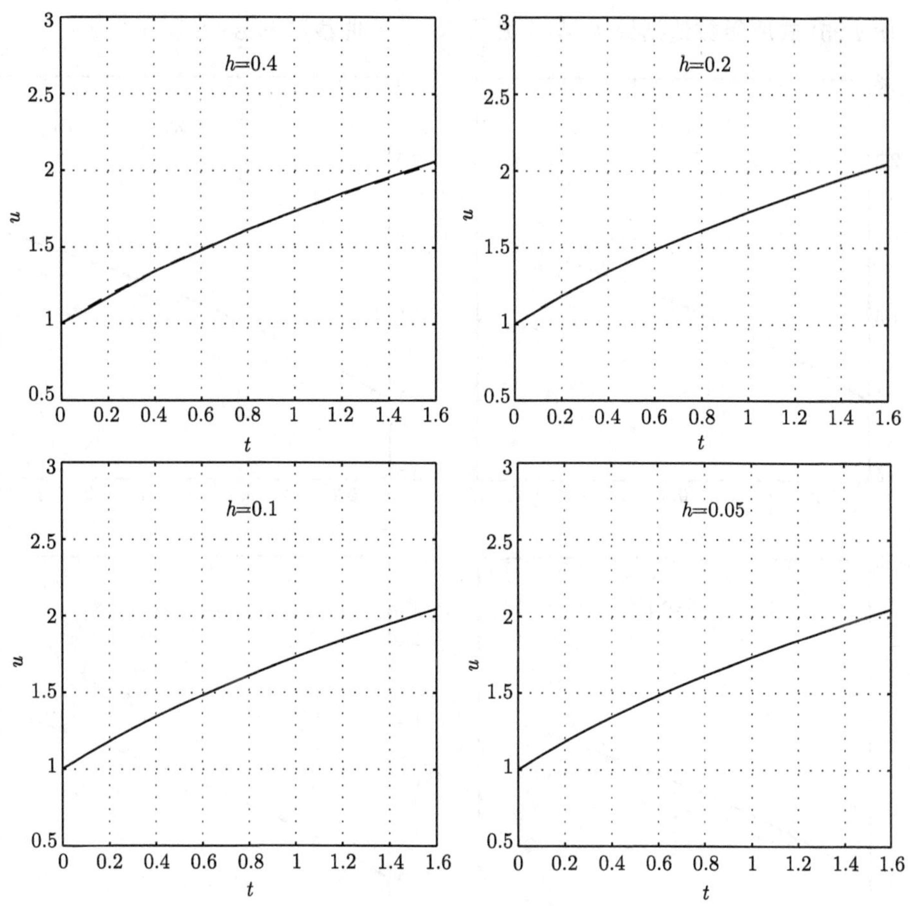

图 8.4.1

虚线为精确解的曲线, 而实线为数值解对应的曲线

(2) 将 $f(t,u)=u-\dfrac{2t}{u}$ 代入四阶 Runge–Kutta 格式 (8.4.23) 中, 得计算公式

$$\left.\begin{aligned}&u_0=1,\quad h=0.4,\ 0.2,\ 0.1,\ 0.05,\ \cdots,\\&u_{i+1}=u_i+\frac{1}{6}h(k_1+2k_2+2k_3+k_4),\\&k_1=u_i-2t_i/u_i,\\&k_2=\left(u_i+\frac{1}{2}hk_1\right)-2t_{i+\frac{1}{2}}\Big/\left(u_i+\frac{1}{2}hk_1\right),\\&k_3=\left(u_i+\frac{1}{2}hk_2\right)-2t_{i+\frac{1}{2}}\Big/\left(u_i+\frac{1}{2}hk_2\right),\\&k_4=(u_i+hk_3)-2t_{i+1}\big/(u_i+hk_3).\end{aligned}\right\}\tag{8.4.25}$$

由 (8.4.25) 式所得数值结果 u_i 与精确解 $u(t_i)$ 的曲线如图 8.4.2 所示.

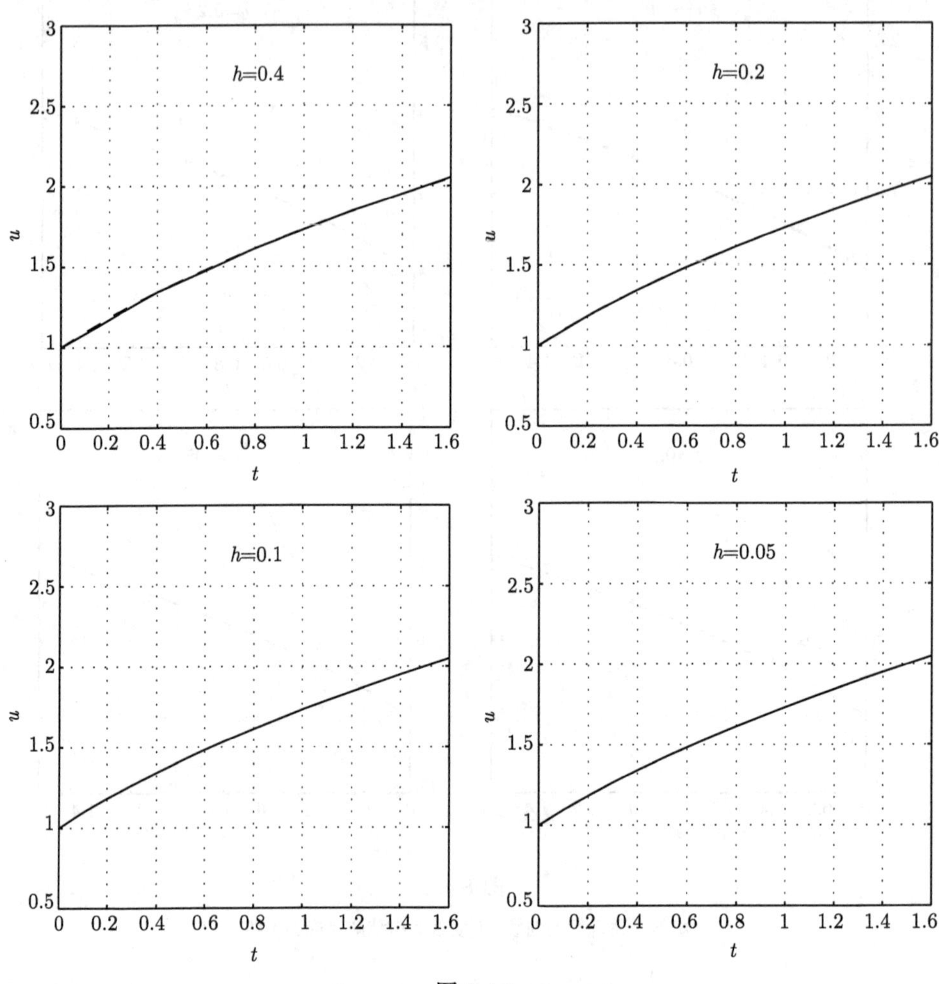

图 8.4.2

虚线为精确解的曲线, 而实线为数值解对应的曲线

8.5 线性多步法

前面已介绍了初值问题 (8.3.1)~(8.3.2) 的一些数值算法. 这些算法在求 u_{i+1} 时, 仅仅用到前一步求出的 u_i 的值. 这类方法统称为**单步法**. 在已给初始值的条件下, 单步法就能进行计算. 为了导出精度比较高的数值方法, 在求 u_{i+1} 时不仅用前一步求出的 u_i 的值, 还用到前若干步求出的一些值 $u_i, u_{i-1}, \cdots$. 此类方法统称为**多步法**. 本节我们将介绍线性多步法.

本节假设初值问题 (8.3.1)~(8.3.2) 在区间 $[0,T]$ 上有充分光滑的解 $u(t)$; $f(t,u)$ 在区域

$$D:\ t_0 \leqslant t \leqslant T,\quad \big|u(t)-u_0\big| \leqslant \sigma\ (\sigma>0)$$

上关于 t, u 足够多次连续可微; 步长 h 取定值, $t_i = t_0 + ih$; 并记 $f_i \triangleq f(t_i, u_i)$.

8.5.1 线性二步法

借助于幂级数展开式并使用待定系数法, 可导出一些多步法. 现以二步法为例. 设 $\alpha_2 = 1$, 且

$$\mathscr{L}[u(t);h] \triangleq \sum_{m=0}^{2}\big[\alpha_m u(t+mh) - h\beta_m u'(t+mh)\big]. \tag{8.5.1}$$

将上式右端的 $u(t+mh)$ 及其微商 $u'(t+mh)$ 在 t 点展开成幂级数 (Taylor 展开式)

$$\begin{aligned}\mathscr{L}[u(t);h] &= \sum_{m=0}^{2}\alpha_m\Big[u(t)+mhu'(t)+\frac{1}{2}m^2h^2u''(t)+\frac{1}{3!}\,m^3h^3u^{(3)}(t)\Big]\\ &\quad-\sum_{m=0}^{2}h\beta_m\Big[u'(t)+\frac{1}{1!}mhu''(t)+\frac{1}{2!}m^2h^2u^{(3)})(t)\Big]+O(h^4)\\ &= c_0u(t)+c_1hu'(t)+c_2h^2u''(t)+c_3h^3u^{(3)}(t)+O(h^4).\end{aligned} \tag{8.5.2}$$

其中 c_0, c_1, c_2, c_3 为常数, 它们和 α_m, β_m 之间有如下关系:

$$\begin{cases} c_0 = \alpha_0+\alpha_1+\alpha_2,\\ c_1 = (\alpha_1+2\alpha_2)-(\beta_0+\beta_1+\beta_2),\\ c_2 = \dfrac{1}{2!}(\alpha_1+2^2\alpha_2)-(\beta_1+2\beta_2),\\ c_3 = \dfrac{1}{3!}(\alpha_1+2^3\alpha_2)-\dfrac{1}{2!}(\beta_1+2^2\beta_2).\end{cases} \tag{8.5.3}$$

如果选择 α_m, β_m, 使得 $c_0 = c_1 = c_2 \equiv 0$, 则由 (8.5.1)~(8.5.2) 式可得

$$\sum_{m=0}^{2}\big[\alpha_m u(t+mh) - h\beta_m u'(t+mh)\big] = c_3h^3u^{(3)}(t)+O(h^4). \tag{8.5.4}$$

从 (8.5.4) 式中舍去右端 (其阶为 $O(h^3)$), 并令 $t=t_i$, 则得

$$\sum_{m=0}^{2}\alpha_m u_{i+m} = h\sum_{m=0}^{2}\beta_m f_{i+m}. \tag{8.5.5}$$

由上式求 u_{i+2} 需要用到 u_i, u_{i+1} 的值, 且上式关于 f_{i+m} (即关于 u'_{i+m}) 是线性的, 故称此方法为**线性二步法**.

如果 (8.5.5) 式中的 $\beta_2=0$, 则 u_{i+2} 可以由 u_i, u_{i+1} 直接计算而得, 于是得到显式方法; 如果 $\beta_2\neq 0$, (8.5.5) 式只给出了 u_{i+2} 所满足的方程, 于是得隐式方法. 当 u_i, u_{i+1} 是精确的, 即当

$$u_i=u(t_i),\quad u_{i+1}=u(t_{i+1}) \tag{8.5.6}$$

时, 由 (8.5.5) 式求出的 u_{i+2}(在没有舍入误差的条件下) 和 $u(t_{i+2})$ 的差, 称为二步法的**局部截断误差**. 对于显式方法 ($\beta_2=0$) 在 (8.5.4) 式中置 $t=t_i$, 再与 (8.5.5) 式相减, 并利用 (8.5.6) 式, 就有

$$\mathscr{R}_{i+2}\triangleq u(t_{i+2})-u_{i+2}=c_3h^3u^{(3)}(t_i)+O(h^4). \tag{8.5.7}$$

由此可见, $c_3\neq 0$ 时, 显式方法的局部截断误差的阶为 $O(h^3)$. 可以证明 (可参见改进的 Euler 方法) $c_3\neq 0$ 时, 隐式方法的局部截断误差的阶也是 $O(h^3)$.

下面我们来导出一种线性二步的计算公式. 设 $\alpha_0=-1,\alpha_1=0,\alpha_2=1,\beta_0=0$, $\beta_1=2$, $\beta_2=0$, 则

$$c_0=c_1=c_2=0,$$

此时可得

$$u_{i+2}=u_i+2hf_{i+1}. \tag{8.5.8}$$

(8.5.7) 式称为**中点公式**, 其局部截断误差的阶为 $O(h^3)$.

若希望局部截断误差的阶为 $O(h^4)$, 则应选择 α_0, α_1, α_2, β_0, β_1, β_2, 使其满足

$$\begin{cases} c_0=\alpha_0+\alpha_1+\alpha_2\equiv 0,\\ c_1=(\alpha_1+2\alpha_2)-(\beta_0+\beta_1+\beta_2)\equiv 0,\\ c_2=\dfrac{1}{2!}(\alpha_1+2^2\alpha_2)-(\beta_1+2\beta_2)\equiv 0,\\ c_3=\dfrac{1}{3!}(\alpha_1+2^3\alpha_2)-\dfrac{1}{2!}(\beta_1+2^2\beta_2)\equiv 0. \end{cases} \tag{8.5.9}$$

取 $\alpha_2=1$, 并以 α_0 为参数, 解方程组 (8.5.9), 可得

$$\alpha_1=-1-\alpha_0,\quad \beta_0=-\frac{1}{12}(1+5\alpha_0),\quad \beta_1=\frac{2}{3}(1-\alpha_0),\quad \beta_2=\frac{1}{12}(5+\alpha_0). \tag{8.5.10}$$

由 (8.5.10) 式, 立即可得二步法格式

$$\begin{aligned} &u_{i+2}-(1+\alpha_0)u_{i+1}+\alpha_0u_i\\ &=\frac{1}{12}h\Big[(5+\alpha_0)f_{i+2}+8(1-\alpha_0)f_{i+1}-(1+5\alpha_0)f_i\Big]. \end{aligned} \tag{8.5.11}$$

若取 $\alpha_0=-1$, 则数值格式 (8.5.11) 即为

$$u_{i+2}=u_i+\frac{1}{3}h\Big(f_{i+2}+4f_{i+1}+f_i\Big). \tag{8.5.12}$$

(8.5.12) 式称为 Milne (密伦) 格式, 它是隐式格式.

8.5.2 Adams (阿德姆斯) 外推法

设已知

$$u_{i-k},\ \cdots,\ u_{i-1},\ u_i, \tag{8.5.13}$$

求 $u(t)$ 在 $t_{i+1}=t_0+(i+1)h$ 处的近似值. 将 (8.3.1) 中微分方程写成如下等价形式:

$$u(t_{i+1})=u(t_i)+\int_{t_i}^{t_{i+1}}f\big(t,u(t)\big)\mathrm{d}t. \tag{8.5.14}$$

在 (8.5.13) 式 (常称为表头) 已知的情况下, 可以求出

$$f_{i-m}\triangleq f(t_{i-m},u_{i-m}),\quad m=0,1,\cdots,k.$$

通过 $k+1$ 个数据点

$$(t_{i-k},f_{i-k}),\ (t_{i-k+1},f_{i-k+1}),\ \cdots,\ (t_{i-1},f_{i-1}),\ (t_i,f_i) \tag{8.5.15}$$

作插值多项式 $L_k^{[i]}(t)$, 并设 $R_k^{[i]}(t)$ 表示相应的余项, 即

$$f\big(t,u(t)\big)=L_k^{[i]}(t)+R_k^{[i]}(t), \tag{8.5.16}$$

则 (8.5.14) 式为

$$u(t_{i+1})=u(t_i)+\int_{t_i}^{t_{i+1}}L_k^{[i]}(t)\mathrm{d}t+\int_{t_i}^{t_{i+1}}R_k^{[i]}(t)\mathrm{d}t. \tag{8.5.17}$$

从 (8.5.17) 式中舍去余项

$$R_k^{[i]}\triangleq\int_{t_i}^{t_{i+1}}R_k^{[i]}(t)\mathrm{d}t. \tag{8.5.18}$$

即得 $u(t_{i+1})$ 的近似值 u_{i+1} 的表达式

$$u_{i+1}=u_i+\int_{t_i}^{t_{i+1}}L_k^{[i]}(t)\mathrm{d}t. \tag{8.5.19}$$

现在我们来给出 (8.5.19) 式的具体表达式. 因为插值点在 t_i 和 t_{i+1} 之间, 设 $t=t_i+\tau h$, 用 Newton 后插公式 (见 6.4 中的定理 6.4.6)

$$L_k^{[i]}(t)\equiv L_k^{[i]}(t_i+\tau h)=\sum_{m=0}^{k}(-1)^m C_{-\tau}^m\boldsymbol{\Delta}^m f_{i-m}, \tag{8.5.20}$$

将 (8.5.20) 式代入 (8.5.19) 式, 可得

$$u_{i+1}=u_i+h\sum_{m=0}^{k}b_m\boldsymbol{\Delta}^m f_{i-m},\tag{8.5.21}$$

其中

$$b_m=(-1)^m\int_0^1 C_{-\tau}^m\mathrm{d}\tau,\quad m=0,1,\cdots\tag{8.5.22}$$

由 (8.5.22) 式可以得到 b_m 的值. 表 8.5.1 列出了部分 b_m 的值.

表 8.5.1

m	0	1	2	3	4	5
b_m	1	$\frac{1}{2}$	$\frac{5}{12}$	$\frac{3}{8}$	$\frac{251}{720}$	$\frac{95}{288}$

上述方法, 将插值点取在包含 $k+1$ 个节点的最小区间 $[t_{i-k},t_i]$ 之外, 故称之为*外推法*. 公式 (8.5.21) 称为Adams *外推公式*. 特别地, 当 $k=0$, 即是 Euler 格式.

插值公式的余项为

$$R_k^{[i]}(t)\triangleq R_k^{[i]}(t_i+\tau h)=(-1)^{k+1}h^{k+1}C_{-\tau}^{k+1}u^{(k+2)}(\xi),\quad \xi\in[t_{i-k},t_i].\tag{8.5.23}$$

所以

$$\begin{aligned}R_k^{[i]}&=h^{k+2}\int_0^1(-1)^{k+1}C_{-\tau}^{k+1}u^{(k+2)}(\xi)\mathrm{d}\tau\\&=h^{k+2}b_{k+1}u^{(k+2)}(\eta),\quad \eta\in[t_{i-k},t_i].\end{aligned}\tag{8.5.24}$$

$R_k^{[i]}$ 为 Adams 外推公式的*局部截断误差*, 且 $R_k^{[i]}=O(h^{k+2})$.

利用 6.3 节中的定理 6.3.1, 将 (8.5.21) 式中的高阶差商 $\boldsymbol{\Delta}^m f_{i-m}$ 化为函数值 $f_{i-m},\cdots,f_i$ 的线性组合

$$\boldsymbol{\Delta}^m f_{i-m}=\sum_{j=0}^{m}(-1)^jC_m^jf_{i-j}.\tag{8.5.25}$$

将 (8.5.25) 式代入 (8.5.21) 式, 可得

$$u_{i+1}=u_i+h\sum_{j=0}^{k}\beta_{kj}f_{i-j},\tag{8.5.26}$$

其中

$$\beta_{kj}=(-1)^j\sum_{m=j}^{k}b_m\cdot C_m^j.\tag{8.5.27}$$

表 8.5.2 列出了一些 Adams 外推公式及其局部截断误差.

表 8.5.2

k	u_{i+1}	$R_k^{[i]}$
0	$u_{i+1}=u_i+hf_i$	$\frac{1}{2}h^2u''(\eta)$
1	$u_{i+1}=u_i+\frac{h}{2}(3f_i-f_{i-1})$	$\frac{5}{12}h^3u^{(3)}(\eta)$
2	$u_{i+1}=u_i+\frac{h}{12}(23f_i-16f_{i-1}+5f_{i-2})$	$\frac{3}{8}h^4u^{(4)}(\eta)$
3	$u_{i+1}=u_i+\frac{h}{24}(55f_i-59f_{i-1}+37f_{i-2}-9f_{i-3})$	$\frac{251}{720}h^5u^{(5)}(\eta)$

8.5.3 Adams 内插法

如果从数据 (8.5.15) 中删去 (t_{i-k}, f_{i-k}), 加上数据点 (t_{i+1}, f_{i+1}) 得 $k+1$ 个数据点

$$(t_{i-k+1}, f_{i-k+1}),\ (t_{i-k+2}, f_{i-k+2}),\ \cdots,\ (t_i, f_i),\ (t_{i+1}, f_{i+1}),$$

构造经过这 $k+1$ 个数据点的插值多项式 $L_{1,k}^{[i]}(t)$, 并设 $R_{1,k}^{[i]}(t)$ 表示相应的余项, 即

$$f\big(t, u(t)\big) = L_{1,k}^{[i]}(t) + R_{1,k}^{[i]}(t), \tag{8.5.16$'$}$$

则 (8.5.14) 式为

$$u(t_{i+1}) = u(t_i) + \int_{t_i}^{t_{i+1}} L_{1,k}^{[i]}(t)\mathrm{d}t + \int_{t_i}^{t_{i+1}} R_{1,k}^{[i]}(t)\mathrm{d}t. \tag{8.5.17$'$}$$

从 (8.5.17′) 式中舍去余项

$$R_{1,k}^{[i]} \triangleq \int_{t_i}^{t_{i+1}} R_{1,k}^{[i]}(t)\mathrm{d}t. \tag{8.5.18$'$}$$

即得 $u(t_{i+1})$ 的近似值 u_{i+1} 的表达式

$$u_{i+1} = u_i + \int_{t_i}^{t_{i+1}} L_{1,k}^{[i]}(t)\mathrm{d}t. \tag{8.5.19$'$}$$

现在我们来给出 (8.5.19′) 的具体表达式. 仍用 Newton 后插公式 $(t=t_{i+1}+\tau h)$

$$L_{1,k}^{[i]}(t) \triangleq L_{1,k}^{[i]}(t_{i+1}+\tau h) = \sum_{m=0}^{k} (-1)^m C_{-\tau}^m \boldsymbol{\Delta}^m f_{i-m+1}, \tag{8.5.20$'$}$$

将 (8.5.20′) 式代入 (8.5.19′) 式, 可得

$$u_{i+1} = u_i + h\sum_{m=0}^{k} c_m \boldsymbol{\Delta}^m f_{i-m+1}, \tag{8.5.21$'$}$$

其中

$$c_m = (-1)^m \int_{-1}^{0} C_{-\tau}^{m} \mathrm{d}\tau, \quad m = 0, 1, \cdots \tag{8.5.22$'$}$$

由 (8.5.22′) 可以得到 c_m 的值. 表 8.5.3 列出了部分 c_m 的值.

表 8.5.3

m	0	1	2	3	4	5
c_m	1	$-\frac{1}{2}$	$-\frac{1}{12}$	$-\frac{1}{24}$	$-\frac{19}{720}$	$-\frac{3}{160}$

上述方法, 将插值点取在包含 $k+1$ 个节点的最小区间 $[t_{i-k+1}, t_{i+1}]$ 之内, 故称为*内插法*. 公式 (8.5.21′) 称为Adams *内插公式*. 特别地当 $k=1$, 即是改进的 Euler 格式 (或梯形公式).

插值公式的余项为

$$\begin{aligned} R_{1,k}^{[i]}(t) \triangleq R_{1,k}^{[i]}(t_{i+1} + \tau h) = (-1)^{k+1} h^{k+1} C_{-\tau}^{k+1} u^{(k+2)}(\xi), \\ \xi \in [t_{i-k+1}, t_{i+1}]. \end{aligned} \tag{8.5.23$'$}$$

所以

$$\begin{aligned} R_{1,k}^{[i]} &= h^{k+2} \int_{-1}^{0} (-1)^{k+1} C_{-\tau}^{k+1} u^{(k+2)}(\xi) \mathrm{d}\tau \\ &= h^{k+2} c_{k+1} u^{(k+2)}(\eta), \quad \eta \in [t_{i-k+1}, t_{i+1}]. \end{aligned} \tag{8.5.24$'$}$$

$R_{1,k}^{[i]}$ 为 Adams 内插公式的*局部截断误差*, 且 $R_{1,k}^{[i]} = O(h^{k+2})$.

将 (8.5.25) 式代入 (8.5.21′) 式, 可得

$$u_{i+1} = u_i + h \sum_{j=0}^{k} \gamma_{kj} f_{i-j+1}, \tag{8.5.26$'$}$$

其中

$$\beta_{kj} = (-1)^j \sum_{m=j}^{k} c_m \cdot C_m^j. \tag{8.5.27$'$}$$

表 8.5.4 列出了一些 Adams 内插公式及其局部截断误差.

比较表 8.5.1 与表 8.5.3 可见, c_m 的绝对值要比 b_m 的绝对值小. 由于系数的绝对值比较小, 计算 f_i 的舍入误差的影响也比较小. 内插法比外推法少用一个已知值, 局部截断误差的阶均为 $O(h^{k+2})$, 这是内插法的优点. 然而, 外推法导出的是显示计算公式, 而内插法却只给出了决定 u_{i+1} 的方程 (为隐式计算公式), 为了求 u_{i+1}, 必须解此方程, 计算量要比外推法大.

表 8.5.4

k	u_{i+1}	$R_{1,k}^{[i]}$
0	$u_{i+1}=u_i+hf_{i+1}$	$-\frac{1}{2}h^2u''(\eta)$
1	$u_{i+1}=u_i+\frac{h}{2}(f_{i+1}+f_i)$	$-\frac{1}{12}h^3u^{(3)}(\eta)$
2	$u_{i+1}=u_i+\frac{h}{12}(5f_{i+1}+8f_i-f_{i-1})$	$-\frac{1}{24}h^4u^{(4)}(\eta)$
3	$u_{i+1}=u_i+\frac{h}{24}(9f_{i+1}+19f_i-5f_{i-1}+f_{i-2})$	$-\frac{19}{720}h^5u^{(5)}(\eta)$

8.6 单步法收敛性与稳定性

设 $f(t,u)$ 在区域 D 上连续, 且关于 u 满足 Lipschitz 条件, 则由常微分方程解的存在唯一性定理知初值问题 (8.3.1)~(8.3.2) 存在唯一连续解.

解初值问题 (8.3.1)~(8.3.2) 的单步法, 是选择函数 $\Phi(t,u,h)$, 使

$$\Phi(t,u,0)=f(t,u). \tag{8.6.1}$$

并据计算公式

$$u_{i+1}=u_i+h\Phi(t_i,u_i,h),\quad i=0,1,\cdots \tag{8.6.2}$$

求出序列

$$u_0,\ u_1,\ \cdots,\ u_i,\ \cdots, \tag{8.6.3}$$

作为初值问题 (8.3.1)~(8.3.2) 的近似解. 在一定的条件下, 当 $h\to 0$ 时, 此近似解一致收敛于初值问题的准确解. 但在实际计算过程中有下列情况: (1) 数值计算公式 (8.6.2) 的导出存在截断误差; (2) 初始值存在误差; (3) 计算过程中有舍入误差. 为了简单起见, 将这些误差对计算结果的影响分开讨论. **收敛性** 只讨论导出计算公式本身对计算结果的影响, 局部截断误差, 整体截断误差与此有关. **稳定性** 则讨论初始值的误差对计算结果的影响. 若仅仅计算的某一步出现舍入误差, 则也可归结为一个新的初值问题中初始值的误差, 化为稳定性讨论. 收敛性和稳定性是从不同的角度讨论数值方法的精确情况. 使用既收敛又稳定的数值方法才能有比较可靠的计算结果, 这就是我们讨论收敛性与稳定性的意义所在.

单步法的收敛性和稳定性的定义与 Euler 方法的收敛性和稳定性的定义类似. 下面还将讨论另一种稳定性 (即绝对稳定性).

8.6.1 单步法的收敛性

设 $u(t)$ 是微分方程 (8.3.1) 的解. 用 $\mathscr{R}_i$ 表示由 (8.6.2) 式而得到的数值解的局部截断误差, 即

$$\mathscr{R}_{i+1} \triangleq u(t_{i+1}) - u(t_i) - h\Phi(t_i, u(t_i), h). \tag{8.6.4}$$

只要 $\Phi(t,u,h)$ 在讨论的区域足够光滑, 且满足 (8.6.1) 式 (称为相容性条件), 就可用幂级数展开式把 $\mathscr{R}_{i+1}$ 表示成 h 的幂级数, 系数是解 $u(t)$ 的微商. 利用此展开式的余项, 能估计 $|\mathscr{R}_{i+1}|$ 的上界. 如果存在与 h 及 i 无关的正常数 h_0, 正常数 C 及非负整数 q, 使对所有的 $0 \leqslant t \leqslant T, 0 \leqslant h \leqslant h_0$, 均有

$$\left|\mathscr{R}_{i+1}\right| \leqslant Ch^{q+1} \triangleq \mathscr{R}, \tag{8.6.5}$$

则称计算公式 (8.6.2) 的局部截断误差的阶为 $O(h^{q+1})$. 仍用

$$\mathscr{E}_i \triangleq u(t_i) - u_i, \quad i = 0, 1, \cdots \tag{8.6.6}$$

表示计算公式 (8.6.2) 的整体截断误差. 关于整体截断误差, 有下列定理:

定理 8.6.1　若满足相容性条件 (8.6.1) 的函数 $\Phi(t,u,h)$ 在区域

$$\widetilde{D}:\ 0 \leqslant t \leqslant T,\ \left|u\right| < \infty,\ 0 \leqslant h \leqslant h_0 \tag{8.6.7}$$

上连续, 且关于 u 满足 Lipschitz 条件, 即存在与 t, h 无关的正常数 L, 使不等式

$$\left|\Phi(t,u,h) - \Phi(t,v,h)\right| \leqslant L\left|u - v\right| \tag{8.6.8}$$

在 $\widetilde{D}$ 上成立; 又由计算公式 (8.6.2) 而得的数值解的局部截断误差满足 (8.6.5) 式, 则计算公式 (8.6.2) 的整体截断误差满足下列估计式:

$$\left|\mathscr{E}_i\right| \leqslant \mathrm{e}^{LT}\left|\mathscr{E}_0\right| + \frac{C}{L}\left(\mathrm{e}^{LT} - 1\right)h^q. \tag{8.6.9}$$

证明　证明方法与定理 8.2.1 类似.　**证毕**

利用定理 8.6.1, 我们可以证明一些单步法的收敛性. 下面以四阶 Runge–Kutta 算法为例说明之. 对于四阶 Runge–Kutta 算法, 计算公式 (8.6.2) 中的 $\Phi(t,u,h)$ 如下:

$$\Phi(t,u,h) = \frac{1}{6}\Big[k_1(t,u) + 2k_2(t,u,h) + 2k_3(t,u,h) + k_4(t,u,h)\Big], \tag{8.6.10}$$

其中

$$\begin{cases} k_1(t,u) = f(t,u), \\ k_2(t,u,h) = f\Big(t + \dfrac{1}{2}h, u + \dfrac{1}{2}hk_1(t,u)\Big), \\ k_3(t,u,h) = f\Big(t + \dfrac{1}{2}h, u + \dfrac{1}{2}hk_2(t,u,h)\Big), \\ k_3(t,u,h) = f\big(t + h, u + hk_3(t,u,h)\big). \end{cases} \tag{8.6.11}$$

由 $f(t,u)$ 满足 Lipschitz 条件, 可得

$$\left|k_1(t,u)-k_1(t,v)\right| \leqslant L\left|u-v\right|, \tag{8.6.12}$$

$$\begin{aligned}\left|k_2(t,u,h)-k_2(t,v,h)\right| &\leqslant L\left|u-v+\frac{1}{2}hk_1(t,u,h)-\frac{1}{2}hk_1(t,v,h)\right| \\ &\leqslant L\left(1+\frac{1}{2}hL\right)\left|u-v\right|,\end{aligned} \tag{8.6.13}$$

$$\left|k_3(t,u,h)-k_3(t,v,h)\right| \leqslant L\left[\left(1+\frac{1}{2}hL\right)+\frac{1}{4}(hL)^2\right]\left|u-v\right|, \tag{8.6.14}$$

$$\left|k_4(t,u,h)-k_4(t,v,h)\right| \leqslant L\left[1+hL+\frac{1}{2}(hL)^2+\frac{1}{4}(hL)^3\right]\left|u-v\right|, \tag{8.6.15}$$

由 (8.6.12)~(8.6.15) 式及 (8.6.10) 式, 在区域 $\widetilde{D}$ 上可得

$$\begin{aligned}\left|\Phi(t,u,h)-\Phi(t,v,h)\right| &\leqslant L\left[1+\frac{1}{2}h_0L+\frac{1}{6}(h_0L)^2+\frac{1}{24}(h_0L)^3\right]\left|u-v\right| \\ &\leqslant e^{h_0L}L\left|u-v\right|.\end{aligned} \tag{8.6.16}$$

(8.6.16) 式表明, $\Phi(t,u,h)$ 在区域 $\widetilde{D}$ 上关于 u 满足 Lipschitz 条件, 从而据定理 8.6.1 可知, 标准的四阶 Runge–Kutta 算法是收敛的.

8.6.2 单步法的绝对稳定性

初值问题的数值方法, 其每一步均有局部截断误差, 每一步均有舍入误差. 要使截断误差不致过大, 步长 h 就要足够小. 但是步长 h 过小, 步数却又过大, 从而导致舍入误差的积累又会过大. 仅仅要求解连续地依赖于初始值, 不能保证舍入误差的积累不致过大. 因此, 引入绝对稳定性的概念.

定义 8.6.1 若在没有舍入误差的条件下, 对固定步长 h, 仅仅对某个节点上 u_k 有扰动 δ_k, 由此而引起以后各节点 t_m $(m>k)$ 上 u_m 有扰动 δ_m $(m>k)$ 均满足 $|\delta_m| \leqslant |\delta_k|$ $(m>k)$, 则称数值计算公式 (8.6.2) 是**绝对稳定的**.

对于一般的初值问题 (8.3.1)~(8.3.2), 由于 $f(t,u)$ 往往比较复杂, 讨论其绝对稳定性是比较困难的, 故我们在讨论绝对稳定性时, 取如下 "模型方程" 来进行讨论:

$$\frac{\mathrm{d}u}{\mathrm{d}t}=\lambda u. \tag{8.6.17}$$

以模型方程 $\dfrac{\mathrm{d}u}{\mathrm{d}t}=\lambda u$, $\Re e(\lambda)<0$, 来对数值计算公式绝对稳定性的讨论, 是因为当 $\Re e(\lambda)>0$ 时, 模型方程 $\dfrac{\mathrm{d}u}{\mathrm{d}t}=\lambda u$的解为 $u(t)=u_0\mathrm{e}^{\lambda(t-t_0)}$. 显见, 当初始值 u_0 有一个小的扰动 δ 时, 相应解的扰动为 $\delta(t)=\delta_0\mathrm{e}^{\lambda(t-t_0)}$ (其中 $\delta_0=\delta(0)$). 由此, 当 $\Re e(\lambda)>0$ 时, $\delta(t)$ 将随着 t 的无限增大而无界增大, 这是不稳定的微分方程所特有的性态. 因此, 绝对稳定的数值方法不适应于求解这一类不稳定的微分方程, 因而

只讨论稳定的微分方程, 即 $\dfrac{\mathrm{d}u}{\mathrm{d}t}=\lambda u$ 中的 $\Re e(\lambda)<0$ 的情形. 另外, 这种类型的模型方程具有足够的一般性.

定义 8.6.2　设 $\lambda\in\mathbb{C}$, 在 $h-\lambda$ 复平面上, 某一数值方法对 $\dfrac{\mathrm{d}u}{\mathrm{d}t}=\lambda u$ 为绝对稳定的复数 $h\lambda$ 的集合, 称为此方法的**绝对稳定性区域**.

如下先来考虑 Euler 方法的绝对稳定性区域. 对于模型方程 $\dfrac{\mathrm{d}u}{\mathrm{d}t}=\lambda u$, Euler 方法的计算公式为

$$u_{i+1}=u_i+h\lambda u_i=(1+\lambda h)u_i, \tag{8.6.18}$$

所以

$$\frac{u_{i+1}}{u_i}=1+\lambda h. \tag{8.6.19}$$

故当 $h\lambda$ 满足条件

$$\left|1+\lambda h\right|<1 \tag{8.6.20}$$

时, Euler 方法是绝对稳定的. 不等式 (8.6.20) 是 $h-\lambda$ 复平面上以 $h\lambda=-1$ 为中心, 且以 1 为半径的圆域.

注 8.6.1　设计算 u_i 时产生扰动 δ_i, 即

$$\widetilde{u}_i=u_i+\delta_i,$$

于是, 计算 u_{i+1} 的实际公式为

$$\widetilde{u}_{i+1}=(1+h\lambda)\widetilde{u}_i.$$

因此

$$\delta_{i+1}=(1+h\lambda)\delta_i \quad \text{或} \quad \frac{\delta_{i+1}}{\delta_i}=(1+h\lambda). \tag{8.6.21}$$

由于 (8.6.19) 式与 (8.6.21) 式形式一样, 故我们在讨论数值计算公式的绝对稳定性时, 可就 (8.6.19) 式直接进行讨论, 即 $\left|\dfrac{u_{i+1}}{u_i}\right|<1$.

我们再考虑改进的 Euler 方法的绝对稳定性区域. 用改进的 Euler 方法求解模型方程 (8.6.17) 的计算公式为

$$u_{i+1}=u_i+\frac{1}{2}h\lambda\big(u_i+u_{i+1}\big). \tag{8.6.22}$$

由此可得

$$\frac{u_{i+1}}{u_i}=\frac{1+\dfrac{1}{2}\lambda h}{1-\dfrac{1}{2}\lambda h}. \tag{8.6.23}$$

从而

$$\left|\frac{u_{i+1}}{u_i}\right| = \left|\frac{1+\dfrac{1}{2}\lambda h}{1-\dfrac{1}{2}\lambda h}\right| = \sqrt{\frac{1+h\Re e(\lambda)+\dfrac{1}{4}h^2|\lambda|^2}{1-h\Re e(\lambda)+\dfrac{1}{4}h^2|\lambda|^2}}. \tag{8.6.24}$$

当 $\Re e(\lambda) < 0$ 时, $\left|\dfrac{u_{i+1}}{u_i}\right| < 1$, 所以改进的 Euler 方法的绝对稳定性区域是 $h-\lambda$ 复平面的整个左半平面.

同样, 我们可以考虑 Runge–Kutta 法的绝对稳定性区域. 表 8.6.1 列出了此法绝对稳定性区域所应满足的条件 $|\Phi(h\lambda)| < 1$, 以及在绝对稳定性区域内的实区间. 图 8.6.1 给出了 k ($k = 1, 2, 3, 4$) 阶 Runge–Kutta 法的绝对稳定性区域.

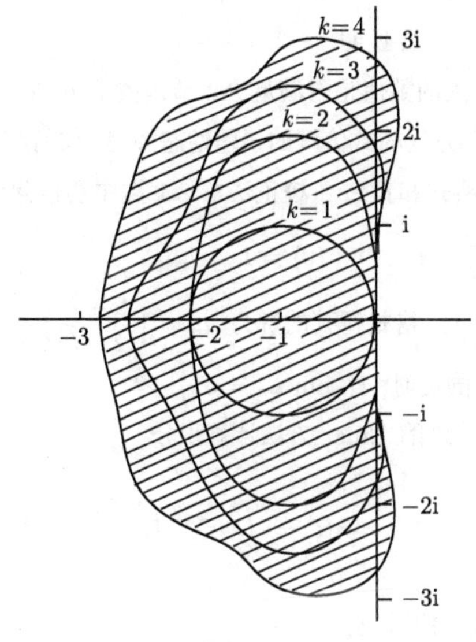

图 8.6.1

表 8.6.1

阶数 (k)	$\Phi(h\lambda)$	实区间
1	$1+h\lambda$	$(-2,0)$
2	$1+h\lambda+\dfrac{1}{2}(h\lambda)^2$	$(-2,0)$
3	$1+h\lambda+\dfrac{1}{2}(h\lambda)^2+\dfrac{1}{6}(h\lambda)^3$	$(-2.51,0)$
4	$1+h\lambda+\dfrac{1}{2}(h\lambda)^2+\dfrac{1}{6}(h\lambda)^3+\dfrac{1}{24}(h\lambda)^4$	$(-2.78,0)$

习　题　8

(说明: 在下列各题的数值计算中, 所得的数值结果要求保留六位小数.)

8.1　用 Euler 格式求下列初值问题的解在 $t=0.2$ 的近似值: $\dfrac{\mathrm{d}u}{\mathrm{d}t}=t^2-u^2$, $u(0)=1$.

8.2　用 Euler 格式求解初值问题 $\dfrac{\mathrm{d}u}{\mathrm{d}t}=u$, $u(0)=1$, 并在 $[0,1]$ 上求此数值解误差的上界.

8.3　试用 Euler 格式分别求解下列初值问题:

(a) $\dfrac{\mathrm{d}u}{\mathrm{d}t}=100u$, $u(0)=1$;

(b) $\dfrac{\mathrm{d}u}{\mathrm{d}t}=-100u$, $u(0)=1$.

步长分别取 $h=0.1, 0.01, \cdots$. 并说明:

(1) 两个方程在 $t=1$ 处的数值是否满足 8.2 节内关于 Euler 方法的误差估计;

(2) 当步长缩小时, 两个方程的数值解的误差性态如何, 如何解释这种性态?

8.4　用改进的 Euler 格式和预估 – 校正法求 8.1 题中初值问题的数值解.

8.5　对于初值问题 $\dfrac{\mathrm{d}u}{\mathrm{d}t}+u=0$, $u(0)=1$.

(1) 试推出由改进的 Euler 格式得到的解为 $u_n=\left(\dfrac{2-h}{2+h}\right)^n$;

(2) 试证明, 当 $t=nh$ 固定时, 有 $\lim\limits_{h\to 0}u_n=\mathrm{e}^{-t}$.

8.6　用 Euler 方法和改进的 Euler 方法计算积分

$$u(t)=\int_0^t \mathrm{e}^{-x^2}\mathrm{d}x$$

在点 $t=0.5, 1.0, 1.5, 2.0$ 处的近似值.

8.7　讨论改进的方法求解初值问题 $\dfrac{\mathrm{d}u}{\mathrm{d}t}=-\lambda u$, $u(0)=a_0$ 的稳定性 (此处 $\lambda>0$).

8.8　写出求解下列初值问题的预估 – 校正格式: $\dfrac{\mathrm{d}u}{\mathrm{d}t}+u+u^2\sin t=0$, $u(1)=1$. 并取步长 $h=0.2$, 计算 $u(1.2)$ 及 $u(1.4)$ 的近似值.

8.9　用预估 – 校正法求初值问题 $\dfrac{\mathrm{d}u}{\mathrm{d}t}=t^2$, $u(0)=0$, $t\in[0,2]$ 的数值解. 分别取步长 $h=0.5, 0.25, 0.125$, 并将数值结果与准确解 $u(t)=\dfrac{1}{3}t^3$ 作比较.

8.10　用 Runge–Kutta 格式求 8.1 题中解初值问题的数值解.

8.11　用 Runge–Kutta 格式求初值问题 $\dfrac{\mathrm{d}u}{\mathrm{d}t}=t+u$, $u(0)=1$ 的解在 $t=0.2$ 的近似值.

8.12　用 Runge–Kutta 格式求初值问题 $\dfrac{\mathrm{d}u}{\mathrm{d}t}=t^2+t^3u$, $u(0)=1$ 的解在 $t=1.1, 1.2, 1.3$ 处的近似值.

8.13 求解初值问题 $\dfrac{\mathrm{d}u}{\mathrm{d}t}=f(t,u)$, $u(t_0)=u_0$ 的一种 Runge–Kutta 格式为

$$\begin{cases} u_{i+1}=u_i+\dfrac{h}{2}\big(-k_1+3k_2\big), \\ k_1=f(t_i,u_i), \\ k_2=f(t_i+\dfrac{1}{3}h,u_i+\dfrac{1}{3}hk_1). \end{cases}$$

(1) 试判断该格式的稳定性;

(2) 如果 $f(t,u)=tu$, $u_0=1$, 取 $h=0.3$, 计算 u_1 的值.

8.14 求常数 a, b, c, d, 使计算公式

$$u_{i+1}=au_{i-1}+h\big(bu'_{i+1}+cu'_i+du'_{i-1}\big)$$

的局部截断误差的阶较高, 并指出此时的局部截断误差的阶.

8.15 求标准的四阶 Runge–Kutta 格式的绝对稳定性区域.

8.16 设 $g(i,m)$ 为自然数 i, m 的函数, 证明 $\displaystyle\sum_{m=0}^{k}\sum_{i=0}^{m}g(i,m)=\sum_{i=0}^{k}\sum_{m=i}^{k}g(i,m)$.

8.17 利用 8.16 题的结果, 证明 (8.5.26) 式.

8.18 证明定理 8.6.1.

8.19 试推导四阶 Runge–Kutta 格式 (8.4.23) 式.

8.20 已知线性二步法

$$u_{i+1}-(1+\alpha)u_i+\alpha u_{i-1}=\frac{h}{12}\Big[(5+\alpha)f_{i+1}+8(1-\alpha)f_i-(1+5\alpha)f_{i-1}\Big].$$

(1) 欲使此计算格式的整体截断误差达到最高阶, α 应取何值? 此时能达到几阶?

(2) 若 $-1\leqslant\alpha<1$, 试求该方法的绝对稳定区间.

8.21 给出计算格式

$$u_{i+1}=u_i+\frac{h}{4}\Big[f_i+3f\big(t_i+\frac{2}{3}h,u_i+\frac{2}{3}hf_i\big)\Big]$$

的局部截断误差的主项, 并给出使得该计算格式稳定的 h 所在区间.

8.22 给定显式计算格式

$$u_{i+1}+c_1u_i+c_2u_{i-1}=h\big(b_1f_i+b_2f_{i-1}\big).$$

(1) 取 c_1 为参数, 确定 c_2, b_1, b_2 使此方法至少为 2 阶.

(2) 当 $c_1=0$ 和 $c_1=-1$ 时, 得到何种方法?

8.23 讨论求解初值问题 $\dfrac{\mathrm{d}u}{\mathrm{d}t}=-\lambda u$, $u(0)=a_0$ 的二阶中点公式

$$\begin{cases} k_1=f(t_i,u_i), \\ u_{i+1}=u_i+hf\big(t_i+\dfrac{1}{2}h,u_i+\dfrac{1}{2}hk_1\big) \end{cases}$$

的稳定性 (此处 $\lambda > 0$).

8.24 设有求解初值问题 $\dfrac{\mathrm{d}u}{\mathrm{d}t} = f(t,u)$, $u(t_0) = u_0$ 的如下计算格式:

$$u_{i+1} = \alpha u_i + \beta u_i + \gamma h f(t_i, u_i).$$

若 $u_{i-1} = u(t_{i-1})$, $u_i = u(t_i)$, 问常数 α, β, γ 满足何条件时可使该计算格式的局部截断误差为 $O(h^3)$?

8.25 考虑常微分方程初值问题

$$\begin{cases} \dfrac{\mathrm{d}u}{\mathrm{d}t} = f(u), \quad a \leqslant t \leqslant b, \\ u(a) = \eta, \end{cases}$$

取正整数 N, 记 $h = \dfrac{b-a}{N}$, $x_i = a + ih$, $i = 0, 1, \cdots, N$. 证明计算格式

$$\begin{cases} u_{i+1} = u_i + \dfrac{h}{6}(k_1 + k_2 + k_3), \\ \quad k_1 = f(u_i), \\ \quad k_2 = f\left(u_1 + \dfrac{1}{2}hk_1\right), \\ \quad k_3 = f(u_i - hk_1 + 2hk_2) \end{cases}$$

至少为一个 3 阶格式.

***　　***　　***　　***　　***

第 8 章上机实验题

8.1 编写 Euler 格式的标准程序, 并用于求解初值问题:

$$\begin{cases} \dfrac{\mathrm{d}u}{\mathrm{d}t} = tu^{\frac{1}{3}}, \\ u(1) = 1. \end{cases}$$

分别取步长 $h = 0.1,\ 0.05,\ 0.01, \cdots$. 将计算结果画出图形 (即解曲线), 并将计算结果与精确解 $u(t) = \left[\dfrac{1}{3}\left(t^2+2\right)\right]^{\frac{3}{2}}$ 相比较.

8.2 用改进的 Euler 格式求解初值问题:

$$\begin{cases} \dfrac{\mathrm{d}u}{\mathrm{d}t} = u - \dfrac{2t}{u}, \\ u(0) = 1, \end{cases}$$

将计算结果画出图形 (即解曲线).

8.3 用 Euler 方法及二阶 Runge–Kutta 格式求解初值问题:

$$\begin{cases} \dfrac{\mathrm{d}u}{\mathrm{d}t} = \left|\sin kt\right|, \\ u(0) = 1, \end{cases}$$

其中 k 为参数. 将计算结果画出图形 (即解曲线).

8.4 编写四阶 Runge–Kutta 格式的标准程序, 并用于求解初值问题:

$$\begin{cases} \dfrac{\mathrm{d}u}{\mathrm{d}t} = \dfrac{3u}{1+t}, \\ u(0) = 1, \end{cases}$$

即取步长 $h = 0.2, 0.1, 0.05, \cdots$ 时的数值解.

参考文献

北京大学, 南京大学, 吉林大学 "计算方法" 编写组. 1959. 计算方法. 北京: 人民教育出版社.

蔡大用. 2001. 数值分析与实验学习指导. 北京: 清华大学出版社.

封建湖, 车刚明. 2000. 计算方法典型题分析解集. 第 2 版. 西安: 西北工业大学出版社.

冯果忱. 1991. 数值代数基础. 长春: 吉林大学出版社.

冯康等. 1978. 数值计算方法. 北京: 国防工业出版社.

关治, 陆金甫. 1998. 数值分析基础. 北京: 高等教育出版社.

何旭初, 苏煜城, 包雪松. 1980. 计算数学简明教程. 北京: 人民教育出版社.

何旭初, 孙文瑜. 1991. 广义逆矩阵引论. 南京: 江苏科技出版社.

胡建伟, 汤怀民. 1999. 微分方程数值解法. 北京: 科学出版社.

黄铎, 陈兰平, 王凤. 2000. 数值分析. 北京: 科学出版社.

黄友谦等. 1987. 数值逼近. 北京: 高等教育出版社.

蒋尔雄, 赵风光. 1996. 数值逼近. 上海: 复旦大学出版社.

李庆扬, 关治, 白峰杉. 2000. 数值计算原理. 北京: 清华大学出版社.

李庆扬, 王能超, 易大义. 1986. 数值分析. 第 3 版. 武汉: 华中工学院出版社.

李荣华, 冯果忱. 1996. 微分方程数值解法. 第 3 版. 北京: 高等教育出版社.

林成森. 2010. 数值计算方法 (Ⅰ、Ⅱ). 北京: 科学出版社.

施妙根, 顾丽珍. 2000. 科学和工程计算基础. 北京: 清华大学出版社.

石钟慈. 2001. 第三种科学方法 – 计算机时代的科学计算. 北京: 清华大学出版社.

孙文瑜, 徐成贤, 朱德通. 2004. 最优化方法. 北京: 高等教育出版社.

王高雄, 周之铭, 朱思铭, 王寿松. 2003. 常微分方程. 北京: 高等教育出版社.

徐树方. 1995. 矩阵计算的理论与方法. 北京: 北京大学出版社.

袁亚湘, 孙文瑜. 1997. 最优化理论与方法. 北京: 科学出版社.

张德荣, 王新民, 高安民. 1981. 计算方法与算法语言. 北京: 高等教育出版社.

周蕴时等. 1992. 数值逼近. 长春: 吉林大学出版社.

阿特金森 K E. 1986. 数值分析引论. 匡蛟勋, 王国荣等译. 上海: 上海科学技术出版社.

吉尔 C W. 1978. 常微分方程初值问题的数值解法. 费景高等译. 北京: 科学出版社.

那汤松. 1958. 函数构造论. 何旭初译. 北京: 科学出版社.

Axelsson O. 1994. *Iterative Solution Methods.* New York: Cambridge University Press.

Chpapra S C, Canale R P. 1998. *Numerical Methods for Engineerings.* McGraw–Hill.

Dahlquist G, Björck A. 1974. *Numerical Methods.* Englewood Cliffs, Prentice Hall, NJ.

Davis P J. 1982. *Interpolation and Approximation.* New York: Dover.

Demmel J. 1997. *Applied Numerical Linear Algebra.* SIAM Philadelphia.

Golub G H, Van Loan C F. 1996. *Matrix Computations.* 3rd ed. Baltimore: The Johns Hopkins University Press.

Kelley C T. 1995. *Iterative Methods for Linear and Nonlinear Equations.* SIAM Philadelphia.

Kincaid D, Cheney W. 2002. *Numerical Analysis*, Wadsworth Group, Thomson Learning, Inc.

Kincaid D, Cheney W. 2003. 数值分析. 北京: 机械工业出版社.

Lawson C L, Hanson R J. 1974. *Solving Least Squares Problems*, Englewood Cliffs: Prentice Hall.

Nemhauser G L, Rinnooy Kan A H G, Todd M J. 1989. *Optimization Volumn 1 in Handbooks in Operations Research and Management Science.* North–Holland.

Ortega J M, Rheinboldt W C. 1970. *Iterative Solution of Nonlinear Equations in Several Variables*, New York:Academic Press.

Penny J, Lindfield G. 1995. *Numerical Methods Using MATLAB.* Ellis Horwood.

Quarteroni A, Sacco R, Saleri F. 2000. *Numerical Mathematics.* Springer–Verlag.

Stewart G W. 1973. *it Introduction to Matrix Computations.* New York: Academic Press.

Stoer J, Bulirsch R. 1993. *Introduction to Numerical Analysis*, New York: Springer–Verlag.

Sun W, Yuan Y. 2006. *Optimization Theory and Methods: Nonlinear Programming*, New York: Springer–Verlag.

Wilkinson J. 1965. *The Algebraic Eigenvalue Problem*, Oxford: Clarendon Press.

名 词 索 引